Lehrbuch der Speziellen Zoologie

Band I: Wirbellose Tiere
1. Teil

Lehrbuch der Speziellen Zoologie

Begründet von Alfred Kaestner

Band I: Wirbellose Tiere

Herausgegeben von Hans-Eckhard Gruner

Wirbellose Tiere

Herausgegeben von Hans-Eckhard Gruner

1. Teil: Einführung
Protozoa, Placozoa, Porifera

Bearbeitet von K. G. Grell, H.-E. Gruner und E. F. Kilian

Fünfte Auflage
Mit 115 Abbildungen und 5 Tafeln

SEMPER BONIS ARTIBUS

Gustav Fischer Verlag Jena · Stuttgart · New York 1993

1. Auflage 1954—1956
2. Auflage 1965
3. Auflage 1969
4. Auflage 1980

Die Deutsche Bibliothek — CIP-Einheitsaufnahme
Lehrbuch der speziellen Zoologie / begr. von Alfred Kaestner.
— Jena ; Stuttgart ; New York : G. Fischer.

ISBN 3-334-00339-6
NE: Kaestner, Alfred [Begr.]

Bd. 1. Wirbellose Tiere / hrsg. von Hans-Eckhard Gruner.
  Teil 1. Einführung; Protozoa, Placozoa, Porifera / bearb. von
  K. G. Grell ... — 5. Aufl. — 1993
  ISBN 3-334-60411-X
NE: Gruner, Hans-Eckhard [Hrsg.]; Grell, Karl G.

© Gustav Fischer Verlag Jena, 1993
Villengang 2, D - 07745 Jena

Printed in Germany
ISBN 3-334-60411-X
ISBN 3-334-00339-6 (Gesamtwerk)

Mitarbeiterverzeichnis von Teil 1

Grell, Karl, Professor Dr. rer. nat., Institut für Biologie der Eberhard-Karls-Universität, Tübingen

Gruner, Hans-Eckhard, Professor Dr. rer. nat. habil., Museum für Naturkunde der Humboldt-Universität, Berlin

†Kilian, Ernst F., Professor Dr. rer. nat., ehem. I. Zoologisches Institut der Justus-Liebig-Universität, Gießen

Vorwort des Herausgebers zur fünften Auflage

Im Rahmen der völligen Neubearbeitung dieses Lehrbuches erscheint jetzt vom Band I (Wirbellose Tiere) der 4. Teil (Arthropoda, ohne Insecta). In der Zwischenzeit sind allerdings die Teile 1−3 vergriffen. Um den Benutzern wieder alle Teile der Neubearbeitung zugänglich zu machen, haben sich Verlag und Herausgeber entschlossen, die Teile 1−3 als nahezu unveränderten Nachdruck aufzulegen, auch wenn dies gewiß keine optimale Lösung ist. Eine neuerliche Überarbeitung war jedoch zum gegenwärtigen Zeitpunkt nicht möglich, weil alle Kraft auf die Fertigstellung der noch gänzlich fehlenden neubearbeiteten Teile konzentriert werden mußte. Wir hoffen, daß trotzdem auch diese Auflage wiederum einen großen und interessierten Leserkreis findet.

Berlin, im Januar 1993   Hans-Eckhard Gruner

Aus dem Vorwort zur ersten Auflage

Physiologie, Entwicklungsphysiologie und Genetik haben uns in den letzten beiden Jahrzehnten geradezu überschüttet mit hervorragenden Entdeckungen. Ihr Eindringen in Zusammenhänge, die unerforschlich schienen und die sich nunmehr einer unerhörten Beherrschung der Mikrochirurgie oder hochspezialisierten physikalisch-chemischen Methoden entschleiern müssen, zieht die Blicke aller Biologen auf sich und drängt die klassischen Forschungsrichtungen in den Hintergrund. Jedem, der diesen begeisternden Aufschwung miterlebt, ist das verständlich. Von der Gesamtwissenschaft aus gesehen aber liegt in dieser Entwicklung eine Verführung zur Einseitigkeit, zur Vernachlässigung bedeutender und unentbehrlicher Wahrheiten, die auf anderem Wege gewonnen worden sind. Schilderung und Vergleichung, Ordnung und geschichtliche Betrachtung — in unserem Falle Vergleichende Anatomie, Ökologie, Systematik und Phylogenie — sind uralte Anliegen des menschlichen Geistes, Denk- und Arbeitsrichtungen, die wohl durch kausale Wissenschaften bereichert, nicht aber ersetzt werden können. In vielem der künstlerischen Anschauung verwandt, gehen sie mit großen Komplexen um und streben Synthesen zu, die völlig andersartig sind als die der kausalen Wissenschaften. Sie wenden ihr Gesicht nach einer anderen Seite und sind damit ein unentbehrlicher integrierender Teil der Zoologie. Was sie zu leisten vermögen, dafür legt die Descendenztheorie Zeugnis ab, die, aus ihnen hervorgewachsen, zu einem bedeutsamen Faktor der Weltanschauung der Menschheit geworden ist. Ihre Vernachlässigung bedeutet eine Verarmung der Wissenschaft. Wenn dies jetzt noch nicht zutage tritt, so nur deshalb, weil die Forscher, deren Namen vom höchsten Glanz des Erfolges der kausalen Richtung umstrahlt sind, einst aus der morphologischen Schule hervorgegangen sind und deren Erkenntnisse mit souveräner Selbstverständlichkeit handhaben. Der Kenner spürt es, daß sie beide Richtungen des menschlichen Geistes beherrschen. Dem Jünger bleibt es naturgemäß verborgen; viele werden versuchen, auf direktem, d. h. einseitigem Wege schnell die Meisterschaft zu erreichen, und nur zu Epigonen werden, die auf schmaler Basis stehen und deren Problemstellung verengt ist. Für die Gesamtwissenschaft besteht gleichzeitig die Gefahr, daß große Gebiete veröden: das Überblicken des Formenreichtums und seines Gestaltenwandels, die Erkenntnis ökologischer und tiergeographischer Zusammenhänge, das Zurechtfinden in freier Natur und die wichtigen Grundlagen für die angewandte Zoologie. Alles dies wächst ja aus der Speziellen Zoologie hervor, und auch die Problemstellung der Physiologie geht jetzt bereits oft und mit Glück von ihr aus.

Es erscheint deshalb notwendig, dem Anfänger die klassischen Disziplinen wieder nahe zu bringen, nachdem seit mehr als einem Jahrzehnt die deutschen Lehrbücher der Speziellen Zoologie vergriffen sind. Dem Wunsche meiner Studenten entsprechend schrieb ich dieses Lehrbuch, dem die Vorlesung zugrunde liegt, die ich an der Humboldt-Universität zu Berlin in den letzten Jahren gelesen habe. Es geht nicht, wie die älteren Lehrbücher, nur auf Anatomie und Systematik ein, sondern kennzeichnet die systematischen Einheiten auch durch die Funktion ihrer Organe sowie durch die Lebensweise. Auch will ich nicht lediglich einen schematischen Normaltypus jeder Tierklasse vorführen, sondern sozusagen das Leben der Klasse oder Ordnung selbst, also die großen Wandlungen ihres Bauplanes, insbesondere die morphologischen und biologischen Extreme, die am deutlichsten offenbaren, welche Möglichkeiten in einer Organisationsform verborgen liegen.

In der Systematik mußte ich mich begnügen mit einer Auswahl von Arten, die ich dafür wiederum in stärkerem Maße auch ökologisch gekennzeichnet habe, um damit die allgemeine Behandlung der betreffenden Tiergruppe zu vertiefen. Selbstverständlich habe ich die Beispiele für die einzelnen Kategorien nicht lediglich nach taxonomischen Gesichtspunkten ausgewählt. Ich war vielmehr bestrebt, solche Arten vorzuführen, die entweder durch besondere Differenzierungen des Baues oder der Lebensweise allgemein-zoologische Probleme veranschaulichen oder wirtschaftlich bzw. medizinisch wichtig sind, wegen ihrer Schönheit berühmt oder wegen ihrer Häufigkeit als Material für Praktika benutzt werden usw. Dabei bin ich über den Rahmen der Vorlesung bewußt hinausgegangen, weil es dem Leser nicht möglich ist, sich wie der Hörer nach dem zu erkundigen, was ihm nicht geboten wurde. Selbstverständlich ist die Auswahl subjektiv und hätte in mancher Hinsicht mit gleichem Gewinn für den Leser anders gehandhabt werden können. Im Grunde genommen habe ich ja doch das Lehrbuch geschrieben, das ich mir einst ersehnte, als ich vor Jahrzehnten mit meinem kleinen Schülermikroskop und dem „Claus-Grobben" einzudringen versuchte in das Gewimmel des Lebens der Tümpel meiner Heimat.

Berlin, am 25. Mai 1954   A. KAESTNER

Vorwort des Herausgebers zur vierten Auflage

Am 3. Januar 1971 verstarb ALFRED KAESTNER, der unvergessene Begründer dieses
Lehrbuches. Die Wissenschaft verlor in ihm einen unermüdlichen Forscher und einen
Hochschullehrer, der sein schier unerschöpfliches Wissen in Wort und Schrift in
glänzender Weise zu vermitteln wußte. Sein plötzlicher Tod machte unter anderem
eine Entscheidung darüber nötig, ob und wie das „Lehrbuch der Speziellen Zoologie"
fortgeführt werden sollte. Der weite Benutzerkreis und der wohl durchweg positive
Widerhall ließen es angebracht erscheinen, dieses inzwischen zum Standardwerk ge-
wordene Buch fortleben zu lassen. Es bestand allerdings von Anfang an kein Zweifel
daran, daß wohl niemand mehr in der Lage sein würde, eine Neubearbeitung allein
vorzunehmen. Die Flut der Veröffentlichungen auf dem Gebiete der Speziellen Zoologie setzt einem einzelnen Grenzen, die er nur unter der Gefahr einer willkürlichen
und zufälligen Stoffauswahl überschreiten kann. Der Verlag hat sich daher entschlossen, eine Reihe von Spezialisten mit dieser Neubearbeitung des Lehrbuches zu
beauftragen und einen Herausgeber für die Koordination der Einzelbeiträge zu benennen.

Es ist das Bestreben des Verlages und aller Autoren, das „Lehrbuch der Speziellen
Zoologie" im Sinne seines Begründers weiterzuführen. Sein Ziel war es, ein Buch zu
schaffen, das vor allem lehren sollte, biologische Zusammenhänge zu durchschauen.
Dieser Zielstellung haben wir uns vorbehaltlos angeschlossen. Zwar haben wir die
Konzeption des Lehrbuches geringfügig geändert, sind aber der Überzeugung, daß
ALFRED KAESTNER diese Veränderungen heute auch selbst vorgenommen haben
würde. Er war ursprünglich bestrebt, seinen Studenten ein Buch zum Lernen in die
Hand zu geben, das eine erweiterte Niederschrift seiner Vorlesungen darstellte. Nach
dem auch von ihm selbst kaum erwarteten Erfolg der ersten Lieferung hat er dann in
den folgenden Teilen den Stoff immer mehr erweitert und schließlich eine Art Handbuch und Nachschlagewerk für den Speziellen Zoologen geschaffen.

Bei der Konzeption der Neubearbeitung sind wir davon ausgegangen, daß dieser
Handbuch-Charakter konsequent weitergeführt werden sollte. Der Text wurde daher
straff und einheitlich gegliedert, so daß der Leser zum Beispiel alle Organsysteme stets
in einer festgelegten Reihenfolge auffinden kann. Physiologische Tatbestände wurden
im allgemeinen nur dort aufgenommen, wo sie für evolutive Vorgänge von Bedeutung
sind. Die systematischen Abschnitte dagegen sind zum Teil stark erweitert worden.
Auch haben wir uns bemüht, durch eine Vermehrung der Habitusbilder die betreffende
Tiergruppe noch besser zu veranschaulichen. Auf eine Großgliederung des Tierreichs
wurde im Text verzichtet, da sie heute mehr denn je umstritten ist. Wir lassen vielmehr die Stämme in der mehr oder weniger herkömmlichen Weise, also nach der
Organisationshöhe, aufeinanderfolgen. Dafür sind aber die Probleme der Großeinteilung in der Einführung ausführlich und zusammenfassend diskutiert. Auch eine
umfangreiche Darstellung der theoretischen Grundlagen der Systematik ist in die Einführung aufgenommen worden.

Die ursprünglich an vielen Stellen des Textes angebrachten Hinweise, daß der Anfänger das betreffende Kapitel überschlagen oder sich mit der Diagnose begnügen könne, sind bewußt weggelassen worden; dadurch war oft der Eindruck entstanden, diese Tiergruppe sei unwichtig. Wenn schon der Student und Examenskandidat eine Stoffauswahl treffen muß, dann sollte dies besser unter Anleitung des jeweiligen Hochschullehrers erfolgen. Für durchaus nachahmenswert halten wir dabei das von KAESTNER praktizierte Verfahren, wonach der Kandidat auf dem Gebiete der Wirbellosen die Kenntnis der allgemeinen Übersicht über das Tierreich mitbringen und sich darüber hinaus einen vertieften Einblick in drei Tierklassen oder Stämme verschaffen muß, unter der Voraussetzung, daß davon eine Gruppe vorwiegend marin, die andere terrestrisch und die dritte parasitisch lebt. Entscheidend muß dabei sein, daß sich der Student der Zusammenhänge zwischen Morphologie, Entwicklung und Lebensweise bewußt wird und daß er diese Erkenntnisse dann folgerichtig auch auf andere Tiergruppen anwenden kann.

Wir haben uns bemüht, die Zahl der in den einzelnen Stämmen und Klassen derzeit bekannten Arten möglichst genau zu überprüfen. Trotzdem müssen diese Angaben leider oftmals noch auf Schätzungen beruhen, wenn nämlich von der betreffenden Gruppe keine moderne Monographie vorliegt und keine Möglichkeit besteht, die Artenzahl auf andere Weise exakt zu ermitteln. Die bei den Stämmen und Klassen hinter den Artenzahlen stehenden Größenangaben haben wir erweitert. Es wird nicht nur die Maximalgröße, sondern auch das Von-Bis-Maß oder die Durchschnittsgröße angegeben. Dadurch erhält der Benutzer sicherlich eine realistischere Vorstellung von den Maßen der betreffenden Tiergruppe.

Diese Neuauflage des Bandes Wirbellose wird aus sechs Teilen bestehen, die in möglichst rascher Folge erscheinen sollen. Jeder Teil wird gesondert paginiert und erhält außer dem eigenen Literaturverzeichnis eigene Sach- und Tiernamen-Register.

Die Autoren danken allen Fachkollegen, die sie mit Literatur und Tiermaterial unterstützt haben und die durch fruchtbare Diskussionen und kritische Anmerkungen wertvolle Hilfe bei der Fertigstellung der Manuskripte geleistet haben. Gedankt sei auch allen Graphikern, die mit großem Einfühlungsvermögen zahlreiche Abbildungen neu zeichneten. Nicht zuletzt schulden Herausgeber und Autoren dem Verlag und seinen Mitarbeitern Dank für ihr großzügiges Eingehen auf alle unsere Wünsche und für ihre freundliche und stete Hilfsbereitschaft während aller Phasen der Entstehung dieser Neuauflage.

Berlin, im Sommer 1979   Hans-Eckhard Gruner

Hinweise für die Benutzer des Buches

1. In den Abschnitten „System" sind im allgemeinen alle Kategorien bis herab zur Ordnung vollständig aufgeführt. Wenn von den niedrigeren Kategorien nicht alle aufgezählt werden konnten, dann ist in der Regel zumindest die Anzahl der bisher bekannten Familien erwähnt.

2. Gattungen und Arten, die in Mitteleuropa einschließlich der angrenzenden Teile der Nord- und Ostsee vorkommen, sind durch ein * gekennzeichnet.

3. Die Autorennamen von Gattungen und Arten sind im Text und in den Abbildungslegenden weggelassen. Sie sind jedoch im Register der Tiernamen in nomenklatorisch exakter Form zitiert.

4. Das Register wurde geteilt. Im Register der Tiernamen findet der Benutzer alle im Text auftretenden Tiernamen vom Stamm bis zur Art, einschließlich der angeführten Synonyme (in Klammern). Auch die Vulgärnamen wurden aufgenommen. — Das Sachregister enthält alle wichtigen morphologischen, biologischen usw. Begriffe, u. a. auch alle Larvenformen.

5. Das Literaturverzeichnis befindet sich am Ende des Buches vor den Registern. Es ist nach Stämmen gegliedert. Innerhalb jedes Stammes ist das Verzeichnis alphabetisch nach Autoren geordnet und von 1 bis n durchnumeriert. Bei Hinweisen auf die Literatur erscheint diese Zahl im Text in eckigen Klammern. Bei den umfangreicheren Stämmen ist das Verzeichnis nochmals nach Klassen untergliedert, es ist aber auch dann für den gesamten Stamm durchnumeriert. — Die Titel der Zeitschriftenartikel mußten aus Platzgründen weggelassen werden. Dafür ist der Inhalt jeder Arbeit stichwortartig gekennzeichnet.

Inhaltsverzeichnis

Einführung

Die Spezielle Zoologie oder Systematik im weiteren Sinne ist, kurz gefaßt, die Wissenschaft von der Vielgestaltigkeit der Tiere. Wenn wir davon ausgehen, daß die Art als Grundeinheit dieser Vielgestaltigkeit zu gelten hat, dann hat es die Spezielle Zoologie mit etwa 2 Millionen Einzelelementen zu tun, denn so viele Tierarten leben schätzungsweise gegenwärtig auf unserer Erde. Andere Schätzungen liegen noch wesentlich höher. Ein Anliegen der Systematiker ist es, alle diese Tierarten zu beschreiben und zu benennen, das Tierreich also gewissermaßen in seine Einzelbestandteile zu zerlegen. Die zweite Aufgabe besteht darin, diese Einzelelemente zu ordnen und sie zu Verwandtschaftsgruppen zusammenzufassen. Das Ziel dieser Etappe ist es, die Phylogenese der einzelnen Elemente zu ergründen. Schließlich müssen dann die als miteinander verwandt erkannten Einheiten zu höheren Einheiten zusammengefaßt werden, das heißt, der Systematiker muß versuchen, die Phylogenese in eine Klassifikation umzusetzen. Dieser Vorgang wiederholt sich auf einer immer höheren Ebene, von der Art zur Gattung, von der Gattung zur Familie usw. Es entsteht auf diese Weise eine Abfolge von hierarchischen Rangstufen, ein hierarchisch-enkaptisches System, das gleichzeitig die historischen, also phylogenetischen Abläufe und das Ergebnis der Phylogenese möglichst objektiv widerspiegeln soll.

In diesem Buch sind bis herab zur Ordnung alle bisher beschriebenen Taxa aufgeführt. Familien werden dagegen nur dort vollständig genannt, wo dies erforderlich und nützlich erscheint. Bei Gattungen und Arten können aber grundsätzlich nur Beispiele gegeben werden. Wer sich über die Arten einer Tiergruppe weitergehend informieren will, muß auf systematische Monographien oder Regionalfaunen zurückgreifen, die in der Regel aus dem Literaturverzeichnis zu dem betreffenden Stamm zu ersehen sind.

Es ist wohl jedem Biologen bewußt, daß eine rein morphologische Beschreibung der Tiere bei weitem nicht ausreicht, ein volles Verständnis für die jeweilige Tiergruppe zu erlangen. Die Spezielle Zoologie bemüht sich daher, neben der funktionellen und vergleichenden Morphologie auch die Entwicklungs- und Stammesgeschichte, die Lebensweise, das Verhalten und die Verbreitung der Tiere in ihre Forschungen einzubeziehen. Auf diese Weise wird die Spezielle Zoologie zu einer in hohem Maße komplexen Wissenschaft.

Die ungeheure Mannigfaltigkeit des Tierreichs kommt nicht nur in der Artenzahl und in der sich daraus ergebenden Vielzahl der Namen zum Ausdruck. Sie schlägt sich auch nieder in einer Vielfalt von Bauplänen, in den unterschiedlichsten Lebensweisen, einer riesigen Fülle morphologischer Einzelheiten und schließlich, als Folge davon, in einer Flut von Fachausdrücken. Um dem Leser die Orientierung etwas zu erleichtern, sollen daher die wichtigsten und allgemein gültigen Aspekte der Speziellen Zoologie in dieser Einführung erörtert werden.
Zuerst wollen wir auf einige Fachausdrücke eingehen und Hinweise auf bestimmte Arbeitsregeln geben. Für diesen Komplex wird dem Leser dringend das intensive Studium der „Grundlagen der zoologischen Systematik" von Ernst MAYR [29] empfohlen. In diesem Buch findet er die hier nur angeschnittenen Probleme ausführlich behandelt. Dar-

überhinaus gibt es eine ganze Reihe von praktischen Anleitungen für die Arbeit des Taxonomen bis hin zur Anfertigung von wissenschaftlichen Publikationen.

In einem zweiten Komplex werden wir dann bestimmte Entwicklungsabläufe darlegen und die Großeinteilung des Tierreichs diskutieren.[1])

1. Definition allgemeiner Begriffe

In jeder Wissenschaft gibt es eine Reihe von Begriffen, die bestimmte Teilgebiete oder gewisse Arbeitsvorgänge umschreiben. Oftmals werden aber diese Begriffe in unterschiedlichem Sinne angewendet oder mit verschiedenen Inhalten versehen. Es leuchtet ein, daß dies zu Mißverständnissen und Verwirrung führen kann. Ein einheitlicher Sprachgebrauch ist daher eine unerläßliche Voraussetzung für eine fruchtbare Zusammenarbeit aller auf einem Wissenschaftsgebiet tätigen Forscher. Auch in der Zoologie hat es relativ lange gedauert, bis über die Bedeutung der einzelnen Fachausdrücke einigermaßen Klarheit geschaffen war. Bei den folgenden Definitionen halten wir uns eng an die Ausführungen von SIMPSON [38] und MAYR [29], die in ihren zusammenfassenden Darstellungen diese Begriffe diskutiert und eindeutig definiert haben.

Unter **Spezieller Zoologie** versteht man die Wissenschaft von der Vielgestaltigkeit der Tiere oder die Wissenschaft von den Tieren unter systematischen Gesichtspunkten. Forschungsgegenstand dieses Wissenschaftszweiges sind die Tier-Arten und die sich aus verwandten Arten aufbauenden höheren systematischen Einheiten. Forschungsziel sind die Beschreibung und Benennung aller auf der Erde lebenden Tier-Arten sowie die Aufklärung ihrer Entstehung und ihrer verwandtschaftlichen Beziehungen untereinander. Die Spezielle Zoologie betrachtet einerseits unter einem analytischen Aspekt die einzelnen Tier-Arten nebeneinander als lebende Einheiten mit allen ihren gestaltlichen Merkmalen, einschließlich deren Entstehung und Abänderung im Laufe der Entwicklung, und mit allen ihren Wechselbeziehungen zur belebten und unbelebten Umwelt. Andererseits ist es Aufgabe der Speziellen Zoologie, unter einem synthetischen Aspekt die Vielfalt der gewonnenen Erkenntnisse zu ordnen und miteinander in Vergleich zu setzen, Entwicklungsabläufe aufzuzeigen und deren Ursachen zu untersuchen. Die Erkenntnisse der Embryologie, Phylogenie, Ökologie, Zoogeographie, Genetik und Ethologie sowie die der physiologisch orientierten Disziplinen fließen dabei in gleichem Maße in die Spezielle Zoologie ein wie die der Morphologie und Taxonomie. Im Grunde genommen schließt die Spezielle Zoologie also fast alle jene Einzeldisziplinen mit ein, die auch das Gerüst der Allgemeinen Zoologie ausmachen, betrachtet sie aber im Gegensatz zu dieser nicht bezogen auf Sachgebiete, sondern auf konkrete Tiergruppen.

Primäre Aufgabe der Speziellen Zoologie ist es, den Istzustand der tierischen Vielgestaltigkeit auf unserer Erde zu erforschen und zu erfassen. Daraus leitet sich dann die Aufgabe ab, die Gesetze und die Entwicklungsabläufe zu untersuchen, die zu diesem jetzigen Zustand geführt haben. Dies geschieht in enger Zusammenarbeit mit der Paläozoologie, die sich mit den ausgestorbenen Sachzeugen der Evolution befaßt. Die Spezielle Zoologie ist auf Grund der gesammelten Erkenntnisse aber auch in der Lage, gewisse Voraussagen zu treffen, wie sich eine Tierart oder eine Population verhalten werden, wenn natürliche oder künstliche Veränderungen des Lebensraumes eintreten.

---

[1]) Ich danke allen Mitautoren dieses Lehrbuches für die zahlreichen Hinweise und kritischen Anmerkungen zu diesem Einführungskapitel. Es sei jedoch darauf hingewiesen, daß die hier dargelegten Formulierungen und Schlußfolgerungen nicht in jedem Falle von allen Autoren geteilt werden.

Vor allem bei diesen brennend aktuellen Problemen sind systematische und ökologische Forschung eng miteinander verknüpft.

Die Kenntnis der Arten und ihrer systematischen Einordnung ist eine unabdingbare Voraussetzung für die Lösung der verschiedensten Probleme auf den Gebieten der Land- und Forstwirtschaft, der Fischerei, des Gartenbaus, der Tierzucht, des Gesundheitswesens und anderer wirtschaftlich bedeutungsvoller Wissenschaftszweige.

Die angelsächsischen Bezeichnungen „Systematic Zoology" und „Systematics" decken sich wohl inhaltlich mehr oder weniger mit unserer Speziellen Zoologie, und auch der im Deutschen noch verwendete Ausdruck „Systematische Zoologie" dürfte dem Inhalt nach das gleiche bedeuten.

Der Begriff „Spezielle Zoologie" taucht in Deutschland offenbar zum erstenmal im Jahre 1836 in den Vorlesungen von Hermann BURMEISTER in Berlin auf (nach TEMBROCK, 1959). Höchstwahrscheinlich verstand BURMEISTER darunter jenen Komplex, den man damals üblicherweise als „Naturgeschichte der Tiere" bezeichnete. Im Wintersemester 1865/66 kündigte dann Ernst HAECKEL in Jena erstmals getrennt eine Allgemeine und eine Spezielle Zoologie an; letztere nannte er ein Semester später „Spezielle (Systematische) Zoologie". HAECKEL war wohl der erste deutsche Zoologe, der diese Trennung nicht nur formal, sondern auch geistig vollzog. Er wollte die Zoologie einmal vom Sachgebiet her (Allgemeine Zoologie) und zum anderen von der Tiergruppe her (Spezielle Zoologie) betrachten. Dieses Konzept ist auch heute noch gültig, hat sich aber anscheinend nur zögernd durchgesetzt. Lange Zeit verstand man vielerorts unter der Speziellen Zoologie einfach eine „Systematik der Tiere". Einen Markstein in der geistigen Durchdringung unseres Fachgebietes setzte dann zweifellos Karl HEIDER, der seinen Vorlesungszyklus in Innsbruck (von 1899 an) ebenfalls in eine Allgemeine und eine Spezielle Zoologie teilte. Auch er sprengte bewußt den Rahmen der klassischen Systematik, indem er viele andere Aspekte, vor allem natürlich die Entwicklungsgeschichte, in seine spezielle Vorlesung einbezog. Von 1918 bis 1924 wirkte HEIDER dann als Ordinarius für Zoologie in Berlin, und auch hier hat er seine „Spezielle Zoologie" im Sinne von HAECKELS Grundkonzeption gelesen. Erst 1937 hat dann Werner ULRICH, ein Schüler HEIDERS in Berlin, die Spezielle Zoologie im modernen Sinne und unter dieser Bezeichnung wieder aufgegriffen und in tiefgründigen, höchst anspruchsvollen Vorlesungen seinen Hörern nahegebracht. Unmittelbar als Nachfolger von ULRICH setzte Alfred KAESTNER diese Tradition in Berlin und später in München fort. Aus seinen Vorlesungen ist das „Lehrbuch der Speziellen Zoologie" entstanden.

Ein Teilgebiet der Speziellen Zoologie ist die **Taxonomie.** Wenn man Spezielle Zoologie als Systematik im weiteren Sinne definiert, dann ist Taxonomie die Systematik im engeren Sinne. Man versteht darunter die Theorie und Praxis der Klassifikation der Tiere (nach MAYR). Die Taxonomie befaßt sich mit den einzelnen Arten, ihrer Beschreibung und Benennung, und darauf aufbauend mit ihrer Zusammenfassung zu höheren Einheiten, mit den theoretischen Grundlagen für das Herausfinden von Verwandtschaftsgruppen, kurz mit allen Aspekten, die mit dem „System der Tiere" in Beziehung stehen. Die praktische Arbeit des Taxonomen beinhaltet das Klassifizieren und das Determinieren von Tieren.

Als **Klassifikation** bezeichnet man einmal das Ergebnis taxonomischer Arbeit, also das System oder eben die Klassifikation einer bestimmten Tiergruppe. Aber auch der Vorgang selbst, das Einordnen von Tieren in Gruppen oder Reihen auf der Grundlage ihrer Verwandtschaftsbeziehungen (nach SIMPSON), wird Klassifikation genannt. Der Taxonom hat dabei eine Vielzahl von Merkmalen, im Idealfall alle Merkmale zu berücksichtigen. Das Ergebnis dieses auf einem induktiven Verfahren beruhenden Vorganges ist die Beschreibung einer Tiergruppe, ihre Untergliederung und ihre Abgrenzung gegenüber anderen Gruppen.

Ein ganz anderer Vorgang ist die **Determination** (auch Identifikation oder Bestimmung). Dabei versucht der Taxonom, die ihm vorliegenden Tiere mittels eines rein deduktiven Verfahrens in eine bereits vorher geschaffene Gruppierung einzuordnen.

Bei der Determination kommt man in der Regel mit wenigen „Schlüssel"-Merkmalen, im Idealfall mit nur einem Merkmal aus. Diese Merkmale, die vornehmlich in Bestimmungsschlüsseln angewendet werden, kennzeichnen zwar meist eine Tiergruppe eindeutig, sie sind aber keineswegs immer identisch mit jenen Merkmalen, die der Systematiker für die Erforschung verwandtschaftlicher Beziehungen benutzen muß.

Gewissermaßen eine Zusammenfassung der Schlüsselmerkmale einer Tiergruppe ist die **Diagnose**, eine kurze Kennzeichnung der betreffenden Gruppe nach besonders auffälligen und charakteristischen Eigenschaften. Die Diagnose grenzt eine Gruppe lediglich von anderen Gruppen ab, sie sagt aber ebenfalls in der Regel nichts aus über die Verwandtschaftsbeziehungen oder die Phylogenese dieser Gruppe.

Wenn wir oben verschiedentlich von Tier„gruppen" gesprochen haben, dann war diese Ausdrucksweise nicht ganz korrekt oder zumindest zweideutig. Es gilt nämlich streng zu unterscheiden zwischen den Begriffen Taxon und Kategorie.

Als **Taxon** bezeichnet man eine konkrete Gruppe von Organismen, gleichgültig welchen Rang diese Gruppe in der hierarchischen Klassifikation einnimmt. Der Löwe ist z. B. ein Taxon auf Artrang, die Katzen ein Taxon auf Familienrang, die Säugetiere ein Taxon auf Klassenrang usw. Ein Taxon ganz gleich welcher Rangstufe können wir nur beschreiben, nicht aber definieren.

Die **Kategorie** dagegen ist eine abstrakte Bezeichnung für einen bestimmten Rang innerhalb der hierarchischen Klassifikation (vgl. S. 33). Die Kategorie Art ist zum Beispiel eine Rangstufe, zu der alle Taxa gehören, denen Artrang zuerkannt wurde, die Kategorie Familie schließt alle Taxa mit Familienrang ein usw. Eine Kategorie können wir demzufolge nur definieren, nicht aber beschreiben. Die heute allgemein zur Anwendung kommenden Kategorien sind auf S. 38 aufgeführt.

2. Historische Entwicklung der Systematik

Das Bedürfnis des Menschen, die Tiere (und Pflanzen) seiner Umgebung zu benennen und zu charakterisieren, ist sicherlich so alt wie der menschliche Geist. Auch eine einfache Einteilung, vor allem wohl nach ihren praktischen Bedürfnissen, haben prähistorische Völker ganz gewiß vorgenommen. Historisch belegt sind solche Versuche einer Klassifikation der Tiere seit über 2000 Jahren. Sie wurden allerdings im Laufe der Geschichte mit ganz unterschiedlichen Prämissen unternommen. Spielten anfangs vor allem philosophische oder religiöse Vorstellungen oder auch nur rein praktische Erwägungen eine Rolle, so ging man spätestens von der Mitte des 19. Jahrhunderts an vom Evolutionsgedanken als Basis der Klassifikation aus. Eine Übersicht über den historischen Ablauf, der zur Entwicklung unseres heutigen Systems geführt hat, macht uns deutlich, in wie hohem Maße naturwissenschaftliche Erkenntnisse von der geistig-philosophischen Grundströmung der jeweiligen Zeitepoche abhängig waren. Abgesehen davon haben natürlich auch die ständig zunehmenden Kenntnisse von Einzeltatsachen immer wieder zu neuen Einsichten geführt und zu Revisionen der Taxa auf allen Ebenen Anlaß gegeben. Eng verknüpft mit den Verfahren der Klassifition sind im übrigen auch die theoretischen Vorstellungen vom Wesen der Art, der Grundeinheit des Systems (vgl. S. 33)[1]).

Als Vater der Systematik und Klassifikation wird im allgemeinen ARISTOTELES (384—322 v. u. Z.) bezeichnet, obwohl dieser nie ein System in unserem heutigen

---

[1]) Frau Dr. I. JAHN (Berlin) sei für wertvolle Mitarbeit an diesem Kapitel herzlich gedankt.

Sinne aufgestellt hat. Ein solches System wurde vielmehr erst im 19. Jahrhundert aus seinen Schriften rekonstruiert. Aber abgesehen davon ging ARISTOTELES auch von einer ganz anderen theoretischen Basis aus, als wir sie heute zugrundelegen.

Es ging ARISTOTELES gar nicht um die Aufstellung eines Systems, sondern vielmehr um die Einführung empirischer Methoden zur Unterscheidung und Identifizierung der ihm bekannten rund 500 Tierarten. Er bediente sich dabei der von PLATON einge- führten und bis zur Gegenwart angewendeten diairetischen (dichotomischen) Methode der Position und Kontradiktion aus der Begriffslogik. Sie beruht auf dem logischen Prinzip, daß etwas nicht gleichzeitig „sein" und „nicht sein" kann. Mit Hilfe von ver- gleichenden anatomischen und biologischen Beobachtungen analysierte ARISTOTELES die Merkmale, in denen sich die Tierarten unterscheiden, und beschrieb ihre „Eigenart". Der Begriff „Art" wurde von ihm nur in diesem und nicht etwa im Sinne einer fest- stehenden systematischen Kategorie oder bestimmter Taxa gebraucht.

Bei der deduktiven Methode des ARISTOTELES kam man zum Besonderen, indem man vom Allgemeinen ausging. Das Allgemeine wurde als gegeben vorausgesetzt. Dar- aus folgte zwangsläufig eine Betrachtung des Organismenreichs von „oben" nach „unten". Man nahm an, daß ein geistig-seelisches Prinzip die Ursache für die unter- schiedliche stoffliche Gestaltung der Organismen sei. So war das Tierreich, nach dieser Ansicht, durch den zusätzlichen Besitz einer „empfindenden Seele" gegenüber dem Pflanzenreich (mit einer nur „vegetativen Seele") ausgezeichnet. Jene Seele sollte, je nach ihrer Qualität, die Bewegung und die Bewegungsformen der Tiere bedingen. Als Sitz der Seele glaubte man das Herz und das Blut zu erkennen. Maßgebliche Kri- terien für die Unterscheidung und die Ranghöhe der einzelnen Tierformen waren dem- zufolge der Besitz oder das Fehlen von Herz und Blut, die Gestalt der Lokomotions- organe und die verschiedenen Arten der Fortbewegung. Hieraus resultierte die ari- stotelische Unterteilung der Tiere in solche mit und ohne rotes Blut sowie die weitere Unterteilung in vier- und zweifüßige, fußlose, fliegende und schwimmende Tiere. Die sich daraus ergebende Großgliederung des Tierreichs hat man im Nachhinein und eigentlich zu Unrecht als aristotelisches System bezeichnet.

Als dann im 13. Jahrhundert die mittelalterliche Scholastik (z. B. ALBERTUS MAGNUS, 1193–1280) die griechische Naturwissenschaft übernahm, wurden die aristotelischen Bewertungskriterien mit dem biblischen Genesisbericht verknüpft. Als primären Ein- teilungsaspekt des Tierreichs faßte man nun, wiederum deduktiv, die Reihenfolge der Erschaffung der Tiere bzw. ihrer Lebensräume als gegeben auf, nämlich nach dem Wortlaut des Alten Testaments: 1. Tiere des Wassers, 2. Tiere der Luft, 3. Tiere der festen Erde und 4. Allerlei Gewürm. Im Rahmen dieser vier Hauptgruppen wurden bis zum Ende des 17. Jahrhunderts die Tierbeschreibungen vorgenommen. Innerhalb dieser Gruppen wurde nach dem aristotelischen Prinzip der Unterscheidung weiter aufgegliedert oder die Tiere wurden einfach in alphabetischer Reihenfolge aufgeführt. Sammelbezeichnungen, wie Fisch, Vogel oder Wurm, hatten in diesem Zusammen- hang eine völlig andere erkenntnistheoretische Bedeutung als heute. Es ist deshalb auch völlig abwegig, heute darüber zu spotten, daß in früheren Jahrhunderten etwa die Fledermäuse unter den „Vögeln", Wale, Schildkröten, zum Teil auch Krebse und Mollusken, unter den „Fischen" und fast alle terrestrischen Wirbellosen unter den „Würmern" aufgeführt wurden. Schon frühzeitig gab es übrigens auch die große Gruppe „Insekten" (Entoma bei ARISTOTELES, Insecta bei PLINIUS). Späterhin waren die Insekten dann eine Untergruppe der Wassertiere oder der Lufttiere oder beider („kleine Geflügelte") und stellten eine ähnlich heterogene Sammelgruppe wie die der „Würmer" dar. Teilweise traten sie auch an die Stelle der „Würmer" und schlossen dann diese mit ein (ALDROVANDRI 1604, RAY 1710).

Im 16. und 17. Jahrhundert hatte unter der Anwendung empirischer Methoden die Kenntnis der Anatomie und Biologie zahlreicher neuer Tierformen außerordentlich

2*

stark zugenommen. Besonders fördernd wirkten sich dabei die Fortschritte in der Anatomie und Physiologie des Menschen sowie die aufblühende Mikroskopie aus. Außerdem hatten die großen Entdeckungsreisen jener Zeit eine Fülle bis dahin völlig unbekannter Tierformen nach Europa gebracht. Es entstanden nun viele exakte Artbeschreibungen und Spezialwerke. Noch aber fehlte eine geistige Vorstellung vom Wesen der Einzelmerkmale und von ihrer Bedeutung für eine Klassifikation.

Auch John RAY (1627—1705) war noch unverkennbar der Methode und der Terminologie des ARISTOTELES verhaftet. Bei ihm zeichnet sich aber eine neue Fähigkeit zur Synthese und zur Abstraktion ab. Als Markstein in dieser Hinsicht gilt sein Werk „Synopsis methodica animalium Quadrupedum et Serpenti generis" (1693). Darin wurden zum erstenmal neue, allgemeine Prinzipien zur Klassifikation des gesamten Tierreichs konzipiert. RAY ging primär von anatomischen und funktionellen Aspekten aus und gruppierte die höheren systematischen Taxa nach induktiv abgeleiteten Merkmalen. Für die einzelnen Kategorien gab es zwar noch keine feststehenden Benennungen, das Grundprinzip RAYS kommt aber in seinem dreistufigen Gattungsbegriff zum Ausdruck (genus, genus subalternum, genus summum). Damit war erstmals eine relative Beziehung von über- und untergeordneten Kategorien geschaffen worden. Das Prinzip RAYS wurde unmittelbar von LINNAEUS übernommen und bildete die Grundlage für dessen hierarchisch-enkaptisches System. Bei der praktischen Großgliederung des Tierreichs folgte RAY aber durchaus noch den traditionellen Anschauungen. Seine Gesamtdarstellung des Tierreichs gliederte sich in „Vögel" (1675), „Fische" (1685), „Vierfüßer" (1693) und „Insekten" (1710), letztere unter Einschluß aller Arthropoden und „Würmer".

Das große Verdienst RAYS besteht, neben seinen ersten Ansätzen zu einem hierarchischen System, in der Einführung der induktiven Methode in die zoologische Systematik. Bei dieser Methode gelangt man vom Besonderen zum Allgemeinen, also gewissermaßen zu einer Betrachtung des Tierreichs von „unten" nach „oben". Es wurde jetzt nicht mehr nach dem aristotelischen, deduktiven Verfahren eine Unterteilung vorgenommen, sondern es wurden kleinere Einheiten zu größeren zusammengefaßt. Für uns ist es heute selbstverständlich, daß eine Klassifikation von der Art ausgehend zu immer höheren Rangstufen aufgebaut werden muß. In die botanische Systematik hatte die induktive Methode übrigens schon rund 100 Jahre früher Eingang gefunden.

Von dem Gruppierungsprinzip nach Lebensräumen und von der Großgliederung des Tierreichs in Fische, Vögel und Vierfüßer als Umschreibung für Wasser-, Luft- und Landtiere löste sich dann endgültig Carl LINNAEUS (1707—1778) im Jahre 1735. Er wählte für die Kennzeichnung seiner sechs Tier-„Klassen" einige wenige, auffällige, aber eben doch morphologische Merkmale aus. Aus der morphologischen Betrachtungsweise ergaben sich zum Teil auch neue Namen. Die sechs Klassen bezeichnete er (1758) als Säugetiere, Vögel, Amphibien, Fische, Insekten und Würmer. Besonders die beiden letzten Klassen spiegeln allerdings auch bei LINNAEUS noch viel Traditionelles wider und stellen Sammelgruppen der verschiedensten Wirbellosen dar. Aus unserer heutigen Sicht ist dieses System vor allem eine verbesserte Klassifikation der Wirbeltiere, im übrigen aber begründet auf einer Mischung von Plesiomorphien, Synapomorphien und Analogien, wie wir uns heute ausdrücken würden. Neu ist allerdings die konsequente Methode der Klassifikation. Sie besteht in einer klaren und durchgängigen Subordination von Kategorien unterschiedlicher Rangstufe, in einer enkaptischen Hierarchie (s. S. 33) von Arten (und Varietäten), Gattungen, Ordnungen und Klassen. Dieses Prinzip wurde bis auf den heutigen Tag unverändert beibehalten, lediglich die Anzahl der Kategorien wurde vermehrt. Die Einführung eines hierarchisch-enkaptischen Systems und die konsequente Anwendung der binominalen

Nomenklatur (s. S. 29) sind unbestrittene und bleibende Verdienste des großen schwedischen Naturforschers.

LINNAEUS hat die Gattungen und Arten als morphologisch-genealogische Einheiten aufgefaßt (s. S. 34), die am Weltenanfang geschaffen worden seien und sich seitdem konstant und unverändert fortgepflanzt hätten. Die Typen des Ordnungssystems seien die Gattungen, die Arten dagegen stellten gewissermaßen nur Ausartungen dieses Typus dar. Gattungen und Arten waren für ihn demzufolge „natürliche" Einheiten, die die natürliche Weltordnung widerspiegeln. Die Ordnungen und Klassen jedoch seien der „Kunst" des Systematikers zu danken und lediglich geeignet, sicher zu den Gattungen und Arten hinzuführen. Wegen der angenommenen Konstanz der Gattungen und Arten hat man die Klassifikation des LINNAEUS oft auch als typologisches System bezeichnet, obwohl diese Bezeichnung den wahren Sachverhalt nicht ganz trifft (s. S. 34).

Ein klassischer Vertreter dieser ausgesprochen statischen Systematik war auch Georges CUVIER (1769–1832), eine herausragende Persönlichkeit des glanzvollen Pariser Geisteslebens jener Zeit. Er war nicht nur ein hervorragender Kenner der rezenten Tierwelt, er brachte nicht nur die vergleichende Anatomie zu großer Geltung, er gilt vielmehr auch als der Begründer der modernen Wirbeltier-Paläontologie. Und gerade aufgrund seiner glänzenden paläontologischen Forschungen hatte CUVIER eigentlich die überzeugenden Beweise für eine schrittweise Veränderung der Arten in der Hand. Aber er erklärte die unterschiedliche Ausbildung der Arten in den verschiedenen Zeithorizonten bekanntlich mit seiner Kataklysmen-Theorie, nach der im Anschluß an eine Reihe von Naturkatastrophen immer wieder Tiere aus anderen Gegenden zugewandert sein sollen oder eventuell sogar Neuschöpfungen stattgefunden haben sollen. CUVIER hielt beharrlich an der Vorstellung von der Konstanz der Arten fest. Das war aber nicht etwa ein Festklammern an alten Prinzipien, wie ihm oft unterstellt worden ist. CUVIER ging nämlich von einer ganz anderen Basis aus als etwa LINNAEUS. Aufgrund seiner anatomischen Untersuchungen war er zu der Überzeugung gekommen, daß den Tieren in Gestalt der Arten ein innerer Grundtypus innewohnen müsse, der nicht zerstört werden könne, wenn die Art erhalten bleiben soll. Wenn sich die einzelnen Individuen einer Art unterscheiden, dann — nach seiner Meinung — nur in unwesentlichen äußeren Merkmalen, die man als Abweichungen vom Grundtypus sehen müsse.

Diese Ansichten CUVIERS blieben keineswegs unwidersprochen. Zur gleichen Zeit und zusammen mit ihm in Paris waren Gelehrte tätig, die durchaus von der Veränderlichkeit der Arten überzeugt waren und die dies auch in eindeutig evolutionistischen Gedankengängen äußerten.

Begonnen hatte diese Entwicklung zu einer evolutionistischen Interpretation der Organismenwelt bereits zu Lebzeiten des LINNAEUS und in unmittelbarem Widerstreit zu diesem. Schon Georges DE BUFFON (1707–1788) hatte nämlich unter anderem festgestellt, daß sich die heutigen Arten offenbar auf eine kleine Anzahl von Familien oder Stämmen zurückleiten ließen, aus welchen möglicherweise alle anderen hervorgegangen sein könnten.

Ähnliche Gedanken äußerte Johann Karl Wilhelm ILLIGER (1775–1813) im Jahre 1800 unter dem Einfluß der Entwicklungsidee Immanuel KANTS. Entwicklung war für ihn gleichbedeutend mit der Entstehung erblicher Rassen, die sich an ändernde Umweltbedingungen angepaßt haben. Auch in der rezenten Tierwelt könnten sich neue Formen innerhalb relativ konstanter Artgrenzen bilden. Die Art selbst faßte er als Inbegriff aller Individuen auf, welche fruchtbare Junge miteinander zeugen. Ihre morphologische Beschreibung müsse durch Beobachtungen über das Paarungs- und Fortpflanzungsverhalten ergänzt werden. ILLIGER hatte damit wohl als einer der ersten Zoologen die Grundideen eines biologischen Artbegriffs konzipiert, eines Artbegriffs, der erst 100 Jahre später von K. JORDAN (1905) formuliert wurde. ILLIGER war übrigens einer der Mitbegründer und der erste Direktor des Zoologischen Museums zu Berlin (ab 1810).

Die erste zusammenfassende Darstellung einer Abstammungslehre lag praktisch vor, als BUFFONS Schüler Jean Baptiste DE LAMARCK (1744—1829) im Jahre 1809 die „Philosophie Zoologique" veröffentlichte. Darin behauptete er nicht nur, daß sich die Arten durch eine immer bessere Anpassung veränderten, er sprach auch die Überzeugung aus, daß alle Einheiten des Systems auf natürlichen Verwandtschaftsgruppen basieren müßten, daß sie „Familien" im ursprünglichen Sinne des Wortes seien. (Unter diesem Gesichtspunkt hat er auch die Kategorie Familie in die zoologische Systematik eingeführt.) Aber LAMARCK konnte den empirischen Beweis für seine Gedankengänge nicht antreten. Sein Buch erschien offenbar zur unrechten Zeit, seine Argumente standen auf zu schwachen Füßen, und seine Ansichten fanden kaum irgendwo Zustimmung.

Die Zeit war erst genau ein halbes Jahrhundert später reif, als DARWIN, sozusagen über Nacht, der Abstammungslehre zum Siege verhalf (s. S. 39). Seine große Entdeckung war die Erkenntnis vom wechselseitigen Zusammenspiel von Variation und Selektion. Die Evolutionstheorie hat die gesamte Biologie und vor allem auch die Systematik entscheidend beeinflußt. Ihr ist es zu verdanken, daß wir das System nicht mehr als ein statisches, sondern als ein dynamisches Gefüge betrachten.

Dieser Wandel vollzog sich allerdings nicht schlagartig, sondern ganz allmählich, und er setzte auch schon vor der Zeit DARWINS ein, als man die Deszendenz zwar ahnte, aber noch keine festgefügte theoretische Vorstellung von ihr hatte. Die Grundlagen für das neuzeitliche zoologische System schufen LAMARCK und CUVIER, wenn auch nicht gemeinsam, so doch sich gegenseitig beeinflussend.

Schon 1794 hatte LAMARCK die auch heute noch gebräuchliche Bezeichnung „Wirbeltiere" für die ersten vier Klassen des LINNAEUS eingeführt und diesen die „wirbellosen Tiere" gegenübergestellt. Sein Bemühen zielte dann vor allem auf eine verbesserte Klassifikation der Wirbellosen ab, die er 1815 in zehn neue Klassen unterteilte: Infusoria, Polypi, Radiaires, Vermes, Insecta, Arachnidae, Crustacea, Annelides, Cirrhipeda und Mollusca. Erstmals und ganz bewußt ordnete LAMARCK seine insgesamt 14 Klassen des Tierreichs nicht mehr in der auf den Menschen bezogenen Reihenfolge von den Säugetieren abwärts, sondern umgekehrt mit den Infusoria beginnend aufwärts bis zu den Säugetieren an. Er wollte damit auch äußerlich jene Ordnung zum Ausdruck bringen, die „die Natur bei der Produktion der Lebewesen" verfolgt habe. Aber auch LAMARCKS System war noch eine Stufenfolge, wenn jetzt auch eine umgekehrte. Die einzelnen Klassen standen beziehungslos und abgestuft durch ihre Leistungsfähigkeit („psychische Qualitäten") untereinander in rein linearer Anordnung.

Es muß uns heute in höchstem Maße verwundern, daß LAMARCK, der doch auf der einen Seite so durchaus modern anmutende Ansichten hatte, auf der anderen Seite mit seinem System noch fast der antiken Gedankenwelt verhaftet blieb. Und ebenso erstaunlich ist die aus heutiger Sicht zwiespältige Geisteshaltung CUVIERS, der nun umgekehrt, trotz seiner Überzeugung von der Konstanz der Arten, zu einer Großgliederung des Tierreichs nach beinahe schon phylogenetischen Gesichtspunkten kam. CUVIERS großes Verdienst ist es, das überwiegend „künstliche" System des LINNAEUS bis zu einem gewissen Grade in ein „natürliches" umgewandelt zu haben. Dabei ging er nicht mehr, wie man das bisher getan hatte, von wenigen auffälligen, äußeren Merkmalen, sondern vom anatomischen Bau und von der Berücksichtigung möglichst vieler Merkmale der Tiere aus. CUVIER stützte sich zwar auf die analytischen Arbeiten LAMARCKS, begann aber, die bis dahin bekannten Tierklassen mit Hilfe vergleichend-anatomischer Untersuchungen streng nach der induktiven Methode zu revidieren. Von den Arten ausgehend suchte er nach gemeinsamen Merkmalen der Gattungen, Familien, Ordnungen und Klassen. Durch dieses Vorgehen erkannte er, daß die von LINNAEUS und auch die von LAMARCK aufgestellten Klassen untereinander gar nicht gleichwertig sind und daß die vier Wirbeltier-Klassen eine Großgruppe bilden, der zum Beispiel die Mollusca gleichrangig gegenüberstehen müssen. Aufgrund seiner umfangreichen und sorgfältigen Forschungen kam CUVIER (1817) schließlich zu einer Einteilung des Tierreichs in vier Bauplantypen oder Tierkreise (Embranchements): Vertebrata (Wirbeltiere), Articulata (Gliedertiere), Mollusca (Weichtiere) und Radiata (Strahltiere). Das sind Verwandtschaftsgruppen, die teilweise auch heute noch Bestand haben. CUVIER muß bis zu einem gewissen Grade schon die Bedeutung jener Merkmale erkannt haben, die wir heute als synapomorph bezeichnen. Seine Klassifikation konnte übrigens bald auch durch entwicklungsgeschichtliche Befunde bestätigt werden. Entscheidend war, daß CUVIER seine Bauplantypen nicht mehr in Form einer Stufenleiter aneinanderreihte, sondern daß er sie als vier gleichwertige und diskontinuierliche Gruppen nebeneinanderstellte. Sie waren für ihn gewissermaßen die vier voneinander unabhängigen Hauptsäulen des Tierreichs.

Die großen Standardwerke von LAMARCK („Histoire Naturelle des Animaux sans Vertèbres", 1815—1822) und von CUVIER („La Règne Animal", 1817) bilden die Ausgangspunkte unseres heutigen Systems. Im Laufe des 19. Jahrhunderts wurden unter Verwendung dieser Grundgerüste zahlreiche neue Arten beschrieben, das System wurde (von den Arten ausgehend) immer besser durchgearbeitet, die Kenntnis der Einzeltatsachen nahm immer mehr zu. Gegen Ende des Jahrhunderts gelangte durch die beiden klassischen Tiefsee-Expeditionen der „Challenger" und der „Valdivia" erstmals auch reiches Tiermaterial aus einem bis dahin fast völlig unbekannten Lebensraum in die Hand der Zoologen.

Die zunehmende Artenkenntnis zwang schon bald nach der Wende zum 19. Jahrhundert zur Revision einzelner Ordnungen und Klassen, vor allem der Wirbellosen, so der Insecta und Crustacea durch P. A. LATREILLE (1802—1805), der Crustacea noch einmal durch H. MILNE-EDWARDS (1834—1840), der Annelida durch J. C. SAVIGNY (1809—1820) und der Infusoria durch C. G. EHRENBERG (1838), um nur einige Beispiele zu nennen.

Die Erkenntnisse der gleichzeitig sich stürmisch entwickelnden vergleichenden Anatomie und Entwicklungsgeschichte, die tieferen Einsichten, die man durch histologische und cytologische Forschungen gewonnen hatte, veranlaßten aber auch ein ständiges neues Überprüfen der Großgliederung. Bald begann man, einige Klassen aus CUVIERS System aufzuteilen, andere zusammenzufassen, und schließlich wurden auch ganz neue Organisationstypen entdeckt. Auf diese Weise näherte sich das System immer mehr einer Gruppierung in natürliche Verwandtschaftsgruppen.

So wurde die bereits von A. BROGNIART (1799) aufgestellte Gruppe der Amphibien von H. DE BLAINVILLE (1816) als fünfte Klasse den Wirbeltieren eingegliedert. Die Cirripedia ordnete J. V. THOMPSON (1830) den Crustacea zu, und P. A. LATREILLE (1825) faßte die Crustacea, Arachnida und Insecta als Condylopoda (die späteren Arthropoda) zusammen. Den Kreis Protozoa schuf C. VON SIEBOLD (1846), indem er aus den Infusoria alle als mehrzellig erkannten Tiere ausschied. R. LEUCKART (1848) löste schließlich den Kreis Radiata auf in die Coelenterata und die Echinodermata. LEUCKART unterschied anstelle der vier Bauplantypen CUVIERS nunmehr sieben Grundtypen, ohne aber dabei das theoretische Konzept zu ändern: Protozoa, Coelenterata, Echinodermata, Vermes, Arthropoda, Mollusca, Vertebrata. Zur gleichen Zeit schied H. MILNE-EDWARDS (1848) die Bryozoa und die Tunicata aus den Vermes aus und vereinigte beide unter dem Namen Molluscoidea, denen HUXLEY (1853) dann noch die Brachiopoda angliederte. CLAUS sonderte bald darauf die Tunicata wieder aus diesem Kreis ab, und HATSCHEK (1881) begründete endgültig den heutigen Stamm Tentaculata, indem er Phoronida, Bryozoa und Brachiopoda als einen Verwandtschaftskreis zusammenfaßte. Bereits kurz nach der Jahrhundertmitte teilte C. Claus in seinem berühmten „Lehrbuch der Zoologie" das Tierreich in neun Kreise ein: Protozoa, Coelenterata, Echinodermata, Vermes, Arthropoda, Mollusca, Molluscoidea, Tunicata und Vertebrata. Schon vor dem Bekanntwerden der Abstammungslehre war also das System soweit „bereinigt", daß man die einzelnen Kreise durchaus als monophyletische Gruppen bezeichnen könnte, wenn man den damaligen Wissensstand berücksichtigt.

Am Rande sei erwähnt, daß unter dem Einfluß der naturphilosophischen Schule Schellings zwischen 1800 und 1850 auch wieder eine ganze Reihe künstlicher Systeme entstand, die nach der rein deduktiven Methode aufgestellt worden waren. Sie waren zum Teil völlig auf den Menschen bezogen (Oken), zum Teil sahen ihre Autoren im Kreis oder in der Zahl Fünf die göttliche Ordnung im Bereich des Lebendigen (Spix, Macleay). Diese ausgesprochen metaphysischen Klassifikationen der höheren Taxa waren vorübergehend sehr verbreitet. Sie behinderten zwar die empirische Forschung eine Zeitlang beträchtlich, konnten sie aber nicht aufhalten.

Wenn auch zur Zeit des Erscheinens von Darwins Abstammungslehre schon eine Klassifikation des Tierreichs vorlag, die weitgehend unseren heutigen Vorstellungen entsprach, so hat doch die Deszendenztheorie in entscheidendem Maße die theoretischen und methodologischen Grundlagen der Systematik beeinflußt (s. S. 39). Man begann nun, auch die Gliederung des Tierreichs unter dem Aspekt des Evolutionsgedankens zu betrachten. Den ersten Versuch, die großen systematischen Einheiten unter dem Blickwinkel ihrer Abstammung und ihrer Verwandtschaft zu sehen, unternahm Ernst Haeckel (1834—1919) im Jahre 1866. Er ordnete die bisherigen systematischen Großgruppen zu einem genealogischen System um. Die phylogenetische Betrachtungsweise wußte er durch seine berühmt gewordenen Stammbaum-Darstellungen in eindrucksvoller Weise auch bildlich zu veranschaulichen. Aus phylogenetischen Erwägungen hat Haeckel auch die Kategorie Stamm (Phylum) eingeführt. Später trennte er die Spongae (Porifera) von den Protozoa ab und stellte schließlich das Unterreich Protozoa dem Unterreich Metazoa gegenüber.

Die Erkenntnis, daß den Tunicata, Acrania und Vertebrata ein gemeinsamer Bauplan zugrundeliegt, verdanken wir A. Kowalewsky (1867). Dies führte später zu ihrer Vereinigung als Stamm Chordata, dem W. Bateson (1884) sogar noch die Enteropneusta (unter dem Namen Hemichordata) anschloß. Damit war gleichzeitig deutlich geworden, daß die Trennung von Wirbellosen und Wirbeltieren nicht den phylogenetischen Tatsachen entspricht, der Schnitt geht mitten durch den Stamm Chordata. Außerdem stellen die Wirbellosen keine monophyletische Einheit dar, der Begriff bedeutet lediglich, daß die unter diesem Namen zusammengefaßten Tiergruppen keine Wirbeltiere sind. Nur in diesem Sinne und aus didaktischen Gründen sprechen wir in diesem Lehrbuch von „Wirbellosen Tieren".

Am längsten hat es dann gedauert, bis die polyphyletische Natur des Stammes Vermes erkannt worden war. Nur zögernd wurde die Auflösung dieses lediglich durch den äußeren Habitus, den „wurmförmigen" Körper, gekennzeichneten Stammes angenommen. So faßte auch W. Kükenthal in der 8. Auflage seines „Leitfadens für das Zoologische Praktikum" (1920) noch alle wurmförmigen Tiere als Stamm Vermes zusammen. Innerhalb dieses Stammes unterschied er den 1. Unterstamm Amera (mit den Plathelminthes einschließlich Nemertini und mit den Nemathelminthes), den 2. Unterstamm Oligomera (mit unseren heutigen Tentaculata, Chaetognatha und Hemichordata) und den 3. Unterstamm Polymera (mit Annelida, Priapulida, Sipunculida und Echiurida). Schon die Autoren des von Kükenthal begründeten „Handbuches der Zoologie" hatten bei der Planung des Bandes „Vermes" (1928) jedoch erkannt, daß die sogenannten Oligomera mit den übrigen Wurmtypen nicht näher verwandt sind. Heute führen wir sie als die selbständigen Stämme Tentaculata, Chaetognatha und Hemichordata. Auch die übrigen „Vermes" wurden bald in mehrere Einheiten zerlegt. Aus den „Amera" gingen die Stämme Plathelminthes, Nemertini, Entoprocta und Nemathelminthes hervor, aus den „Polymera" die Stämme Priapulida, Sipunculida, Echiurida und Annelida.

Es mußten aber auch völlig neu entdeckte Organisationstypen dem System hinzugefügt werden. So erkannte JOHANSSEN (1937) die ursprünglich zu den Annelida gestellte *Lamellisabella* als Vertreter einer neuen Tierklasse Pogonophora (von ULRICH 1950 zum Stamm erhoben) und GRELL (1971) die schon Ende des 19. Jahrhunderts beschriebene *Trichoplax* als Repräsentanten eines neuen Stammes Placozoa. In jüngster Zeit hat sich schließlich die Überzeugung durchgesetzt, daß die Coelenterata keine monophyletische Einheit sind, sondern in die beiden selbständigen Stämme Cnidaria und Ctenophora aufgelöst werden müssen.

In diesem Lehrbuch unterscheiden wir insgesamt 25 Stämme des Tierreichs: das Unterreich Protozoa mit einem Stamm und das Unterreich Metazoa mit 24 Stämmen. Wir glauben, daß mit den auf diese Weise unterschiedenen Bauplantypen die phylogenetischen Gegebenheiten am besten widergespiegelt werden können. Es muß aber ausdrücklich betont werden, daß dieses hier vorgestellte System keineswegs als „fertig" gelten kann, und das trifft nicht nur für die Stämme des Tierreichs zu. Das System ist auch heute noch im Fluß. Vor allem von den Erkenntnissen der phylogenetischen Systematik (s. S. 44) gingen neue Impulse zur Überprüfung der einzelnen Taxa auf allen Kategorie-Ebenen aus. Es ist das Schicksal der Speziellen Zoologie, wie jeder empirischen Wissenschaft, daß nicht nur neue theoretische Erkenntnisse, sondern auch das ständig wachsende Tatsachenmaterial immer wieder zur kritischen Durchmusterung der bisher erreichten Ergebnisse zwingen. Solange der menschliche Geist forscht, solange wird auch unsere Wissenschaft von den Tieren nicht zu einem endgültigen Abschluß gelangen.

3. Arbeitsmittel der Systematik

Wie für jede Wissenschaft gelten auch für die Spezielle Zoologie bestimmte Arbeitsregeln, ohne deren Einhaltung ein sinnvolles Arbeiten nicht denkbar ist. Das gilt in unserem Falle für das richtige Sammeln und Aufbewahren des Tiermaterials ebenso wie für die Kenntnis der Nomenklaturregeln, die sich mit den Methoden der Beschreibung und der Benennung zoologischer Taxa befassen. Wir wollen versuchen, diese Probleme kurz darzulegen, ohne sie jedoch erschöpfend behandeln zu können.

3.1. Die zoologische Sammlung

Eine unabdingbare Voraussetzung für jede taxonomische Arbeit ist ein unter bestimmten Gesichtspunkten gesammeltes und aufbereitetes Tiermaterial. Die Sammelmethoden sind je nach Tiergruppe und Lebensraum recht unterschiedlich. Jeder Sammler, der neben „seiner" Tiergruppe auch andere sammeln will, sollte sich vorher bei den entsprechenden Spezialisten oder in der Fachliteratur Rat einholen, wie er zu sammeln und vor allem wie er das gesammelte Material zu töten und zu konservieren hat. Für die spätere Bearbeitung kann das von entscheidender Bedeutung sein.

Ebenso wichtig wie das Tiermaterial selbst ist der sogenannte Fundortzettel, der unbedingt und möglichst sofort dem gefangenen Material beigegeben werden muß. Dieser Fundortzettel hat neben einer möglichst genauen Ortsangabe (oder den geographischen Koordinaten bei Meerestieren) den Sammler und das Sammeldatum zu enthalten. Daneben ist es heute unerläßlich, auch Angaben über die Höhe bzw. Tiefe des Fundortes, über Temperatur, Salzgehalt, Bodenbeschaffenheit, ja selbst über die Tageszeit des Fanges zu machen. Auch Hinweise auf die Sammelmethodik können für spätere Rückschlüsse wichtig sein. Ganz selbstverständlich ist es, daß bei Pflanzenfressern (z. B. gewissen Insektenlarven) die Futterpflanze und bei Parasiten der pflanzliche oder tierische Wirt angegeben werden müssen. Auf mangelhafte Weise gesammeltes und konserviertes sowie ungenügend beschriftetes Material ist für die taxonomische Arbeit unter Umständen völlig wertlos.

Eine leider sehr verbreitete Unsitte ist es, dem Material einfach nur eine Nummer oder eine andere unverständliche Kurzbezeichnung beizufügen. Der Sammler glaubt, an Hand seiner Tagebuchaufzeichnungen alle Umstände des Fanges später wieder entschlüsseln zu können. Abgesehen davon, daß ein Taxonom mit solchen Kurzbezeichnungen nichts anzufangen weiß, birgt dieses Verfahren eine ständige Gefahr der Verwechslung durch den Sammler und den Bearbeiter in sich.

Das gesammelte und bearbeitete Material wird normalerweise einer zoologischen Sammlung übergeben, dort inventarisiert und eingeordnet. Solche Sammlungen sind in der Regel in größeren Museen konzentriert, wo die Gewähr für eine sachgemäße Wartung und für eine allgemeine Zugänglichkeit gegeben ist. Alle Aufsammlungen, vor allem solche, über deren Bearbeitung Veröffentlichungen vorliegen, sollten auf diese Weise aufbewahrt werden, damit spätere Untersucher auf dieses Material zurückgreifen können. In den zoologischen Museen sind so im Laufe ihrer Geschichte Vergleichssammlungen für die laufende taxonomische Arbeit, aber auch Dokumentationszentren für die Sachzeugen der Natur entstanden. Diese zweite Funktion eines Museums wurde vor allem in jüngster Vergangenheit immer deutlicher, nachdem die natürlichen Lebensräume ständig weiter eingeschränkt und zum Teil zerstört wurden. Die naturwissenschaftlichen Museen sind in solchem Falle oftmals die einzigen Institutionen, die mit konkreten Belegen Auskunft über die ursprünglichen biologischen Zustände geben können.

Eine Pflicht zur Aufbewahrung besteht für die sogenannte Typusserie (s. S. 32), also jene Individuen, nach denen eine Art erstmals beschrieben und benannt worden ist. Diese Exemplare sind die Richtschnur für alle späteren Identifikationen und Klassifikationen. Ähnlich wie das Negativ einer Photographie sind sie unersetzbar. In den Sammlungen müssen diese Exemplare entsprechend gekennzeichnet sein. Sie stellen ein Gemeingut der Wissenschaft dar, und ihre Verwahrung hat besonders sorgfältig zu erfolgen. Die Nomenklaturregeln sehen daher ihre Hinterlegung in einem Museum oder in einer anderen Institution vor, in der diese Voraussetzungen erfüllt sind.

Die Sammlungen werden in der Regel in systematischer Abfolge aufgestellt. Da von der Wartung her Unterschiede bestehen, werden allerdings Naß- und Trockensammlungen meist getrennt. Für alle Sammlungsobjekte gilt aber, daß sie vollständig beschriftet sein müssen. Zu den Fundortangaben kommt bei determiniertem Material dann noch der Artname und möglichst auch der Name des Determinators. Das Etikett muß so angebracht sein, daß es weder verlorengehen noch verwechselt werden kann. Bei Alkoholmaterial gehört auch in das Glas ein Etikett, zumindest die Katalognummer. Die Schrift darf sich nicht verwischen oder auflösen. Besonders bei Alkoholmaterial sind deshalb festes Papier und wischfeste Tusche zu verwenden. Oftmals erhalten Sammlungsobjekte neue Etiketten, etwa weil der Artname geändert werden muß. Es sei dringend angeraten, in diesem Falle auch alle älteren Etiketten aufzubewahren, besonders den Original-Fundortzettel des Sammlers. Alle diese Unterlagen können einmal wichtig werden, ganz abgesehen davon, daß sich bei jeder neuen Abschrift Schreibfehler einschleichen können; ein zum Beispiel auf diese Weise verstümmelter Fundort läßt sich dann oft nur anhand des Originalzettels richtigstellen.

Aus der Funktion einer wissenschaftlichen Sammlung als Dokumentationszentrum leitet sich die Pflicht ab, das Sammlungsmaterial zu katalogisieren. Kataloge können in verschiedener Weise aufgebaut sein, in der Regel werden sie jedoch als sogenannte Eingangskataloge, besser Eingangsbücher oder Inventarbücher, geführt. Dabei erhält jedes Objekt in der Reihenfolge seiner Ankunft in der Sammlung eine laufende Nummer. Die Nummer am Objekt und im Katalog ist dann jeweils identisch. Was dabei als „Objekt" gilt, hängt von der Tiergruppe ab. So werden z. B. 250 parasitische Nematoden, die im Darm eines Säugers gefunden wurden und die alle einer Art angehören, als ein Objekt oder als eine Serie betrachtet; alle Exemplare werden in einem Gefäß aufbewahrt, erhalten ein Etikett und eine Katalognummer. Größere Wirbeltiere, die man ohnehin meist nur als Einzelstücke erbeuten kann, werden dagegen einzeln etikettiert und katalogisiert.

Die Kataloge sind in den großen Museen meist schon bei deren Gründung angelegt worden und spiegeln oft die Untergliederung dieser Museen wider. So gibt es im Zoologischen Museum Berlin je einen getrennten Katalog für Säugetiere, Vögel, Krebse, Spinnentiere usw., analog zu den entsprechenden Sammlungsabteilungen. Innerhalb dieser Kataloge wird dann aber keine weitere Unterteilung vorgenommen; das Material wird laufend, so wie es ankommt, eingetragen. Im Katalog werden, unter der jeweiligen Nummer, alle Daten, die mit dem betreffenden Objekt in Zusammenhang stehen, vermerkt. Dadurch ist abgesichert, daß auch bei Verlust des Etiketts das Objekt unter Umständen wieder identifiziert werden kann. Als sehr hilfreich hat sich neben dem Katalog eine alphabetische Gattungs- und Artenkartei erwiesen, auf der der genaue Standort (Schranknummer) der Art verzeichnet ist. Auf diese Weise kann jede Art in der Sammlung sofort aufgefunden werden.

Damit wissenschaftliche Sammlungen auch künftigen Forschungen in einwandfreiem Zustand zur Verfügung stehen, bedürfen sie einer sorgfältigen und ständigen Wartung. Insekten- und Balgsammlungen (Vögel und Säuger) müssen in regelmäßigen Abständen begiftet werden, um Zerstörungen durch Schadinsekten oder Milben zu verhindern. Bei zu hoher Feuchtigkeit kann es auch zur Schimmelbildung kommen. Über die anzuwendenden Gifte sollte sich der Sammlungsverwalter genau in der Fachliteratur informieren, auch über die damit zusammenhängenden Sicherheitsfragen. Daß Sammlungskästen und Schränke möglichst dicht schließen müssen, versteht sich von selbst.

Etwas problemloser sind sogenannte Naßpräparate zu warten. Als Konservierungsflüssigkeit wird in der Regel 70—75%iger Alkohol verwendet, der (aus Kostengründen) mit einem neutralen Mittel vergällt sein kann. Als Gefäße haben sich Weithalsgläser mit eingeschliffenem Stopfen am besten bewährt, da sie am dichtesten schließen. Die Stopfen sollten auch bei genormten Gläsern möglichst nicht vertauscht werden. Kein Glas schließt aber so dicht, daß nicht im Laufe der Zeit doch eine gewisse Flüssigkeitsmenge verdunstet. Alkoholsammlungen müssen deshalb regelmäßig durchgesehen, und Flüssigkeitsverluste müssen ergänzt werden. Größere und stark wasserhaltige Objekte, z. B. viele Fische, brauchen lange Zeit, bis sie völlig durchfixiert sind. Wenn man diese Tiere sofort nach dem Fang in die endgültige Konservierungsflüssigkeit steckt, besteht die Gefahr, daß der Alkohol stark verdünnt wird und dann als Mazerationsmittel zu wirken beginnt. Für manche Tiergruppen werden besondere Vorbehandlungen oder spezifische Zusätze zur Konservierungsflüssigkeit empfohlen, um Farben zu erhalten oder Verhärtungen zu vermeiden.

Eine ausführliche Zusammenstellung der Sammel- und Konservierungsmethoden sowie der Musealtechnik gibt PIECHOCKI [32].

Institutionen oder Privatsammler (und deren Erben), die eine ordnungsgemäße Wartung ihrer Sammlungen nicht mehr garantieren können, sollten diese Sammlungen besser einem Museum übergeben. Es gibt genügend Beispiele, wo aus falsch verstandenem Besitzerstolz oder aus Unkenntnis der Materie nicht wieder gut zu machende Schäden an wertvollen Sammlungen entstanden sind.

Es sei noch angemerkt, daß zur taxonomischen Arbeit auch eine möglichst umfassende Spezialbibliothek gehört. Der Spezielle Zoologe (analog dazu der Spezielle Botaniker) ist wie kein Vertreter eines anderen Wissenschaftszweiges darauf angewiesen, auch die klassischen Sammelwerke und Einzelarbeiten immer wieder zu konsultieren, und zwar zurück bis ins Jahr 1758, also bis zum Beginn der modernen, geregelten Nomenklatur (s. S. 30). Der Spezialist für eine bestimmte Tiergruppe muß also nicht nur ein umfangreiches Tiermaterial zur Hand haben, sondern er muß gleichzeitig über eine eingehende Kenntnis der entsprechenden Literatur verfügen. Artenkataloge für einzelne Gruppen mit Synonymieangaben und Literaturzitaten, zum Teil auch mit Artdiagnosen, versuchen daher, eine Bestandsaufnahme der Arbeit der Taxonomen in den vergangenen mehr als 200 Jahren zu geben (z. B. ,,Das Tierreich", ,,Hymenopterorum Catalogus", ,,Crustaceorum Catalogus" u. a.). Dadurch wird für künftige Bearbeiter wenigstens die Suche nach der älteren Literatur wesentlich erleichtert. Aber nur für wenige Tiergruppen existieren schon solche Kataloge. Über die neu erschienenen Arbeiten wird der Spezialist, außer durch verschiedene Referateorgane, durch den ,,Zoological Record" informiert, der — nach Tierstämmen getrennt — die jeweiligen Publikationen eines Jahres zusammenfaßt.

3.2. Die zoologische Nomenklatur

Bis zum gegenwärtigen Zeitpunkt sind über 1 Million Tierarten beschrieben worden, und ständig kommen neue hinzu. Alle diese Arten müssen einen Namen haben, auf den man sich jederzeit wieder beziehen kann und der sich eindeutig von den Namen anderer Arten unterscheiden muß. Entsprechendes gilt auch für die Taxa der höheren Kategorien. Es leuchtet ein, daß dabei bestimmte Regeln eingehalten werden müssen, wenn nicht ein völliges Chaos entstehen soll.

Im Laufe der Wissenschaftsentwicklung hatten sich zwar gewisse Normen für die Namensgebung und die damit zusammenhängenden Probleme herausgebildet, eine für alle Zoologen verbindliche Regelung wurde aber erst zu Beginn dieses Jahrhunderts (1905) getroffen. Heute ist jeder systematisch und taxonomisch arbeitende Zoologe an bestimmte Grundregeln gebunden, die in den ,,Internationalen Regeln für die zoologische Nomenklatur" niedergelegt sind (im folgenden kurz ,,Regeln" genannt).

Diese Regeln wurden von einer internationalen Kommission ausgearbeitet, 1901 vom V. Internationalen Zoologen-Kongreß in Berlin in allen wesentlichen Punkten gebilligt und 1905 amtlich veröffentlicht und in Kraft gesetzt. Eine englische, französische und deutsche Fassung galten dabei gleichwertig als verbindliche Texte. Seither ist der Text verschiedentlich geändert, verbessert und präzisiert worden, zum letzten Male auf dem XVII. Kongreß in Monaco (1972). Als amtlich gelten heute nur noch die englische und französische Fassung. Es existiert aber eine vom XVI. Kongreß in Washington (1963) anerkannte deutsche Übersetzung von O. KRAUS (herausgegeben von der Senckenbergischen Naturforschenden Gesellschaft, Frankfurt am Main, 2. Aufl., 1970). Die ab 1. Januar 1973 gültigen Änderungen wurden von O. KRAUS veröffentlicht in: Senckenbergiana biol. **54** (1973): 219—225.

Als ständige Einrichtung zur Wahrnehmung aller Geschäfte, die mit den Regeln zusammenhängen, wurde vom Internationalen Kongreß für Zoologie 1913 in Monaco die ,,Internationale Kommission für Zoologische Nomenklatur" ins Leben gerufen. Sie hat festumrissene Aufgaben und Vollmachten (Art. 76—82 der Regeln). Der Sitz des Sekretariates befindet sich in London.

Die Regeln sollen gewährleisten, daß jeder Name einmalig und unterschiedlich ist, und sie sollen die Stabilität und die Universalität der Tiernamen fördern. Diese Grundprinzipien werden im folgenden kurz erläutert.

So alt wie die menschliche Sprache ist sicherlich auch das Bedürfnis des Menschen, die belebten (und unbelebten) Gegenstände der Natur zu benennen. Alle Naturvölker hatten für die auffälligsten und wichtigsten Tiere ihrer Umgebung einen Namen, durch den sie sich auf der Jagd oder bei der Abwehr von Angriffen über die „Art" des Tieres verständigen konnten. Diese Namen sind meist auch in die modernen Sprachen der jeweiligen Region eingegangen.

Es wäre für die internationale Wissenschaft allerdings sehr hinderlich, wenn man diese sogenannten Vulgärnamen unbesehen in die Wissenschaftssprache übernehmen wollte. Nicht nur die Verschiedenheit der Sprachen bildet dabei eine Barriere. Es gibt auch zahllose Fälle, in denen ein und dieselbe Tierart über mehrere Sprachräume hinweg vorkommt, also auch entsprechend viele Vulgärnamen hat.

Im Mittelalter war es in Europa unter dem Einfluß der römischen Kirche und ihrer Klöster allgemein üblich geworden, wissenschaftliche Abhandlungen aller Art in lateinischer Sprache abzufassen. Sie waren dadurch der gesamten Gelehrtenwelt, gleich welcher Nation, zugänglich. Auch die Tiere wurden seinerzeit mit lateinischen Namen belegt oder die Namen einfach aus dem klassischen Latein übernommen.

Die lateinische Sprache hat sich bei der Namensgebung von Tieren (und Pflanzen) so bewährt und allgemein durchgesetzt, daß sie heute verbindlich ist: „Der Name muß lateinisch, latinisiert oder entsprechend behandelt sein; im Falle einer willkürlichen Buchstabenkombination muß er derart gebildet sein, daß er wie ein lateinisches Wort behandelt werden kann" (Art. 11 b der Regeln). Mit dieser Regel wird die **Universalität** der Tiernamen gewährleistet.

Eine Schwierigkeit rein technischer Natur entsteht dadurch, daß ein Name nur einmal verwendet werden kann, wenn er eindeutig bleiben soll. Bei weit über 1 Million bisher beschriebener Tierarten würde es kaum noch möglich sein, immer wieder neue Namen zu finden und dabei auch noch die Übersichtlichkeit zu erhalten. Den entscheidenden Schritt zur Überwindung dieser Schwierigkeiten stellte die Einführung der **binominalen Nomenklatur** dar.

Bereits seit der Antike waren Tier- und Pflanzennamen durch zwei oder mehrere Wörter nach ihren hervorstechenden Merkmalen gekennzeichnet worden, wobei die „Gattungsnamen" meist schon der Volksetymologie entstammten und ähnliche „Arten" dann durch ein oder mehrere Adjektive unterschieden wurden. Bei der Übernahme der antiken zoologischen und botanischen Schriften in die mittelalterliche und beginnende neuzeitliche Naturforschung wurde diese Benennungsmethode zunehmend exakter und kritischer. So finden wir bereits bei Conrad GESNER (1545—1555) für Tiere und bei Caspar BAUHIN (1596) für Pflanzen Doppelnamen, die den heutigen ähneln, die aber noch nicht konsequent, einmalig und konstant vergeben wurden. Später wurden immer mehr neuentdeckte Arten unter die traditionellen Gattungen subsummiert und zu ihrer Unterscheidung nicht nur ein oder zwei Adjektive, sondern ganze Sätze (sogenannte Phrasen) als Beschreibung angefügt. Gegen Ende des 17. Jahrhunderts gehörten schließlich zu einer Artkennzeichnung so lange Phrasen, daß sie kaum mehr miteinander verglichen oder gar im Gedächtnis gespeichert werden konnten.

Schon vor 1700 tauchte deshalb unter den Naturforschern der Wunsch nach einer Vereinfachung der Nomenklatur auf. So forderte zum Beispiel der deutsche Botaniker August BACHMANN (RIVINUS) bereits 1690 eine binominale Nomenklatur. Aber erst Carl LINNAEUS begann, etwa ab 1749, diese binominale Namensgebung für Pflanzen und Tiere konsequent anzuwenden. In analoger Weise sind übrigens in Europa um diese Zeit konstante Familiennamen in die menschliche Gesellschaft eingeführt worden. In der Familie des LINNAEUS war dies zum Beispiel durch seinen Vater geschehen.

Die binominale Nomenklatur schreibt vor, daß jeder Name einer Tier- oder Pflanzenart aus zwei Namen bestehen muß und nur aus diesen zwei Namen bestehen darf, nämlich dem Gattungsnamen und dem eigentlichen Artnamen. Ein bestimmter Artname kann dann mehrmals, aber nur in verschiedenen Gattungen verwendet werden; die Eindeutigkeit geht dabei nicht verloren. Durch diesen Kunstgriff wird die Anzahl der benötigten Namen drastisch herabgesetzt. Die Einführung des binominalen Verfahrens hatte aber noch eine andere Folge. Indem nämlich ähnliche Arten zu Gattungen zusammengefaßt und mit einem gemeinsamen Gattungsnamen belegt wurden, entstanden die ersten Grundlagen für das System. Durch den Gattungsnamen wird jeder Art von vornherein ein bestimmter Platz im System zugewiesen. Daß die Gattung auch einen Schritt des Evolutionsablaufs widerspiegelt, wurde allerdings erst viel später erkannt.

LINNAEUS wandte die binominale Nomenklatur erstmals auf alle damals bekannten Pflanzenarten in seinem Werk „Species plantarum" (1753) an. Für die zoologische Nomenklatur und Taxonomie ist der Ausgangspunkt die 10. Auflage seines Werkes „Systema naturae". Das Publikationsdatum dieser 1758 erschienenen Auflage ist artifiziell auf den 1. Januar 1758 fixiert worden (Art. 3 der Regeln). Alle vor diesem Datum veröffentlichten zoologischen Namen sind nicht verfügbar; die Regeln beziehen sich nur auf die nach diesem Datum publizierten Namen.

Neben der binominalen Nomenklatur hat LINNAEUS auch die hierarchische Rangfolge konsequent eingeführt, indem er ähnliche Gattungen zu Ordnungen und diese wieder zu Klassen zusammenfaßte. Inhalt, Umfang und Einstufung der Taxa sowie die Anzahl der Kategorien haben sich zwar in der Folgezeit rasch geändert, das Prinzip aber ist bis heute unverändert geblieben. LINNAEUS hatte mit seinem Werk eine Organisation geschaffen, die sofort alle seine Zeitgenossen überzeugte und die sich seit nunmehr über 200 Jahren bewährt hat. Dies gilt nicht, wie wir sehen werden, für sein Artkonzept und für die Großgliederung des Tierreichs.

Im zoologischen Teil des „Systema naturae" (ed. 10) werden auf 823 Seiten die damals bekannten 4387 Tierarten (nach GOERKE, 1966) in knapp kennzeichnenden Diagnosen beschrieben. Es wäre aber völlig verfehlt, wegen der lakonischen Kürze dieser Beschreibungen und der trockenen (lateinischen) Sprache LINNAEUS lediglich für einen reinen Registrator zu halten. Er war eine durchaus blutvolle Persönlichkeit mit lebhaftestem Empfinden für die Eigenart und Schönheit der Organismen. Die Tagebücher seiner Forschungsreisen zeigen, wie stark er Tier- und Pflanzenwelt im Zusammenhang mit der Landschaft erlebte, und die um 200—300 liegende Zahl der Teilnehmer an seinen Exkursionen in die Umgebung von Uppsala beweist, wie lebendig er die Schönheit und das Leben der Organismen zu interpretieren wußte. Das sind Züge, die auch in der Gegenwart bedeutenden Systematikern eigen sind, ohne daß sie in ihren taxonomischen Veröffentlichungen sichtbar werden.

Um das Prinzip der **Einmaligkeit** und **Unterschiedlichkeit** zu gewährleisten, darf innerhalb des Tierreichs ein Gattungsname nur einmal verwendet werden. Ist ein und derselbe Name mehreren Gattungen gegeben worden, so gilt nur die erste, also älteste Namensverleihung. Wenn eine später beschriebene Gattung einen schon vergebenen Namen erhält, so ist dieser Name ein jüngeres Homonym, und die Gattung muß umbenannt werden.

Verzeichnisse der Gattungen und Untergattungen des Tierreichs mit dem jeweiligen Literaturzitat findet man im „Nomenclator animalium" [31] und im „Nomenclator zoologicus" von NEAVE [30], ein Verzeichnis der zwischen 1758 und 1850 beschriebenen Gattungen und Arten gibt SHERBORN [36, 37]. Außerdem werden im allgemeinen Teil des „Zoological Record" in jedem Jahr die neu beschriebenen Gattungen und Untergattungen in einer Liste zusammengestellt.

In analoger Weise darf innerhalb einer Gattung nicht zweimal derselbe Artname verliehen werden. Auch hier gilt, daß jüngere Homonyme umbenannt werden müssen. Es kann aber auch geschehen, daß eine Art von einer Gattung in eine andere versetzt werden muß und daß in dieser Gattung schon eine Art gleichen Namens vorhanden ist. Dann kommt es zu einer sekundären Homonymie, und der Name des jüngeren Homonyms muß geändert werden (Art. 52—60 der Regeln).

Es darf nicht verhehlt werden, daß die binominale Nomenklatur auch ihre Schwächen hat und daß sie heute fast an den Grenzen ihrer Brauchbarkeit angelangt ist. Wenn LINNAEUS noch mit 312 Gattungsnamen für das gesamte Tierreich auskam, war noch eine gewisse Übersichtlichkeit gewährleistet. Inzwischen ist die Zahl der anerkannten Gattungen auf über 50 000 gestiegen, und ein Gattungsname sagt heute im allgemeinen niemandem mehr allzu viel, einen engeren Spezialistenkreis ausgenommen. Es kommt hinzu, daß die Taxonomie dauernd im Fluß ist. Gattungen werden aufgespalten, andere zusammengefaßt, Arten in andere Gattungen umgesetzt und so fort. Diese Handlungen sind völlig legitim, wenn der wissenschaftliche Erkenntnisstand dazu zwingt. Die Folge davon ist aber eine stetige Rate von Namensänderungen aus wissenschaftlichen Gründen sowohl auf Gattungs- als auch auf Artebene, und auch die Familiengruppe wird oft noch in solche Veränderungen hineingezogen. Für Nicht-Taxonomen ist das ein nur schwer verständlicher Vorgang. Es fehlt daher nicht an Stimmen, die eine Änderung der gegenwärtigen Praxis fordern, vor allem im Hinblick auf eine Möglichkeit zur Einspeisung in Computer. Derzeit zeichnet sich aber noch keine Lösung des Problems ab.

Die Forderung nach der **Stabilität** der Namen wird durch das **Prioritätsgesetz** geregelt (Art. 23 der Regeln): „Gültiger Name eines Taxon ist der älteste verfügbare Name, der ihm gegeben wurde."

Das bedeutet z.B., daß alle Tierarten, die LINNAEUS 1758 aufgeführt hat, heute noch denselben Artnamen tragen. So heißt der Taschenkrebs *Cancer pagurus* LINNAEUS, 1758. Durch das Anhängen von Autor und Jahreszahl wird das Auffinden der Originalbeschreibung wesentlich erleichtert. Wenn die Art später in eine andere Gattung versetzt worden ist, werden Autorname und Jahreszahl in Klammern gesetzt, z.B. bei der Strandkrabbe *Carcinus maenas* (LINNAEUS, 1758); ursprünglich war die Art von LINNAEUS als *Cancer maenas* beschrieben worden, den Gattungsnamen *Carcinus* hat erst LEACH 1814 eingeführt.

Das durchaus einleuchtende und vernünftige Prinzip des Prioritätsgesetzes hat durch eine oft rein formalistische Anwendung leider auch unerwartete Störungen von historisch gewachsenen Benennungsweisen bewirkt. Gerade bei häufigen, auffälligen oder wirtschaftlich wichtigen Tieren kam es immer wieder zu Umbenennungen, sobald man eine ältere Beschreibung oder sonstige Gründe für eine Namensänderung entdeckt zu haben glaubte. So wechselte z.B. der Gattungsname der großen grünen Laubheuschrecke (heute *Tettigonia viridissima*) innerhalb weniger Jahre dreimal (*Locusta*, *Phasgonura*, *Tettigonia*), und mit ihm änderte sich entsprechend der Familienname. Der Höhepunkt der Verwirrung wurde erreicht, als der alte Name *Locusta* gar einer Feldheuschrecke zuerkannt wurde und nun die Familie der Feldheuschrecken ausgerechnet den bisherigen Namen der Laubheuschrecken (Locustidae) erhielt. Um diesem Durcheinander ein Ende zu bereiten, hat man schließlich ganz auf den Familiennamen Locustidae verzichtet. Die betreffende Familie der Laubheuschrecken heißt heute Tettigoniidae (mit der Gattung *Tettigonia*), die der Feldheuschrecken Acrididae (mit der Gattung *Acrida*, und hierher gehört auch *Locusta*).

Die Gründe für diesen katastrophalen Zustand liegen aber keineswegs nur in der Unzulänglichkeit einzelner mehr buchstabengetreu als sinnvoll handelnder Wissenschaftler. Sie sind auch zu suchen in der Tatsache, daß Systematik und Taxonomie gezwungen sind, über mehr als zwei Jahrhunderte hinweg Kontinuität in den Ansichten über Tausende von Einzelheiten aufrechtzuerhalten, ein durchaus ungewöhnliches, ja einzigartiges Schicksal innerhalb der gesamten Wissenschaften. Von den zahlreichen Schwierigkeiten, die sich dabei verhängnisvoll auswirken, wurden einige schon genannt. Es sei hinzugefügt, daß vor allem auch ständig uralte Beschreibungen entdeckt werden, die schon bei ihrem Erscheinen niemand berücksichtigt hatte, weil sie an ungewöhnlicher Stelle veröffentlicht worden waren, und die nun nach 100—150 Jahren Namensänderungen bewirkten.

Aufgrund dieser negativen Erfahrungen hat deshalb der Internationale Kongreß für Zoologie 1972 auf Antrag der Nomenklaturkommission beschlossen (Art. 23 a, b): „Das Prioritätsgesetz ist anzuwenden, um die Stabilität zu fördern; es ist nicht dazu bestimmt, angewandt zu werden, um einen seit längerer Zeit gebräuchlichen Namen in seiner herkömmlichen Bedeutung durch die Einsetzung eines unbenutzten Namens, der dessen älteres Synonym ist, umzustoßen." Als Synonyme bezeichnet man verschiedene Namen für ein und dasselbe Taxon. Wenn ein Zoologe auf ein älteres Synonym stößt, das nach seiner Ansicht bei strikter Anwendung des Prioritätsgesetzes die Stabilität beeinträchtigen würde, so muß er den Fall der Kommission vorlegen, die über Gebrauch oder Nichtgebrauch des Namens entscheidet.

Die aus einer starren Anwendung des Prioritätsprinzips erwachsenden Gefahren für die Kontinuität der Benennungen wurden im übrigen frühzeitig erkannt. Die Nomenklaturkommission hatte schon seit ihrer Gründung im Jahre 1913 unter anderem die Vollmacht, auf Antrag die Regeln immer dann nach eigenem Ermessen zu suspendieren (also aufzuheben), wenn diese im Einzelfall eher Unheil als Nutzen stiften. Die Kommission hat, gleichsam im Verborgenen, zähe Arbeit im Interesse aller Zoologen geleistet und Tausende von Namen stabilisiert oder als nicht verwendbar erklärt.

In diesem Zusammenhang gibt die Kommission seit 1958 offizielle Listen der Art-, Gattungs- und Familiengruppennamen heraus, von Namen also, die für das betreffende Taxon angewendet werden müssen. Parallel dazu veröffentlicht sie offizielle Indexe von Namen aus diesen Kategorien, die nicht benutzt werden dürfen.

Ein zentraler Punkt der Nomenklatur (sowie der gesamten Taxonomie) und besonders des Stabilitätsprinzips ist das sogenannte **Typusverfahren** (Art. 61—75 der Regeln). Danach ist der „Typus" das Richtmaß, das die Anwendung eines wissenschaftlichen Namens festlegt, und er ist als Kernpunkt und Namensträger eines Taxon objektiv und unveränderlich, während die Umgrenzung des Taxon subjektiv ist und verändert werden kann. Das Typusverfahren wird bei der Art-, der Gattungs- und der Familiengruppe angewendet.

Typus einer jeden Art ist ein einziges Exemplar. Wenn bei der Beschreibung der Art nur ein einzelnes Exemplar vorliegt, ist dieses automatisch der **Holotypus**. Besteht aber das Originalmaterial aus mehreren Individuen, dann ist aus dieser **Typusserie** bei der Erstbeschreibung der Art ein Stück als Holotypus festzulegen und als solcher zu kennzeichnen; die restlichen Stücke der Typusserie sind dann **Paratypen** (manchmal auch Paratypoide genannt). Ältere Autoren haben meist keinen Holotypus festgelegt; man bezeichnet dann alle Exemplare der Typusserie als **Syntypen**. In diesem Falle kann jeder Zoologe aus der Typusserie einen der Syntypen als **Lectotypus** auswählen und durch Publikation festlegen; die restlichen Stücke sind dann **Paralectotypen** (oder Paralectotypoide). — Falls Holotypus oder Lectotypus oder alle Syntypen einer Art verschollen oder vernichtet sind, so kann in Ausnahmefällen und unter ganz bestimmten Bedingungen ein anderes Exemplar als **Neotypus** festgelegt werden. — Die Typus-Exemplare sind als Gemeingut der Wissenschaft sicher und allgemein zugänglich aufzubewahren (vgl. S. 26).

In analoger Weise wird das Typusverfahren auch auf die Gattungsgruppe angewendet. Der Typus einer jeden nominellen Gattung ist eine nominelle Art, die **Typusart**. Wenn ein Autor eine neue Gattung aufstellt, muß er gleichzeitig die Typusart dieser Gattung festlegen. Auch dies haben ältere Autoren meist nicht getan. In diesen Fällen wird entweder eine Art aufgrund bestimmter und in den Regeln angeführter

Indikationen automatisch zur Typusart (z. B. durch Monotypie), oder aber die Typusart kann später von jedem Zoologen unter Einhaltung von ebenfalls festgelegten Vorschriften bestimmt werden.

Über die Anwendung des Typusverfahrens bei der Familiengruppe ist noch zu sprechen (S. 38).

Wir konnten hier nur die wichtigsten Punkte der Nomenklaturregeln anführen und lediglich auf allgemeine Prinzipien hinweisen. Es sollte dabei vor allem deutlich werden, daß die Regeln nicht etwa überspitzte Forderungen einer Minderheit von Formalisten darstellen, sondern daß sie für die Universalität und Stabilität der Taxonomie eine unerläßliche Voraussetzung und für die Arbeit des Taxonomen ein unentbehrliches Hilfsmittel sind. Jeder taxonomisch arbeitende Zoologe sollte sich daher zu Beginn seiner Tätigkeit mit dem vollen Text der Regeln vertraut machen. Er kann dann sich und anderen viel Verdruß durch Fehlleistungen ersparen. Ausführliche Erläuterungen zu den Regeln findet der Leser bei MAYR [29].

4. Das hierarchisch-enkaptische System

Jedes System setzt sich aus einzelnen Elementen zusammen, die in der Regel zu bestimmten Gruppen zusammengefaßt werden können und dabei wieder Elemente höherer Ordnung ergeben. Auf diese Weise werden die Einzelteile nach einem bestimmten Prinzip geordnet, und es entsteht gleichzeitig eine hierarchische Rangfolge von über- bzw. untergeordneten Kategorien, je nach der Lesrichtung von unten oder oben. Diese Rangfolge mit jeweils immer wieder eingeschachtelten Kategorien wird als hierarchisch-enkaptisches System bezeichnet.

4.1. Die Kategorie Art

Das Grundelement des zoologischen (und botanischen) Systems ist die **Art**. Dieser Begriff gehört zwar seit langem zum Sprachgebrauch eines jeden Biologen, aber gelegentlich sind sich selbst erfahrene Systematiker nicht ganz klar darüber, was eigentlich unter diesem Terminus zu verstehen ist und wie sich der heutige Artbegriff herausgebildet hat.

Die belebte Natur tritt uns in Form einzelner Objekte gegenüber, die wir als Individuen bezeichnen. Nach ihrer Gestalt, ihrer Färbung und ihrem Verhalten können wir einander sehr ähnliche Individuen zu einer Gruppe zusammenstellen, die von anderen solchen Gruppen durch ihre Gestalt usw. unterschieden ist. Solche Gruppen nennen wir Arten, wenn wir das Problem erst einmal auf den einfachsten Nenner bringen. Jedermann weiß, daß manche dieser Individuen-Gruppen leicht, andere sehr schwer und erst nach einer gewissen Erfahrung zu unterscheiden sind.

Diesen Erkennungs- und Erfahrungsprozeß können wir noch gut bei Kleinkindern verfolgen, die sehr schnell Haushund und Hauskatze unterscheiden lernen, aber alles, was fliegt, von einer gewissen Größe an generell als Vogel und unter einer bestimmten Größe als Fliege oder Biene bezeichnen. Erst mit der Zeit lernen sie, einige Vogel- oder Insekten-Arten zu unterscheiden. Die Merkmale der äußeren Gestalt spielen beim Wiedererkennen die Hauptrolle.

Die Individuen stellen Realitäten dar, das wird niemand bezweifeln. Für eine Reihe von Naturforschern des 18. Jahrhunderts hatte damit aber die Realität ein Ende. Einige Taxonomen vertreten auch heute noch diesen Standpunkt. Nach ihrer Ansicht, die man als **nominalistisches Artkonzept** bezeichnet, bringt die Natur lediglich Individuen hervor. Arten (und alle höheren Kategorien) dagegen hätten keine objektive Existenz und seien Schöpfungen des menschlichen Geistes. Sie seien nur erfunden worden, damit man auf eine große Zahl von Individuen kollektiv, durch einen Namen, Bezug nehmen könne. Die Beziehungen zwischen den Individuen werden bei diesem Konzept nur auf morphologischer Basis gesehen.

Dieses Konzept ist falsch, weil es von unrichtigen Prämissen ausgeht. Wenn wir wieder unser Kleinkind bemühen, dann kann dieses zwar mit der Zeit unter allen Katzen, die es kennt, einzelne Individuen unterscheiden, aber primär handelt es sich für das Kind erst einmal um Katzen ganz allgemein. Und spätestens, wenn eine dieser Katzen Junge wirft, die wieder zu Katzen werden, wird das Kind, wenn auch unbewußt, geistig einen Zusammenhang zwischen den Individuen herstellen. Damit hat das Kind durch Erfahrung die Realität der Art erkannt.

Dieser morphologisch und genealogisch begründete Zusammenhang lag der ersten Formulierung eines Artkonzepts im taxonomischen Sinne durch John RAY (1694) zugrunde, auf dessen Gedanken dann LINNAEUS aufbaute. Diese Betrachtungsweise der Art ist allgemein als **typologisches** oder **morphologisches Artkonzept** bekannt geworden; besser wäre sie aber charakterisiert als morphologisch-genealogisches Artkonzept. Im Gegensatz zu der bis dahin herrschenden Vorstellung von einer Urzeugung war nun erkannt worden, daß im Tier- und Pflanzenreich als Folge der sexuellen Fortpflanzung immer wieder „Gleiches aus Gleichem" entsteht. Dies führte zur Betrachtung der Art als einer objektiven Realität, gleichzeitig aber auch zur Auffassung von ihrer Konstanz. In diesem Sinne faßte LINNAEUS auch seine Gattungen auf, nämlich als „natürliche", systematische Gruppen, die jeweils einen ursprünglich geschaffenen, universellen Typus ausdrücken. In der Natur existiert, nach dieser Ansicht, nur eine begrenzte Anzahl von solchen Gattungstypen oder Universalien, deren mannigfaltige „spezielle" Ausprägung (in Gestalt der Arten) die Vielgestaltigkeit der Lebewesen erklärt.

Während LINNAEUS die höheren Kategorien Ordnung und Klasse zunächst nur als künstliche Hilfsmittel zum schnellen Auffinden der Gattungen betrachtete, wurde von anderen Naturforschern des ausgehenden 18. Jahrhunderts nach einem „natürlichen" Gesamtsystem gesucht. Der Realitätsbegriff wurde dabei auf alle systematischen Kategorien ausgedehnt und auch den Kategorien Ordnung und Klasse das morphologisch-typologische Konzept unterlegt. Der methodische Fortschritt in dieser Periode bestand in der allseitigen Erfassung nunmehr aller äußeren und inneren Körpermerkmale und in der Einbeziehung vergleichend-anatomischer Untersuchungsergebnisse.

Unter den Zoologen ist in diesem Zusammenhang vor allem Georges CUVIER (1817) zu nennen. Er glaubte, auf der Grundlage der vergleichenden Morphologie und Anatomie vier voneinander unabhängige Bauplan-Typen als natürliche Großeinheiten gefunden zu haben. Auf diesen Einheiten beruhte seine neue Einteilung des Tierreichs (vgl. S. 23). Auch CUVIER übernahm den morphologisch-genealogischen Artbegriff, betrachtete die Arten als konstant und sah keine verwandtschaftlichen Beziehungen zwischen den Arten. Es kann kaum verwundern, wenn die Vertreter dieses Artkonzepts später den Darwinismus nicht anerkennen konnten und wenn andererseits DARWIN die objektive Existenz der (so aufgefaßten) Arten leugnen mußte; der Evolutionsgedanke ist mit dem typologischen Konzept unvereinbar.

Aber auch andere Schwierigkeiten treten bei einer rein typologischen Verfahrensweise auf. Jeder Zoologe weiß heute, daß bei vielen Arten unterschiedliche Phäna auftreten, daß also Männchen und Weibchen oder Larven und Adulte ein völlig verschiedenes Aussehen haben können oder daß einzelne Individuen stark vom „Normalfall" abweichen. Das hat vielfach sogar zu einer doppelten oder gar mehrfachen Benennung einer Art geführt.

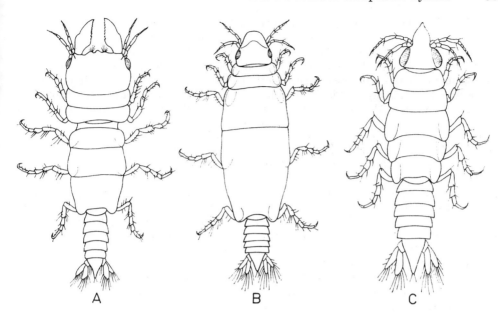

Abb. 1. *Gnathia oxyuraea* (Crustacea, Isopoda). **A.** Männchen. **B.** Weibchen. **C.** Junge Larve. Alle auf gleiche Größe gebracht. — Nach G. O. Sars 1897.

Wenn man streng typologisch vorgeht, dann müßten die in Abb. 1 dargestellten Individuen drei verschiedenen Arten angehören. Dies wird natürlich ernsthaft niemand praktizieren, nachdem sich diese Individuen als Männchen, Weibchen und Larve ein und derselben Art herausgestellt haben. Das Beispiel zeigt aber die Unzulänglichkeit des rein morphologischen Artkonzepts. — Auf der anderen Seite gibt es sogenannte Zwillingsarten (engl. sibling species), die sich morphologisch nicht oder fast nicht unterscheiden lassen, die im gleichen Areal, also sympatrisch vorkommen, die aber miteinander keine Nachkommen erzeugen können. Auch hier versagt die typologische Artdefinition.

Es muß also nach einem Artkonzept gesucht werden, das alle Individuen einer Art einschließt, gleichgültig wie verschieden sie morphologisch sind. Gleichzeitig muß dieses Konzept aber auch die Arten voneinander abgrenzen, gleichgültig wie ähnlich sie sich sein mögen. Auch müssen in dieses Konzept die Vorfahren und die Nachkommen der heute lebenden Individuen einbezogen werden, denn wir können erst einmal davon ausgehen, daß auch die aufeinanderfolgenden Generationen ein und derselben Art angehören (die Prozesse der Veränderung und der Neubildung von Arten sollen dabei vorläufig außer acht gelassen werden).

Ein solches Artkonzept begann sich zögernd und tastend um die Wende des 18. zum 19. Jahrhundert herauszubilden, wurde aber erst von der Wende zum 20. Jahrhundert an mit einem fundierten Inhalt versehen. Den entscheidenden Durchbruch zu einem modernen, **biologischen Artkonzept** schufen nämlich erst die Erkenntnisse der Genetik und der Populationsforschung.

Wir wissen heute, daß die Individuen einer Art nicht unabhängig voneinander existieren können, sondern daß sie in wechselseitigen Beziehungen zueinander stehen, sie bilden Populationen. Die wichtigste Wechselbeziehung ist die der Fortpflanzung. Eine Gemeinschaft von Individuen, die räumlich so vorkommen, daß zwei beliebige Individuen die gleiche Wahrscheinlichkeit haben, sich miteinander zu paaren und Nachkommen zu erzeugen, bezeichnet man als lokale Population (etwa identisch mit dem Begriff Dem). Alle Angehörigen einer solchen lokalen Population gehören einem einzigen Genpool an. Eine Art kann entweder aus einer, aus mehreren oder sogar zahlreichen lokalen Populationen bestehen, die im Normalfall alle miteinander in Verbindung stehen. Die Angehörigen einer lokalen Population bilden also eine Fortpflanzungsgemeinschaft und stellen eine genetische Einheit dar; das Individuum ist dagegen nur der vorübergehende Träger eines Teiles dieses gemeinsamen Genpools. Die Population reagiert aber auch als eine gemeinsame ökologische Einheit. Und, was oft außer acht gelassen wird, eine Population stellt natürlich auch eine morphologische Einheit dar, eben weil ein gemeinsamer Genpool vorhanden ist und sich als Folge davon alle Angehörigen einer Population innerhalb mehr oder weniger weiter Variabilitätsgrenzen äußerlich ähnlich sind. Die lokalen Populationen einer Art sind offene genetische Einheiten, zwischen denen ein genetischer Austausch faktisch stattfindet oder potentiell stattfinden kann. Die Gesamtpopulation dagegen, also die Gesamtheit aller gleichzeitig lebenden Individuen einer Art, ist eine geschlossene genetische Einheit, die von anderen solchen Einheiten durch Isolationsmechanismen reproduktiv isoliert ist. Die genetische Isolation schließt eine morphologische, ökologische und ethologische Isolation ein. Wenn also eine solche Isolation vorhanden ist, haben wir verschiedene Arten vor uns, fehlt die Isolation, dann handelt es sich um ein und dieselbe Art.

Das kurz gefaßte **biologische Artkonzept** lautet nach MAYR [29]: „Arten sind Gruppen sich miteinander kreuzender natürlicher Populationen, die hinsichtlich ihrer Fortpflanzung von anderen derartigen Gruppen isoliert sind."

Etwas ausführlicher und unter Vermeidung des seiner Ansicht nach zu restriktiven Ausdrucks Population hat GRASSÉ (1973) die Art definiert: „Die Art ist eine Einheit von Lebewesen, die voneinander abstammen, deren Genotypen sehr ähnlich sind (daher ihre morphologische, physiologische und ethologische Ähnlichkeit) und die sich unter natürlichen Bedingungen aus genetischen, anatomischen, ethologischen, räumlichen oder ökologischen Gründen nicht mit Lebewesen anderer Gruppen vermischen."

Wenn die Kategorie Art objektiv definiert ist, dann bedeutet dies, daß über das gesamte Organismenreich hinweg Art gleich Art sein muß, ganz unabhängig davon, ob es sich um eine Art der Algen, der Insekten oder der Säugetiere handelt. Dies wird heute von niemandem mehr ernsthaft bezweifelt. In diesem Sinne stellt die Art eine Realität dar, oder genauer gesagt, sie ist eine reale und objektivierbare Einheit der Natur.

Den Taxonomen wird oft vorgeworfen, daß sie trotz einer biologischen Artkonzeption ihre Arten doch nur wieder mit Hilfe von morphologischen Merkmalen beschreiben, was wohl nichts anderes heißen könne als ein Rückgriff auf das typologische Konzept. Dieser Meinung liegt ein Trugschluß zugrunde. Selbstverständlich ist es fast ausgeschlossen, eine Art biologisch zu überprüfen, d. h. ihren Biospecies-Charakter nachweisen zu wollen. Dazu müßte man, um statistisch sicherzugehen, eine riesige Anzahl von Individuen aus verschiedenen Populationen miteinander kreuzen und alle übrigen Manipulationen vornehmen, um den gemeinsamen Genpool nachzuweisen. Aus Erfahrung wissen wir aber, daß sich (mit den oben dargelegten Einschränkungen) die Individuen einer Art auch morphologisch ähnlich sind. Spezifische morphologische Merkmale dienen daher als Hilfsmittel für die Beschreibung einer Art im biologischen Sinne. Es besteht, wie sich SIMPSON [38] ausdrückt, ein entscheidender Unterschied darin, ob man sein Artkonzept auf die Morphologie gründet oder ob man morphologische Tatbestände als Grundlage für die Anwendung eines biologischen Artkonzepts benutzt.

Die Art ist das Grundelement der zoologischen (und botanischen) Taxonomie. Von ihr ausgehend wird das hierarchische und enkaptische System aufgebaut.

Wir können hier nicht näher auf das Problem der Subspecies und der Superspecies eingehen, ebensowenig auf die Vorgänge der Artbildung (Speziation). Dem Leser wird zu diesem Fragenkomplex nochmals die Lektüre der umfassenden Darstellungen von MAYR [29, 46] empfohlen, denen wir hier zum Teil wörtlich gefolgt sind.

4.2. Die höheren Kategorien

Nach den Erkenntnissen der Abstammungslehre treten in der Natur Arten auf, die nahe miteinander verwandt sind, weil sie von gemeinsamen Vorfahren abstammen. Solche Artengruppen sind in der Regel von anderen Artengruppen durch eine Diskontinuität, also durch eine morphologische, ökologische und physiologische „Lücke", getrennt. Verwandtschaft und gemeinsame Abstammung bedeuten, daß jedes dieser Artenbündel eine monophyletische Einheit (s. S. 46) darstellt. Im Extremfall kann solch eine Einheit sogar nur aus einer einzigen Art bestehen.

Wenn wir auf der untersten Ebene beginnen, dann können wir eine monophyletische Artengruppe zu einer Gattung zusammenfassen. Eine monophyletische Gruppe von Gattungen schließen wir zu einer Familie zusammen, Familien zu Ordnungen usw. Aus der Forderung der Monophylie ergibt sich, daß alle diese Einheiten, welche Rangstufe sie auch einnehmen mögen, in der Natur reale Einheiten darstellen, sie sind Stufen der Evolution. Keine Kategorie oberhalb der Art ist aber objektivierbar, wenigstens nicht nach unserem heutigen Erkenntnisstand. Die Kategorie Gattung ist also nicht exakt zu definieren. Sie ist lediglich gekennzeichnet durch ihre Stellung zwischen den Kategorien Art und Familie. Die Gattung definiert man heute rein pragmatisch als eine taxonomische Kategorie, die eine einzelne Art oder eine monophyletische Gruppe von Arten enthält und die von anderen Gattungen durch eine ausgesprochene „Lücke" getrennt ist. Sinngemäß gilt das auch für alle anderen höheren Kategorien.

Die Schwierigkeit besteht darin zu erkennen, wo sich diese Lücke befindet und wie breit oder wie eng sie sein darf, an welcher Stelle also die Trennung in zwei Gattungen (oder Familien usw.) vorzunehmen ist. Das ist leider, muß man sagen, eine Ermessensfrage des betreffenden Taxonomen. Daraus folgt auch zwangsläufig, daß die höheren Kategorien nicht über das gesamte Organismenreich hinweg identisch sind, ganz im Gegensatz zur Kategorie Art. Eine Gattung der Schwämme ist also nicht gleichzusetzen mit einer Gattung der Milben und eine Familie der Insekten nicht mit einer Familie der Vögel oder Korallentiere.

Diese Unzulänglichkeit könnte die Frage auftauchen lassen, warum dann überhaupt solche Kategorien im Gebrauch sind. Vordergründig (bei LINNAEUS) hatte die Einführung und die Benutzung der höheren Kategorien den Zweck, das System übersichtlich zu gestalten, um eine bestimmte Art sofort wieder auffinden oder eine neue Art an dem ihr zukommenden Platz einreihen zu können. Auch kann man sich in allen biologischen Wissenschaften auf die höheren Kategorien als Sammelbegriffe beziehen, wenn von bestimmten Taxa die Rede ist. So sprechen wir etwa von Zuckmücken (Familie Chironomidae), von Vögeln (Klasse Aves) oder von Schwämmen (Stamm Porifera). Wir können also gezielt eine größere oder kleinere Einheit von Organismen mit einem einzigen Begriff ansprechen, wobei dies allerdings oft nur mit dem wissenschaftlichen Begriff exakt möglich ist.

Aber abgesehen von diesen rein praktischen Erwägungen soll und muß die Hierarchie der Kategorien natürlich die Stammesgeschichte und die Genealogie der Organismen widerspiegeln, indem sie verwandte Taxa zu einem Taxon auf immer höherer Rangstufe zusammenfaßt. Auf diese Weise gelangen wir von der Rangstufe Art über die Gattung, Familie, Ordnung und Klasse bis zur Rangstufe Stamm. Durch Voranstellen der Präfixe Über-, Unter- und Infra- wurden außerdem Zwischenkategorien geschaffen, um die Hierarchie bei Bedarf noch feingliedriger machen zu können. Es versteht sich, daß nicht in allen Fällen alle diese Kategorien zur Anwendung kommen.

Im allgemeinen Gebrauch sind heute die folgenden Rangstufen:

Stamm

Unterstamm

Überklasse
Klasse
Unterklasse
Infraklasse

Kohorte

Überordnung
Ordnung
Unterordnung
Infraordnung

Überfamilie (-oidea)
Familie (-idae)
Unterfamilie (-inae)

Tribus (-ini)

Gattung
Untergattung

Art
Unterart

Statt der Vorsilbe Über- wird oft auch Super-, statt Unter- die Vorsilbe Sub- gebraucht.

Die Endungen von Tribus, Unterfamilie. Familie und Überfamilie sind standardisiert und müssen auch von allen Taxonomen in dieser Form benutzt werden (Art. 29 der Regeln). Außerdem ist zu beachten, daß die Namen dieser Kategorien vom Namen der Typus-Gattung abgeleitet werden müssen. Dies geschieht so, daß man vom Namen der Typus-Gattung den Genitiv singularis bildet, die Endung abstreicht und damit den Wortstamm erhält; diesem Stamm wird die Endung *-idae* für die Familie angehängt.

Beispiel 1: Gattung *Felis*, Gen. sing. *Felis*, Stamm *Fel-*, Fam. *Felidae*.

Beispiel 2: Gattung *Bos*, Gen. sing. *Bovis*, Stamm *Bov-*, Fam. *Bovidae*.

Beispiel 3: Gattung *Sphaeroma*, Gen. sing. *Sphaeromatos*, Stamm *Sphaeromat-*, Fam. *Sphaeromatidae*.

Entsprechend wird an den Wortstamm für die Tribus die Endung *-ini*, für die Unterfamilie die Endung *-inae* und für die Überfamilie die Endung *-oidea* angehängt.

5. Methoden der Systematik

Wir hatten eingangs schon erwähnt, daß sich die Taxonomie nicht nur analytisch mit der Beschreibung und Benennung einzelner Arten befaßt, sondern daß es eine ihrer wesentlichen Aufgaben ist, die so gewonnenen Einzelheiten synthetisch zu ordnen und zu einem irgendwie gearteten System zusammenzufassen, einen Vorgang, den wir Klassifikation nennen. Die Methoden und theoretischen Grundlagen der Klassifikation sind erstaunlicherweise erst in der Mitte dieses Jahrhunderts, also nach fast 200jähriger Praxis, präzisiert und mit allem Nachdruck ausgesprochen worden, vor allem von REMANE [33] und HENNIG [22], MAYR [29] und SIMPSON [38].

Theoretisch gibt es beliebig viele Möglichkeiten, ein zoologisches System aufzustellen. Man kann, vor allem für praktische Zwecke, Wassertiere und Landtiere, Parasiten und Nichtparasiten, flügellose und geflügelte Formen zusammen- und gegenüberstellen. Solche denkbaren Prinzipien zur Einteilung und Ordnung des Tierreichs gibt es, wie gesagt, eine Vielzahl, und für bestimmte Zwecke ist ein zum Beispiel nach bestimmten physiologischen oder ökologischen Gesichtspunkten orientiertes System durchaus berechtigt und von Wert. Es kommt immer darauf an, was mit einem System bezweckt und was mit ihm zum Ausdruck gebracht werden soll.

Bemühungen um eine Klassifikation der Tiere gab es bereits in der Antike und bei den Naturphilosophen des Mittelalters (s. S. 19). Ordnungsprinzipien waren dabei Ähnlichkeit in morphologischer und physiologischer Hinsicht. Auch LINNAEUS, der — auf den Vorarbeiten von RAY fußend — zu einer Klassifizierung in unserem heutigen Sinne überging, sah noch die abgestufte Ähnlichkeit der Tiere und ihrer Merkmale als wesentliches Einteilungsprinzip an. Ihm kam es vor allem auf die Übersichtlichkeit des Systems und auf ein festes Gerüst zur Einordnung der Arten an. Sein System war ausgesprochen statisch, und dies blieb es bis zur Mitte des 19. Jahrhunderts (vgl. S. 21).

Das System soll aber, nach unserer heutigen Auffassung, viel mehr sein als lediglich Übersicht und Fächerung, sondern Abbild der gesamten Entwicklung der Organismen. Dieses Ziel wurde den Biologen gewiesen durch Charles DARWIN, der 1859 — also reichlich 100 Jahre nach dem Erscheinen von LINNÉS Hauptwerk — das Buch „On the origin of species by means of natural selection" veröffentlichte. Darin behauptet er, die Arten seien veränderlich und die kompliziert gebauten seien durch erbliche Abänderungen aus den einfacheren im Laufe der Erdgeschichte hervorgegangen. Dieser Gedanke war zwar keineswegs neu, eine ganze Anzahl von Forschern hatte ihn in den vorangegangenen Jahrzehnten mit aller Klarheit ausgesprochen. Doch belegte DARWIN seine Ansicht durch eine überreiche Fülle scharfsinniger Beobachtungen aus dem gesamten Organismenreich und wurde dabei den höchsten Anforderungen auf wissenschaftliche Zuverlässigkeit gerecht, ganz im Gegensatz zu den damaligen Naturphilosophen, die zwar sehr geistreich, aber auch recht phantasievoll spekulierten. DARWINS meisterhafte und überzeugende Darstellung fand ein gewaltiges Echo. Die erste Auflage seines Buches war schon am Tage ihres Erscheinens vergriffen, und die Abstammungslehre wurde mit Begeisterung aufgenommen als eine befreiende Tat, die dem Nebeneinander der vielen Baupläne und anatomischen Einzelheiten ein Ende machte, indem sie durch den Entwicklungsgedanken den Schlüssel dazu lieferte, zahllose Einzelheiten in einen sinnvollen, großartigen Zusammenhang zu bringen. Von bedeutenden Forschern widersprachen nur die ältesten, deren Stimmen jedoch bald verhallten, und nach kaum zwei Jahrzehnten hatte sich die Abstammungslehre die ganze wissenschaftliche Welt erobert. Das gilt übrigens nicht von der im gleichen Buche verfochtenen Selektionstheorie, die lange Zeit umstritten war.

Wenn auch DARWIN mit Recht als Schöpfer der Abstammungslehre gilt, so darf doch nicht vergessen werden, daß unabhängig von ihm auch Alfred Russel WALLACE das Prinzip der natürlichen Auslese als die Methode entdeckt hatte, durch die Anpassungen erzeugt und Arten umgewandelt werden können. Beide haben gemeinsam ihre Entdeckung 1858 vor der Linnean Society in London bekanntgegeben. DARWIN war nun gezwungen, sein schon 15 Jahre vorher niedergeschriebenes Essay als Buch der Öffentlichkeit vorzulegen, obwohl er sich in der Beweisführung immer noch nicht sicher fühlte und eigentlich noch weiteres Material ansammeln wollte. Es ist WALLACE zu verdanken, daß DARWINS Buch genau zum psychologisch richtigen Zeitpunkt und auch in der richtigen, vom breiten Publikum noch lesbaren Länge erschienen ist.

Mit der Entdeckung der Deszendenz, der Erkenntnis also, daß sich die heute lebenden Organismen aus anderen Organismen eines früheren Zeithorizonts entwickelt haben, war endlich ein objektives Prinzip gefunden, das in zunehmendem Maße den Systemen zugrundegelegt wurde. Der logische Schluß aus der Deszendenztheorie ist, daß Tiere, die von einem gemeinsamen Vorfahren abstammen, näher miteinander verwandt sein müssen als mit Tieren, die aus einem anderen Vorfahren hervorgegangen sind. Grundlage der Klassifikation ist also nicht Ähnlichkeit, sondern Verwandtschaft, wenigstens wenn wir ein System nach phylogenetischen Gesichtspunkten aufstellen wollen. Die Frage ist nur, wie und mit welcher Sicherheit läßt sich die Verwandtschaft zwischen bestimmten Einheiten von Organismen erschließen oder gegebenenfalls auch ausschließen.

Verwandtschaftsforschung beruht auch heute noch weitgehend auf dem Vergleich morphologischer Strukturen. Seit längerer Zeit werden aber auch andere Methoden zur Prüfung der Verwandtschaftsverhältnisse herangezogen, so etwa hochempfindliche physiologisch-chemische Reaktionen, die Elektrophorese und Papierchromatographie, oder auch genetische, entwicklungsphysiologische und ethologische Methoden. Diese Verfahren haben außerordentlich nützliche Erkenntnisse, vor allem im Bereich der Artgruppe, erbracht. Für die sogenannte Großsystematik des Tierreichs, also etwa die Erforschung der Verwandtschaft der Stämme, sind die Ergebnisse dieser Methoden jedoch mit großer Vorsicht zu beurteilen. In diesem Bereich konnten bisher nur Stichproben geliefert werden (für alle diese Methoden müssen ja lebende Organismen benutzt werden), die noch keine Verallgemeinerungen zulassen.

5.1. Der Homologie-Begriff

Alle Methoden der Verwandtschaftsforschung, seien sie morphologischer, physiologischer oder anderer Art, haben eine Voraussetzung gemeinsam: Es können nur homologe Strukturen oder Lebensäußerungen einen Beweis für eine Verwandtschaft erbringen. Im Gegensatz dazu sind analoge Strukturen lediglich geeignet, angenommene Verwandtschaftsbeziehungen zu entkräften. Das Begriffspaar „homolog-analog" ist nicht immer ganz einheitlich und unmißverständlich angewandt worden, und es ist auch schwer zu definieren. Auf einen groben Nenner gebracht, kann man aber sagen, daß Strukturen dann homolog sind, wenn sie vom gleichen Ausgangsmaterial herrühren, ganz gleich, wie verschieden ihre Endprodukte aussehen: so sind z.B. zwei der Mittelohrknöchelchen der Säugetiere und die Kiefergelenkknochen der Reptilien homolog. Strukturen sind nicht homolog, wenn sie nicht auf einem gemeinsamen Ausgangsmaterial beruhen, völlig unabhängig davon, wie ähnlich ihre Endprodukte auch sein mögen; so sind die Augen der Cephalopoda und der Vertebrata trotz ihrer morphologischen und physiologischen Ähnlichkeit nicht homolog, weil sie ontogenetisch ganz unterschiedlich entstehen; es sind analoge Gebilde, deren Ähnlichkeit auf Konvergenz beruht. Gleiches gilt selbstverständlich auch für physiologische, ökologische oder Verhaltensmerkmale.

Analogien oder Konvergenzen treten vor allem bei Organismen desselben Lebensraumes auf, besonders wenn dieser extreme Bedingungen aufweist und deshalb ganz spezifische Anforderungen an seine Bewohner stellt.
Der Terminus Homologie wird übrigens nur angewendet, wenn Strukturen bei verschiedenen Taxa zur Diskussion stehen. Wenn es sich um Merkmale innerhalb eines Individuums handelt, spricht man von Homonomie; so sind z.B. die Parapodien einer bestimmten Polychaeten-Art untereinander homonom.

So einfach, wie wir das oben gesagt haben, sind Homologien allerdings nicht zu ermitteln. Homologie ist nämlich nicht durch ein einzelnes Kriterium faßbar, es müssen vielmehr mehrere Kriterien kombiniert werden, um eine Homologie festlegen zu können. Diese **Homologie-Kriterien** hat ADOLF REMANE [33] eingehend diskutiert und definiert. Sie können hier nur kurz erläutert werden.

Die Hauptkriterien sind:

1. Das **Kriterium** der **Lage**. Danach ergibt sich eine Homologie unterschiedlich angeordneter Einzelteile, wenn sie die gleiche Lage in vergleichbaren Gefügesystemen haben.

Solch ein Gefügesystem ist z. B. der Säugerschädel. Er ist in der Anlage stets aus der gleichen Anzahl von Einzelknochen zusammengesetzt. Bei den verschiedenen Arten haben zwar diese Knochen unterschiedliche Größe und Gestalt, sind jedoch immer nach demselben Muster angeordnet. Aus der gegenseitigen Lage in diesem Gefüge ist die Identität (also Homologie) der einzelnen Knochen unschwer abzulesen, auch wenn während der Ontogenese Verschmelzungen stattfinden. — Ähnliches gilt für das Flügelgeäder bei Insekten, vorausgesetzt, es handelt sich um verwandte Arten, bei denen das Gefügesystem der Äderung übereinstimmt. — Ein allgemein bekanntes Beispiel für das Lagekriterium ist auch die Vorderextremität der tetrapoden Vertebraten. Hier lassen sich bei allen Formen ohne weiteres Oberarm, Unterarm und Hand allein aufgrund ihrer Lage homologisieren, ganz gleich, wie unterschiedlich die Extremität als Lauf-, Grab-, Schwimm- oder Flugapparat ausgebildet ist.

Das Lagekriterium versagt, wenn es bei verwandten Arten zu einer Vermehrung oder Verminderung der Einzelteile gekommen ist. Wenn z. B. bei einer Insektenart an einem ganz bestimmten Beinglied drei Borsten vorhanden sind, bei einer anderen Art aber nur eine Borste, dann ist eine Homologisierung dieser Borste allein aufgrund der Lage nicht mehr möglich.

2. **Das Kriterium der spezifischen Qualität der Strukturen.** Dieses für die Homologieforschung sehr bedeutsame Prinzip geht davon aus, daß Einzelteile auch ohne Rücksicht auf ihre Lage homologisiert werden können, wenn sie nämlich spezifische strukturelle oder auch funktionelle Merkmale aufweisen. Eine Homologie von ähnlichen Strukturen ist vor allem dann gegeben, wenn sie in zahlreichen Sondermerkmalen übereinstimmen; die Sicherheit der Homologie wächst dabei mit dem Grad der Kompliziertheit und Übereinstimmung der vergleichbaren Strukturen.

Wenn wie im oben angeführten Beispiel an einem Beinglied einer Insektenart drei Borsten auftreten, von denen jetzt aber eine gefiedert ist und die anderen glatt sind, und wenn bei einer anderen Art nur eine Fiederborste vorkommt, dann kann man schließen, daß diese Fiederborsten homolog sind. Diese Homologie gewinnt wie gesagt an Sicherheit, wenn noch mehr solche Spezialmerkmale aufgedeckt werden können oder wenn etwa die beiden Fiederborsten dieselbe Funktion ausüben. — Auf diese Weise können wir auch Chorda und Neuralrohr bei Tunicata und Vertebrata homologisieren. — Bei den verschiedenen Klassen der Plathelminthes haben Protonephridien, Ovar und Hoden eine sehr unterschiedliche Lage, sie haben aber in Bau und Funktion gleiche spezifische Eigenschaften und sind einander homolog.

Nicht zu homologisieren sind mit Hilfe der beiden bisher genannten Kriterien aber z. B. die Schilddrüse (Thyreoidea) der Säuger und die Hypobranchialrinne (Endostyl) der Acrania; beide sind sowohl nach Lage als auch nach Bau und Funktion verschieden. Gleiches gilt für einen Homologisierungsversuch zwischen den Kiefergelenkknochen der Reptilien und den Gehörknöchelchen der Säuger. In beiden Fällen ist aber mit dem 3. Kriterium die Homologie zu erschließen.

Das Kriterium der spezifischen Qualität kann allerdings auch zu Fehlschlüssen führen, wie das Beispiel des Auges bei Cephalopoda und Vertebrata zeigt; beide Augentypen haben gleiche Lage (wenn hier ein Vergleich überhaupt möglich ist), gleichen Bau und gleiche Funktion. Sie sind trotzdem nicht homolog, weil ihre Ontogenese unterschiedlich ist (s. auch das 6. Kriterium).

3. **Das Kriterium der Stetigkeit** oder der Verknüpfung durch Zwischenformen. Dieses Kriterium geht davon aus, daß die verschiedenen Ausbildungsformen eines Organs innerhalb eines bestimmten Taxon meist nicht regellos in allen möglichen Varianten auftreten, sondern bestimmte Reihen bilden, in denen die Extreme durch Zwischenglieder mehr oder weniger deutlich verbunden sind.

Der Begriff **Zwischenform** wird leider ganz unterschiedlich gebraucht, was (oft ganz unbeabsichtigt) zu schwerwiegenden Mißverständnissen führen kann. So betrachtet man den dreizehigen Fuß des eocänen Pferdes *Hyracotherium* (syn. *Eohippus*) als Zwischenform zwischen den fünfzehigen Vorfahren und den heutigen einzehigen Pferden. Die

Onychophora sieht man als Zwischenform zwischen Annelida und Arthropoda, den mit Kiemenspalten versehenen Säugerembryo als Zwischenform zwischen fischähnlichen Vorfahren und Säugetieren an. Und schließlich gilt auch die amphibisch lebende Strandassel *Ligia* als Zwischenform zwischen Meeres- und Landisopoden. Bei diesen vier Beispielen handelt es sich jedoch um völlig verschiedene Tatbestände:

Hyracotherium ist das Modell einer phylogenetischen Zwischenform, die in die genealogische Reihe der Vorfahren der rezenten Pferde gehört. Auch *Archaeopteryx*, die den Übergang vom Reptilien- zum Vogeltyp demonstriert, könnte in diesem Zusammenhang erwähnt werden. Solche phylogenetischen Zwischenformen sind uns nur ganz vereinzelt und fast ausschließlich für Wirbeltiere bekannt. In diesen Fällen ist das Homologie-Kriterium der Verknüpfung durch Zwischenformen relativ einfach anwendbar. So zeigt die Aneinanderreihung fossiler Formen ganz eindeutig, daß der Pferdehuf aus dem Mittelzeh der fünfstrahligen Extremität hervorgegangen ist und die beiden Klauen der Paarhufer aus dem 3. und 4. Zeh. Auch bei den Endformen kann man jetzt homologisieren: Der Pferdehuf entspricht der Innenklaue der Paarhufer. — Bei den wirbellosen Tieren treten phylogenetische Zwischenformen gar nicht oder doch nur höchst selten als Fossilien auf. Man bemüht sich daher oft, solche Zwischenformen zu konstruieren.

Wenn man eine rezente Tiergruppe als Zwischenform zwischen zwei anderen rezenten Tiergruppen bezeichnet, dann kann dies lediglich im morphologischen, niemals aber im phylogenetischen Sinne erfolgen. Es stammen weder die Arthropoden von den Anneliden ab, noch können die Onychophoren das phylogenetische Zwischenglied beider sein. Alle drei Gruppen sind vielmehr (im gegenwärtigen Zeithorizont) Endglieder der Entwicklung und können lediglich auf einen gemeinsamen Vorfahren zurückgeführt werden. Es sollte also stets deutlich gesagt werden, ob man eine phylogenetische oder eine morphologische Zwischenform meint. Ähnliches gilt für ontogenetische Zwischenformen (z. B. Säugerembryo) oder ökologische Zwischenformen (z. B. *Ligia*).

Wichtig für die Homologie-Forschung sind vor allem ontogenetische Zwischenformen. Während der Ontogenese zeigt sich nämlich der Organismus nicht nur als ein entstehendes, sondern auch als sich wandelndes Gefüge, in dem es zu bedeutsamen Umformungen kommen kann. So sind bei den adulten Arthropoden die Coelomsäcke nicht mehr ohne weiteres als solche zu erkennen. Während der Entwicklung aber zeigt sich, daß das Mesoderm der Arthropoden in derselben Weise und aus demselben Material entsteht wie bei den Anneliden und daß auf einem ganz bestimmten Entwicklungsstadium die Coelomsäcke nach Lage und spezifischer Qualität (1. und 2. Kriterium) durchaus denen der Anneliden gleichen; an einer Homologie ist daher nicht zu zweifeln. — Ebenfalls durch einen Vergleich der Entwicklungsstadien können der Gehörgang der Säuger und das Spritzloch der Haie homologisiert werden, zwei Strukturen, die bei den adulten Tieren nach Lage und Funktion völlig verschieden sind. Die Homologie gilt also nicht nur für einzelne Stadien, sondern für das Organ in allen seinen ontogenetischen Umformungen. — Die vergleichende Ontogenie stellt aber auch fest, daß Vertebraten- und Cephalopoden-Auge nicht homolog sind.

Physiologische und ökologische Zwischenformen für die Homologie-Forschung heranzuziehen, wäre im Prinzip zwar möglich, dürfte aber wegen der Kompliziertheit dieser Lebensäußerung und ihrer oft sehr starken Umweltabhängigkeit nur selten zu brauchbaren Ergebnissen führen.

Um auch weniger komplizierte Strukturen auf ihre Homologie prüfen zu können, wurden noch drei Hilfskriterien aufgestellt:

4. Selbst einfache Strukturen können als homolog erklärt werden, wenn sie sich bei einer größeren Anzahl nächstverwandter Arten finden.

Solche einfachen Merkmale können Proportionsänderungen, Zacken, Vorsprünge, Borsten u. a. sein. Die Wahrscheinlichkeit der Homologie wächst dabei mit der Zahl der das betreffende Merkmal aufweisenden verwandten Arten. Wenn aus einer Verwandtschaftsgruppe von 30 Arten nur zwei an einem bestimmten Körperteil einen Vorsprung tragen, dann ist kaum zu entscheiden, ob es sich um ein homologes Merkmal handelt. Tragen aber 20 Arten aus dieser Gruppe diesen Vorsprung, kann mit einiger Sicherheit auf Homologie geschlossen werden.

5. Die Wahrscheinlichkeit der Homologie einfacher Strukturen wächst mit dem Vorhandensein weiterer Ähnlichkeiten von gleicher Verbreitung bei nächstverwandten Arten.

Diese weiteren Merkmale müssen allerdings unabhängig voneinander sein. Wenn also bei dem oben erwähnten Vorsprung, der nur bei zwei Arten auftritt, etwa das Chitin verdickt ist, dann ist das ganz offensichtlich ein abhängiges Merkmal und kann nicht zusätzlich als Homologiebeweis gewertet werden. Wenn allerdings bei diesen beiden Arten und nur bei ihnen an einer ganz anderen Körperstelle zusätzlich Borsten auftreten und dazu vielleicht noch das Flügelgeäder abweichend gebaut ist, dann dürfte es sich auch bei den Vorsprüngen (und bei den übrigen „einfachen" Merkmalen) um homologe Strukturen handeln. Zu diesem Problem vergleiche der Leser das auf S. 47 Gesagte über Apomorphie und Synapomorphien.

6. Die Wahrscheinlichkeit der Homologie von Merkmalen sinkt mit der Häufigkeit des Auftretens dieser Merkmale bei sicher nicht verwandten Arten.

Hier können wir wieder das Beispiel vom Cephalopoden- und Vertebraten-Auge anführen. Der Systematiker wird schon wegen der ganz sicher nicht vorhandenen Verwandtschaft an einer Homologie dieser Augen zweifeln, auch wenn sie noch so ähnlich sind. Den Beweis der Konvergenz liefert ihm die Ontogenese. Je weniger verwandt also bestimmte Tiergruppen sind, um so größer wird die Wahrscheinlichkeit, daß ähnliche Organe konvergent entstanden sind, und das um so mehr, je häufiger solch ein Organ auftritt. So kommen z.B. Leuchtorgane von den Protozoa bis zu den Chordata in den verschiedensten Tierstämmen vor, und manchmal sind sie überraschend ähnlich gebaut. Gerade aber ihr häufiges Auftreten bei den unterschiedlichsten Tiergruppen schließt eine homologe Entstehung der Leuchtorgane aus. Das heißt natürlich nicht, daß etwa innerhalb einer bestimmten Familie der Knochenfische diese Organe nicht homolog seien. Das ist zumindest jeweils zu prüfen. Auch der rote Blutfarbstoff Haemoglobin, der z.B. bei Gastropoda, Insecta, Annelida, Chordata und anderen Tiergruppen auftritt, ist sicher mehrmals, also konvergent entstanden.

Wenn oben immer wieder gesagt worden ist, daß homologe Strukturen bei verwandten Arten zu prüfen oder daß Homologie bei nicht näher verwandten Arten unter bestimmten Umständen auszuschließen sei, dann könnte der Eindruck entstehen, die Homologie-Forschung setze eigentlich etwas voraus, was sie gerade beweisen will, nämlich Homologie und Verwandtschaft. Das stimmt sogar bis zu einem gewissen Grade. Selbstverständlich macht sich der gegenwärtig arbeitende Systematiker die Tätigkeit und die Ergebnisse einer über 200jährigen Forschung zunutze, auch wenn sie „nur" mit Hilfe typologischer Methoden gewonnen worden sind. Die aufgrund dieser Erfahrung aufgestellten Homologie-Kriterien geben ihm aber ein Werkzeug in die Hand, mit dessen Hilfe er als ähnlich erkannte Strukturen auch auf ihre Homologie hin prüfen kann.

5.2. Phylogenese und System

Allein mit der Feststellung von Homologien, ganz gleich ob sie mit Hilfe morphologischer, physiologischer oder anderer Methoden ermittelt wurden, ist aber noch keine Feststellung darüber möglich, wie die als verwandt erkannten Taxa einander zuzuordnen sind, das heißt wie ihr gegenseitiges Verwandtschaftsverhältnis zu beurteilen ist. An dieser Stelle setzt die Entscheidung darüber ein, welche theoretische Basis dem aufzustellenden System zugrunde liegen soll.[1]

---

[1] Herrn Dr. E. Königsmann (Berlin) sei für die Mitarbeit an diesem Kapitel gedankt.

Mit Hilfe der Homologie-Kriterien kann man ermitteln, daß der Chorda-Myomeren-Apparat, das Neuralrohr und der Kiemenspalten-Apparat bei Tunicata, Acrania und Vertebrata homolog sind. Man kann aber noch nichts darüber aussagen, ob etwa die Tunicata mit den Vertebrata oder vielleicht mit den Acrania näher verwandt sind. Um das beurteilen zu können, muß die Ausprägung der einzelnen Merkmale näher untersucht werden, und in der Regel müssen dann auch Merkmale hinzugezogen werden, die nicht unbedingt ein Homologon bei allen zu betrachtenden Taxa haben müssen.

Im Grunde genommen sind sich wohl heute alle Systematiker darüber einig, daß das System die Deszendenz der Organismen widerspiegeln sollte. Vergleicht man aber die in den letzten hundert Jahren unter Berufung auf die Deszendenztheorie entwickelten Systeme, dann zeigt sich, daß fast jeder Autor — sofern er nicht bewußt ein fremdes System kopiert hat — sein eigenes System geschaffen hat, denn kaum eines gleicht dem anderen. Die genauere Prüfung ergibt, daß diese Vielfalt nicht allein auf einen Erkenntnisfortschritt zurückzuführen ist, auf eine immer bessere Widerspiegelung der objektiven Realität, das heißt der stammesgeschichtlichen Verwandtschaft in den Systemen. Es reicht offenbar doch nicht aus, die Tatsache der Deszendenz als solche als Systematisierungsprinzip zugrundezulegen. Es müssen vielmehr Methoden gefunden werden, die es erlauben, den Gang der Evolution in einem System objektiv richtig wiederzugeben, also die reale Verwandtschaft der Arten und höheren Taxa zum Ausdruck zu bringen. Es genügt nicht zu sagen, die abgestufte Ähnlichkeit der Organismen sei eine Folge der phylogenetischen Verwandtschaft und aus der Ähnlichkeit sei demzufolge die Verwandtschaft direkt abzulesen, etwa in der Form: Je ähnlicher zwei Organismen sind, um so enger sind sie miteinander verwandt. Schon die flüchtige Überlegung muß zu der Frage führen, was Ähnlichkeit eigentlich ist, wie man sie messen und vergleichen kann, welche Merkmale man benutzen kann oder darf. Ein Ausweg aus dieser Situation hat Willi HENNIG [22] mit der von ihm so genannten „Phylogenetischen Systematik" oder genauer konsequent-phylogenetischen Systematik gewiesen. Das Prinzip der phylogenetischen Systematik geht davon aus, daß seit der Entstehung der ersten Organismen auf der Erde ein Prozeß stattgefunden hat, bei dem immer wieder durch Aufspaltung einer Mutterart zwei Tochterarten entstanden sind, diese sich wieder aufgespalten haben usw. Auf diese Weise ist ein dichotomes Verzweigungssystem entstanden, dessen vorläufige Endprodukte die gegenwärtig lebenden Tier- und Pflanzenarten darstellen. Dieses Verzweigungssystem kann als sogenanntes **Kladogramm** oder Stammbaum dargestellt werden (z. B. Abb. 4), welches dann die **Phylogenese** der Organismen zum Ausdruck bringt, eine von der Natur selbst geschaffene hierarchische Stufenfolge. Aufgabe der Systematik ist es nun, diesem ersten Schritt, der Aufklärung der Phylogenese einer Tiergruppe, einen zweiten folgen zu lassen, in dem das Stammbaumschema in eine **Klassifikation**, also in ein hierarchisch-enkaptisches System, umgesetzt wird. Für die Vertreter der konsequent-phylogenetischen Systematik besteht überhaupt kein Zweifel, daß das Stammbaumschema unmittelbar in ein System übergeführt werden muß, eben das phylogenetische System. Das allgemeine Bezugssystem der phylogenetischen Systematik ist also die Phylogenese und nur diese. Nach dem Standpunkt der phylogenetischen Systematik kann aus der Vielzahl der denkbaren Prinzipien zur Einteilung und Ordnung des Tierreichs (und des Pflanzenreichs) und demzufolge aus der Vielzahl von Systemen nur das phylogenetische System die genealogische Verwandtschaft der Organismen exakt zum Ausdruck bringen.

Ein anderer Standpunkt wird von den Vertretern der „**Evolutionären Klassifikation**" eingenommen, nach deren Ansicht bei der Umsetzung des Kladogramms in ein System auch das jeweilige Evolutionsniveau berücksichtigt werden muß (s. S. 53). Eine Zusammenstellung und Gegenüberstellung der Standpunkte der phylogenetischen und der evolutionären Klassifikation hat kürzlich Otto KRAUS [27] vorgelegt.

Wir wollen uns zunächst mit dem ersten Schritt des Systematisierens von Tieren befassen, mit den Methoden der Verwandtschaftsforschung, die zur Aufklärung der Phylogenese einer Tiergruppe und zur Aufstellung eines Stammbaumschemas führen. Die Schwierigkeiten in der Praxis bestehen dabei vor allem darin, daß uns von den einzelnen Zweigen des Stammbaumes in der Regel nur die Endglieder (als rezente Arten) erhalten geblieben sind. Wir sind also gezwungen, die genealogische Abstammung einer jeden Art rückwärts zu rekonstruieren. Es ist nun eine logische Folgerung aus dem Stammbaumschema, daß es für jede Art eine Schwesterart gibt, mit der sie ein Verwandtschaftspaar bildet, weil beide von einer gemeinsamen Stammart abstammen. Dasselbe gilt für die höheren Kategorien: auch hier kann man Verwandtschaftspaare ermitteln, wobei stets die Monophylie (s. S. 46) der Gruppen abgesichert sein muß. Mit anderen Worten heißt das, jede monophyletische Organismengruppe besitzt eine ebenfalls monophyletische Schwestergruppe gleichen kategorialen Ranges, mit der zusammen sie dann eine gleichfalls monophyletische Gruppe nächsthöherer Rangordnung bildet. (Was in diesem Zusammenhang unter Monophylie zu verstehen ist, wird weiter unten erläutert.) Die Suche nach der Schwestergruppe — oft auch als „Hennigs Prinzip" bezeichnet — ist somit ein zentraler Vorgang bei der praktischen Anwendung der phylogenetischen Systematik (Abb. 2, 4).

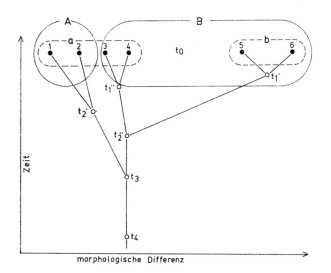

Abb. 2. Schema zur Erläuterung der Begriffe „phylogenetische Verwandtschaft" und „monophyletische Gruppe". — Die Gruppen 1—6 sind rezente Arten, die auf dem Zeithorizont t_0 liegen. Von oben nach unten betrachtet haben wir das dichotome Argumentationsschema vor uns mit den Zeitpunkten $t_1 - t_4$, die gleichzeitig die jeweilige nicht mehr existierende Stammart symbolisieren. Von unten nach oben gesehen gibt das Schema den rekonstruierten Verlauf der Evolution wieder. Schwestergruppen sind jeweils die Artenpaare 1 + 2, 3 + 4 sowie 5 + 6. Für die mit a zusammengefaßten Arten 1—4 gilt zwar eine Formenverwandtschaft einander nahestehender Gruppen, ihre morphologische Differenz untereinander ist geringer als gegenüber der Artengruppe 5 + 6 (b). Im Sinne der phylogenetischen Systematik ist aber a keine monophyletische, sondern eine paraphyletische Gruppe; die Gruppe geht zwar auf einen gemeinsamen Vorfahren (t_3) zurück, umfaßt aber nicht alle Nachfahren dieser Stammart t_3. Neben den drei Schwesterarten-Paaren sind also nur A und B monophyletische Gruppen; diese zusammen bilden wieder eine monophyletische Gruppe nächsthöherer Rangordnung. — Nach HENNIG 1952, leicht verändert.

Der Grundgedanke der phylogenetischen Systematik ist also die Annahme, daß sich eine Stammart in zwei Tochterarten aufspaltet, die in einem Schwestergruppenverhältnis stehen, wobei die Stammart aufhört zu existieren und die Tochterarten in unterschiedlichem Maße von der Stammart abweichen können; dieser Vorgang wurde von HENNIG als **Deviationsregel** bezeichnet. Aus der Aufspaltung ergibt sich zwangsläufig die dichotome Struktur des Stammbaumschemas.

Das dichotom verzweigte Schema wird von vielen Seiten in Zweifel gezogen, und zwar aufgrund der Annahme, es habe im Verlaufe der Stammesgeschichte der Organismen bestimmt an vielen Punkten die gleichzeitige Entstehung von drei oder noch mehr Arten aus einer Stammart gegeben. Beweise dafür können allerdings nicht angeführt werden. Für die phylogenetische Systematik ist die Annahme von dichotomen Verzweigungen zwar kein Dogma, die gleichzeitige Entstehung mehrerer Arten aus einer Stammart wird nicht prinzipiell ausgeschlossen; es hat sich aber als heuristisch fruchtbares Prinzip erwiesen, zu jeder Gruppe jeweils die Schwestergruppe zu suchen.

Einwände werden auch gegen die These erhoben, die Stammart büße bei ihrer Aufspaltung ihre Existenz ein. Die Kritiker fragen, ob sich nicht vielmehr in der Regel ein Tochtertaxon einfach von einem Muttertaxon abspaltet und das Muttertaxon dabei völlig unverändert fortdauert. Diese Kritik erscheint berechtigt, trifft aber nicht den Kern der Sache. Es ist nämlich zu unterscheiden zwischen der biologischen Identität einer Art (oder jedes beliebigen anderen Taxon) und ihrer phylogenetischen oder genealogischen Identität.

Vielleicht läßt sich das an einem bewußt vereinfachten Beispiel deutlich machen. Wenn etwa an einem bestimmten Küstenstrich eine geschlossene Population einer Art vorkommt und durch irgendwelche geologische Vorgänge ein Teil dieser Küste als Insel abgetrennt wird, dann entsteht eine isolierte Inselpopulation, die sich sehr wahrscheinlich im Laufe der Zeit zu einer neuen Art entwickeln wird, weil der Genaustausch mit der Mutterpopulation unterbrochen wurde und weil sie unter veränderten biologischen Bedingungen lebt. Die verbliebene Festlandspopulation wird sich nicht entsprechend verändern, wenn wir voraussetzen, daß sich hier die Lebensbedingungen nicht ändern. Die Mutterart bleibt also morphologisch und biologisch das, was sie vorher war. Als phylogenetische Stammart kann doch aber nur jene Population betrachtet werden, die vor der Abspaltung existierte, denn nur diese Stammart schließt genealogisch beide, die verbliebene Küstenart und die Inselart, ein. Im übrigen kann die verbliebene Küstenpopulation strenggenommen auch genetisch nicht mehr dasselbe sein, es wurde ja ein Teil des gemeinsamen Genpools isoliert, auch wenn dieser Teil so gering ist, daß sich sein Verlust bei der Küstenpopulation phänotypisch nicht auswirkt.

Hier wird deutlich, daß eine Art nicht nur als eine taxonomische und biologische, sondern auch als phylogenetische Einheit betrachtet werden muß. Dies gilt in gleichem Maße auch für alle Taxa der höheren Kategorien, die ja denselben phylogenetischen Mechanismen unterliegen. Im Grunde genommen ist der Prozeß der Aufspaltung der Arten und der Entstehung neuer Arten, also die Speciogenese, nichts anderes als die „unterste" Stufe der Phylogenese. Eine Folgerung aus der Deszendenztheorie ist es auch, daß jedes Taxon, gleichgültig ob es eine Familie, eine Klasse oder einen Tierstamm darstellt, in der Endkonsequenz auf eine einzige Art als Stammart zurückzuführen ist. Es besteht keinerlei Grund zu der Annahme, daß selbst in präkambrischen Zeiten die Gesetze der Genetik und der Evolution anders gewirkt hätten als heute.

Wenn wir oben von monophyletischer Gruppe und Schwestergruppe sprachen, dann muß der Begriff „monophyletisch" noch präzisiert werden. Im phylogenetischen System hat eine Gruppe, gleich welcher Kategorie, nämlich nur dann Bestand und Berechtigung, wenn es gelingt, ihre **Monophylie** nachzuweisen. Eine monophyletische Gruppe liegt nur dann vor, wenn diese Gruppe alle Nachfahren einer gemeinsamen Stammart umfaßt. Die Betonung liegt dabei auf „alle", im Gegensatz zu der Auffassung der evolutionären Klassifikation (s. S. 53). Diese Definition bedeutet, daß in einer monophyletischen Gruppe jede zu ihr gehörende Art mit jeder beliebigen anderen zu ihr gehörigen Art stammesgeschichtlich näher verwandt ist als mit irgend-einer Art, die nicht zu dieser Gruppe gehört. Wird jedoch aus einer Gruppe mit einer gemeinsamen Stammart eine Teilgruppe, aus welchen Gründen auch immer, ausge-schieden, dann ist diese Gruppe nicht mehr als monophyletisch, sondern als paraphy-letisch zu bezeichnen (Abb. 2). Begründet sind solche paraphyletischen Gruppen auf dem gemeinsamen Besitz von ursprünglichen Merkmalen, der keine Folgerung auf die Verwandtschaft gestattet (s. unten). Eine solche paraphyletische Gruppe geht zwar auch auf einen gemeinsamen Vorfahren zurück, wird also im landläufigen Gebrauch oft als monophyletisch bezeichnet, ist dies aber im Sinne der phylogenetischen Syste-matik nicht, denn sie umfaßt nicht alle Nachkommen der gemeinsamen Stammgruppe, eine mehr oder minder große Gruppe dieser Nachfahren ist ausgeschlossen. Ein all-gemein bekanntes Beispiel für eine paraphyletische Gruppe sind die Reptilien (Abb. 4).

Die Frage ist nun, wie man monophyletische Gruppen nachweisen kann und wie bei der Suche nach der Schwestergruppe zu verfahren ist. Die phylogenetische Syste-matik kann bei der Lösung dieser Frage nicht ausgehen von der Ähnlichkeit von Merkmalen, auch nicht von der Übereinstimmung in einer möglichst großen Anzahl von Merkmalen oder von der Übereinstimmung in sehr auffälligen Merkmalen, wie das heute noch oft getan wird. Die Basis der Verwandtschaftsanalyse der phylogene-tischen Systematik ist vielmehr die Übereinstimmung in **apomorphen** (abgeleiteten) **Merkmalen**. Solche Übereinstimmungen nennt man **Synapomorphien**. Die Verwandt-schaft der Angehörigen eines Taxon kann um so besser abgesichert werden, je mehr voneinander unabhängige Synapomorphien nachgewiesen werden können. Als Merk-male können dabei selbstverständlich nicht nur morphologische und anatomische Strukturen genutzt werden, sondern zum Beispiel auch Verhaltensweisen oder be-stimmte ökologische Eigenheiten. Der Untersucher muß sich dabei jedoch sicher sein, daß er Konvergenzen ausgeschaltet hat.

Im Gegensatz dazu sind **plesiomorphe** (ursprüngliche) **Merkmale** einer Gruppe für die Verwandtschaftsanalyse ungeeignet. Die Übereinstimmung in plesiomorphen Merkmalen, also das Vorliegen von **Symplesiomorphien**, sagt nichts über die Mono-phylie dieser Gruppe aus.

So zeichnen sich die früher als Apterygota zusammengefaßten Insektengruppen primär durch das Fehlen von Flügeln aus. Die Flügellosigkeit ist für diese Gruppen also eine Symplesiomorphie. Außerdem gibt es für die Apterygota keine Synapomorphien. Die Apterygota sind damit eine paraphyletische Gruppe und kommen als Schwestergruppe der Pterygota nicht in Betracht. Die Schwestergruppe der Pterygota sind nach dem gegen-wärtigen Kenntnisstand vielmehr die Zygentoma, die durch die Familie Lepismatidae repräsentiert werden (vgl. den Insekten-Teil dieses Lehrbuches).

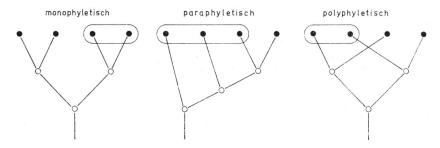

Abb. 3. Schema zur Erläuterung der Begriffe Mono-, Para- und Polyphylie. Die Gruppen-bildung ist jeweils durch die in ein Oval eingeschlossenen Taxa markiert. — Nach HENNIG 1969.

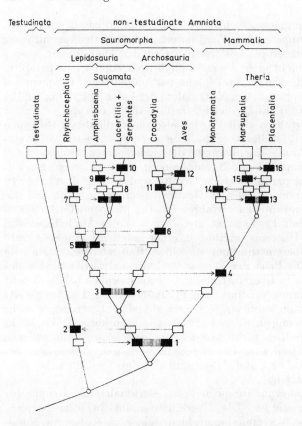

Abb. 4. Entwurf eines Stammbaumes der Amniota, aufgestellt nach den Prinzipien der phylogenetischen Systematik. — Nach G. PETERS 1976 [in 40], leicht verändert.

Die nicht weiter zergliederten monophyletischen Teilgruppen werden durch die großen Rechtecke symbolisiert. Die Namen der aus diesen Teilgruppen hierarchisch konstituierten Taxa höheren Ranges stehen im oberen Teil der Skizze. Schwarze Rechtecke bzw. durch Schraffur verbundene schwarze Rechtecke symbolisieren Synapomorphien in Merkmalen, die bei der jeweiligen Schwestergruppe plesiomorph ausgebildet sind (kleine weiße Rechtecke); Symplesiomorphien sind durch weiße Rechtecke markiert, die durch eine Linie verbunden sind. Die arabischen Ziffern bezeichnen die zur Begründung der Monophylien bzw. der Schwestergruppenverhältnisse ausgewählten apomorphen Merkmale bzw. Merkmalskomplexe. Im einzelnen bedeuten:

1 Körper des 1. Halswirbels (Atlas) mit dem Zentrum des 2. Wirbels (Epistropheus) verwachsen (apomorph) — Atlas und Epistropheus völlig getrennt (plesiomorph);

2 Rumpfkasten aus Knochenplatten und Hornschildern (Carapax + Plastron) (a) — Rumpf primär nicht in einen Knochenpanzer eingehüllt (p); Schultergürtel unter den Rippen (a) — Schultergürtel auf den Rippen (p);

3 Schläfenpartie des Schädels primär mit zwei Öffnungen (diapsider Schädel) (a) — Schläfenpartie des Schädels mit einer Öffnung (p);

4 Körper von einem Haarkleid bedeckt (a) — Körper primär von Schuppen bedeckt (p); Jungtiere werden mit Muttermilch ernährt (a) — Jungtiere primär selbständig Nahrung aufnehmend (p); mit drei Mittelohrknöchelchen und das Dentale der alleinige Unterkieferknochen (a) — nur ein Mittelohrknochen (Stapes) und Unterkiefer aus mehreren Knochen gebildet (p); Gebiß anisodont und Molaren mehrwurzelig (a) — Gebiß isodont, Zähne aufgewachsen oder höchstens einwurzelig (p);

5 präformierte Bruchstellen in den Zentren mehrerer Schwanzwirbel (a) — Schwanzwirbel ohne Bruchstellen (p); Stapes dünn und gestreckt (a) — Stapes kurz und kompakt (p); Kloakenspalte quergestellt (a) — Kloakenspalte längsgestellt oder rund (p);
6 große und meist stark verlängerte Praemaxillaria (a) — Praemaxillaria nicht verlängert (p); kein Parietalforamen (a) — mit Parietalforamen (p); Dentale mit Foramen (a) — Dentale ohne Foramen (p); primär thecodonte Bezahnung (Krokodile und Urvögel) (a) — Zähne den Kieferknochen aufgewachsen (p);
7 Praemaxillare unpaarig (a) — Praemaxillare paarig (p); Jacobsonsches Organ hochdifferenziert (a) — Jacobsonsches Organ einfach gebaut (p); Männchen mit paarigem Penis (a) — Männchen ohne Penis (p);
8 Quadratum und Pterygoid zu einer senkrecht zur Schädelachse gestellten Knochenplatte verwachsen (a) — Quadratum und Pterygoid nicht verwachsen (p); Unterkiefer ohne Spleniale (a) — Spleniale vorhanden (p); Rippen distal beidseitig verbreitert (a) — Rippen ohne seitliche Fortsätze (p);
9 Schädel ohne Schläfenbögen und -fenster (a) — Schläfenbögen und -fenster vorhanden (p); Quadratum fixiert (a) — Quadratum beweglich (p); rechte Lunge reduziert (a) — Lunge paarig (p);
10 Quadratum zwischen Gehirnschädel und Kiefergelenk scharnierartig beweglich (Streptostylie) (a) — Quadratum beweglich, aber ohne Scharnierfunktion (p); Lunge (falls überhaupt) linksseitig reduziert (a) — Lunge paarig (p);
11 langer sekundärer Gaumen (a) — sekundärer Gaumen kurz (p); Claviculae fehlend (a) — Claviculae vorhanden (p); Becken mit knorpeliger paariger Praepubis (a) — Becken ohne Praepubis (p);
12 Körper mit Federn bedeckt (a) — Körper mit Schuppen bedeckt (p); Vorderextremitäten primär zu Flügeln umgebildet (a) — die Vorderextremitäten sind Laufbeine (p); zahnloser Hornschnabel (a) — thecodonte Kieferbezahnung (p); Pneumonie der Knochen (a) — Knochen ohne Luftfüllung (p); Becken und Wirbelsäule zum Synsacrum verwachsen (a) — Becken und Wirbelsäule nicht verwachsen (p);
13 Schulterblatt (Scapula) gekielt (a) — Schulterblatt ohne Kiel (p); Schläfenpartie des Schädels überwiegend aus Alisphenoid und Squamosum konstruiert (a) — Schläfenpartie des Schädels (bei der Stammart der Mammalia) überwiegend aus dem Squamosum gebildet (p);
14 Hornschnabel (a) — Kieferknochen ohne Hornscheiden (p); Jochbein (Jugale) rudimentär (a) — Jochbein normal ausgebildet (p); Schläfenpartie des Schädels vom Os petrosum gebildet (a) — Schläfenpartie des Schädels (bei der Stammart der Mammalia) überwiegend aus dem Squamosum gebildet (p);
15 linguad gebogener Processus angulare am Dentale (a) — wenn überhaupt ein Processus angulare vorhanden ist, dann ist er nicht linguad eingebogen (p); Gefäßöffnungen am Gaumenbein (Palatinalforamina) (a) — Gaumenbein ohne Gefäßöffnungen (p);
16 maximal drei Schneidezähne pro Kieferhälfte (a) — mit vier bis fünf Schneidezähnen pro Kieferhälfte (p).

Die Unterscheidung von apomorphen und plesiomorphen Merkmalen ist nicht neu. Sie ist vielmehr in der klassischen Morphologie seit dem Durchbruch der Deszendenztheorie bekannt und allgemein praktiziert worden. Es ist aber HENNIGS Verdienst, diese Unterscheidung als Instrument der phylogenetischen Systematik genutzt und konsequent eingesetzt zu haben.

Die Feststellung der abgeleiteten Natur eines Merkmals ist, wie leicht einzusehen ist, jeweils relativ. Wenn nämlich ein vorher apomorphes Merkmal auf untergeordnete Gruppen übertragen wird, dann wird es plesiomorph. So sind zum Beispiel für die pterygoten Insekten zwei Flügelpaare ein apomorphes Merkmal, oder besser gesagt ein synapomorphes Merkmal, denn sie treten primär bei allen Pterygota auf. Bei den Diptera (Mücken und Fliegen) und bei den Coleoptera (Käfern) dagegen stellen die Flügel ein plesiomorphes Merkmal dar, das sie prinzipiell mit allen anderen Gruppen der Pterygota teilen. Der Besitz von Flügeln sagt also gar nichts über die Verwandtschaftsbeziehungen innerhalb der Pterygota aus. Für die Diptera ist aber die Reduktion der Hinterflügel zu Halteren ein apomorphes Merkmal, ebenso wie für die Käfer die Umbildung der Vorderflügel zu Flügeldecken. Die Halteren werden wieder zu einem plesiomorphen Merkmal für die Teilgruppen der Diptera, die Flügeldecken zu einem plesiomorphen Merkmal für die Teilgruppen der Käfer usw.

In modernen Systemen findet man, wenn auch selten, neben monophyletischen und paraphyletischen Gruppen auch noch polyphyletische Gruppen, in denen die Nachfahren verschiedener Stammgruppen zusammengefaßt sind. Solche polyphyletischen Gruppen, die im phylogenetischen System völlig unzulässig sind, beruhen auf analogen Merkmalen, also auf Konvergenzen. Eine polyphyletische Gruppe ergäbe sich beispielsweise, wenn Vögel und Säugetiere aufgrund der Homoiothermie und der vollkommenen Herzscheidewand vereinigt würden; beide Merkmale, die übrigens voneinander abhängig sind, sind konvergente Bildungen (vgl. Abb. 4). Die Begriffe Mono-, Para- und Polyphylie sind in Abb. 3 noch einmal veranschaulicht.

Die mosaikartige Verteilung der plesiomorphen und apomorphen Ausprägung der Merkmale bei den einzelnen Taxa (dies bezeichnet man als Heterobathmie der Merkmale) kann nun ausgenutzt werden, um in einem Argumentationsschema die Monophylie der Taxa und ihre Zusammenfassung zu höheren monophyletischen Einheiten darzustellen. Die jeweiligen Schwestergruppen sind dann jeweils durch Synapomorphien gekennzeichnet (Abb. 4). Daraus ergibt sich ein Stammbaumschema oder **Kladogramm**, das die genealogische, also stammesgeschichtliche Verwandtschaft der Arten und Gruppen von Arten widerspiegelt, eben deren Phylogenese.

In dem dichotomen Argumentationsschema stellt jeder Verzweigungspunkt einen Schritt der Evolution dar. Das müßte sich eigentlich auch in der Kategorienfolge ausdrücken, das heißt in der Folge von oben nach unten müßte jeder Verzweigungshorizont jeweils die nächsthöhere Kategorie erhalten. Schon ein flüchtiger Blick auf die Abb. 4 zeigt aber, daß dies zwar theoretisch möglich, in der Praxis mit den derzeit gebräuchlichen Kategorien jedoch nicht durchführbar ist. So werden zwangsweise auch im phylogenetischen System ein oder mehrere Schwesterartengruppen zu Gattungen, ein oder mehrere Schwestergattungsgruppen zu Familien usw. zusammengefaßt, obwohl dieses Verfahren eigentlich unlogisch ist. Folgerichtig wäre es, immer nur ein Schwestergruppenpaar zur nächsthöheren Kategorie zu erheben.

Zur Aufstellung eines Kladogramms aufgrund der Heterobathmie der Merkmale sind paläontologische Sachzeugen nicht nötig. Wohl aber erlauben es Fossilien und nur diese, die relative Zeitachse des Synapomorphieschemas und damit des Stammbaumes in eine absolute umzuwandeln. Auf diese Weise kann dann eine Aussage über den Zeitpunkt der Entstehung einer Gruppe bzw. bestimmter Merkmale möglich werden. Dabei macht ein Fossil aber nicht nur das Mindestalter der Gruppe erkennbar, zu der es selbst gehört, es fixiert zugleich auch das Alter der zugehörigen Schwestergruppe, die ja das gleiche Alter haben muß. Und weiterhin besagt dieses Fossil, daß alle relativ früher erfolgten Verzweigungsschritte des Stammbaumes ebenfalls vor einem bestimmten Zeitpunkt stattgefunden haben müssen.

Ein Kernproblem und gleichzeitig wohl auch das schwierigste Problem bei der Verwandtschaftsanalyse im Sinne der phylogenetischen Systematik ist die Wertung der Merkmale, also die Beurteilung, ob ein homologes Merkmal plesiomorph oder apomorph ausgeprägt ist. Es muß sozusagen die Lesrichtung einer Transformationsserie ermittelt werden. Das wäre relativ unkompliziert, wenn während der Evolution alle Strukturen und sonstigen Merkmale sich immer weiter kompliziert hätten. Das ist aber, wie jedermann weiß, nicht der Fall. Es gibt eine Vielzahl von Beispielen, in denen eine gegenläufige Entwicklung, also eine Vereinfachung, nachzuweisen ist. Es geht demnach nicht nur um den bloßen Nachweis der Homologie eines Merkmals, sondern um die Feststellung der Richtung des Verwandlungsprozesses. Es hat sich dabei als fruchtbar erwiesen, der Transformation eines Merkmals oder eines Merkmalskomplexes nicht nur bei der zu untersuchenden Gruppe nachzugehen, sondern auch die nach der bisherigen Kenntnis nächstverwandten Gruppen mit in die Untersuchungen einzubeziehen. Je weiter der Kreis gezogen wird, um so günstiger ist das für das Ergebnis. Da die Evolution und damit die Transformation der Merkmale ein historischer Prozeß ist, der sich über geologische Zeiträume erstreckt, ist man bei der Beurteilung der Lesrichtung auf indirekte Beweise, auf Indizien, angewiesen, und das schließt Fehlurteile natürlich nicht aus. Hilfskriterien für die Unterscheidung plesiomorpher und apomorpher Merkmalsausprägungen können liefern: die geologische Aufeinanderfolge der Merkmale; die ontogenetische Merkmalsfolge; die Wechselbeziehung von Transformationsserien, d. h. das gegenseitige Abwägen voneinander unabhängiger Merkmalsreihen innerhalb eines Taxon; oder die chorologische Progression, welche besagt, daß die stärker abgeleitete Ausprägung eines Merkmals oft bei derjenigen Schwesterart auftritt, die sich vom gemeinsamen geographischen Ursprung weiter entfernt hat als die andere Schwesterart. In allen diesen Fällen dürfen allerdings die Aussagen nicht unkritisch verabsolutiert werden.

Nützlich, wenn auch allein nicht ausreichend und nur in günstig gelagerten Fällen anwendbar, ist für die Ermittlung der Lesrichtung von Transformationsreihen das sogenannte Ökonomieprinzip [58]. Es geht von der Prämisse aus, daß während der Evolution unter dem Selektionsdruck der Umwelt immer nur solche Merkmalsausprägungen eine Chance zum Fortbestehen haben, die „ökonomischer" sind als ihre Vorläufer. Danach beruht also die Evolution auf einer zunehmenden Ökonomie der Beziehungen zwischen Organismus und Umwelt.

Aber so einfach ist dieses Prinzip leider nicht immer zu erkennen. Es ist zum Beispiel auf den ersten Blick schwer einzusehen, wieso etwa die Ausbildung von äußerst komplizierten Kopulationsapparaten bei vielen Arthropoden oder von außerordentlich energieaufwendigen Verhaltensweisen vieler Vertebraten bei der Balz auf einem Ökonomisierungsprozeß beruhen soll. Hier liegt die höhere Effektivität der Merkmale zweifellos in einer besseren biologischen Abgrenzung der Arten und einer besseren Sicherung der innerartlichen Beziehungen. Noch schwieriger liegen die Dinge bei relativ „einfachen" Merkmalen. Wenn beispielsweise innerhalb einer bestimmten Insektengruppe das Flügelgeäder in dieser oder jener Richtung etwas abweicht, dann ist zumindest nach unserem derzeitigen Wissen kein ökonomischer Sinn in diesen Abweichungen zu erkennen. Man muß sich dabei aber vor Augen halten, daß Mutation und Selektion nicht an Einzelmerkmalen, sondern an Merkmalskomplexen ansetzen, und daß dabei durchaus auch im Sinne des Ökonomieprinzips indifferente Einzelmerkmale im Phänotypus auftreten können.

Das Ökonomieprinzip kann allerdings gute Dienste leisten, wenn es um die Rekonstruktion von phylogenetischen Zwischenformen geht. Will man etwa an dem untersten Verzweigungspunkt eines Argumentationsschemas (Abb. 2, 4) solch eine hypothetische Stammform konstruieren, dann sollte man davon ausgehen, daß von unten nach oben in der Zeitskala eine fortschreitende Ökonomisierung des gesamten Organisationstyps stattgefunden haben muß.

Eine schon angedeutete Schwierigkeit besteht noch darin, daß oftmals Konvergenzen, also die mehrfache und unabhängige Entstehung von Merkmalen oder Merkmalsausprägungen, schwer von Synapomorphien zu unterscheiden sind. In der Praxis geht man jedoch davon aus, daß zwei entsprechende apomorphe Merkmale solange als synapomorph und damit als Beweis für Verwandtschaft angesehen werden, wie ihre konvergente Entstehung nicht wahrscheinlich gemacht werden kann. Besonders groß ist die Konvergenzwahrscheinlichkeit — wie wir bei der Besprechung der Homologie-Kriterien schon erwähnt haben — bei graduellen Abweichungen, bei strukturarmen Gebilden großer Variationsbreite innerhalb eines Taxon, bei Merkmalsausprägungen, die auch in anderen, nur entfernt verwandten Gruppen ähnlich sind, oder bei solchen Merkmalen, deren Umweltabhängigkeit direkt oder mit guten Indizien erkennbar ist.

4*

Es besteht durchaus die Möglichkeit, daß sich aus der Anwendung mehrerer als synapo-morph angenommener Merkmale verschiedene, miteinander konkurrierende Gruppierungen der Taxa ergeben. Dann aber ist zumindest ein Teil der Merkmale falsch bewertet, da objektiv jeweils nur eine monophyletische Gruppierung möglich ist. Wie schwierig die Verwandtschaftsanalyse sein kann, wird deutlich am Beispiel der holometabolen Insekten. Hier kommt man, auch bei bewußter Anwendung der Prinzipien der phylogenetischen Systematik, bei einigen Gruppen für die Larven und für die Adulten zu völlig verschie-denen Verwandtschaftsbeziehungen. Natürlich muß eines dieser Systeme falsch sein, denn es kann, wie gesagt, für eine Gruppe nur ein System geben, und dieses muß alle Entwicklungsstadien einbeziehen. Diese Fehlleistung ist jedoch nicht in der Unzuläng-lichkeit der phylogenetischen Systematik und ihrer Verfahrensweise begründet, sie liegt einfach an der falschen Wahl oder an der falschen Interpretation der Merkmale. In diesem speziellen Fall kommt erschwerend die ungewöhnlich große Merkmalsarmut vieler In-sektenlarven hinzu. Schwierigkeiten bei der Anwendung eines Prinzips bedeuten aber noch nicht. daß das Prinzip selbst untauglich ist. Dies hatten wir schon im Zusammenhang mit dem biologischen Artkonzept betont (S. 36).

Als Beispiel für eine Verwandtschaftsanalyse im Sinne der phylogenetischen Syste-matik seien die Amniota dargestellt (Abb. 4).

Die amnioten Wirbeltiere, zu denen alle rezenten Reptilien, Vögel und Säuger gehören' stellen eine monophyletische Gruppe dar, die vor allem durch die amniotische Embryonal-entwicklung als synapomorphes Merkmal gekennzeichnet ist. Weitere autapomorphe Krite-rien sind im Bau des Skeletts, des zentralen Nervensystems und an anderen Organen zu finden. Wir geben hier das Argumentationsschema wieder, das die Verwandtschaftsbe-ziehungen innerhalb der Amniota aufzeigt. Den für die Konstruktion des Stammbaumes verwendeten Synapomorphien kommt — und dies sei ausdrücklich betont — ein von Fall zu Fall unterschiedlich hoher Grad von Wahrscheinlichkeit gegenüber der historischen Wirklichkeit zu. Weitere Untersuchungen müssen zeigen, ob die getroffenen Interpreta-tionen durch das Auffinden weiterer Apomorphien gestützt werden können, oder ob sich etwa andere Schwestergruppenverhältnisse ergeben. Aus dem Stammbaum ergibt sich unter anderem: die Schwestergruppe der Vögel sind die Krokodile, die Schwestergruppe der Säuger sind die Sauromorpha, usw. Gleichzeitig wird aber auch die paraphyletische Natur der „Reptilia" deutlich. Statt der einfachen Gliederung der Amniota in Reptilien, Vögel und Säuger ergibt sich jetzt eine ungewohnte Aufteilung in zahlreiche Gruppen und Untergruppen, die aber — nach heutiger Kenntnis — die Phylogenese der Amniota real widerspiegelt.

Wer sich erst einmal bewußt und intensiv mit den Prinzipien und mit der Praxis der phylogenetischen Systematik beschäftigt hat, wird leicht einsehen, daß auch sie es nicht mühelos und zwangsläufig gestattet, einen den phylogenetischen Ablauf wie-dergebenden Stammbaum zu ermitteln. Fehlurteile sind wegen falscher Wertung der Merkmale nicht auszuschließen. Gut und schlecht gesicherte Ergebnisse und der Grad der Wahrscheinlichkeit bei einander widersprechenden Ergebnissen sind aber zu er-kennen. Der Autor eines phylogenetischen Systems einer Gruppe ist nämlich gezwun-gen, seine Argumente eindeutig begründet vorzulegen, seine Argumente also zu ob-jektivieren und nachvollziehbar zu machen, indem er sie im Kladogramm klar und unmißverständlich zum Ausdruck bringt, unabhängig von Intuition, systematischem Taktgefühl, subjektiver Einschätzung von Ähnlichkeiten und Spezialisierungsgrad. Es steht dann jedem Nachuntersucher frei, sich dieser Argumentation anzuschließen oder eine besser begründete, wahrscheinlichere an ihre Stelle zu setzen.

Wir haben bisher nur den ersten Schritt betrachtet, der zu einem System führt: die Aufstellung eines Kladogramms oder Stammbaumschemas. Nützlichkeit und Richtig-keit der dabei angewendeten Methoden und des phylogenetischen Kladogramms selbst werden heute kaum noch in Zweifel gezogen. Die Prinzipien der phylogenetischen Systematik werden allgemein als das überzeugendste Instrument der Verwandtschafts-forschung anerkannt.

Entscheidend ist aber jetzt, wie das Kladogramm in ein System umgesetzt werden kann, auf welche Weise also die eigentliche **Klassifikation** vorzunehmen ist. Die phylogenetische Systematik geht bei der Lösung dieser Frage davon aus, daß eine Gruppe auf dem gleichen kategorialen Rang stehen muß wie ihre Schwestergruppe und daß es keine Rolle spielt, wie wenig oder wie weit oder wie unterschiedlich weit sich die beiden Schwestergruppen von ihrer Stammform entfernt haben. Die phylogenetische Systematik setzt das Stammbaumschema unmittelbar in ein System um. Wir können diese Methode als „**Phylogenetische Klassifikation**" bezeichnen. Aus dem Kladogramm der Amniota (Abb. 4) ergibt sich dann das folgende, konsequent-phylogenetische System:

Amniota

1. Testudinata
2. „Non-Testudinata" (für dieses Taxon existiert noch kein Name)

   2.1. Sauromorpha
      2.1.1. Lepidosauria
         2.1.1.1. Rhynchocephalia
         2.1.1.2. Squamata
            2.1.1.2.1. Amphisbaenia
            2.1.1.2.2. Lacertilia + Serpentes
      2.1.2. Archosauria
         2.1.2.1. Crocodylia
         2.1.2.2. Aves

   2.2. Mammalia
      2.2.1. Monotremata
      2.2.2. Theria
         2.2.2.1. Marsupialia
         2.2.2.2. Placentalia

Andere Zoologen meinen nun, eine schematische Umsetzung des Kladogramms in ein System sei unbefriedigend, weil dabei nur die „clades", also die Verzweigungsschritte, nicht aber die „grades", die evolutiven Divergenzen, berücksichtigt werden. Auch die Vertreter dieser „**Evolutionären Klassifikation**" erkennen zwar das Kladogramm der phylogenetischen Systematik als nützlich an, halten es aber nicht für eine ausreichende Basis für die Aufstellung eines Systems. Sie fordern vielmehr ein synthetisches System, das sowohl nach phylogenetischen (kladistischen) als auch nach adaptiogenetischen (ökofunktionellen) Gesichtspunkten orientiert ist. Dieses System berücksichtigt in gleicher Weise die Kladogenese und die Anagenese; es wird als „Evolutionistisches System" bezeichnet [28]. Unter Anagenese versteht man in diesem Zusammenhang die Höherentwicklung der einen Schwestergruppe gegenüber der anderen. Dadurch stehen beide Schwestergruppen auf einem unterschiedlichen Evolutionsniveau, bedingt durch die unterschiedliche Evolutionsgeschwindigkeit. Dies kann auch in einem entsprechend veränderten Stammbaumschema ausgedrückt werden (Abb. 5). Anstelle des Kladogramms ergibt sich dann ein **Gradogramm**.

Anders ausgedrückt heißt dies, daß die Vertreter der evolutionären Klassifikation den Apomorphien einen unterschiedlichen Rang beimessen, je nach ihrem adaptiven Wert. Dies hat zum Beispiel zur Folge, daß den stark autapomorphen Vögeln ein höherer kategorialer Rang zukommen muß als ihrer Schwestergruppe, den Krokodilen. Neben den Vögeln stehen dann als Gruppe gleichen Ranges und gleichen Wertes die Reptilien.

Die evolutionäre Klassifikation faßt demnach auch den Begriff der **Monophylie** anders (vgl. S. 46). Sie legt lediglich Wert auf die Feststellung, daß die in einer Gruppe

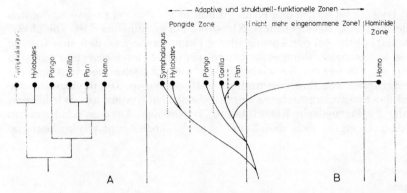

Abb. 5. Gegenüberstellung eines Kladogramms (**A**) der konsequent phylogenetischen Methode und eines Gradogramms (**B**) der evolutionären Methode. Beide Stammbaumschemata enthalten dieselben Informationen über die zeitliche Abfolge der stammesgeschichtlichen Aufspaltungen und über die jeweiligen Schwestergruppen-Verhältnisse. Das Gradogramm versucht aber darüberhinaus auch noch das Ausmaß des evolutiven Wandels darzustellen. — Nach KRAUS 1976.

zusammengefaßten Formen von einer gemeinsamen Stammform abstammen, was ja zum Beispiel für die Reptilien zutrifft. Sie verlangt aber nicht, daß diese Gruppe alle Nachkommen der Stammform umfaßt. Auch die im Sinne der phylogenetischen Systematik als paraphyletisch bezeichneten Gruppen (Abb. 3) werden also von der evolutionären Klassifikation als monophyletisch betrachtet.

Gegen diese Verfahrensweise kann man unter anderem einwenden, daß sie die erst mühsam erarbeiteten Aussagen des Stammbaumes bei der Umsetzung in ein System wieder verwischt, indem sie die festgestellte Kladogenese mit der Anagenese kombiniert. Die evolutionäre Klassifikation steht deshalb auch im Widerspruch zu dem logischen Postulat von der strikten Einheitlichkeit des Gesichtspunktes für die Aufstellung von Systemen. Es ist eine Grundforderung der phylogenetischen Systematik, daß ein System nur nach dem einen oder nach dem anderen Gesichtspunkt orientiert sein kann.

In letzter Zeit ist auch viel über die **numerische Taxonomie** diskutiert worden [39]. Sie geht davon aus, daß aus den Merkmalen eines Taxon im Vergleich zu denen anderer Taxa ein Gesamtähnlichkeitsgrad errechenbar sei, der dem Verwandtschaftsgrad entspreche. Zur Ermittlung der Gesamtähnlichkeit werden Taxa untersucht, die als Angehörige einer Gesamtgruppe angesehen werden, wobei diese Gesamtgruppe als vorgegeben betrachtet wird. An jedem Taxon werden gleich bewertete Einzelmerkmale — ohne Berücksichtigung ihres ursprünglichen oder abgeleiteten Charakters — festgelegt und verglichen. Dann werden die in Prozenten ausgedrückten Ähnlichkeitswerte der Merkmale ermittelt und daraus die angebliche Gesamtähnlichkeit zwischen allen Taxa errechnet. Nach verschiedenen Rechenmethoden werden schließlich die Taxa zu Gruppen zusammengefaßt. Gegen diese Methode ist unter anderem einzuwenden, daß die Merkmalsauswahl und die Unterteilung der Merkmalsreihen sehr subjektiv sind und daß bei Anwendung verschiedener Rechenmethoden auch verschiedene Gruppierungen der Taxa erzielt werden. Es läßt sich nachweisen, daß die numerische Taxonomie keine eindeutige Darstellung der Phylogenese ermöglicht, weil sie von einer falschen theoretischen Basis ausgeht [35]. Es handelt sich eigentlich nicht um Taxonomie, sondern eher um den Versuch einer numerischen Phaenetik.

Die praktischen Methoden der numerischen Taxonomie können aber, und das ist unbestritten, die Determinationsarbeit des Taxonomen vor allem für die Belange der Praxis (Landwirtschaft, Parasitologie) erheblich rationalisieren, und sie können dabei mit Hilfe von Datenverarbeitungsanlagen zu großem Zeitgewinn verhelfen.

Es wird heute kaum noch bestritten, daß Verwandtschaftsforschung nur mit Hilfe der Methoden der phylogenetischen Systematik betrieben werden kann. Umstritten ist lediglich die Umsetzung des phylogenetischen Argumentationsschemas in ein System; dies hängt auch mit der unterschiedlichen Interpretation des Monophylie-Begriffs zusammen. Aber abgesehen von dieser Kontroverse, wird es durch eine immer mehr zunehmende, bewußte Anwendung der Hennigschen Methoden gelingen, zumindest den Ablauf der Phylogenese immer besser aufzuklären.

Wenn man übrigens die Systeme, die nicht unter bewußter Anwendung der phylogenetischen Systematik errichtet worden sind, einer kritischen Analyse unterzieht, dann ergibt sich, daß eine große Anzahl von Gruppen tatsächlich monophyletisch ist im Sinne der phylogenetischen Systematik, weil nämlich als Begründung nicht zu übersehende Autapomorphien herangezogen worden sind. Das gilt etwa für die Vögel, Schildkröten, Käfer, Zweiflügler und zahlreiche andere. Demgegenüber stehen aber auch viele andere Gruppen, die nicht auf apomorphe, sondern auf plesiomorphe Merkmale begründet sind, die zwar ebenso ins Auge springen wie die Autapomorphien, die für die Verwandtschaftsermittlung aber gänzlich ungeeignet sind. Solche im Sinne der phylogenetischen Systematik paraphyletischen Gruppen, die man auch heute noch in manchen Systemen findet, sind zum Beispiel die Reptilien, die Fische, die Apterygota unter den Insekten, die Hemimetabola unter den pterygoten Insekten, die Entomostraca unter den Krebsen, die Symphyla unter den Hymenoptera, um nur einige zu nennen.

Die Autoren dieses Lehrbuches sind sich durchaus darüber im klaren, daß sie nicht überall ein nach phylogenetischen Gesichtspunkten aufgestelltes System vorgeführt haben. Zur Aufstellung eines solchen Systems braucht es viel Zeit und Mühe, denn die bisherigen Klassifikationen müssen nach neuen Gesichtspunkten kritisch durchgemustert werden. Auch hinsichtlich der Einheitlichkeit des Systems wird der Leser in diesem Lehrbuch noch manche Unzulänglichkeit vorfinden.

6. Die Grundzüge der Evolution

Im Rahmen dieses Lehrbuches können wir das Problem „Evolution" nur soweit erörtern, wie es für das Verständnis der Speziellen Zoologie unbedingt notwendig erscheint. Die Darstellung ist hier stark vereinfacht ausgefallen. Wenn sich der Leser weitergehend über die Mechanismen und Faktoren der Evolution informieren will, sei er auf zusammenfassende und ausführliche Abhandlungen zu diesem Thema hingewiesen [42, 44, 44a, 46, 48].

Die Lebewesen, die heute unsere Erde bevölkern, sind im Laufe eines historischen Prozesses entstanden, an dessen Beginn einfachste Formen gestanden haben müssen. Dieser Prozeß, den wir Evolution nennen, ist also — sehr summarisch ausgedrückt — ein Wandel von einfachen zu immer komplizierteren Lebensformen. Man spricht daher auch von einer „Höherentwicklung", die im Verlaufe der Evolution stattgefunden hat.

Die Evolution hat zum einen genetische, zum anderen biologische Ursachen. Die genetische Ursache liegt in der erblichen Variabilität der Art. Diese Variabilität kommt vor allem zustande durch die Mutation der Erbanlagen innerhalb der Population und durch die Rekombination von Genen zwischen den Angehörigen der Population. Für sich betrachtet ist die Variabilität ein ungerichtetes Phänomen, die einzelnen Varianten werden sozusagen wahllos innerhalb der Population gestreut. — Die biologische Ursache der Evolution ist die Selektion, die aus dem Variationsangebot die für das Fortbestehen der Population geeignetsten Varianten herausliest. An jeder Population setzt also ständig ein durch Umweltfaktoren bedingter Selektionsdruck an, auf den die Population durch eine immer bessere Anpassung an die Umwelt reagieren muß. Die Selektion ist demnach ein gerichteter Prozeß.

Die von DARWIN für dieses Phänomen geprägte Bezeichnung „Kampf ums Dasein" wurde vor allem von seinen Zeitgenossen oft als Kampf aller gegen alle mißverstanden, und dies war einer der Gründe dafür, daß die Selektionstheorie lange Zeit umstritten blieb.

Den Vorgang der Evolution kann man also kurz als den selbstregulatorischen Prozeß der Wechselwirkung zwischen erblicher Variabilität und natürlicher Selektion innerhalb der Populationen und Arten bezeichnen. Es ist nun aber keineswegs so, daß dieser Prozeß mit linearer Geschwindigkeit abläuft, indem etwa aus dem zufälligen Variationsangebot die geeignetsten Varianten herausgelesen werden, diese wieder regellos variieren usw. Die Selektion sorgt vielmehr auch dafür, daß bei der Rekombination von Genen nur die geeignetsten Varianten einer Population zum Zuge kommen. Bei der nächsten Etappe kann dann die Selektion schon auf einem „höheren" Niveau ansetzen. Dieser Vorgang wird mit einem doppelten Rückkopplungseffekt verglichen, bei dem sich Variabilität und Selektion gegenseitig aufschaukeln. Wenn ein Lebensformtypus sich für eine bestimmte Umwelt und unter bestimmten Bedingungen als besonders gut geeignet herausstellt, kann er auf diese Weise in relativ kurzer Zeit zu höchster Blüte und Entfaltung gelangen.

Das jüngste Beispiel dafür sind die Säugetiere, die ja längere Zeit ein Schattendasein neben den Reptilien geführt hatten, die aber nach dem weitgehenden Aussterben der Reptilien im Tertiär in kürzester Zeit zur beherrschenden Tiergruppe des terrestrischen Lebensraumes wurden. Ohne den geschilderten Rückkoppelungseffekt wäre eine solche stürmische Evolution zeitlich gar nicht möglich gewesen.

Der Evolutionsprozeß in seiner Gesamtheit ist wegen der richtunggebenden Selektionskräfte gerichtet und nicht umkehrbar. Dabei kommt es im großen evolutiven Wandel zu einer ständigen Höherentwicklung im Sinne einer immer besseren Anpassung (Adaptation) an die Umwelt. Unter Höherentwicklung versteht man aus morphologischer Sicht den Vorgang einer immer stärkeren Spezialisierung der Zellen eines mehrzelligen Organismus oder der Zellbestandteile bei einzelligen Lebewesen, wobei es gleichzeitig zu einer wachsenden Integrierung der Zellen oder Zellbestandteile kommt. Die Individualität der Bauelemente eines Organismus wird also immer stärker unterdrückt zugunsten einer immer effektiveren Arbeitsteilung und zugunsten einer immer ausgeprägteren Individualität des Gesamtorganismus. Man kann es auch so ausdrücken, daß ein Organismus um so höher entwickelt ist, je weniger seine Bauelemente zu einem selbständigen Leben in der Lage sind und je stärker sie spezialisiert und in das Gesamtsystem integriert sind. Biologisch bedeutet Höherentwicklung eine Steigerung der Leistungsfähigkeit des Gesamtorganismus, die sich im einzelnen ausdrücken kann in einem Leistungszuwachs des Nervensystems, der Sinnesorgane, des Bewegungsapparates, des Stoffwechsels u. a. Es ist dabei von größter Bedeutung, daß die einzelnen Bauelemente und Funktionen nicht isoliert und selbständig agieren, sondern daß sie wie in einem Regelkreis voneinander abhängig sind und sich gegenseitig beeinflussen. Die Abwandlung eines Elementes, die „Erfindung" eines neuen Konstruktionsteiles oder die Neukombination von Bauteilen führen dabei oft zu einer völlig neuen Qualität des Gefüges, die durch eine einfache Addition der Ausgangsteile nicht im voraus berechenbar ist. Die Leistungsfähigkeit des Gesamtgefüges ist in der Regel weit höher als die der Summe seiner Einzelteile.

Ein eindrucksvolles Beispiel für dieses Phänomen ist die Kopfbildung der Arthropoda. Der Arthropoden-Kopf setzt sich aus einzelnen und ursprünglich gleichartigen Segmenten zusammen, die sich nicht wesentlich von den folgenden Rumpfsegmenten unterschieden (vgl. S. 93). Der Zusammenschluß dieser vordersten Segmente zu einer Funktionseinheit brachte jedoch eine nicht vorhersehbare Leistungssteigerung mit sich. Dabei wurden nicht einfach die Leistungen der Einzelsegmente addiert, sie wurden vielmehr zu einem Regelkreis zusammengeschlossen, der ein viel höheres Evolutionsniveau bedeutete.

Wie sich bei den einzelnen Evolutionsetappen der jeweilige Regelkreis einpendelt, ist weitgehend von den äußeren Bedingungen abhängig, also mehr oder weniger zufällig. Aus diesem Grunde ist es auch unmöglich, den künftigen Verlauf der Evolution vorauszusagen.

Wenn wir Evolution etwa gleichbedeutend mit einer ständigen Höherentwicklung gesetzt haben, dann trifft das nur für den Organismus als Gesamtgefüge und für seine Gesamtleistungen zu. Einzelstrukturen dagegen werden durchaus nicht immer komplizierter. Jedem Biologen sind genügend Beispiele bekannt, daß im Verlaufe der Evolution Strukturen auch vereinfacht werden können, wenn etwa eine Tiergruppe zum Parasitismus übergeht oder in konkurrenzarme Refugialbiotope abgedrängt wird. Aber auch solche Vereinfachungen werden unter dem Blickwinkel eines Anpassungsprozesses verständlich. Außerdem gehen aber Vereinfachungen fast stets mit Komplizierungen an anderer Stelle einher, die auch gar nicht immer morphologischer Art sein müssen. So ist etwa der schlauchförmige Polypenkörper der Hydrozoa ganz sicher sekundär vereinfacht, und er hätte höchstwahrscheinlich auch keine Überlebenschance gehabt, wenn er nicht mit den hochkomplizierten Nesselkapseln bestückt wäre und darüber hinaus ein großes Regenerationsvermögen und die Fähigkeit zur Knospenbildung erworben hätte. Beispiele für solch eine scheinbare Umkehr des Evolutionsprinzips treten in den meisten Tierstämmen auf. Eine sekundäre Vereinfachung darf jedoch nicht als isoliertes Phänomen betrachtet werden, sondern nur im Zusammenhang mit dem Organismus als integrierte Einheit und mit seiner Beziehung zur Umwelt.

Ein offenbar in der Evolution selbst begründetes Phänomen ist die ständige Zunahme der Evolutionsgeschwindigkeit, zumindest wenn wir die Zeit von der Entstehung der einfachsten Lebensformen bis zur Herausbildung der uns heute bekannten Tierstämme bzw. ihrer Grundorganisation betrachten. Dabei wurden neue und umwälzende Konstruktionsgefüge in immer kürzeren Zeitabständen „erfunden". Erklärbar ist diese Geschwindigkeitszunahme durch die oben geschilderten Effekte des Regelkreises und der Rückkopplung.

Nach einigermaßen zuverlässigen Berechnungen ist das Universum vor rund 10 Milliarden Jahren entstanden. Unser Sonnensystem mit Erde und Mond und mit den übrigen Planeten dürfte ein Alter von etwa 4,6 Milliarden Jahren haben. Die ersten prokaryotischen Lebewesen traten auf der Erde vor rund 3,2 Milliarden Jahren auf. Dann verging eine relativ lange Zeit, bis vor etwa 1,7 Milliarden Jahren die ersten einzelligen Eukaryoten erschienen. Die ersten vielzelligen Algen lassen sich 800—700 Millionen Jahre, die ersten vielzelligen wirbellosen Tiere 650—600 Millionen Jahre zurückdatieren. Die Zeit, die bis zur Entstehung einer neuen Organisationsstufe verging, wurde also jeweils fast genau halbiert.Die erwähnten fossilen Nachweise belegen im übrigen auch die ursprünglich nur theoretisch erschlossene Tatsache, daß die Evolution vom Einfachen zum Komplizierten abläuft.
Einschränkend muß allerdings gesagt werden, daß die oben angeführten Altersangaben auf ganz vereinzelten, glücklichen Zufallsfunden beruhen. Die Entstehung der Metazoa ist unter Umständen noch früher anzusetzen, vor allem, wenn wir bedenken, daß etwa die hochkompliziert gebauten Trilobitomorpha bereits im Unterkambrium in höchster Blüte standen und daß auch alle anderen großen Organisationstypen des Tierreichs, soweit sie überhaupt fossil nachweisbar sind, im Kambrium schon vorhanden waren. Danach fanden nur noch, wenn oft auch bedeutende Umkonstruktionen des Grundbauplanes statt (in sehr anschaulicher Weise zum Beispiel bei den Cephalopoda und den Vertebrata).

Ein weiteres Phänomen der Evolution ist es, daß sie zu einer immer stärkeren Verzweigung führt (was wir mit dem Begriff „Stammbaum" auch zum Ausdruck bringen) und daß an verschiedenen Stellen dieser Verzweigung die Entwicklung abgebrochen wird. Die Evolution war dann gewissermaßen in eine Sackgasse geraten.

Nach Schätzungen, die allerdings sehr spekulativen Charakter haben, stehen den angenommenen etwa 2 Millionen rezenten Tierarten rund 100 Millionen Arten gegenüber, die überhaupt jemals auf der Erde gelebt haben. Selbst wenn wir berücksichtigen, daß sich diese Artenzahl auf einen Zeitraum von über 1 Milliarde Jahren verteilt und daß eine große Zahl von Arten in ihren Tochterarten aufgegangen, also nicht „verloren"gegangen ist, muß doch eine riesige Anzahl von Arten im Verlaufe der Stammesgeschichte ohne Nachfahren geblieben, also ausgestorben sein. Wir wissen seit langem, daß sich darunter ganze große Tiergruppen befanden, wie etwa die Tetrakorallen, die Trilobiten und die Graptolithen, die alle nur im Paläozoikum auftraten, oder die Belemniten und Ammoniten (ursprüngliche Cephalopoda), die bis zur Kreide existierten, oder auch verschiedene Gruppen der Echinodermata und Brachiopoda. Daß diese Tiergruppen überhaupt einmal existiert haben, wissen wir allerdings nur, weil diese Formen fossilisierbare Skelettelemente besaßen. Andere Organisationstypen, die keine derartigen Hartteile hatten, werden uns wahrscheinlich für immer weitgehend unbekannt bleiben.

Wenn wir oben von einer ständig zunehmenden Evolutionsgeschwindigkeit sprachen, dann gilt das vornehmlich für die Herausbildung neuer und grundlegender Organisationsformen. Innerhalb eines bestimmten Organisationstyps jedoch kann die stammesgeschichtliche Entwicklung durchaus unterschiedlich schnell verlaufen. Nur so ist es zu erklären, daß wir zum Beispiel auch heute noch prokaryotische Organismen finden, deren Vorfahren mit nahezu gleicher Organisation schon vor über 3 Milliarden Jahren existierten. Ähnliches gilt für die einzelligen und die einfachsten vielzelligen Lebewesen. Bei diesen Organismen muß also die Evolution über Abertausende von Generationen hinweg sehr stetig und ohne wesentliche Veränderungen verlaufen sein. Andererseits wissen wir, daß sich bestimmte Tiergruppen innerhalb einer relativ kurzen Zeit geradezu explosionsartig entfaltet und in eine Vielzahl von Arten entwickelt haben; darauf folgte dann in der Regel eine Zeit relativer „Ruhe", während der meist auch eine Reihe weniger gut angepaßter Stammeszweige eliminiert wurden. Ein typisches Beispiel für einen solchen Entwicklungsablauf sind die Reptilien, von denen sich verschiedene Gruppen im Perm und Trias stürmisch entfalteten und schon Ende der Kreide weitgehend wieder ausgestorben waren. Zu solchen Entwicklungsschüben und Radiationen kommt es offenbar, wenn mehrere günstige Faktoren zusammentreffen (Eroberung eines neuen Lebensraumes, weitgehend fehlende Konkurrenz, großklimatische Bedingungen, Herausbildung besonders vorteilhafter Adaptationen). Späterhin wird dann der Spielraum immer weiter eingeengt, der Selektionsdruck wird größer durch die Konkurrenz aus den eigenen Reihen, durch andere und noch besser adaptierte Formen, durch plötzliche Klimawechsel usw. Die überlebenden Arten müssen sich dann für gewöhnlich in ganz spezifische Lebensräume einnischen oder bestimmte physiologische oder ethologische Eigenschaften erwerben. Nur so ist es zu verstehen, daß trotz des Auftretens immer neuer und „besserer" Organisationstypen eine ganze Reihe älterer Organisationsformen überleben konnten. Wieviele Bauplantypen dem Selektionsdruck erlegen sind, wissen wir nicht. Unter diesem Blickwinkel wird aber auch verständlich, warum viele Tiergruppen, die wir als „altertümlich" ansehen, heute entweder geographisch isoliert oder unter extremen Bedingungen leben, wie etwa die Monotremata und die Marsupialia auf Tasmanien und Australien (und in Südamerika), die Pogonophora vornehmlich in der Tiefsee oder die Anostraca unter den Krebsen in ephemeren Tümpeln, um nur drei Beispiele zu nennen. Bei den geschilderten Vorgängen handelt es sich, um das noch einmal deutlich zu sagen, nicht etwa um endogen „vorprogrammierte" Gesetzmäßigkeiten der Evolution, sondern um von außen, also durch die Umwelt gesteuerte Phänomene.

Eine für die Spezielle Zoologie folgenschwere Tatsache ist es, daß die großen Organisationstypen, die wir heute als Tierstämme bezeichnen, sich bereits im Präkambrium herausgebildet haben müssen, während einer Erdperiode also, aus der wir keine verläßlichen fossilen Zeugen mehr kennen. Die Entstehung und die erste Entfaltung dieser großen rezenten Einheiten des Tierreichs können wir also nicht durch Fakten aus jenen Erdzeitaltern belegen. Wir können nur versuchen, sie theoretisch und mit Hilfe der uns bekannten biologischen Gesetzmäßigkeiten zu erschließen. Davon und von der damit zusammenhängenden Großgliederung des Tierreichs wird noch zu sprechen sein.

7. Die Stellung der Tiere im Organismenreich

Innerhalb des Organismenreiches nehmen die Tiere morphologisch und ökologisch einen ganz bestimmten Platz ein; sie unterscheiden sich von anderen Lebewesen durch spezifische Merkmale und Lebensäußerungen. In der Reihenfolge der Organisationshöhe und, wie wir gesehen haben, auch in der stammesgeschichtlichen Abfolge können wir Prokaryota und Eukaryota, Einzeller und Vielzeller unterscheiden. Innerhalb der Protisten erfolgte die Trennung in Pflanzen und Tiere.

7.1. Prokaryota und Eukaryota

Alle Tiere (und Pflanzen) bestehen aus einer oder aus vielen Zellen. Die Zelle ist also der Grundbaustein aller Organismen. Ihrem Aufbau nach kann man allerdings zwei Zelltypen unterscheiden: die prokaryotische Zelle der Bakterien und der sogenannten blaugrünen Algen (Cyanophyten) und die eukaryotische Zelle der ein- und vielzelligen Pflanzen und Tiere [41, 45].

Die **Prokaryota** haben noch keinen echten Zellkern. Die fadenförmigen DNS-Moleküle, welche die genetische Information speichern, liegen vielmehr frei im Cytoplasma. Außerdem ist dieser Zelltyp noch nicht in verschiedene Reaktionsräume (Kompartimente) gegliedert. Wegen der einfachen Organisation können auch die Teilungsvorgänge relativ unkompliziert verlaufen.

Bei dem Bakterium *Escherichia coli*, dem am besten erforschten Prokaryoten, ist ein DNS-Faden etwa 1 mm lang und ringförmig geschlossen. Er ist in einer noch nicht genau geklärten Weise zu einer Struktur aufgewunden, die als „Chromosom" bezeichnet wird. In der Regel besitzt die Zelle zwei identische „Chromosomen", die an bestimmten Stellen der Zellgrenzmembran befestigt sind. Bei der Zellteilung muß lediglich gesichert werden, daß jede Tochterzelle ein DNS-Molekül erhält. Im Cytoplasma der Prokaryoten liegen die Ribosomen, an denen sich die Protein-Synthese abspielt. Membranöse Strukturen, wie das endoplasmatische Reticulum, die Mitochondrien und Golgi-Komplexe, fehlen. Anscheinend kommt auch keine Plasmaströmung vor.

Die Zelle der **Eukaryota** besitzt einen echten Zellkern, d. h. einen Zellbereich, der durch eine doppelte Membran, die Kernhülle, gegen das Cytoplasma abgegrenzt ist. Der Zellkern enthält in einer als Karyoplasma bezeichneten Grundsubstanz „echte" Chromosomen und Nucleolen. Außerdem ist das Cytoplasma durch Membranen in Reaktionsräume mit ganz charakteristischer Ausbildung gegliedert. Man kann das endoplasmatische Reticulum, die Mitochondrien, die Golgi-Komplexe, Plastiden u. a. unterscheiden (s. S. 158). Im gesamten Tierreich, also bei allen Protozoa und Metazoa, sowie im gesamten Pflanzenreich ist der Bau der Zellen prinzipiell gleich.

Der Zellkern der eukaryotischen Zelle enthält immer mehrere Chromosomen, wobei jedes Chromosom aber nur einen Teil der genetischen Information trägt. Damit jede

Tochterzelle die gesamte genetische Information erhalten kann, muß dafür gesorgt werden, daß jeweils ein kompletter Chromosomensatz auf die Tochterzellen verteilt wird. Aber auch die Mitochondrien und die Plastiden speichern genetische Informationen, und sie sind außerdem Selbstteilungskörper, die immer nur aus ihresgleichen hervorgehen. Der Teilungsvorgang der eukaryotischen ist daher wesentlich komplizierter als der einer prokaryotischen Zelle.

Die komplizierter gebaute eukaryotische Zelle ist höchstwahrscheinlich aus dem einfacheren prokaryotischen Zelltyp hervorgegangen.

Für den Ablauf dieses außerordentlich bedeutsamen Evolutionsschrittes gibt es zwei Erklärungsmöglichkeiten. Es wäre einmal denkbar, daß sich die eukaryotische Zelle allmählich und schrittweise durch die Herausbildung der Membransysteme und ihrer spezifischen Strukturen entwickelt hat (Hypothese der endogenen Kompartimentierung). Zum anderen wäre es möglich, daß von einer schon leicht abgewandelten prokaryotischen Zelle andere Prokaryoten als Endosymbionten aufgenommen wurden, die sich dann zu Mitochondrien (aus Bakterien) bzw. zu Chloroplasten (aus Cyanophyten-Vorfahren) entwickelt haben (Endosymbionten-Hypothese). Eine Entscheidung darüber, welcher dieser beiden Wege eingeschlagen wurde, ist nach dem gegenwärtigen Stand der Kenntnisse nicht möglich. Pro- und eukaryotische Zelle stehen sich übrigens unvermittelt gegenüber, irgendwelche Übergangsformen sind nicht bekannt.

7.2. Pflanze und Tier

Eine allgemein gültige Definition von „Pflanzen" und „Tieren" zu geben, ist nicht möglich. Beide sind sicherlich aus einer gemeinsamen Wurzel entstanden und sind auch heute noch bei den einfachsten Lebensformen nicht zu trennen. So werden die Flagellata sowohl im botanischen als auch im zoologischen System behandelt: es gibt unter ihnen Arten, die je nach den Umweltbedingungen physiologisch wie Pflanzen oder wie Tiere reagieren können (vgl. S. 183).

Die höher differenzierten Formen lassen jedoch bestimmte morphologische und physiologische Unterschiede erkennen. Pflanzenzellen haben eine feste Cellulosewand, die den tierischen Zellen fehlt. Pflanzen besitzen assimilatorische Farbstoffe (Chlorophyll), die mit Hilfe der Sonnenenergie aus anorganischen Stoffen organische Substanz aufbauen können (autotrophe Ernährung)[1]. Tiere dagegen sind zur Deckung ihres Energiebedarfs auf hochmolekulare organische Stoffe angewiesen (heterotrophe Ernährung). Alle Tiere sind daher unmittelbar oder mittelbar von der pflanzlichen Primärproduktion abhängig oder, anders ausgedrückt, während die Pflanzen Produzenten von organischer Substanz sind, müssen die Tiere als Konsumenten bezeichnet werden. Alle übrigen Unterschiede zwischen Pflanzen und Tieren hängen ursächlich mit dieser unterschiedlichen Art der Energiegewinnung zusammen.

Der Stoffaustausch mit dem Umweltmilieu findet bei Pflanzen an der Körperoberfläche, bei Tieren überwiegend in inneren Hohlräumen statt; dementsprechend kam es im Laufe der Phylogenese zu einer immer stärkeren äußeren bzw. inneren Differenzierung der nahrungsaufnehmenden Körperflächen.

Die höheren Pflanzen sind fest verwurzelt und ortsfest. Die meisten Tiere dagegen haben eine hohe Eigenbeweglichkeit verbunden mit einer großen Reaktionsfähigkeit. Daher

---

[1]) Die Pilze (Mycophyta) ernähren sich heterotroph, ihnen sind die Plastiden wahrscheinlich sekundär verlorengegangen. Außerdem besteht ihre Zellwand in der Regel aus Chitin. Sie werden daher von manchen Botanikern aus dem Pflanzenreich ausgeschieden und als selbständiges Organismenreich betrachtet.

sind der Bewegungsapparat sowie Sinnes- und Nervenapparate bei Tieren hoch entwickelt und sehr vielgestaltig. Schließlich besteht auch ein Unterschied im Wachstumsprozeß, der bei Tieren nach dem Erreichen eines bestimmten Alters abgeschlossen wird, bei Pflanzen dagegen bis zum Tode andauert.

Gegenstand der Speziellen Zoologie sind die Protozoa (einzellige Tiere) und Metazoa (vielzellige Tiere), Gegenstand der Speziellen Botanik (neben den Bakterien und Cyanophyten) die Algen, Pilze, Flechten, Moose, Farn- und Samenpflanzen. Im Bereich der Flagellata überschneiden sich beide Fachgebiete.

7.3. Protozoa und Metazoa

Die **Protozoa** sind in der Regel einzellige Organismen; sie bestehen also aus einer einzigen eukaryotischen Zelle, die sämtliche Lebensfunktionen erfüllen muß. Aber selbst innerhalb eines so relativ einfachen Organisationstyps, wie ihn die Einzelzelle darstellt, läßt sich eine Evolutionsrichtung von einfachen zu komplizierten Strukturen erkennen. Die ursprünglichsten Protozoa dürften frei beweglich, dicht am Meeresboden schwimmende Formen gewesen sein, die sich mit Hilfe einer Geißel fortbewegten. Ihre Vermehrung erfolgte durch Zweiteilung, aber auch geschlechtliche Vorgänge könnten auf dieser frühesten Entwicklungsstufe schon aufgetreten sein. Solche „einfachen" Protozoa existieren heute noch innerhalb der Flagellata, etwa in Gestalt der Protomonadina (S. 190).

Ob die ersten Eukaryoten heterotrophe oder autotrophe Organismen waren, ist schwer zu entscheiden. Falls sie sich heterotroph ernährten, müßten die autotrophe Ernährungsweise und der Besitz von Plastiden bei den Phycophyta (Algen) sekundär erworben worden sein. Standen aber umgekehrt autotrophe Formen am Anfang der Entwicklung, dann müßten auf dem zu den Tieren führenden Zweig des Stammbaumes die Plastiden verlorengegangen sein. Dieser zweite Weg ist wahrscheinlicher, und auch nur er läßt sich an rezenten Vertretern der Protisten experimentell nachweisen (S. 183). Für unsere weiteren Betrachtungen spielt es jedoch keine entscheidende Rolle, welcher dieser beiden Wege eingeschlagen wurde.

Unter Beibehaltung der Einzelligkeit ist im Verlaufe einer rund 1,7 Milliarden Jahre andauernden Evolution innerhalb der Protozoa die Zelle immer stärker differenziert worden. Es entstanden dabei außerordentlich komplizierte Strukturen und Lebenszyklen, so etwa die kunstvollen Gehäuse der Foraminifera und Radiolaria, die Ausbildung von zwei oder mehreren gleichartigen Zellkernen bei den Opalinina, der Kerndualismus bei Ciliata und einigen Foraminifera, die Ausbildung von Zell„mund" und Zell„after", von pulsierenden Vakuolen, Cilienbändern u. a. Schließlich bildeten sich auch die unterschiedlichsten Fortpflanzungsweisen heraus. Die Einzelzelle erreichte bei den Protozoa eine Komplexität, wie wir sie bei den Metazoa nirgends antreffen.

Der Grund dafür liegt in dem völlig verschiedenartigen Aufbau des Körpers. Bei den Protozoa muß die Einzelzelle stets allein und völlig unabhängig von anderen Zellen sämtliche Lebensfunktionen ausüben. Je stärker im Verlaufe der Evolution der Selektionsdruck wurde, um so mehr waren die Protozoa gezwungen, sich in immer neue Lebensräume einzunischen und die entsprechenden Strukturen und Funktionen dafür zu erwerben. Ihre Evolution ist also weitgehend unabhängig von der der Metazoa verlaufen. Verknüpfungen treten vor allem dort auf, wo Protozoen zu Symbioten oder Parasiten von Metazoen geworden sind; aber das geschah erst relativ spät, nachdem nämlich schon Metazoen existierten.

Im Gegensatz zu den Protozoa sind die **Metazoa**, auch die am einfachsten gebauten, stets ein integriertes System von Zellen, d. h. die Einzelzellen sind gegenseitig voneinander abhängig und üben in der Regel nur Teilfunktionen aus. Bei den Metazoa wurde deshalb im Verlaufe der Evolution die Spezialisation der Einzelzelle immer einseitiger und die Komplexität des Gesamtorganismus, also des Zellverbandes, immer vielseitiger.

Es war demzufolge ein gewaltiger Schritt im Evolutionsgeschehen, als aus einzelligen Vorfahren integrierte vielzellige Lebewesen entstanden. Natürlich geschah dies nicht plötzlich, sondern allmählich und in einzelnen Etappen. Leider fehlen uns aber alle direkten Beweise dafür, wie dieser Übergang stattgefunden haben könnte.

Innerhalb der Flagellata ist allerdings auch heute noch eine sehr einfache Form der Vielzelligkeit zu erkennen. Viele zu den „Phytomonadina" gehörende Arten bilden platten-, ei- oder kugelförmige Zellkolonien, indem bei den Zellteilungen die Tochterzellen nicht selbständig werden, sondern lose zusammenhängen oder durch eine Gallerte verbunden werden. Das bekannteste Beispiel dafür ist *Volvox*. Bei diesen einfachen Kolonien kann es sogar schon zu einer Differenzierung in Geschlechts- und Somazellen kommen, niemals aber differenzieren sich die Somazellen weiter; es entstehen weder Organe noch die für die Metazoa so charakteristischen beiden primären Körperschichten. Alle diese heute zu beobachtenden Ansätze zur Mehrzelligkeit führen in Richtung auf die mehrzelligen Algen. Modellfälle, die den Weg zu den Metazoa veranschaulichen könnten, sind unbekannt. Lediglich die Placozoa, die sich als die morphologisch einfachsten lebenden Metazoa herausgestellt haben, werden als solch ein Modellfall herangezogen (vgl. S. 69).

Bei fast allen Hypothesen zur Entstehung und frühen Stammesgeschichte der Metazoa haben übrigens Erkenntnisse über embryologische Vorgänge bei rezenten Metazoa, vor allem bei Porifera und Cnidaria, Pate gestanden. Man hat also bestimmte und von dem jeweiligen Autor als ursprünglich angesehene Abläufe der Ontogenese zurückprojiziert in die Phylogenese. Diese theoretische Ausgangsbasis wurde von Ernst HAECKEL in dem sogenannten „**Biogenetischen Grundgesetz**" zusammengefaßt, nach dem (auf eine Kurzformel gebracht) die Ontogenese als eine verkürzte Rekapitulation der Phylogenese aufzufassen ist.

Diese Theorie fand teils begeisterte Zustimmung, war aber schon bald nach ihrer Formulierung auch heftigen Kritiken ausgesetzt. Nach unserer heutigen Kenntnis ist das Biogenetische Grundgesetz in seiner ursprünglich formulierten Schärfe und postulierten Allgemeingültigkeit sicherlich nicht anwendbar. Es ist aber HAECKELS bleibendes Verdienst, erkannt und mit allem Nachdruck ausgesprochen zu haben, daß die Evolution ein kontinuierlicher Prozeß ist, in dessen Verlauf keine abrupten Sprünge erfolgen, und daß überall im Tierreich bestimmte morphologische und ontogenetische Grundprinzipien anzutreffen sind, deren Existenz und ständige Wiederholung eine tiefere Bedeutung haben müssen.

Entstehung der Vielzelligkeit

Da uns die direkten Beweise für die frühesten Schritte der Evolution fehlen, gibt es über die Entstehung der Metazoa lediglich einige Denkmodelle.

So sehen zahlreiche Zoologen als ursprünglichsten Vielzeller eine kugel- bis ellipsenförmige Zellkolonie an, die durch regelmäßige Zellteilungen in allen drei Richtungen des Raumes entstand. Dieses blastula-ähnliche Gebilde wurde von HAECKEL **Blastaea** genannt (Abb. 6A). Es soll sich (nach heutiger Vorstellung) um ein freischwimmendes Tier mit heterotropher und phagocytärer Ernährung gehandelt haben. Der Binnenraum könnte zur Absteifung der Kugel von einer Gallerte erfüllt gewesen sein, die während der Embryonalentwicklung von den auseinanderweichenden Blastomeren abgeschieden wurde. Die Geschlechtszellen lagen im Epithel oder waren unter Umständen auch schon ins Innere verlagert.

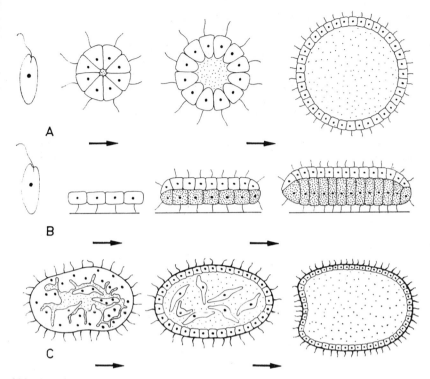

Abb. 6. Schematische Darstellung der Hypothesen zur Entstehung der Vielzelligkeit. **A.** Durch Zellteilungen entsteht eine Zellkolonie in Gestalt einer pelagischen kugelförmigen Blastaea (vgl. Abb. 7 und 8). **B.** Durch Zellteilungen entsteht eine Zellkolonie in Gestalt einer benthonischen plattenförmigen Placula (vgl. Abb. 10). **C.** Durch Kernvermehrung und nachträgliche Zellularisierung entsteht ein eiförmiges pelagisches Gallertoid (vgl. Abb. 11). — Nach verschiedenen Autoren.

Es ist durchaus möglich, daß das Epithel aus einer Art Kragengeißelzellen bestand. Diesen Epitheltyp, bei dem die Geißel an der Basis von einem Kranz von Microvilli umgeben ist (vgl. Abb. 48 A, S. 193), findet man in den verschiedensten Tiergruppen (z. B. Porifera, Cnidaria, Gnathostomulida, Gastrotricha, Tentaculata, Echinodermata, Hemichordata); es dürfte sich also um ein sehr ursprüngliches Merkmal der Metazoa handeln.

Eine andere, auf Bütschli zurückgehende Hypothese nimmt an, daß die Metazoa aus plattenförmigen Flagellaten-Kolonien hervorgegangen sind (Abb. 6 B). Diese einschichtigen Platten konnten sicherlich nicht schwimmen, sie bewegten sich offenbar mit Hilfe ihrer Geißeln gleitend auf dem Grund. Auch die frühesten Metazoa müßten nach dieser Vorstellung demnach am Boden lebende Organismen gewesen sein (vgl. Placula, S. 69).

Ontogenetisch müßte die Kolonie aus der Zygote durch Teilungen in nur einer Ebene entstanden sein. Dafür gibt es aber zumindest bei ursprünglich verlaufenden embryologischen Vorgängen bei rezenten Metazoa keinen Hinweis. Die Annahme von der Entstehung der Metazoa als am Boden lebende Organismen würde übrigens auch bedeuten, daß sich die offenbar allen Metazoa ursprünglich zukommende freischwimmende Larve (vgl. S. 108) sekundär herausgebildet haben müßte.

Wieder andere Zoologen lehnen schließlich die Entstehung der Metazoa über Zellkolonien völlig ab. Nach ihren Vorstellungen sei vielmehr der Ursprung der Metazoa

in zwar einzelligen, aber mehrkernigen Vorfahren zu suchen. Diese vor allem von
IHERING und von KENT entwickelte Hypothese geht davon aus, daß sich die Protozoen-
Zelle immer mehr vergrößert habe und dabei mehrkernig wurde, weil jetzt mehrere
,,Energiden‘‘ nötig gewesen seien, um das Cytoplasma zu versorgen. Als Modell für
eine solche polyenergide und bewimperte Zelle dienen zum Beispiel die Opalinina
(Abb. 52, S. 199) oder sogar die hochspezialisierten Ciliata. Es soll dann eine Anzahl
von Kernen an die Oberfläche gewandert sein, und um diese Kerne sollen sich schließlich Zellgrenzen gebildet haben. Auf diese Weise entstand ein einschichtiges, begeißeltes
Epithel als Außenschicht, während im Inneren dieses Organismus der zellenlose, plas-
moide Zustand beibehalten wurde; es ergibt sich dann etwa das Bild wie bei einer
superficiellen Furchung. Aus einem derart konstruierten Tier werden (z. B. von HADŽI)
unmittelbar die acoelen Turbellaria abgeleitet.

Man geht dabei von der falschen Voraussetzung aus, daß das Parenchym dieser Plathelminthes plasmoidalen Charakter habe (s. unten). Aber abgesehen davon halten wir es
auch nicht für sehr wahrscheinlich, daß dieser Umweg über eine polyenergide Zelle stattgefunden hat. Wenn heute bei Protozoen mehr- oder vielkernige Formen auftreten, dann
handelt es sich stets um sehr spezialisierte Lebewesen, die ganz sicher keinen ursprünglichen Zustand repräsentieren und außerdem noch ganz andere Fortpflanzungsmodi als
die Metazoa zeigen.

Diese Hypothese wurde neuerdings etwas abgewandelt [59]. Nach der Zellvergrößerung
und der Kernvermehrung soll das Cytoplasma auseinandergewichen und der so entstandene
Raum mit einer vom Plasma abgeschiedenen Gallerte gefüllt worden sein. Am Ende dieses
Entwicklungsmodells steht ein kugeliger bis eiförmiger Organismus mit einem einschich-
tigen Epithel und mit einem gallertigen Binnenraum (Abb. 6C), also ein blastula-ähnliches
Lebewesen. Es ist aber kaum zu erklären, warum dieses Tier auf eine so komplizierte
Weise entstanden sein soll, für die es weder von der Konstruktion der Protozoa noch von
der der Metazoa her einleuchtende Hinweise gibt. Es bleibt rätselhaft, wie die Embryogenese dieses Organismus erfolgt sein soll. Auch er muß sich ja wieder aus einer einzelligen
Zygote entwickelt haben. Es ist aber kaum denkbar, daß nun plötzlich von Kernvermehrung auf Zellteilung ,,umgeschaltet‘‘ wurde.

Die angeführten Theorien zur Entstehung der Vielzelligkeit dürften — wie schon
angedeutet wurde — einen unterschiedlichen Grad an Wahrscheinlichkeit haben.
Gleiches gilt auch für jene Vorstellungen, die sich mit der weiteren Entfaltung der
Metazoa befassen und auf die weiter unten näher eingegangen wird. Bei der Prüfung
aller dieser Hypothesen kann man aber wohl mit Sicherheit davon ausgehen, daß biologische Gesetzmäßigkeiten bei der Entstehung der Metazoen in gleicher Weise wirksam waren wie heute. Es ist also sehr unwahrscheinlich, daß Grundkonstruktionen,
die wir bei allen rezenten Metazoa vorfinden, bei ihren Vorfahren anders gewesen sein
sollten. Ebenso unwahrscheinlich ist es, daß Konstruktionen und Lebensäußerungen
einfacher Protozoa, die als Vorfahren der Metazoa anzusehen sind, sich plötzlich bei
der Entstehung der Vielzeller grundlegend verändert haben sollten.

Die Grundkonstruktion aller Metazoa und aller ihrer Körperteile ist ihr stets zelliger
Aufbau und ihre stets zellige Entstehung während der Ontogenese. Es ist kein Fall
bekannt, bei dem ein Tier oder ein Gewebe primär nicht zellig ist (also ein Plasmodium
darstellt) und erst später zellularisiert wird.

Wenn verschiedentlich in bestimmten Tiergruppen und an bestimmten Organen keine
Zellgrenzen nachzuweisen sind, dann handelt es sich stets um sekundäre Erscheinungen.
Die betreffenden Gewebe entstehen immer durch reguläre Zellteilungen, und erst später
verschwinden die Zellgrenzen, es entsteht also ein Syncytium. Außerdem ist zu vermuten,
daß zumindest bei einigen als Syncytien angesehenen Strukturen die Zellgrenzen lediglich
lichtmikroskopisch nicht nachweisbar sind; bei den Turbellaria, deren Parenchym immer
als klassisches Beispiel eines Syncytium angeführt wird, haben sich elektronenmikroskopisch eben doch Zellgrenzen feststellen lassen.

Es ist weiterhin unbestreitbar, daß die Individualentwicklung aller rezenten Metazoen stets von nur einer einzigen und einkernigen Zelle, der Zygote, ausgeht. Die Vielzelligkeit kommt dann durch mehr oder weniger regelmäßige Teilungen der Zygote in allen drei Richtungen des Raumes zustande, durch einen Vorgang also, den wir Furchung nennen. Es werden schließlich auf verschiedene Art und Weise die beiden primären Keimblätter Ectoderm und Entoderm gebildet, in einem Vorgang, den wir als Gastrulation bezeichnen. Diese Form der Ontogenese wiederholt sich bei allen rezenten Metazoen immer wieder in der gleichen Weise. Abweichungen von dieser Grundform müssen wiederum als sekundär gelten.

So ist zum Beispiel die superficielle Furchung der Arthropoda, bei der zuerst nur Furchungskerne an die Oberfläche der Zygote wandern und die Zellgrenzen später auftreten, ein so abgewandelter Furchungstyp, daß er unmöglich als Vergleich für Vorgänge an der Basis des Tierreichs herangezogen werden kann. Auch Knospung, Sprossung, Teilung ganzer Tiere und komplizierte Generationswechsel sind sekundäre Vorgänge der Individualentwicklung.

Und noch ein drittes Grundprinzip ist bei den Metazoa festzustellen. Sie alle sind Diplonten mit gametischer Meiose. Im Unterschied zu den Protozoa, bei denen die unterschiedlichsten Fortpflanzungsweisen anzutreffen sind (vgl. S. 171), sind alle Metazoa ursprünglich getrenntgeschlechtliche Organismen mit doppeltem Chromosomensatz; die Chromosomenreduktion findet während der Reifeteilung der Gameten statt, die haploiden Gameten verschmelzen dann wieder zur diploiden Zygote. Andere Konstellationen, wie Polyploidie, Zwittertum oder Parthenogenese, sind wiederum sekundäre und mehrfach in der Evolution der Metazoa entstandene Phänomene.

Beim ersten Metazoon hat es sich also offensichtlich um eine begeißelte **Zellkolonie** gehandelt, die sich durch Zellteilungen stets wieder aus einer Einzelzelle (Zygote) entwickelte. Gleichzeitig mit der Vielzelligkeit muß also der Vorgang der Ontogenese entstanden sein. Sehr wahrscheinlich wurden männliche und weibliche Geschlechtszellen in verschiedenen Individuen ausgebildet (Bisexualität), und dabei fand eine gametische Meiose statt. Fest steht wohl auch, daß diese Kolonie aus einkernigen heterotrophen Protozoen hervorgegangen ist, bei deren Teilungen die Tochterzellen als Verband (eben als Kolonie) zusammenblieben. Es besteht aller Grund zu der Annahme, daß dieser Vorgang auf dem Weg zu den heutigen Metazoa nur einmal stattgefunden hat, daß also die Metazoa monophyletischen Ursprungs sind. Strittig bleibt, ob die ersten Metazoen-Kolonien pelagische oder benthonische Organismen waren. Aus Gründen, über die noch zu sprechen sein wird, halten wir allerdings den Weg über eine pelagische Blastaea für wahrscheinlicher.

Entstehung der diploblastischen Körperorganisation

Der nächste Evolutionsschritt muß dann eine Sonderung der Zellen dieser Kolonie in ein ectodermales und ein entodermales Epithel gewesen sein, also die Herausbildung einer zweischichtigen oder diploblastischen Körperkonstruktion, wie wir sie heute bei allen Metazoa primär antreffen. Auch darüber, wie dies geschehen sein könnte, gibt es recht unterschiedliche Vorstellungen. Sie alle wurden bereits in der zweiten Hälfte des 19. Jahrhunderts entwickelt, aber bis in die Gegenwart hinein weiter ausgebaut und ergänzt.

Die **Gastraea-Hypothese** (HAECKEL) nimmt an, daß sich der vegetative Pol einer mehr oder weniger kugelförmigen Blastaea eingestülpt hat, und zwar aus Ernährungsgründen. Gleichzeitig mit der Einstülpung soll sich nämlich der Übergang von der intracellulären zur extracellulären Verdauung vollzogen haben, durch die die Aus-

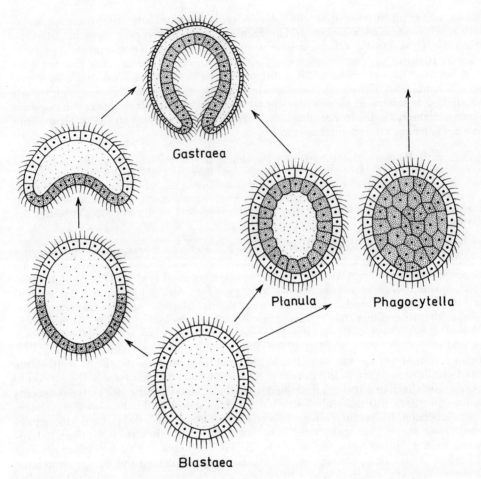

Abb. 7. Differenzierung des Entoderms nach der Gastraea-, der Planula- und der Phagocytella-Hypothese. Schematische Schnitte. Alle Stadien sind pelagisch. Das Entoderm ist
punktiert. Zur Phagocytella vgl. Abb. 9. — Nach GRELL 1974.

nutzung größerer Nahrungsbrocken möglich wurde. Dazu aber sei ein Stauraum (eben
in Gestalt einer Einstülpung) nötig gewesen. Dieses hypothetische Tier wird Gastraea
genannt, in Anlehnung an eine Invaginationsgastrula (Abb. 7). Die Außenschicht
stellt das schützende und lokomotorische Ectoderm, die Innenschicht das verdauende
Entoderm dar.

Die pelagische Gastraea soll sich später mit dem animalen Pol festgesetzt haben und
unter Beibehaltung der Radiärsymmetrie zum Vorläufer der Hydroidpolypen geworden
sein. Die übrigen Cnidaria hätten sich dann unter Bildung von Gastraltaschen aus diesem
Hydrozoen-Vorläufer herausgebildet. Aus den Gastraltaschen der Cnidaria werden schließlich die Coelomsäcke der Coelomata abgeleitet (s. S. 130).

Die Gastraea-Hypothese sieht also den Ursprung aller frei beweglichen und bilateral
gebauten Tiere in festsitzenden und radiärsymmetrischen Vorfahren.

Vor allem gegen diese Vorstellung wendet sich die **Bilaterogastraea-Hypothese**
(JÄGERSTEN). Auch sie geht zwar, wie die Gastraea-Theorie, von einer schwimmenden

Blastaea mit heterotropher und phagocytärer Ernährungsweise aus, nimmt aber im Gegensatz dazu an, daß bereits diese Blastaea zum Leben am Boden übergegangen ist und sich mit Hilfe ihrer Geißeln gleitend auf dem Untergrund bewegte. Dadurch kam es zur Abflachung der dem Boden zugewandten Seite, die damit zur Ventralseite wurde, während die Dorsalseite mehr oder weniger gewölbt blieb. Die Phagocytose wurde jetzt auf die Ventralseite beschränkt. Es wird also bereits auf diesem Stadium die Differenzierung in ein schützendes (protektorisches) Epithel (Dorsalseite) und in ein verdauendes (nutritorisches) Epithel (Ventralseite) angenommen. Von einem solchen Organismus könnten die Placozoa und unter Umständen auch die Porifera abstammen.

Durch gerichtetes Gleiten bildete sich schließlich ein Vorderende mit einem primitiven Nervenplexus und mit einfachen Sinneszellen aus. Die Geschlechtszellen verlagerten sich ins Innere, blieben aber mit der Ventralseite im engen Zusammenhang. Auf diese Weise entstand das einfachste bilateralsymmetrische Tier, eine **Bilateroblastaea** (Abb. 8).

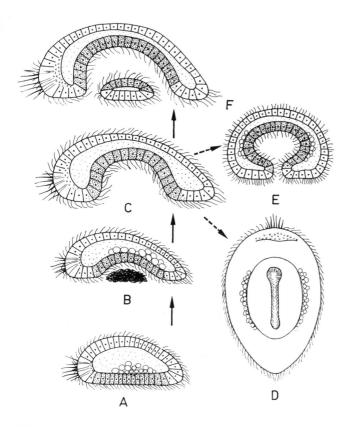

Abb. 8. Entstehung der Metazoa nach der Bilaterogastraea-Hypothese. Schematische Schnitte (außer D). Alle gezeichneten Stadien sind Bodenbewohner. Das Entoderm ist punktiert. **A.** Bilateroblastaea. **B.** Das ventrale Entoderm mit temporärem Stauraum. **C.** Bilaterogastraea mit einfachem Urdarm. **D.** Dass. von ventral. **E.** Dass. im Querschnitt. **F.** Der „Urmund" wird von den Seiten her verschlossen, so daß nur eine vordere und eine hintere Öffnung erhalten bleiben; auf diese Weise entsteht ein durchgehender Darm mit Mund und After. — Nach Jägersten 1955.

Die Bilateroblastaea mußte sich natürlich auch stets wieder individuell entwickeln, sie muß wie alle vielzelligen Tiere eine Ontogenese gehabt haben. Die Fortpflanzung des Tieres erfolgte sicherlich durch Abgabe der Geschlechtsprodukte ins freie Wasser. Wir können eine totale und aequale Furchung annehmen, die wieder zu einem annähernd kugeligen und pelagischen, der Blastaea ähnlichen Entwicklungsstadium führte. Dieses Stadium würde dann die erste Metazoen-Larve darstellen. Nachdem die Larve eine gewisse Größe erreicht hatte, sank sie zu Boden und wandelte sich in den Adultus, die Bilateroblastaea, um. Auf diese Weise kann man sich den primären pelago-benthonischen Lebenszyklus der Metazoa (s. S. 108) entstanden denken.

Die Nahrung der Bilateroblastaea bestand nach den Vorstellungen von JÄGERSTEN aus kleinen organischen Partikeln, die von den Zellen der Ventralseite aufgenommen wurden. Bei größeren Nahrungsteilchen mußte sich die Ventralseite über die Nahrung wölben, es wurde ein primitiver und temporärer Stauraum gebildet. Wahrscheinlich ging das Tier jetzt auch allmählich zur extracellulären Verdauung über. Im Laufe der Phylogenese wurde dann der Stauraum manifestiert, er wurde geräumiger und schließlich bis auf einen Schlitz verschlossen. Damit war ein gastraea-ähnlicher Organismus mit einem gestreckten „Urmund" und einem einfachen Protogaster entstanden. Wir haben nun ein Tier vor uns, bei dem das schützende äußere Ectoderm und das verdauende innere Entoderm in der bei den Metazoa allgemein üblichen Lagebeziehung zueinander stehen. Dieser Organismus wird als **Bilaterogastraea** bezeichnet (Abb. 8).

Der Geißelbelag des Ventralepithels wurde im Magendarm sicherlich beibehalten, die Nahrungsteilchen konnten also von vorn nach hinten geflimmert werden. Höchstwahrscheinlich traten auch schon Epithelmuskelzellen auf, die den ventralen Darmschlitz erweitern und verengen konnten. Ebenso könnte auf diesem Stadium ein primitives Gehirn entstanden sein.

Die weiteren Überlegungen von JÄGERSTEN beziehen sich vor allem auf das anschließende Schicksal des Darmkanals, aus dem sowohl die Gastraltaschen der Cnidaria als auch die Darmkanäle der Ctenophora und die Coelomsäcke der coelomaten Metazoa abgeleitet werden (s. S. 133).

Die Bilaterogastraea-Hypothese geht von der Vorstellung aus, daß freie Beweglichkeit und bilaterale Symmetrie Grundeigenschaften der Metazoa sind. Sie nimmt ferner an, daß sich diese beiden Eigenschaften gegenseitig bedingen, indem die gerichtete Bewegung auf dem Boden eine Vorn-hinten-Polarität und eine Rechts-links-Symmetrie erzwingt. Wenn aber die bilaterale Symmetrie ein sehr ursprünglicher Zustand der Metazoa war, dann müssen alle anderen Symmetrieverhältnisse als sekundäre Veränderungen gelten. Insbesondere trifft das für die Radiärsymmetrie der Cnidaria zu; sie waren ursprünglich biradial gebaut, wie durch Fossilfunde unmittelbar nachgewiesen werden konnte. Die bilateralen Metazoa können also mit Sicherheit nicht von radiären (und noch dazu festsitzenden) Cnidaria-Stammformen abgeleitet werden. Die Bilaterogastraea-Hypothese nimmt außerdem an, daß die Metazoa primär frei bewegliche Tiere waren und daß Sessilität eine abgeleitete Lebensweise darstellt. Soweit wir die Phylogenese mit Sicherheit überblicken, sind sessile Formen ursprünglich aus frei beweglichen Tieren hervorgegangen und nicht umgekehrt. Sessilität ist dann oft noch mit einer Tendenz zur Radiärsymmetrie verbunden, wie das innerhalb zahlreicher Tierstämme zu beobachten ist.

Freie Beweglichkeit und bilaterale Symmetrie scheinen also tatsächlich eng miteinander verknüpft zu sein und die Evolution der Metazoa entscheidend geprägt zu haben. Nicht in diese Überlegungen fügen sich allerdings die Placozoa (S. 141) ein. Sie sind zwar frei beweglich, kriechen aber ungerichtet. Ihr Körper zeigt außer einer Dorsoventralität keinerlei Symmetrie und hat dazu noch eine veränderliche Gestalt. Da bei diesen Tieren weder Nerven- noch Muskelzellen anzutreffen sind, kann man wohl auch ausschließen, daß sie sich jemals gerichtet bewegt haben. Ihre Asymmetrie ist offenbar eine primäre Eigenschaft. Das könnte bedeuten, daß sich die Placozoa sehr früh vom Stammbaum der Metazoa abgespalten haben, etwa schon auf dem Stadium der Blastaea, als sich die Bilateralität noch nicht herausgebildet hatte. Sie könnten also auf dem Niveau einer abgeflachten Blastaea stehengeblieben sein. Zur Entstehung der Placozoa gibt es allerdings auch eine andere Hypothese (vgl. unten).

Die Gastraea- und die Bilaterogastraea-Hypothese setzen voraus, daß bei den Metazoa die Invagination (unter Umständen verbunden mit einer Epibolie, [s. S. 86]) die ursprünglichste Form der Verlagerung des Entoderms nach innen ist. Gerade das aber wird von anderen Zoologen bestritten. Sie kommen deshalb auch zu anderen Vorstellungen über die Herausbildung eines diploblastischen Körpers.

So behauptet die **Planula-Hypothese** (Ray LANKESTER), die Zweischichtigkeit der Metazoa sei durch Delamination entstanden, also durch die gleichzeitige Querteilung aller Zellen der Blastaea (Abb. 7). Bei der **Parenchymula-** oder **Phagocytella-Hypothese** (METSCHNIKOFF) dagegen wird eine multiple Einwanderung angenommen, die zu einem völlig von Entodermzellen erfüllten Tier führte (Abb. 7 und 9). Der Urmund sei dann sekundär durchgebrochen.

Die Phagocytella-Hypothese wird neuerdings wieder mit Nachdruck von A. V. IVANOV [67] vertreten. Sie wird vor allem mit physiologischen Argumenten unterstützt. Die aus Kragengeißelzellen zusammengesetzte blastaea-ähnliche Stammform habe eine phagocytäre Ernährungsweise gehabt. Die Zellen hätten sich aber nach der Nahrungsaufnahme in einen amöboiden Zustand verwandeln und ins Innere der Blastaea zur Verdauung zurückziehen können. Im Verlaufe der Phylogenese sei es dann zu einer Scheidung in eine schützende und der Bewegung dienende Hülle (Kinoblast) und in eine weiterhin intracellulär verdauende innere Zellmasse (Phagocytoblast) gekommen. Später sei dann eine Mundöffnung durchgebrochen.

Sehr überzeugend erscheinen uns diese Überlegungen allerdings nicht. Es bleibt vor allem offen, wie die Nahrungsaufnahme nach der Scheidung von Ecto- und Entoderm erfolgt sein soll. Die nutritorischen Zellen waren ja nach ihrer Verlagerung ins Innere des Organismus vollständig von der Außenwelt abgeschlossen. Aus den gleichen Gründen müssen übrigens auch starke Zweifel an der Planula-Hypothese gehegt werden.

Aus der Phagocytella können nach IVANOV die verschiedenen Gruppen ursprünglicher Metazoa abgeleitet werden (Abb. 9). Aus einer frühen Phagocytella-Stufe seien die Schwämme hervorgegangen, indem der Phagocytoblast nach außen verlagert und der Kinoblast zum Kanalsystem wurde. Von einer späten Phagocytella ließen sich stufenlos turbellarienähnliche Organismen ableiten, bei denen der Phagocytoblast zu einem parenchymatösen Gewebe wurde; zum anderen könne man sich aus dieser Stufe die Vorfahren der Cnidaria entstanden denken, indem der Phagocytoblast zu einem epithelialisierten Entoderm wurde. Diese Hypothese setzt voraus, daß die Plathelminthes ursprünglich darmlos waren und daß das Mesoderm als dritte Körperschicht aus einem Parenchym hervorgegangen ist; das Coelom müßte sich dann aus Schizocoel-Räumen entwickelt haben (vgl. S. 129). Diese Prämissen werden von anderen Autoren bestritten.

Einen wesentlich anderen Standpunkt zur Differenzierung des Entoderms nimmt die **Placula-Hypothese** (BÜTSCHLI) ein. Sie geht nicht von einer Blastaea, sondern von einer plattenförmigen Zellkolonie aus (vgl. S. 63). Diese ursprünglich einschichtige Kolonie soll durch Delamination zweischichtig geworden sein, wobei die „Dorsalseite" das präsumptive schützende Ectoderm, die „Ventralseite" das künftige nutritorische Entoderm darstellte (Abb. 10).

Zu dieser Hypothese war BÜTSCHLI durch die kurz vorher entdeckte und heute zu den Placozoa (S. 247) gestellte *Trichoplax* angeregt worden. Die Theorie hat neuerdings wieder an Bedeutung gewonnen durch die Untersuchungen von K. G. GRELL, der unter anderem eine extracelluläre Verdauung ausschließlich durch das Ventralepithel nachweisen konnte, so wie es die Theorie ursprünglich annahm. Wegen der verblüffenden morphologischen und physiologischen Ähnlichkeit der rezenten *Trichoplax* mit den theoretisch geforderten Merkmalen der hypothetischen Placula hält GRELL [61] die Entstehung der Placozoa und

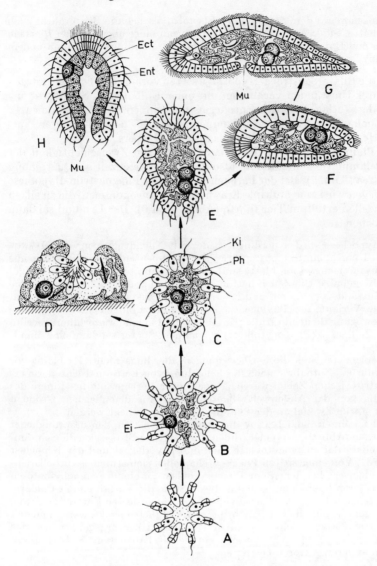

Abb. 9. Entstehung der Metazoa nach der Phagocytella-Hypothese. Schematische Schnitte. Entoderm punktiert. **A.** Kolonie aus Kragengeißelzellen (Craspedomonadina). **B.** Amoeboide Zellen im Inneren der Kolonie als Vorstufe des Phagocytoblasten. **C.** Frühe Stufe der Phagocytella mit äußerem Kinoblast, innerem Phagocytoblast und Eizellen. **D.** Ursprünglicher Schwamm (Übergang zur sessilen Lebensweise). **E.** Späte Stufe der Phagocytella. **F.** Übergang zu den Turbellaria (Bildung eines Mundes, Ausbildung der bilateralen Symmetrie). **G.** Ursprüngliches, darmloses Turbellar (verstärkte Zelldifferenzierung, Verlagerung des Mundes auf die Bauchseite). **H.** Ursprünglicher Cnidarier vom Typus einer Gastraea (Bildung einer Mundöffnung, Epithelialisierung des Phagocytoblasten). — **Ect** Ectoderm, **Ei** Eizellen, **Ent** Entoderm, **Ki** Kinoblast, **Mu** Mund, **Ph** Phagocytoblast. — Nach IVANOV 1968.

aller übrigen Metazoa aus plattenförmigen und zweischichtigen Vorfahren für sehr wahrscheinlich. Der typische Metazoen-Körper mit äußerem Ectoderm und innerem Entoderm müßte dann aus der Placula durch Einkrümmung oder Einstülpung der Ventralfläche entstanden sein (Abb. 10) (vgl. Bilaterogastraea). Die Placula-Hypothese nimmt also (wie die Bilaterogastraea-Hypothese) an, daß die Differenzierung in protektorisches Ectoderm und nutritorisches Entoderm bereits vor dieser Einkrümmung erfolgte, im Gegensatz zu den anderen Hypothesen, nach denen die physiologische Differenzierung des Entoderms und seine Verlagerung nach innen gleichzeitig vor sich gingen.

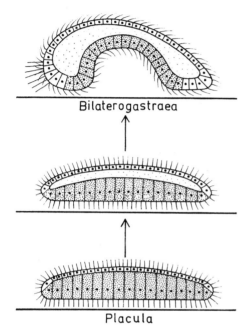

Bilaterogastraea

Placula

Abb. 10. Entstehung der Metazoa nach der Placula-Hypothese. Schematische Schnitte. Entoderm punktiert. Alle Stadien sind benthonisch. — Nach GRELL 1974.

Nach der Placula-Hypothese stellen die rezenten Placozoa einen Modellfall für den Ablauf der Stammesgeschichte dar. Es wäre aber auch durchaus denkbar, daß diese Tiere (und die hypothetische Placula) gar nicht aus einer plattenförmigen benthonischen Kolonie hervorgegangen sind, sondern aus einer schwimmenden Blastaea, die sich zu Boden gesetzt und dann erst abgeplattet hat (vgl. S. 68). Die Placozoa müßten dann als „blinder" Seitenzweig der Evolution gelten. Die Form der geschlechtlichen Fortpflanzung und der Embryogenese, die unter Umständen nähere Aufschlüsse über den Ablauf der Phylogenese geben könnten, sind bei den Placozoa noch weitgehend unbekannt.

Noch anders versucht die **Gallertoid-Hypothese** [59] die Differenzierung von Ecto- und Entoderm zu erklären. Sie geht von einem blastula-ähnlichen, mit wasserreicher Gallerte gefüllten Organismus aus (s. S. 64), der frei im Wasser schwamm oder, nachdem eine bestimmte Größe erreicht war, auf dem Boden lebte. Da aber auch die Gallerte einen Stoffwechsel hatte, der bei der Größenzunahme des Organismus nicht mehr allein durch Diffusion zu bewältigen war, sollen sich nun von Epithel ausgekleidete Rinnen und Kanäle in die Gallertmasse eingesenkt haben (Abb. 11). Auf diese Weise sei ein nur noch der Fortbewegung dienendes Ectoderm von einem die Nahrung herbeistrudelnden und verdauenden Entoderm geschieden worden. Beide Epithelien waren weiterhin begeißelt (vgl. S. 134).

Diese Gallertoid-Hypothese beruht auf rein mechanischen Prinzipien. Es gibt weder unter den rezenten Organismen einen Hinweis auf solche frühen Konstruktionsformen der

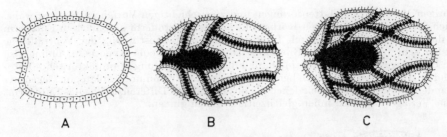

Abb. 11. Entstehung der Metazoa nach der Gallertoid-Hypothese. Schematische Schnitte. In einen einschichtigen, mit Gallerte gefüllten Organismus senken sich ein Urdarm und begeißelte Kanäle ein. — Nach BONIK, GRASSHOFF & GUTMANN 1976, leicht verändert.

Metazoa noch irgendwelche ontogenetischen Anhaltspunkte für einen derartigen Evolutionsablauf. Die Hypothese lehnt allerdings auch bewußt alle Vergleiche zwischen phylogenetischen Abläufen und ontogenetischen Vorgängen bei rezenten Tieren ab.

Keine der hier dargestellten Hypothesen zur Entstehung der Metazoa kann wohl für sich in Anspruch nehmen, das Problem widerspruchsfrei gelöst zu haben. Es ist auch durchaus fraglich, ob der Entwicklungsablauf an der Wurzel der Metazoa jemals vollständig aufgeklärt werden kann. Nach dem gegenwärtigen Stand der Erkenntnisse scheint jedoch die Bilaterogastraea-Theorie diesen Ablauf am überzeugendsten interpretieren zu können (vgl. Abb. 35).

Den Studenten, der sich in die Materie der Speziellen Zoologie einzuarbeiten beginnt, mag es vielleicht befremden, warum bei so vielen Zweifeln und bei so großen Kontroversen diese Probleme hier überhaupt so ausführlich dargelegt wurden und warum die Zoologen nicht müde werden, sich immer wieder von neuem an der Lösung dieser Fragen zu versuchen. Es wäre aber völlig falsch, solche Theorienbildungen einfach als mehr oder weniger geistreiche Spielereien abzutun. Auch wenn sie von verschiedenen Standpunkten ausgehen und zu sehr abweichenden Ergebnissen kommen, so beruhen diese Theorien doch auf scharfsinnigen Überlegungen zu prinzipiellen phylogenetischen Entwicklungsmechanismen. Sie helfen in hohem Maße, das Verständnis für das Werden und die Entfaltung unserer heutigen Organismenwelt, also für den Ablauf der Stammesgeschichte, zu wecken.

8. Baupläne der Metazoa und ihre Entstehung

Die vielzelligen Tiere zeichnen sich durch eine bestimmte Anordnung ihrer Zellen, Gewebe und Organe im Funktionsgefüge ihres Körpers aus. Unterschiedlich je nach der Tiergruppe sind diese Funktionsgefüge nach einem festgelegten Muster konstruiert, das wir Bauplan nennen. Den großen Bauplan- oder Organisationstypen entsprechen in der Regel unsere heutigen Tierstämme. Die Entstehung der Organisationstypen muß von zwei Seiten aus betrachtet werden: einmal unter dem Gesichtspunkt der Phylogenese, denn die Baupläne haben sich während des historischen Prozesses der Evolution herausgebildet, und zum anderen unter dem Gesichtspunkt der Ontogenese, denn der jeweilige Bauplan muß während der Individualentwicklung nach dem genetisch vorgegebenen Muster immer wieder neu formiert werden (insofern hat der Begriff „Bauplan" seine wörtliche Berechtigung). Im übrigen ist aber auch jede Phase der Individualentwicklung phylogenetisch entstanden und den Mechanismen der Evolution unterworfen. Wir wollen uns in diesem Kapitel vor allem mit der ontogenetischen, daneben aber auch mit der phylogenetischen Seite der Entwicklung befassen,

wobei allerdings nur die allgemeinen Grundzüge gestreift und Zusammenhänge aufge-
zeigt werden können.

8.1. Fortpflanzung

Jedes organische Individuum hat nur eine begrenzte Lebensdauer. Um die Kontinuität
des Lebens auf der Erde und den Fortbestand jeder biologischen Art zu gewährleisten,
ist deshalb ein Mechanismus nötig, der die spezifischen Eigenschaften einer Art von
einer Generation auf die andere überträgt, und ein Mechanismus, der überhaupt erst
die Generationenfolge sichert. Dieses nur der lebenden Materie zukommende Phänomen
wird Fortpflanzung genannt und ist eine Grundeigenschaft des Lebens. Sinn der Fortpflanzung ist es, jeweils so viele Nachkommen zu erzeugen, daß der Bestand der Art
gesichert ist. Gleichzeitig wird dabei die genetische Information von den Eltern auf die
Nachkommenschaft übertragen. Man kann bei den Metazoa zwei Formen der Fortpflanzung unterscheiden: die geschlechtliche und die ungeschlechtliche.

Die **geschlechtliche** oder sexuelle **Fortpflanzung** ist die ursprüngliche und auch die
verbreitetste Form der Vermehrung bei den Metazoa. Daran sind nur ganz bestimmte
Zellen des Organismus, die Keimzellen, beteiligt, die sich im allgemeinen schon auf
einem sehr frühen Stadium der Embryogenese von den übrigen Zellen, den Somazellen, scheiden. Die ausdifferenzierten Keimzellen werden **Gameten** genannt. Man
spricht deshalb bei dieser Fortpflanzungsart auch von **Gametogamie**. Daran sind entweder zwei verschiedenartige Gameten (weibliche und männliche) oder aber nur eine
Gameten-Sorte (weibliche) beteiligt. Dementsprechend unterscheidet man zwischen
zwei- und eingeschlechtlicher Fortpflanzung.

Bei der **zweigeschlechtlichen Fortpflanzung** werden in der Regel die beiden Gameten
auch von zwei verschiedenen Individuen einer Art (Weibchen bzw. Männchen) erzeugt.
Diese Tierarten nennt man getrenntgeschlechtig oder gonochoristisch. **Gonochorismus**
ist mit großer Wahrscheinlichkeit ein ursprüngliches Merkmal aller Metazoa.

Die Keimzellen werden normalerweise in bestimmten Organen, den Gonaden, ausgebildet. Die weiblichen Individuen produzieren in den Ovarien (Eierstöcken) in der Regel
unbewegliche Eier; die männlichen Individuen bringen in den Testes (Hoden) meist bewegliche Spermatozoen (oder kurz Spermien) hervor. Die Zahl der männlichen übertrifft
die der weiblichen Gameten meist bedeutend.

Die zweigeschlechtliche Fortpflanzung ist stets mit einem **Kernphasenwechsel** verbunden. Die Körperzellen der Metazoa und auch ihre prospektiven Keimzellen, die
Oogonien und Spermatogonien, haben einen doppelten Chromosomensatz, sie sind
diploid. Während der Phase der Keimzellenreifung (Gametogenese) wird dieser doppelte zu einem einfachen Chromosomensatz reduziert, in einem als Meiose bezeichneten
Vorgang. Eier und Spermatozoen sind also haploid. Da sich dieser Vorgang der Chro-
mosomen-Reduktion bei den Gameten abspielt, spricht man von einer **gametischen
Meiose**. Die beiden haploiden Gameten verschmelzen dann bei der **Befruchtung** zur
wiederum diploiden **Zygote**. Diese befruchtete einzellige Eizelle entwickelt sich durch
Zellteilung wieder zu einem vielzelligen Organismus.

Verbunden mit dem Kernphasenwechsel führt die zweigeschlechtliche Fortpflanzung zwangsläufig zu ständigen Neukombinationen des elterlichen Erbgutes und damit
zur genetischen Variabilität der Nachkommen, die — wie wir gesehen haben — einen
wichtigen Evolutionsfaktor darstellt.

Die Vereinigung der mütterlichen und väterlichen Gameten erfolgt in zwei Etappen. Bei
der Besamung dringt der Spermakern in die Eizelle ein, und bei der Befruchtung verschmilzt der Spermakern mit dem Eikern zum Zygotenkern. Der gesamte Vorgang wird

oft nur kurz als Befruchtung zusammengefaßt. Es spielen dabei eine ganze Reihe von sogenannten Befruchtungsstoffen (Gamonen) eine Rolle. Man unterscheidet Gynogamone, die von den weiblichen Keimzellen abgesondert werden und die chemotaktisch und aktivierend sowie agglutinierend auf die Spermien wirken, und Androgamone, die von den Spermatozoen gebildet werden und dem jeweiligen Gynogamon entgegenwirken. Der Befruchtungsvorgang wurde übrigens zum erstenmal von Oskar HERTWIG und Richard HERTWIG (1875) am Seeigel-Ei beobachtet.

Der Befruchtungsvorgang findet ursprünglich außerhalb des Körpers statt (äußere Befruchtung), indem zeitlich synchronisiert Eier und Spermien einfach ins Wasser ausgestoßen werden; dies geschieht zum Beispiel bei zahlreichen „niederen" marinen Wirbellosen, bei den meisten Echinodermata und Fischen. Die Fortpflanzung mit äußerer Befruchtung setzt wegen der hohen Verlustrate eine sehr große Gameten-Produktion voraus. Bei vielen Tieren sind daher Vorkehrungen getroffen, die diese Verluste vermindern und die die Fortpflanzung gewissermaßen „ökonomischer" gestalten, nämlich einmal die Erhöhung der Trefferrate bei der Zygotenbildung und zum anderen der Schutz der entstandenen Zygoten.

Als Schutzvorkehrungen haben sich die verschiedensten Formen der Brutfürsorge und Brutpflege entwickelt. Je länger die Nachkommenschaft unter der mütterlichen (seltener väterlichen) Obhut bleibt, um so geringer sind normalerweise die Verluste und um so geringer kann die Produktion von Gameten sein.

Die Vorkehrungen zur Erhöhung der Trefferrate kann man ganz allgemein unter dem Begriff Paarbildung zusammenfassen: je ein Männchen und Weibchen einer Art finden sich zum Zwecke der Fortpflanzung zusammen. (Die Paarbildung kann unter Umständen auch über das eigentliche Fortpflanzungsgeschäft hinaus andauern.) Der Befruchtungsvorgang wird dabei oft unmittelbar an oder sogar in das Muttertier verlagert. Dies setzt allerdings einen bestimmten Übertragungsmechanismus für die Spermien voraus. So bilden die Männchen vieler Arten ein Samenpaket (Spermatophore), das dem Weibchen an einer bestimmten Körperstelle angeheftet wird und das sich bei der Eiablage auflöst, so daß die Spermien die vorbeigleitenden Eier befruchten können; es kommt auch vor, daß die Spermien aus der Spermatophore in das weibliche Tier eindringen. Bei anderen Arten werden die Spermien direkt in die weibliche Geschlechtsöffnung übertragen, und die Befruchtung findet dann im Ovidukt oder sogar schon im Ovar statt (innere Befruchtung). Der Vorgang der Spermatophoren- oder Spermaübertragung wird dann, wenn beide Partner dabei in engste Berührung miteinander kommen, als **Begattung** (Kopulation) bezeichnet. Sie kann nur Sekunden dauern, sich bei anderen Arten aber auch über Stunden hinziehen. Oftmals gehen der eigentlichen Begattung spezielle Verhaltensweisen voraus, die der Erkennung und Einstimmung des arteigenen Partners dienen. Begattung und innere Befruchtung sind vor allem und naturgemäß bei Landtieren die Regel.

Um den Begattungsvorgang zu sichern und um Bastardierungen mit anderen Arten zu vermeiden, haben viele Tierarten auch noch spezifische morphologische Strukturen ausgebildet. Das können einmal Greif- und Halteapparate (vor allem bei den Männchen) sein, die zum Beispiel in Form von Scheren, Haken, Borstengruppen oder Vorsprüngen an den verschiedensten Körperteilen stehen können und die zum Ergreifen und Festhalten des Geschlechtspartners dienen. Auf diese Weise kommt es oft zu einem auffälligen Unterschied zwischen Männchen und Weibchen (vgl. Abb. 1). Dieser **Sexualdimorphismus** kann sich aber auch in verschiedener Färbung oder Größe der Geschlechter ausdrücken. Allgemein bekannt ist das unterschiedliche Farbkleid vieler Wirbeltiere. Bei manchen Echiurida (z.B. *Bonellia*) und bei vielen parasitischen Krebsen verharren die Männchen auf der Größe des letzten Larvenstadiums und bleiben im Verhältnis zum Weibchen winzig klein, sie werden dann als **Zwergmännchen** bezeichnet.

Oftmals, vor allem bei Arthropoden, sind regelrechte Kopulationsapparate ausgebildet, mit denen während des Begattungsvorgangs die Geschlechtsöffnungen gegenseitig verankert werden. Diese Kopulationsapparate sind oft so kompliziert gebaut, daß sie nach dem Schloß-Schlüssel-Prinzip arbeiten, indem ein bestimmter Teil des männlichen Apparates gewissermaßen in das Negativ des weiblichen paßt. Da derart differenzierte Apparate artspezifisch ausgebildet sind, haben sie für den Taxonomen eine große Bedeutung; ja manche Arten sind überhaupt erst anhand ihrer Kopulationsapparate zu diagnostizieren und zu determinieren.

Normalerweise treten bei der zweigeschlechtlichen Fortpflanzung männliche und weibliche Gameten in verschiedenen Individuen auf. Nur dann spricht man von Gonochorismus. Es gibt aber auch Fälle, in denen beide Gameten-Sorten in ein und demselben Individuum erzeugt werden. Solche Tiere nennt man **Zwitter** oder **Hermaphroditen**. Männliche und weibliche Gonaden sind dabei meist getrennt. Oft reifen die Gameten sogar zu verschiedenen Zeiten heran, das Tier funktioniert also erst als Männchen und dann als Weibchen (protandrische Zwitter) oder seltener umgekehrt (protogyne Zwitter). Auf diese Weise wird eine Selbstbefruchtung so gut wie unmöglich gemacht. Nur in einigen Fällen, zum Beispiel bei vielen Land-Gastropoden, erfolgen Ei- und Samenbildung in einer gemeinsamen Zwitterdrüse. Die Geschlechtsprodukte reifen dann auch meist gleichzeitig heran, und es kann eine wechselseitige Begattung zwischen zwei Individuen erfolgen.

Neben der zweigeschlechtlichen gibt es jedoch auch eine eingeschlechtliche Fortpflanzung, die als **Parthenogenese** oder Jungfernzeugung bezeichnet wird. Es handelt sich dabei, ebenso wie beim Zwittertum, um einen sekundären und im Tierreich mehrfach entstandenen Vorgang. Bei der Parthenogenese entwickelt sich die Nachkommenschaft aus unbefruchteten Eizellen, also ohne Beteiligung des zweiten (männlichen) Geschlechts. Die bekanntesten Beispiele dafür sind zahlreiche Rotatoria (Rädertiere), Cladocera (Wasserflöhe) und Aphidina (Blattläuse). Es gibt in diesen Tiergruppen Arten, von denen ausschließlich parthenogenetische Fortpflanzung bekannt ist. Andere Arten schalten von Zeit zu Zeit, meist durch ungünstige Umweltbedingungen ausgelöst, eine zweigeschlechtige Generation dazwischen. Diese Form des **Generationswechsels**, also den Wechsel zwischen zweigeschlechtlicher und parthenogenetischer Fortpflanzung, nennt man **Heterogonie**. In der parthenogenetischen Phase unterbleibt in der Regel die Reduktionsteilung. Die mit der Parthenogenese und Heterogonie zusammenhängenden Fragen sind u. a. bei den Rotatoria (I/2) und bei den Trematoda (I/2) näher dargestellt.

Es gibt auch einige Tierarten, bei denen sich die südeuropäischen Populationen normal bisexuell fortpflanzen; nach Norden zu nimmt aber die Zahl der Männchen immer mehr ab, so daß in Nordeuropa schließlich nur noch reine Parthenogenese zu beobachten ist (geographische Parthenogenese).

Wieder anders liegen die Verhältnisse bei den Hymenoptera und einigen anderen Tiergruppen, bei denen man von einer haploiden Parthenogenese spricht. Hier gehen die Gameten aus einer normalen Meiose hervor. Wenn die haploiden Eier befruchtet werden, entstehen aus der diploiden Zygote ausschließlich Weibchen, bei der Honigbiene zum Beispiel Arbeiterinnen und Königinnen. Zu gewissen Zeiten beginnen aber auch unbefruchtete Eier, sich zu entwickeln, aus denen jedoch nur Männchen hervorgehen. Die Drohnen der Honigbiene und die Männchen aller übrigen Hymenoptera sind also haploide Organismen, zumindest ist ihr Keimgewebe haploid (bei den somatischen Zellen kann Polyploidie auftreten). Bei der Gametogenese der Spermatozoen muß demzufolge die Meiose unterbleiben. Gleiches gilt übrigens für die parthenogenetisch entstehenden Rotatorien-Männchen.

Als ein sehr spezieller Fall von Parthenogenese muß die **Paedogenese** gelten, bei der sich (unbefruchtete) Larven fortpflanzen. Das ist zum Beispiel von Gallmücken und von einer Käferart bekannt, und auch bei den Hakensaugwürmern (I/2) tritt diese Art der Fortpflanzung auf.

Die **ungeschlechtliche** oder asexuelle **Fortpflanzung** ist bei vielen Protozoa die Regel, bei denen durch Längs- oder Querteilung der Mutterzelle zwei mehr oder weniger gleiche Tochterindividuen entstehen oder aber (bei der sogenannten Zerfallsteilung) eine ganze Anzahl von Tochterzellen. Bei den Metazoa kommt es zu einer ungeschlechtlichen Vermehrung durch Abgliederung größerer oder kleinerer Zellkomplexe vom Muttertier, die zu einem neuen Individuum werden. Man spricht hier auch von einer vegetativen Vermehrung. Diese Form der Fortpflanzung ist ebenfalls sekundär und mehrfach im Tierreich entstanden. Im Extrem kann sich dabei ein Tier vollständig längs oder quer durchteilen (z. B. verschiedene Actiniaria und Turbellaria). Meist aber wächst aus dem Muttertier in einem als **Knospung** bezeichneten Vorgang an einer bestimmten Stelle (der Knospungszone) ein Zellkomplex als Knospe heraus. Bei der Knospung werden meist zahlreiche Tochterindividuen hervorgebracht, die sich wieder auf vegetative Weise vermehren können. Bei vielen Arten, z. B. bei Süßwasserpolypen und Aktinien, lösen sich die Knospen völlig von der Mutter ab und führen ein ganz selbständiges Leben. Bei anderen Tieren, etwa bei *Cephalodiscus* (Hemichordata) und bei vielen Ascidiacea (Chordata), siedeln sich die Töchter jedoch unmittelbar neben der Mutter an und bilden auf diese Weise eine **Tierkolonie**. Die Einzelindividuen sind dabei lediglich räumlich vereinigt.

Als Kolonien bezeichnet man nicht ganz korrekt auch solche Tieransammlungen, die nicht auf vegetativem, sondern auf geschlechtlichem Wege entstehen. Bei den Seepocken (Crustacea, Cirripedia) vieler Meeresküsten siedeln sich zum Beispiel die Larven so dicht neben- und sogar übereinander an, daß die Felsen schließlich völlig von den adulten Tieren überzogen sind. Auch bei Austernbänken, Ansammlungen brütender Vögel u. a. spricht man von Kolonien.

Es gibt bei der vegetativen Vermehrung aber auch Fälle, in denen die Knospen mit der Mutter morphologisch und vor allem physiologisch vereinigt bleiben. Es entsteht dann ein **Tierstock**. Auf diese Weise können viele Tausende von Individuen vereinigt sein. Die bekanntesten Beispiele für solche Tierstöcke sind die Staatsquallen (Siphonophora), die Steinkorallen (Madreporaria) und andere Anthozoa sowie die Moostierchen (Bryozoa). Dabei kann es sogar zu einer sehr verschiedenartigen Ausbildung der Einzelindividuen kommen (**Polymorphismus**); die einzelnen Individuen haben dann ganz bestimmte Aufgaben innerhalb des Stockes zu erfüllen, es kommt zu einer Arbeitsteilung.

In manchen Fällen, so zum Beispiel bei *Doliolum* (Tunicata), erfolgt die Knospung an einem eigens dafür ausgebildeten Fortsatz (Stolo), von dem in regelmäßiger Folge immer wieder neue Knospen abgeschoben werden. Man spricht dann von **Sprossung**.

Als Tierstöcke bezeichnet man manchmal auch Tiergemeinschaften, bei denen die Angehörigen nicht durch Knospung, sondern durch normale geschlechtliche Fortpflanzung entstehen, bei denen die einzelnen Mitglieder der Gemeinschaft aber in einem engen physiologischen Zusammenhang stehen. So spricht man etwa vom Bienenstock und vom Termitenstock. Damit sind aber meist nur die Bauten der betreffenden Tiere gemeint. Die Tiergemeinschaft selbst bezeichnet man in diesen Fällen besser als Staaten.

Die ungeschlechtliche Vermehrung steht in der Regel im Wechsel mit geschlechtlicher Fortpflanzung. Diese Form des **Generationswechsels** wird als **Metagenese** bezeichnet. Es folgt dabei auf eine oder mehrere sich vegetativ vermehrende Generationen eine sich geschlechtlich fortpflanzende Generation. Die Generationen können sich dabei morphologisch und physiologisch grundlegend unterscheiden, wie etwa Polypen- und Medusen-Generation bei den Hydrozoa (Bd. I/2). Die ungeschlechtliche Vermehrung kann sich aber auch auf die larvalen Entwicklungsstadien beschränken, während sich die adulten Tiere auf geschlechtlichem Wege fortpflanzen, wie bei einigen Cestoida

(Bd. I/2), endoparasitischen Formen, bei denen der Generationswechsel außerdem mit einem Wirtswechsel verbunden ist.

Die ungeschlechtliche Fortpflanzung kann sogar bis in die frühesten Entwicklungsstadien vorverlagert sein. Bei der sogenannten **Polyembryonie** entstehen aus einer Eizelle mehrere bis zahlreiche Embryonen, indem bereits die Eizelle oder die frühe Keimanlage in selbständige Keime zerfällt. Das ist unter anderem bekannt von digenetischen Saugwürmern (Bd. I/2), von Brack- und Erzwespen unter den Hymenoptera, von Strepsiptera, Bryozoa und von einer Gürteltierart. Auch eineiige Zwillinge und Mehrlinge des Menschen entstehen durch Polyembryonie.

8.2. Entwicklungsgeschichte

Die Lebensgeschichte eines vielzelligen Tieres kann man in vier Abschnitte gliedern, in die embryonale, die larvale, die juvenile und die adulte Phase. Der Lebensablauf, der alle diese vier Etappen einschließt, wird als **indirekte Entwicklung** bezeichnet, weil in den Entwicklungsgang ein oder mehrere Larvenformen eingeschaltet sind. Dieser Lebenszyklus gilt als ursprünglich; er ist bei Vertretern der meisten Tierstämme zu beobachten, vor allem bei marinen Lebensformen. Die Larvenphase kann jedoch wegfallen, und diesen als abgeleitet betrachteten Lebenszyklus bezeichnet man dann als **direkte Entwicklung**.

Den gesamten Vorgang der Individualentwicklung bis zum Erreichen der adulten Phase bezeichnet man als **Ontogenese**. Die vergleichende Betrachtung der dabei ablaufenden Phänomene einschließlich ihrer phylogenetischen Zusammenhänge wird unter dem Begriff **Vergleichende Entwicklungsgeschichte** zusammengefaßt. Für das Verständnis der Speziellen Zoologie ist diese Disziplin von außerordentlich großer Bedeutung. Dem Leser seien für ein tiefer gehendes Studium die klassische Monographie von KORSCHELT & HEIDER [53] und das moderne Lehrbuch von SIEWING [56] empfohlen, dem wir hier weitgehend folgen.

Die **embryonale Phase** der Ontogenese erstreckt sich vom Teilungsbeginn der Zygote bis zum Sprengen der Eihülle bzw. bis zum Beginn eines freien, selbständigen Lebens (auch als Geburt bezeichnet). Schlüpfvorgang und Geburt können zusammenfallen, z.B. immer dann, wenn die Eier frei abgelegt werden; die Geburt kann aber auch verzögert werden, wenn bei Brutpflege die geschlüpften Larven oder Jungtiere von der Mutter noch einige Zeit im oder am Körper (z.B. in Brutbeuteln) zurückgehalten werden.

Die **larvale Phase** schließt in der Regel mit einer **Metamorphose,** einem oft tiefgreifenden Gestaltwandel, ab (vgl. Kap. 8.3.). Sie erstreckt sich vom Sprengen der Eihülle bis zum Einsetzen dieser Metamorphose. Vom Adultus unterscheiden sich die Larven nicht nur morphologisch, sondern meist auch in der Ernährungsweise und im Habitat, also im besiedelten Wohnraum. — Nicht immer ganz eindeutig im Sinne dieser Definition kann bei den Insekten von larvaler Phase und Metamorphose gesprochen werden (vgl. S. 114).

Die **juvenile Phase** beginnt bei indirekter Entwicklung nach Abschluß der Metamorphose. Bei direkter Entwicklung schließt sie sich unmittelbar an die embryonale Phase an. Dieser Lebensabschnitt ist vor allem eine Wachstumsphase. Die jugendlichen Tiere sind normalerweise „verkleinerte" Adulti, sind diesen morphologisch schon weitgehend ähnlich und führen auch deren Lebensweise. In manchen Tiergruppen werden die Jugendstadien als Nymphen bezeichnet. — Larvale und juvenile Phase werden als **postembryonaler** Abschnitt der **Entwicklung** zusammengefaßt.

Die **adulte Phase** beginnt, wenn alle Organsysteme ausdifferenziert sind, in der Regel also mit dem Beginn der Fortpflanzungsfähigkeit; bei vielen Arthropoden findet sogar eine regelrechte Reifehäutung statt. Die adulte Phase endet mit dem Tod des Tieres.

Die Entwicklung eines vielzelligen Tieres ist gekennzeichnet durch den Vorgang fortgesetzter Zellteilungen, der aus der einzelligen Zygote wieder einen vielzelligen Organismus entstehen läßt. Dabei erweist sich das Tier nicht nur als ein entstehendes, sondern auch als ein sich wandelndes Gefüge. Die drei prinzipiellen Veränderungen oder Entwicklungsetappen, die am Keim ablaufen, bezeichnet man als Furchung, Keimblätterentwicklung und Organdifferenzierung. Die einzelnen Abschnitte sind allerdings oft nicht scharf zu trennen, sie greifen vielmehr ineinander über und können sich auch überschneiden.

Die Furchung

Die bei der **Furchung**, also bei den Zellteilungen der Zygote, auftretenden Tochterzellen sind die **Blastomeren**. Es ist charakteristisch für die Furchung der Metazoa, daß diese Blastomeren stets in einem festen Zusammenhang bleiben und dabei eine für die betreffende Tiergruppe typische gesetzmäßige Anordnung aufweisen. Da während der Furchung dem Keim keine Substanz mehr hinzugefügt wird, überschreitet er während des gesamten Prozesses nicht die Größe der Zygote, auch nicht, wenn feste Eihüllen fehlen.

Die Furchung beginnt mit dem Auftreten der ersten Teilungsspindel in der Zygote und endet, wenn das Stadium eines Hohlkeimes, der **Blastula**, erreicht ist. Nicht immer wird allerdings eine deutliche Blastula ausgebildet.

Entscheidend für den Furchungsverlauf sind Menge, Qualität und Verteilung des Nährmaterials (Dotters), das während der Keimzellenreifung in die Eizelle aufgenommen wurde. Es besteht also ein enger Zusammenhang zwischen Eityp und Furchungstyp. Als **Eitypen** kann man vom Dottergehalt her oligolecithale (dotterarme) und polylecithale (dotterreiche) Eier unterscheiden; eine Mittelstellung nehmen mesolecithale Eier ein. Auch die Dotterverteilung ist sehr unterschiedlich. Beim isolecithalen Ei (Abb. 12 A), das normalerweise wenig Dotter enthält, ist das Nährmaterial gleichmäßig im Protoplasma verteilt. Das centrolecithale Ei (Abb. 12 C) zeichnet sich durch ein um den Kern konzentriertes Hofplasma und ein an der Peripherie liegendes Periplasma aus, außerdem wird bei ihm der Dotter von einem protoplasmatischen Netz durchzogen. Beide Eitypen sind durch zahlreiche Übergänge miteinander verbunden. Eine Mittelstellung nimmt das perilecithale Ei (Abb. 12 B) ein, bei dem nur Hof- und Netzplasma auftreten.

Bei starker Zunahme des Nährmaterials kann der Dotter aber auch vorzugsweise am vegetativen Pol gelagert werden (polare Dotterkonzentration), wobei dann Kern und Protoplasma zum animalen Pol abgedrängt werden. Bei dieser Konstellation spricht man von telolecithalen Eiern. Beim schwach telolecithalen Ei (Abb. 12 D) bleibt der Dotter vom Protoplasma durchzogen; beim stark telolecithalen Ei (Abb. 12 E) drängt eine massive Dotterkugel das Protoplasma an die Peripherie zurück, und am animalen Pol entsteht ein Discus aus Protoplasma.

Als phylogenetisch ursprünglichster Typ ist sicherlich das isolecithale (oligolecithale) Ei anzusehen.

Es kann im übrigen auch vorkommen, daß der Dotter gar nicht in der Eizelle selbst abgelagert wird, sondern in spezifischen Dotterzellen, die zusammen mit der Eizelle in eine gemeinsame Hülle eingeschlossen werden; man spricht dann von ectolecithalen Eiern (vgl. Plathelminthes). Sie haben in der Regel einen stark abgewandelten Furchungsverlauf. Die normalen Eitypen mit eigenem Dotter werden als entolecithale Eier bezeichnet.

Vom Eityp hängt es weitgehend ab, in welcher Weise sich die Zygote furcht. Man kann daher auch bestimmte **Furchungstypen** unterscheiden. Ebenso wie die Eitypen sind jedoch auch die Furchungstypen recht regellos über das gesamte Tierreich verteilt. Phylogenetische Zusammenhänge sind deshalb nur in Ausnahmefällen zu beobachten.

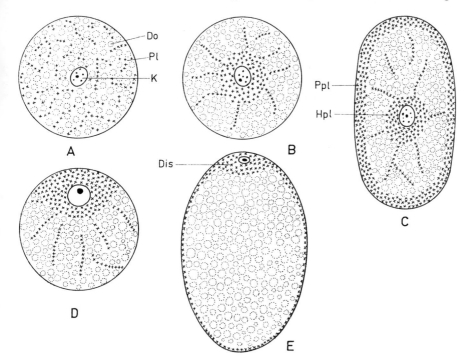

Abb. 12. Schematische Darstellung verschiedener Eitypen. **A.** Isolecithales Ei. **B.** Perilecithales Ei. **C.** Centrolecithales Ei. **D.** Schwach telolecithales Ei. **E.** Stark telolecithales Ei. — **Dis** Discus, **Do** Dotter (punktiert), **Hpl** Hofplasma, **K** Kern, **Pl** Protoplasma (gekreuzt), **Ppl** Periplasma. — Leicht verändert nach SIEWING, R., 1969, Lehrbuch der vergleichenden Entwicklungsgeschichte der Tiere. Parey, Hamburg/Berlin.

Bei geringem Dottergehalt, also bei iso-, peri- und schwach telolecithalen Eiern, wird die Zygote vollständig in Blastomeren zerlegt; dies nennt man **totale Furchung**. Bei starkem Dottergehalt dagegen, also bei centro- und stark telolecithalen Eiern, findet nur eine teilweise Zerlegung der Zygote statt, die von dem kleinen protoplasmatischen, den Kern enthaltenden Bezirk ausgeht, während sich der Dotter den Teilungen widersetzt; hier spricht man von **partieller Furchung**. Außer diesen beiden Haupttypen kann man noch weitere Untertypen unterscheiden, die allerdings nicht immer scharf zu trennen sind.

Die totale **adaequale Furchung** (Abb. 13 A) zeichnet sich durch eine vollkommene Teilung der Zygote in Blastomeren von annähernd gleicher Größe aus. Sie kommt bei iso- und perilecithalen Eiern vor. Dies ist offenbar der ursprünglichste Furchungstyp der Metazoa; er tritt bei vielen Tierstämmen auf, z.B. bei Porifera, Cnidaria, Tentaculata, Echinodermata, Hemichordata sowie bei den Acrania und (bedingt durch sekundäre Dotterarmut) bei den plazentalen Säugetieren.

Die totale **inaequale Furchung** (Abb. 13 B) ist bei schwach telolecithalen Eiern zu beobachten. Bei ihr sind die am vegetativen Pol entstehenden Blastomeren (wegen des großen Dottergehaltes an diesem Pol) größer (**Macromeren**) als die am animalen Pol (**Micromeren**). Dieser Furchungstyp ist verbreitet bei den als Spiralia zusammengefaßten Tierstämmen (s. S. 150), bei Amphibien und in sehr deutlicher Form bei den Ctenophora. Zwischen der adaequalen und der extrem inaequalen Furchung treten alle Übergänge auf.

Die partielle **superficielle Furchung** (Abb. 13 C) tritt bei centrolecithalen Eiern auf. Dabei teilt sich lediglich der Kern der Zygote, es kommt aber nicht zu Zelldurchschnürungen. Die Furchungskerne wandern vielmehr zur Oberfläche des Keimes, dann erst bilden sich Zellgrenzen zwischen den Kernen und später auch gegen den Dotter. Es entsteht auf diese Weise das Bild eines oberflächlich gefurchten Keimes. Dieser Furchungstyp dürfte stam-

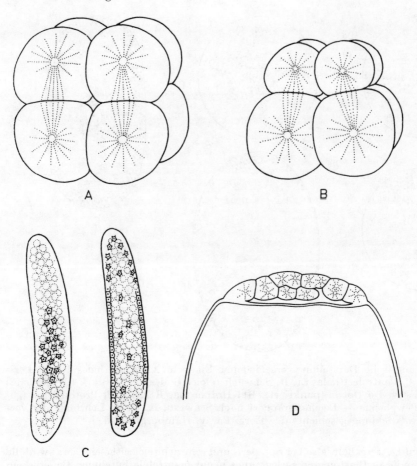

Abb. 13. Schematische Darstellung verschiedener Furchungstypen nach dem Teilungs-modus der Blastomeren. **A.** Totale adaequale Furchung. **B.** Totale inaequale Furchung. **C.** Partielle superficielle Furchung. **D.** Partielle discoidale Furchung. — Nach Siewing, R., 1969, Lehrbuch der vergleichenden Entwicklungsgeschichte der Tiere. Parey, Hamburg/Berlin.

mesgeschichtlich aus der totalen adaequalen Furchung hervorgegangen sein; er kommt vor allem bei Arthropoden vor, aber auch bei Cnidaria und Echinodermata.

Eine partielle **discoidale Furchung** (Abb. 13 D) zeigen stark telolecithale Eier. Hier beschränken sich die Zellteilungen auf den animalen Pol mit dem protoplasmatischen Discus, während der Dotter ungefurcht bleibt. Es entsteht dann am animalen Pol eine **Keimscheibe.** Dieser Furchungstyp tritt vor allem bei verschiedenen Chordata und bei Cephalopoda auf.

Bei den totalen Furchungstypen kann man nach der Lagebeziehung der Blastomeren zueinander sowie nach dem Verhältnis der Furchungsebene zur Polaritätsachse des Eies noch einige spezifische Typen unterscheiden.

Bei der **Radiärfurchung** (Abb. 14 A) sind die Blastomeren radiärsymmetrisch um eine zentrale Polaritätsachse (vom animalen zum vegetativen Pol verlaufend) angeordnet, und die Blastomeren stehen recht regelmäßig neben- und übereinander. Dies kommt dadurch zustande, daß die Teilungsspindeln jeweils senkrecht zur Teilungsebene ausgerichtet sind und daß die Teilungen nacheinander in allen drei Ebenen des Raumes erfolgen.

Die **Radiärfurchung** ist der einfachste und wahrscheinlich auch ursprünglichste Furchungstyp der Metazoa. Sie läßt sich manchmal sogar noch in Spuren bei einer discoidalen Furchung nachweisen. Andererseits kann es aber auch sekundär wieder zu einer Radiärfurchung kommen, etwa bei den Placentalia, deren oligolecithales und sich radiär furchendes Ei stammesgeschichtlich aus dem polylecithalen und sich discoidal furchenden Ei der Reptilien hervorgegangen ist.

Unmittelbar im Anschluß an einen radiären Furchungsbeginn kann es zu einer **Bilateral-furchung** (Abb. 14B) kommen. Es sind dann am Keim eine rechte und linke (spiegelbildlich identische) Hälfte zu unterscheiden, wobei die Symmetrieebene derjenigen des Embryos entspricht. Das bekannteste Beispiel für diesen Furchungstyp ist *Branchiostoma*.

Eine abgewandelte Bilateralfurchung stellt die **disymmetrische Furchung** (Abb. 14C) dar, die nur bei den Ctenophora vorkommt. Hier legen bereits die beiden ersten Teilungsschritte die Schlundebene (1. Teilung) und die Tentakelebene (2. Teilung) fest. Schon am 8-Zellen-Stadium ist die Disymmetrie deutlich zu erkennen.

Ebenfalls von der Radiärfurchung ist stammesgeschichtlich die **Spiralfurchung** (Abb. 14D) abzuleiten, die meist eine deutlich inaequale Furchung ist und bei der, vom animalen Pol aus gesehen, die jeweils höher gelegenen Blastomeren auf den Furchen der unteren Blastomeren liegen. Bei den Teilungen werden also die Blastomeren im Sinne einer Spirale verschoben, und zwar einmal nach rechts, bei der nächsten Teilung nach links. Die dem animalen Pol genäherten Blastomeren rutschen aber nicht etwa nachträglich in die Lücken der unteren Blastomeren, sie werden vielmehr schon schräg von diesen abgegeben, indem die Teilungsspindeln gegenüber der Senkrechten geneigt sind. — Die Spiralfurchung wird bei den Annelida näher erläutert werden. Sie ist derart charakteristisch und kompliziert, daß sie innerhalb des Tierreichs sicherlich nur einmal entstanden ist. Sie hat deshalb zweifellos auch eine große phylogenetische Bedeutung. Spiralfurchung tritt auf bei Plathelminthes, Entoprocta, Nemertini, Mollusca, Sipunculida, Echiurida und Annelida. Obwohl diese Tierstämme völlig unterschiedliche Baupläne haben, verläuft ihre Furchung doch immer in gleicher Weise. Man hat diese Stämme daher als Spiralia-Kreis zusammengefaßt (vgl. S. 150).

Die einzelnen Blastomeren sind oftmals nicht auf ihr künftiges Schicksal festgelegt. Wenn also auf einem frühen Entwicklungsstadium eine oder mehrere Blastomeren ausfallen, dann nimmt der Keim keinen Schaden, das fehlende Material wird von anderen Blastomeren ergänzt. Man spricht in diesen Fällen von einer **regulativen Furchung.** Bei Molchen kann man zum Beispiel die ersten beiden Blastomeren experimentell trennen, und es entstehen dann zwei vollständige Tiere; bei Seeigeln ist die Trennung sogar im 4-Zellen-Stadium möglich, so daß aus einem Keim vier Tiere hervorgehen können. Dies bedeutet, daß die prospektive Potenz der frühen Blastomeren wesentlich größer ist als ihre prospektive Bedeutung. Erst im Verlaufe der fortschreitenden Entwicklung wird die prospektive Potenz der Blastomeren zunehmend eingeschränkt.

Anders liegen die Verhältnisse bei der **determinativen Furchung,** bei der die prospektive Potenz mit der prospektiven Bedeutung identisch ist. Bei diesem im Tierreich weit verbreiteten Entwicklungstyp gehen aus ganz bestimmten Blastomeren, ja sogar aus fest umrissenen Eiregionen, ganz bestimmte Körperteile hervor (Abb. 15). In besonders günstig gelagerten Fällen kann dabei auf jedem beliebigen Stadium der Furchung von jeder Blastomere ihr künftiges Schicksal angegeben werden, und man kann einen Zellen-Stammbaum aufstellen. Eine determinative Furchung ist zum Beispiel bei der Spiral-, der Bilateral- und der disymmetrischen Furchung zu beobachten. Wenn man am Keim der Ctenophora die ersten beiden Blastomeren trennt, entstehen zwei Halbkeime, bei Trennung des 4-Zellen-Stadiums vier Viertelkeime. Eine ganz streng determinierte Furchung weisen die sogenannten zellkonstanten Tiere auf, wie Rotatoria (Bd. I/2) und Nematoda (Bd. I/2).

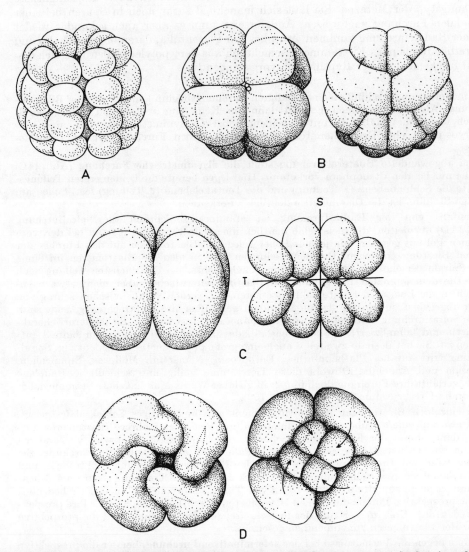

Abb. 14. Schematische Darstellung verschiedener Furchungstypen nach der Anordnung der Blastomeren. **A.** Radiärfurchung. **B.** Bilateralfurchung. **C.** Disymmetrische Furchung (rechts Aufsicht auf den animalen Pol) (S Schlundebene, T Tentakelebene). **D.** Spiralfurchung (Aufsicht auf den animalen Pol). — Nach SIEWING, R., 1969, Lehrbuch der vergleichenden Entwicklungsgeschichte der Tiere. Parey, Hamburg/Berlin.

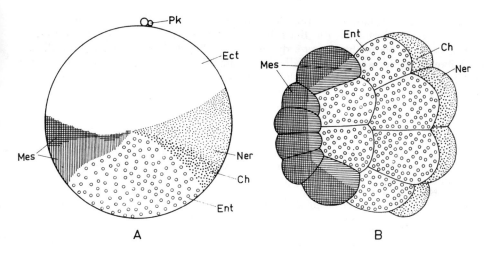

Abb. 15. Determinative Furchung von *Styela partita* (Ascidiacea, Tunicata, Chordata).
A. Ungefurchte Zygote von der Seite. Die Anordnung der Plasmaregionen wird nach der
Befruchtung durch Plasmaströmungen aufgebaut. **B.** 32-Zellen-Stadium vom vegetativen-
Pol aus gesehen. Die nicht sichtbaren 16 Zellen des animalen Pols sind prospektive Ecto-
dermzellen. — Die einzelnen Eibezirke bzw. Blastomeren ergeben: **Ch** Chorda, **Ect** Ecto,
derm, **Ent** Entoderm, **Mes** Mesoderm des Rumpfes und des Schwanzes (der Larve)
Ner Ectoderm des Neuralrohres; **Pk** Polkörperchen am animalen Pol. — Nach CONCLIN
aus SIEWING, R., 1969, Lehrbuch der vergleichenden Entwicklungsgeschichte der Tiere.
Parey, Hamburg/Berlin.

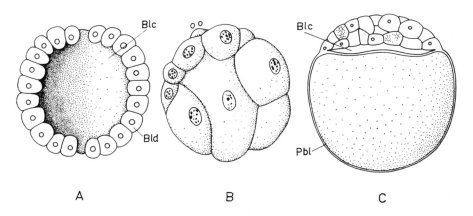

Abb. 16. Schematische Darstellung der Blastula-Typen (Schnittbilder). **A.** Coeloblastula.
B. Sterroblastula; das Blastocoel ist verdrängt; die großen Blastomeren (Macromeren) er-
geben Entoderm. **C.** Discoblastula; das Blastocoel ist auf einen schmalen Spalt unter der
Keimscheibe zusammengedrängt. — **Blc** Blastocoel, **Bld** Blastoderm, **Pbl** Periblast. — In
Anlehnung an SIEWING, R., 1969, Lehrbuch der vergleichenden Entwicklungsgeschichte
der Tiere. Parey, Hamburg/Berlin.

6*

Die Blastula

Als Ergebnis der Furchung entsteht im typischen Falle ein Hohlkeim mit einer einschichtigen Blastodermlage, die **Blastula**. Ein klar erkennbares Blastula-Stadium ist allerdings nur zu beobachten, wenn die einzelnen Phasen der Ontogenese deutlich getrennt nacheinander ablaufen. Da dies aber nur selten der Fall ist und sich vielmehr Furchung und anschließend Keimblätterdifferenzierung meist überschneiden, kommt es oft zur Verschleierung dieses Stadiums. Der Bau der Blastula ist in ganz entscheidendem Maße vom Ei- und Furchungstyp abhängig.

Der phylogenetisch ursprünglichste Typ ist sehr wahrscheinlich die **Coeloblastula** (Abb. 16 A) mit einem einschichtigen **Blastoderm** aus regelmäßig angeordneten und annähernd gleich großen Blastomeren und mit einem flüssigkeitsgefüllten **Blastocoel,** der **primären Leibeshöhle.** Dieser Blastula-Typ geht vor allem aus oligolecithalen Eiern nach totaler und adaequaler Furchung hervor. — Von einer **Sterroblastula** (Abb. 16 B) spricht man, wenn die Blastula aus einer massiven Kugel aus Blastomeren ohne Blastocoel besteht. Dazu kommt es bei telolecithalen Eiern nach stark inaequaler Furchung, indem das zunächst vorhandene Blastocoel immer weiter zum animalen Pol hin verschoben und eingeengt wird und schließlich ganz verschwindet. — Im Anschluß an eine discoidale Furchung tritt in der Regel eine **Discoblastula** (Abb. 16 C) auf, die sich durch eine gefurchte Keimscheibe am animalen Pol auszeichnet, unter der jedoch oft ein deutlicher Blastocoelspalt erhalten bleibt. — Bei der superficiellen Furchung der Arthropoda ist das Blastula-Stadium erreicht, wenn alle Furchungskerne die Peripherie erreicht haben und Zellgrenzen ausgebildet sind; anstelle des Blastocoels finden wir hier innerhalb des Blastoderms eine solide Dottermasse.

Die Keimblätterentwicklung

An die Furchung schließt sich die Etappe der **Keimblätterentwicklung** an, die bis zum Beginn der Organdifferenzierung dauert. Auch hier gibt es aber wieder Überschneidungen, indem sich die Organe oftmals schon zu differenzieren beginnen, ehe die Keimblätterentwicklung abgeschlossen ist. Während der Keimblätterentwicklung wird aus der einschichtigen Blastula ein mehrschichtiger Embryo, indem durch eine spezifische Differenzierung des Blastula-Materials ein zunächst zweischichtiger Keim mit den beiden **primären Keimblättern**, dem **Ectoderm** als äußerer und dem **Entoderm** als innerer Schicht, entsteht. Man bezeichnet diesen Vorgang auch als **Gastrulation** und den zweischichtigen Keim als **Gastrula**.

Die Keimblätterentwicklung kann im einzelnen sehr unterschiedlich ablaufen. Bei einer Coeloblastula kann sich zum Beispiel das Entoderm durch einen Einstülpungsvorgang vom vegetativen Pol her differenzieren. Dies bezeichnet man als **Invagination** oder **Embolie.** Es entsteht dabei ein fingerhutähnliches, aber nunmehr zweischichtiges Gebilde mit einer Öffnung, die den vegetativen Pol markiert und die als **Blastoporus** oder **Urmund** bezeichnet wird. Der mit dem Außenmedium kommunizierende Innenraum ist das **Gastrocoel** oder der **Urdarm** (Abb. 17 A). Invagination ist im Tierreich weit verbreitet und tritt vor allem bei den als ursprünglich angesehenen Vertretern verschiedener Tierstämme auf. Viele Forscher halten deshalb diesen Gastrulationstyp für den ursprünglichsten und betrachten ihn als Modell für die Entstehung der Metazoa (vgl. die Gastraea-Hypothese, S. 65).

Das Entoderm kann sich bei einer Coeloblastula aber auch bilden, indem aus dem Blastoderm einzelne Zellen in das Blastocoel einwandern oder durch Teilung abgegeben werden. Dies kann entweder allein vom vegetativen Pol aus geschehen (**unipolare Immigration**) oder von der gesamten Fläche der Blastula aus (**multipolare Immigration**). Die eingewanderten Zellen verteilen sich unregelmäßig im Blastocoel, füllen dieses im Extrem völlig aus und ordnen sich dann erst epithelartig als Entoderm an (Abb. 17 B). Der Urdarm entsteht dabei sekundär durch das Auseinanderweichen der immigrierten Zellen, und auch der Blastoporus bricht später sekundär am vegetativen Pol durch. Dessen ungeachtet sehen manche Embryologen diesen Gastrulationstyp als den phylogenetisch ursprünglichsten an (vgl. Phagocytella-Hypothese, S. 69). Immigration ist bei vielen Hydrozoa zu beobachten.

Es kommt auch vor, daß sich die Blastodermzellen etwa gleichzeitig tangential teilen und Tochterzellen ins Innere abgeben. Dann entsteht sofort eine mehr oder weniger ge-

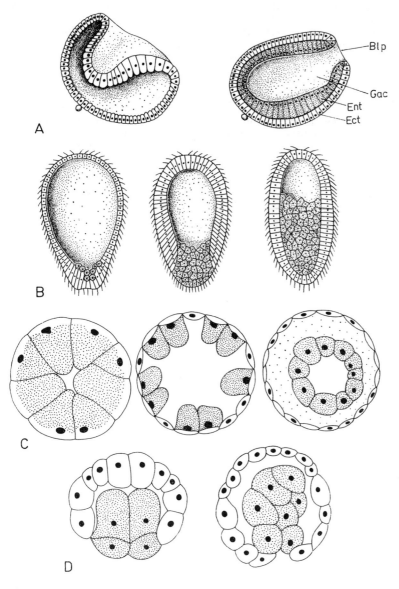

Abb. 17. Schematische Darstellung der Gastrulations-Typen (Schnittbilder). Entoderm dunkel punktiert. **A.** Invagination oder Embolie. **B.** Immigration. **C.** Delamination. **D.** Epibolie, kombiniert mit Embolie. — **Blp** Blastoporus, **Ect** Ectoderm, **Ent** Entoderm, **Gac** Gastrocoel oder Urdarm. — Leicht verändert nach SIEWING, R., 1969, Lehrbuch der vergleichenden Entwicklungsgeschichte der Tiere. Parey, Hamburg/Berlin.

schlossene Entodermschicht (Abb. 17C). Dieser Gastrulationstyp wird **Delamination** genannt. Auch er hat als Vorbild für eine Hypothese der Entstehung der Metazoa gedient (s. Planula-Hypothese, S. 69). In manchen Fällen kann es bei der Delamination zu einer Entwicklungsabkürzung kommen, indem schon während der Furchung einige wenige Zellen als künftiges Entoderm nach innen abgegeben werden, die das Blastocoel unter Umständen vollständig ausfüllen. Sie vermehren sich dann, ohne noch weiteren Nachschub aus dem Blastocoel zu erhalten. Man bezeichnet diesen Vorgang als Morula-Delamination. Im Extrem kann dabei nur eine einzige Ur-Entodermzelle ins Innere gelangen, aus der dann das gesamte Entoderm hervorgeht. Zu beobachten ist die Delamination ebenfalls bei Hydrozoa. Der zweischichtige Keim stellt die Planula-Larve dar. Der Blastoporus bricht erst nach dem Festsetzen dieser Larve durch und wird zum definitiven Mund.

Bei einer aus einem telolecithalen Ei hervorgehenden Sterroblastula ist das Blastocoel verdrängt. Die voluminösen, dotterbeladenen Blastomeren (Macromeren) des vegetativen Pols können dann weder durch Invagination noch durch Immigration ins Innere gelangen. Die Gastrulation erfolgt hier vielmehr durch **Epibolie,** also durch ein Umwachsen der Macromeren durch die kleinen Blastomeren (Micromeren) des animalen Pols. Oftmals kommt es dabei auch zu einer Kombination von Epibolie und Invagination (Abb. 17D). Die Keimblätterdifferenzierung führt in der Regel zu einer Sterrogastrula, bei der das Gastrocoel völlig von Entodermzellen verdrängt ist. Auch bei diesem Gastrulationstyp kann das gesamte Entoderm aus einer einzigen Ur-Entodermzelle hervorgehen.

Manche Tiere entstehen ontogenetisch lediglich aus den beiden primären Keimblättern, und sie verharren zeitlebens auf dieser zweischichtigen oder diploblastischen Körperorganisation; dies sind die Placozoa, die Porifera, die Cnidaria und die Ctenophora (bei den Mesozoa, sind keine Körperschichten erkennbar). Mit der Differenzierung von Ecto- und Entoderm ist bei diesen Tieren also die Keimblätterentwicklung abgeschlossen.

Das Mesoderm

Bei allen übrigen Tierstämmen, die herkömmlicherweise als Bilateralia zusammengefaßt werden (s. S. 145), tritt noch ein drittes Keimblatt, das **Mesoderm**, auf, das sich aber ursprünglich erst ablöst, wenn Ecto- und Entoderm bereits differenziert sind. Das Mesoderm wird daher als **sekundäres Keimblatt** bezeichnet. Es geht in der Regel aus einer gemeinsamen mesentodermalen Anlage hervor. Das Mesoderm schiebt sich unter teilweiser oder vollständiger Verdrängung der primären Leibeshöhle zwischen die beiden primären Keimblätter. Dabei kann es innerhalb des mesodermalen Gewebes wieder zu Hohlraumbildungen kommen. Wenn diese Räume von einem geschlossenen mesodermalen Epithel (dem Coelothel) umkleidet sind, bezeichnet man sie als **Coelom** oder **sekundäre Leibeshöhle**. Das Mesoderm ist ein ausgesprochen organbildendes Keimblatt. Aus ihm gehen Blutgefäße, Exkretionsorgane und Muskulatur sowie die Skelettelemente der Echinodermata und Vertebrata hervor. Das Mesoderm bildet demzufolge die Grundlage für die morphologische Mannigfaltigkeit der Bilateralia.

Zwischen dem Ecto- und Entoderm der Porifera, Cnidaria und Ctenophora sowie zwischen dem Dorsal- und Ventralepithel der Placozoa liegt ebenfalls eine Zwischenschicht. Sie wird bei Placozoa und Porifera als Mesenchym (oder Mesohyl) bezeichnet, bei Cnidaria und Ctenophora spricht man von einer **Mesogloea.** Die Mesogloea besteht aus einer Gallerte, die aber auch zellige Elemente aufweisen kann. Im Gegensatz zum „echten" Mesoderm stammen diese Zellen der Mesogloea jedoch immer vom Ectoderm ab, sie bilden nie ein geschlossenes Epithel und lassen auch niemals Organe entstehen. Offenbar ist die Mesogloea phylogenetisch kein Vorgänger des Mesoderms, sie wird deshalb definitionsgemäß auch nicht als Keimblatt bezeichnet.

Verschiedene Zoologen halten die strenge Trennung von mesenchymatischen Zwischenschichten (einschließlich der Mesogloea) und einem „echten" Mesoderm allerdings nicht für gerechtfertigt. Sie verweisen darauf, daß die verschiedenen Zwischenschichten und mesodermalen Epithelien, ganz gleich, wie sie ontogenetisch entstehen, funktionell keine grundlegenden Unterschiede erkennen lassen; sie alle dienen primär als Stützelement. Außerdem wird zu bedenken gegeben, daß auch das Mesoderm der Bilateralia nicht immer vollständig aus einer mesentodermalen Anlage hervorgeht, sondern in manchen Fällen durch ein Ectoparenchym ergänzt wird (s. S. 88). Da jedoch bei keinem der oben genannten (diploblastischen) Tierstämme eine Homologie der mesenchymatischen Zwischenschicht mit dem Mesoderm der Bilateralia nachgewiesen werden kann, wird in diesem Lehrbuch weiterhin die Bezeichnung Mesoderm lediglich auf das dritte Keimblatt der Bilateralia angewendet.

Das **Mesoderm** der Bilateralia entsteht, wenn wir die Dinge auf einen ganz einfachen Nenner bringen, auf zwei verschiedene Weisen. Es geht entweder durch fortgesetzte Zellteilung in einer Art Sprossungsvorgang aus einer eng umgrenzten Region des hinteren Blastoporusrandes hervor (teloblastisches Mesoderm), oder aber es faltet sich in Gestalt blasenartiger Zellverbände vom Urdarm ab (Enterocoel, S. 95). In beiden Fällen zeigt das Mesoderm einen engen genealogischen Zusammenhang mit dem Entoderm.

Die teloblastische Mesodermbildung

Bei den als Spiralia zusammengefaßten Tierstämmen besteht im typischen Falle der Keim im 32-Zellen-Stadium aus sieben Micromeren- und einem Macromeren-Quartett (also achtmal je vier Blastomeren). Die sieben Micromeren-Quartette stellen das künftige Ectoderm dar. Beim nächsten Teilungsschritt zum 64-Zellen-Stadium gibt das Macromeren-Quartett ein weiteres Micromeren-Quartett ab, dessen Blastomeren mit den Symbolen 4a—4d bezeichnet werden, während die Macromeren jetzt die Bezeichnung 4A—4D erhalten (Näheres s. unter Annelida). Dieses Micromeren-Quartett 4a—4d und die vier Macromeren 4A—4D sind der mesentodermale Komplex. Aus den Blastomeren 4A—4D und 4a—4c geht das Entoderm hervor. Die Blastomere 4d aber ist der sogenannte Urmesoblast, der das gesamte Mesoderm des Tieres entstehen läßt. Er teilt sich in zwei Tochterzellen, die dann am hinteren Urmundrand beiderseits der Medianebene liegen (Abb. 18).

Die beiden Tochterzellen von 4d werden als **Urmesodermzellen** oder auch als Mesoteloblasten bezeichnet. **Teloblasten** sind Zellen, die immer nur in einer Richtung Tochterzellen abschnüren. Auf diese Weise entstehen Zellreihen, an deren einem Ende jeweils ein Teloblast liegt, der immer neue Zellen abgibt. Die Tochterzellen teilen sich natürlich auch weiter, aber nicht mehr teloblastisch, sondern in allen drei Richtungen des Raumes. Gemäß ihrer Lage am hinteren Urmundrand markieren die Mesoteloblasten auch am älteren Keim der Spiralia die hintere Körperregion. Sie geben ihre Tochterzellen nach vorn ab, und sie selbst wandern dabei, unter Verlängerung des Keimes, immer weiter nach hinten. Die so entstehenden beiden mesodermalen Zellreihen liegen beiderseits der Medianebene.

Bei einigen Tierstämmen (Plathelminthes, Nemertini, Entoprocta und Mollusca) lösen sich die beiden hinter dem Mund liegenden Mesodermstreifen bald auf, und die Teloblasten stellen ihre Tätigkeit ein. Durch ständige Zellteilung verdrängt das Mesoderm die primäre Leibeshöhle und wird zu einem lockeren Füllgewebe zwischen Ecto- und Entoderm, das als **Parenchym** (oder Mesenchym) bezeichnet wird und das normalerweise eine epitheliale Anordnung der Zellen vermissen läßt. Das Parenchym liefert vor allem Muskel- und Speichergewebe. Nachträglich und in begrenztem Maße kann das Parenchym allerdings auch Epithelien bilden, indem es zum Beispiel bei den Mollusca das Pericard und die Gonadenhöhle oder bei den Nemertini den Hohlraum der Rüsselscheide (Rhynchocoel) umkleidet. Auch die Kanälchen der Nachniere (Metanephros) der Wirbeltiere entstehen durch nachträgliche Epithelialisierung von Paren-

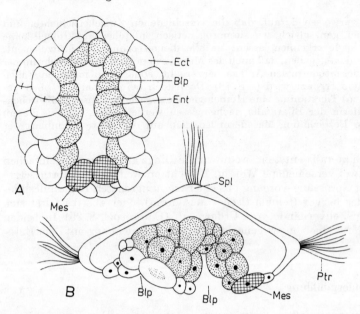

Abb. 18. Keimblätterentwicklung bei dem Polychaeten *Polygordius*. **A.** Blick auf den Blastoporus, an dessen Hinterrand die beiden Urmesodermzellen liegen. Die übrigen den Blastoporus säumenden Micromeren stellen künftiges Entoderm dar. Die Macromeren sind in den Blastoporus eingesenkt. **B.** Optischer Schnitt durch das als Protrochophora bezeichnete Stadium. Der Blastoporus ist jetzt in der Mitte verschlossen worden, die hintere Öffnung wird zum After, die vordere zum Mund. — **Blp** Blastoporus, **Ect** Ectoderm (weiß), **Ent** Entoderm (punktiert), **Mes** Mesoderm (gekreuzt) (dies sind die beiden Tochterzellen der Micromere 4 d), **Ptr** Prototroch, **Spl** Scheitelplatte. — Nach WOLTERECK aus SIEWING, R., 1969, Lehrbuch der vergleichenden Entwicklungsgeschichte der Tiere. Parey, Hamburg/ Berlin.

chymzellen. Ob diese Hohlräume mit einem echten Coelom zu homologisieren sind, ist umstritten.

Nicht immer stammt übrigens das gesamte Parenchym von den Urmesodermzellen ab. In manchen Fällen kann auch eine Zulieferung aus dem Ectoderm erfolgen (Ectoparenchym). So wird zum Beispiel das umfangreiche Bindegewebe bei Plathelminthes und Mollusca aus Ectoparenchym aufgebaut. Das gleiche trifft wahrscheinlich für die Muskulatur der Antennen und Palpen der Polychaeta zu. Dies ist einer der Hauptgründe, warum manche Zoologen eine Unterscheidung von Mesenchym (bei Porifera, Cnidaria und Ctenophora) und Parenchym (z.B. bei Plathelminthes) nicht für sinnvoll halten. Wie schon angedeutet wurde, konnte jedoch bisher eine Homologie dieser beiden Füllgewebe nicht nachgewiesen werden.

Bei den **Plathelminthes** treten in dem parenchymatischen Füllgewebe Spalträume auf, deren Gesamtheit man als **Schizocoel** bezeichnet. Das Schizocoel ist mit Flüssigkeit gefüllt und dient offenbar zur Herabsetzung des Reibungswiderstandes bei der Muskeltätigkeit; die Flüssigkeit übernimmt außerdem in gewissem Umfange die Aufgaben des Blutes und der Lymphe „höherer" Tiere. In das Parenchym sind der Darm, die Gonaden und die Exkretionsorgane (Protonephridien) eingebettet (Abb. 19 A).

Bei den meisten **Nemathelminthes** sind sozusagen die Spalträume zu einem mehr oder weniger einheitlichen Raum vereinigt, der nur von wenigen Parenchymzellen durchzogen wird. In diesem Falle spricht man von einem **Pseudocoel**; es stellt wahr-

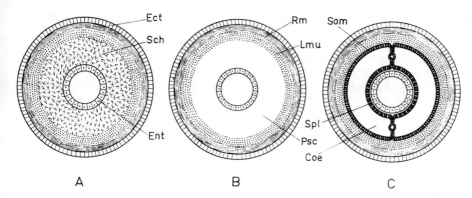

Abb. 19. Stark schematisierte Darstellung der Leibeshöhlen-Verhältnisse. **A.** Plathelminthes (Schizocoel). **B.** Nemathelminthes (Pseudocoel). **C.** Annelida (Coelom). — **Coe** Coelom, **Ect** Ectoderm, **Ent** Entoderm, **Lmu** Längsmuskulatur, **Psc** Pseudocoel, **Rm** Ringmuskulatur, **Sch** Schizocoel, **Som** Somatopleura (äußeres Coelothel), **Spl** Splanchnopleura (inneres Coelothel). — Nach HENNIG 1957.

scheinlich eine abgewandtelte Form des Schizocoels dar. Die inneren Organe liegen hier frei im Leibeshohlraum und füllen ihn oft fast vollständig aus (Abb. 19 B).

Oftmals wird das Schizocoel (und das Pseudocoel) als Rest des Blastocoels, also der primären Leibeshöhle, bezeichnet. Das ist aber nicht ganz korrekt. Entwicklungsgeschichtlich entsteht das Schizocoel offenbar nicht durch Einengung und Durchwachsung des Blastocoels, sondern durch das Auseinanderweichen mesodermaler Zellen. Die ontogenetische Entstehung des Pseudocoels ist nicht bekannt.

Das Coelom der Spiralia

Einen anderen Modus der Bildung der Leibeshöhle treffen wir bei den sogenannten Coelom-Tieren unter den Spiralia an. Auch hier entstehen im Anschluß an eine Spiralfurchung auf teloblastischem Wege zwei Mesodermstreifen. Diese lösen sich aber nicht auf, sondern die Zellen bleiben im Verband und weichen lediglich auseinander. Die Mesodermzellen legen sich schließlich als geschlossene Epithelien einerseits dem Darm, andererseits der Epidermis an. Zwischen diesen beiden mesodermalen Epithelien entsteht ein neuer, flüssigkeitsgefüllter, paariger Hohlraum, das **Coelom** oder die **sekundäre Leibeshöhle** (Abb. 19 C). Die Epithelien selbst werden als **Coelothel** bezeichnet; der den Darm umgebende Teil heißt Splanchnopleura oder splanchnisches (oder viscerales) Blatt, der der Epidermis anliegende Teil Somatopleura oder somatisches Blatt. Die einfachsten Coelom-Verhältnisse treten bei den Sipunculida und Echiurida auf. Bei ihnen fehlt sogar die Trennwand zwischen dem rechten und linken Coelom, sie besitzen eine völlig einheitliche, unpaarige Leibeshöhle. Zu diesem großen Leibeshöhlen-Coelom kommt bei den Sipunculida allerdings noch ein kleineres Tentakel-Coelom. Es spielt bei Betrachtungen zur Stammesgeschichte der Metazoa eine gewisse Rolle (s. S. 132).

Ein ganz bedeutsamer Schritt im Sinne einer Komplizierung des Bauplanes ist die Gliederung des Körpers in einzelne Teilabschnitte, die auch im inneren Bau übereinstimmen: die **Segmente**, **Metamere** oder **Somite**. Bei dieser **Segmentierung oder Metamerisierung** unterscheidet man eine homonome Metamerie, wenn die Segmente untereinander sehr ähnlich sind (z.B. bei vielen Annelida), und eine heteronome Metamerie, wenn sich die Segmente deutlich voneinander unterscheiden (z. B. die meisten Arthropoda). Setzt sich der Körper aus nur wenigen Segmenten zusammen, spricht man von einer oligomeren Gliederung (**Oligomerie**), ist er aus zahlreichen Segmenten gebildet, von polymerer Gliederung (**Polymerie**). — Das Fehlen oder das Vorhandensein von echtem Coelom sowie eine oligomere oder polymere Segmentierung bei rezenten Tieren bedeuten nicht zwangsläufig, daß etwa auch die Phylogenese in dieser angedeuteten Richtung abgelaufen ist. Zumindest gehen die Ansichten über die stammesgeschichtliche Entstehung, über die Entfaltung oder die Reduktion des Coeloms weit auseinander (vgl. S. 128).

Die ,,echte'' Segmentierung eines Tieres geht stets von einer Coelom-Metamerie aus und erfaßt alle mesodermalen Organe, wie Exkretions-, Geschlechts- und Gefäßsystem; bei den Annelida und Arthropoda zum Beispiel induziert die Coelom-Metamerie aber auch die Gliederung ectodermaler Organe, wie Integument und Nervensystem. Bei den Chordata (S. 102) dagegen bleibt die Metamerie auf das Mesoderm beschränkt; hier ordnen sich lediglich die Spinalnerven sekundär der Coelom-Metamerie ein.
Im Gegensatz zu dieser echten Metamerie sind aus manchen Tierstämmen aber auch Fälle bekannt, in denen lediglich einzelne Organe eine seriale Anordnung aufweisen, ohne daß dem eine Coelom-Metamerie zugrunde liegt. Diese Erscheinung wird als **Pseudometamerie** (oder Organmetamerie) bezeichnet. So ist bei einigen Turbellaria (Plathelminthes) der Darm mit mehr oder weniger regelmäßigen Aussackungen versehen, in deren Zwischenräume sich, wohl lediglich aus Raumgründen, die Hoden und Dottersäcke einpassen. Auf diese Weise wird eine Segmentierung der Verdauungs- und Fortpflanzungsorgane vorgetäuscht. Ähnliches ist bei den meisten Nemertini zu beobachten. Die Entstehung der Pseudometamerie könnte man funktions-morphologisch so erklären, daß sich zur Stabilisierung und Effizienzsteigerung des Bewegungsapparates serial angeordnete Muskelverspannungen herausgebildet haben, zwischen die sich — ähnlich wie Coelomsäcke — Darmaussackungen schieben. Bei den Nemertini entsteht dabei ein ganz ähnliches Konstruktionsgefüge, wie es bei den Vorläufern der Chordata (s. S. 102) angenommen werden muß. Wir halten dies allerdings für eine Konvergenzerscheinung und nicht für den Ausdruck einer näheren Verwandtschaft (vgl. Bd. I/2). Ebenfalls eine reine Anordnungs-Metamerie liegt sicherlich bei einigen Mollusca vor, nämlich bei den Polyplacophora in der achtteiligen Rückenschale samt der zugehörigen Muskulatur sowie bei den Monoplacophora (*Neopilina*) in der serialen Abfolge von Kiemen, Muskeln und Nephridien (manche Forscher glauben allerdings, daß es sich dabei um Reste einer ursprünglichen Coelom-Metamerie handelt). Auf weitere Beispiele von Pseudometamerie wird der Leser noch bei verschiedenen anderen Tierstämmen stoßen.

Alle polymer gegliederten Tiere, bei denen die Segmente durch die Tätigkeit von meso- und ectodermalen Teloblasten entstehen, werden als **Articulata** (Gliedertiere) zusammengefaßt. Hierher gehören die Annelida und die Arthropoda sowie die Onychophora und Pentastomida, die sehr wahrscheinlich in den Verwandtschaftskreis der Arthropoda einbezogen werden müssen.
Die **Annelida** entwickeln sich durch eine typische Spiralfurchung mit einem Urmesoblasten 4d, dessen Abkömmlinge — wie bei den anderen Spiralia — zwei hinter dem Mund liegende, undifferenzierte Mesodermstreifen entstehen lassen. Diese Streifen zerfallen aber bei den Annelida mehr oder weniger gleichzeitig in einzelne Abschnitte, die sich anschließend zu Coelomsäckchen aushöhlen können. Auf diese Weise kommt es in der Larve zur Bildung einer unterschiedlichen, aber immer nur geringen Anzahl von **Larvalsegmenten** (etwa 3—13). Der vor dem Mund liegende Körperabschnitt wird vom Mesoderm nicht erreicht; er enthält Reste der primären Leibeshöhle und wird bei der Larve als Episphaere, beim Adultus als Prostomium oder Acron bezeichnet.
Nach der synchronen Entstehung der Larvalsegmente tritt oft eine Pause ein. Dann setzen die Mesoteloblasten ihre Tätigkeit fort, erzeugen jetzt aber sofort und in sukzessiver Folge Zellblöcke, die Segmenten entsprechen (Abb. 20). Da der Vorgang einer

Sprossung sehr ähnelt, werden diese in der zweiten Phase gebildeten Metameren auch **Sprossungssegmente** genannt. Die Bildung von nacheinander entstehenden Mesodermblöcken geht einher mit der Tätigkeit von Ectoteloblasten, die das ebenfalls segmentierte Ectoderm sprossen lassen. Auf der Ventralseite des Keimes entstehen aus ectodermalen Zellen die segmental angeordneten und paarigen Ganglienknoten des Strickleiternervensystems. In dem Maße, wie die Teloblasten nach vorn Segmente abschieben, rücken sie selbst immer weiter nach hinten und verlängern den Keim zu einem Jungwurm. Die Segmentbildungszone bleibt aber immer vor dem After. Ebenso wie der praeorale bleibt auch der auf die Sprossungszone folgende hinterste Körperabschnitt ohne Coelom und ungegliedert; er wird Pygidium oder Telson genannt.

Die Mesodermblöcke höhlen sich allmählich zu paarigen Coelomsäckchen aus und füllen schließlich den Raum zwischen Darm und Epidermis völlig aus. Dabei stoßen dann die beiden Partner eines Coelompaares in der Mediane zusammen, und ihre beiden Coelothele bilden ein doppelwandiges **Mesenterium**, an dem der Darm aufgehängt ist. Zwischen den beiden Blättern des Mesenteriums verlaufen — als Reste der primären Leibeshöhle — das dorsale und das ventrale Blutgefäß. Die hintereinander liegenden Coelompaare sind durch ein ebenfalls doppelwandiges **Dissepiment** getrennt (Abb. 21) Das mesodermale Gewebe liefert vor allem Muskulatur (Hautmuskelschlauch und Darmmuskeln). In den Wänden des Coeloms liegen außerdem die Gonaden und die Exkretionsorgane (Nephridien), beide ebenfalls segmental angeordnet. Die Coelomsäcke selbst sind mit Flüssigkeit gefüllt. Dadurch wirkt das gesamte Coelom als hydrostatisches Skelett (s. S. 124); es hält das Volumen der einzelnen Segmente konstant, erlaubt aber gleichzeitig elastische, schlängelnde oder peristaltische Körperbewegungen.

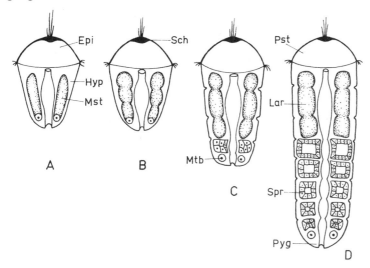

Abb. 20. Schematische Darstellung der Segmententwicklung bei den Annelida. **A.** Trochophora-Larve mit ungegliederten Mesodermstreifen, an deren Hinterende sich die Mesoteloblasten befinden. **B.** Die Mesodermstreifen gliedern sich synchron in Larvalsegmente. **C.** Die Mesoteloblasten schieben nach vorn Mesodermblöcke ab; die Segmentierung wird auch am Ectoderm sichtbar. **D.** Ältere Trochophora mit beginnender Körperstreckung und aus Sprossungssegmenten sich entwickelnden Coelomsäcken. — **Epi** Episphaere, **Hyp** Hyposphaere, **Lar** Larvalsegmente, **Mst** Mesodermstreifen, **Mtb** Mesoteloblasten, **Pst** Prostomium, **Pyg** Pygidium, **Sch** Scheitelplatte, **Spr** Sprossungssegmente. — Nach Siewing, R., 1969, Lehrbuch der vergleichenden Entwicklungsgeschichte der Tiere. Parey, Hamburg/ Berlin.

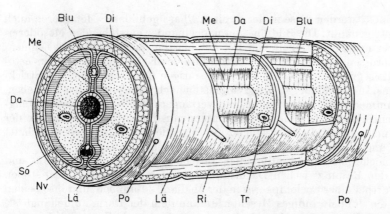

Abb. 21. Bauplan einiger Segmente eines Anneliden (schematisch). Parapodien, Borsten und Borstentaschen sind weggelassen. — **Blu** dorsales Blutgefäß, **Da** Darm, **Di** Dissepiment, **Lä** Längsmuskulatur, **Me** Mesenterium, **Nv** Nervensystem (darüber das ventrale Blutgefäß), **Po** Porus des Metanephridiums, **Ri** Ringmuskulatur, **So** somatisches Blatt des Coelothels, **Tr** Trichter des Metanephridiums. — Nach KAESTNER, leicht verändert.

Bei den **Arthropoda** ist die Spiralfurchung nur noch vereinzelt und in Ansätzen erkennbar; an ihre Stelle tritt in den allermeisten Fällen eine superficielle Furchung. Trotzdem gleicht die Segmentbildung oft in verblüffender Weise derjenigen der Annelida: Es treten Teloblasten auf, und es kommt zur Bildung von Larval- und Sprossungssegmenten. Die Coelomsäcke sind bei den Arthropoda allerdings meist nur während der Ontogenese zu erkennen (wie übrigens auch bei den Hirudinea innerhalb der Annelida). Ihre Wände lösen sich vielmehr bald in Muskulatur, Fettkörper, Peritonealepithel und dergleichen auf. Die Coelomabschnitte haben hier sozusagen lediglich dazu gedient, das mesodermale Material segmentweise zu verteilen. Sie haben eine Art vergängliches Materialgerüst gebildet, dessen Abschnitte sich in der segmentalen Anordnung der Rumpfmuskulatur, des Blutgefäßsystems und anderer Organe zumeist noch klar erkennen lassen. Aber auch auf die Ausbildung der ectodermalen Organe, wie Integument, Nervensystem und Gliedmaßen, üben die mesodermalen Segmentanlagen einen großen Einfluß aus.

Zerstört man etwa bei der Florfliege (*Chrysopa*) Teile des Mesoderms, solange sie noch an der Keimoberfläche liegen, dann differenziert sich zwar das später darüberliegende Ectoderm zu den verschiedensten Zellarten, wird aber nicht normal ausgeformt. Seine Längsstreckung, seine ebenmäßige Ausbreitung in der Querrichtung der Keimoberfläche und damit das Umwachsen des Eies und der Rückenschluß sind ebenso gestört wie die formgerechte Gliederung der Extremitäten. — Ähnliches ist übrigens auch bei den Annelida zu beobachten. So bildet sich bei *Tubifex* (Oligochaeta) nach dem Abtöten der Mesoteloblasten zwar das Ectoderm histologisch vollkommen aus, doch ordnen sich die entstehenden Zellen nicht normal an. Auch streckt sich der Keim nicht wurmförmig in die Länge, sondern bleibt kurz und rund.

Von der sekundären Leibeshöhle bleiben bei den Arthropoda nur geringe Reste in Form von kleinen Exkretionsräumen (Sacculi) am Ausgangsort der Exkretionsorgane oder in Gestalt von Gonadenhöhlen erhalten. Im übrigen aber vereinigen sich durch das Schwinden ihrer Wände die embryonalen Coelomräume mit der primären Leibeshöhle zu einem **Mixocoel.** Da sich die Coelomwände auflösen, ist das Blutgefäßsystem der Arthropoda nicht mehr völlig geschlossen wie bei den Annelida (außer Hirudinea) sondern teilweise offen. Dabei wird auch die bei den Annelida übliche Trennung zwischen Blut (im geschlossenen Blutgefäßsystem) und Leibeshöhlenflüssigkeit (in den Coelomräumen) aufgehoben: Das Mixocoel enthält Haemolymphe. In dem Spalt-raumsystem des Mixocoels wird die Haemolymphe zum Herzen zurückgeführt.

Die Reduktion des Coeloms (und damit des hydrostatischen Skeletts) bei den Arthropoda hängt mit der Ausbildung eines festen Außenskeletts bei diesen Tieren zusammen. Dieses Skelett sorgt für die Konstanz der Körperform und mit Hilfe gegliederter Extremitäten für die Fortbewegung. Erwerb eines Außenskeletts und Verlust des hydrostatischen Skeletts bedingen sich gegenseitig und sind während der Entstehung des Arthropoden-Bauplanes sicherlich gleichzeitig erfolgt (vgl. S. 128).

Die Larval- und Sprossungssegmente unterscheiden sich bei den Annelida nicht nur in der Art ihrer Entstehung, sondern in der Regel auch in ihrer endgültigen Ausprägung beim Adultus. Im Bereich der Larvalsegmente werden meist die Dissepimente zurückge-bildet, die Ganglien des Bauchmarks verschmelzen oft miteinander, Keimzellen treten in diesem Bereich fast nie auf, und die Nephridien haben, wenn sie überhaupt vorhanden sind, einen abweichenden Bau. Bei den meisten Annelida haben die Segmente aber wenigstens äußerlich eine mehr oder weniger homonome Gestalt (Abb. 22 A).

Die Tagmabildung

Bei manchen Annelida, besonders bei röhrenbewohnenden Polychaeta, besteht aller-dings die Tendenz zur Ausbildung von zwei, manchmal auch drei Körperregionen, indem die Metamere auch äußerlich unterschiedlich gebaut sind (Abb. 22 B). Man nennt diese Regionen **Tagmata**. Der unterschiedliche Bau weist auch auf verschiedene Funktionen dieser Regionen hin. In ähnlicher Weise, aber phylogenetisch unabhängig davon und viel ausgeprägter, ist es zur Tagmabildung bei den Arthropoda gekommen. Bei den Insecta zum Beispiel kann man ganz deutlich die drei Tagmata **Cephalon** (Kopf), **Thorax** (Brust) und **Abdomen** (Hinterleib) unterscheiden (Abb. 22 C). Inner-halb der Arthropoda ist diese Körpergliederung zwar recht unterschiedlich ausgeprägt, immer aber sind in jedem Tagma mehr oder weniger gleichartig ausgerüstete und ähn-lich fungierende Segmente vereint, gleichgültig, wie groß die jeweilige Anzahl der Meta-mere in dem betreffenden Tagma ist. Innerhalb eines Tagma neigen die Segmente so-gar noch zur Verschmelzung miteinander.

Von großer evolutiver Bedeutung ist vor allem der Zusammenschluß der vordersten Segmente mit dem Prostomium und der Mundregion zu einem Kopf, ein Vorgang, der als **Cephalisation** bezeichnet wird. Er ist schon bei den Polychaeta in Ansätzen zu er-kennen, gewinnt aber höchste Bedeutung bei den Arthropoda. Hier setzt sich der Kopf in seiner ursprünglichen Ausprägung aus dem Prostomium (oder Acron) und sechs Segmenten zusammen, von denen die drei vordersten sogar vor den Mund geschoben werden. Gleichzeitig wird der Mund nach hinten verlagert. Die drei vordersten Seg-mente tragen die Sinnesorgane, und ihre Ganglien verschmelzen zu einem großen Assoziationszentrum (Oberschlundganglion), das die Grundlage für die bedeutenden sinnesphysiologischen Leistungen der Arthropoda bildet. Die hinteren drei Kopfseg-mente tragen in der Regel Mundwerkzeuge. Alle Metamere des Kopfes sind bei den Arthropoda nahtlos zu einem einheitlichen Abschnitt verschmolzen. In vielen Fällen werden sogar noch ein oder mehrere Rumpfsegmente in den Cephalisationsprozeß ein-bezogen. Tagmabildung und vor allem Cephalisation haben eine großartige Leistungs-steigerung des Organismus zur Folge.

Es muß darauf hingewiesen werden, daß die Entwicklung der Spiralia bzw. Articulata keineswegs immer streng nach dem oben dargestellten Schema abläuft. Dieses Schema muß aber doch wohl als der phylogenetisch ursprüngliche Modus der Keimblätterablösung bei diesen Tiergruppen betrachtet werden, während die zahlreichen Abweichungen einen

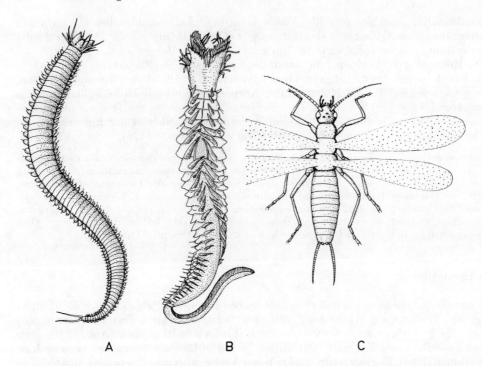

Abb. 22. Körpergliederung bei Articulata (unterschiedlich vergrößert). **A.** Homonome Gliederung bei *Nereis* (Polychaeta, frei lebend). **B.** Tagmabildung bei *Sabellaria* (Polychaeta, Röhrenbewohner). **C.** Deutliche Tagmabildung bei Insecta: einheitliche Kopfkapsel, Thorax aus drei Segmenten (mit drei Paar Laufbeinen und zwei Paar Flügeln), Abdomen aus ursprünglich elf Segmenten. — A nach EHLERS 1868, B nach McINTOSH 1922, C nach KÖNIGSMANN 1968.

abgeleiteten Zustand darstellen. So gibt es einige Annelida, die keine Sprossungssegmente mehr bilden, die also auch als erwachsene Tiere nur aus den Larvalsegmenten bestehen. Bei verschiedenen Polychaeta stellen die Mesoteloblasten nach der Bildung der larvalen Mesodermstreifen ihre Tätigkeit ein, und die folgenden Segmente werden von einer Sprossungszone gebildet, die gleichzeitig Ecto- und Mesoderm liefert. Hier besteht dann also ein genealogischer Zusammenhang des Mesoderms mit dem Ectoderm. Auch bei Oligochaeta und Hirudinea entstehen verschiedene Gewebe, die eigentlich aus Mesoderm gebildet werden müßten, aus ectodermalen Blastomeren.

Beträchtliche Abweichungen sind bei den Arthropoda zu beobachten. Nur in wenigen Fällen (einige Crustacea) tritt hier eine totale Furchung auf. Die meisten Arten entwickeln sich vielmehr nach dem superficiellen Typ. Dabei gelangen die Furchungsenergiden zunächst an die gesamte Oberfläche des Keimes, scharen sich dann aber auf der prospektiven Ventralseite zusammen. Durch Immigration kommt es von hier aus zur Keimblätterablösung aus einer Zone, die wenigstens teilweise mit dem Blastoporus vergleichbar ist. Zusammen mit den Urkeimzellen wandert eine mesentodermale Masse ein, die sich dann in Entoderm und Mesoderm scheidet. Das Mesoderm setzt sich in vielen Fällen aus zwei Komponenten zusammen, die ganz offensichtlich den Larval- und den Sprossungssegmenten der Annelida homolog sind. Auch hier treten Mesoteloblasten neben Ectoteloblasten auf.

Manche Insecta haben sogenannte Kurzkeime, die etwa der künftigen Kopfregion entsprechen, während die folgenden Segmente durch Sprossung erzeugt werden. Andere Ordnungen sind durch Langkeime gekennzeichnet, bei denen sofort alle Rumpfsegmente erscheinen, ohne daß es zu einer Sprossung kommt. Durch diese und andere Komplikationen ist das Entwicklungsgeschehen bei den Arthropoda recht unübersichtlich und auch keineswegs in allen Gruppen voll abgeklärt.

Das Enterocoel

Ein ganz anderer Vorgang der Mesodermablösung ist die sogenannte **Enterocoelie**, bei der sich im typischen Falle die Coelomsäcke blasenartig aus dem Urdarm ausfalten. Eigenartigerweise gibt es verschiedene Tiergruppen, bei denen stets drei Coelomabschnitte auf diese Art gebildet werden, von denen der vordere unpaarig, die beiden hinteren stets paarig entstehen. Zu diesen Tiergruppen zählen die Hemichordata, die Echinodermata, die Tentaculata und, mit Einschränkungen, die Chaetognatha. Wegen der einheitlichen und angeblich ursprünglichen Körpergliederung werden sie von manchen Zoologen als Archicoelomata zusammengefaßt (s. S. 153).

Bei allen diesen Gruppen geschieht die Entodermablösung in der Regel durch Embolie, und es entsteht eine Invaginationsgastrula. Vom Urdarm dieser Gastrula kann sich nun das Mesoderm auf verschiedene Weise differenzieren. Die klassischen Beispiele dafür liefern die **Hemichordata**, speziell die Enteropneusta. Einmal kann sich das mittlere Keimblatt, und das wird meist als ursprünglicher Fall angesehen, in drei separaten Abschnitten abfalten: einem vorderen unpaarigen **Protocoel**, einem mittleren paarigen **Mesocoel** sowie einem hinteren, ebenfalls paarigen **Metacoel** (Abb. 23 A). Bei den Echinodermata werden diese drei Abschnitte in Anlehnung an die aus ihnen hervorgehenden Organsysteme manchmal als **Axo-**, **Hydro-** und **Somatocoel** bezeichnet. Die Abfaltung kann aber auch allein vom Urdarmdach aus in Form einer unpaarigen Blase (Vasoperitonealblase) erfolgen, die dann nach hinten wächst und sich später in die einzelnen Coelomräume durchschnürt (Abb. 23 B). In anderen Fällen faltet sich das Protocoel allein ab, während die hinteren beiden Abschnitte durch Zellwucherungen entstehen (Abb. 23 C). Schließlich gibt es auch verschiedene Kombinationen zwischen Abfaltung und Wucherung. Immer aber entstehen zum Schluß drei Coelomabschnitte, die an der Larve auch bald äußerlich als Segmente sichtbar werden (Abb. 23 D) Diese Segmente werden, ihrer Ausstattung mit Coelom entsprechend, als **Prosoma**, **Mesosoma** und **Metasoma** bezeichnet. Wir haben also eine typische, oligomere, genauer trimere Körpergliederung vor uns, die auch im Laufe des Wachstums nicht mehr verändert wird. Die einzelnen Segmente wachsen allerdings sehr unterschiedlich, den umfangreichsten Teil des Körpers nimmt schließlich das Metasoma ein. Das Protocoel tritt übrigens schon bald durch einen Coelomporus mit der Außenwelt in Verbindung, später auch das Mesocoel, nicht aber das Metacoel.

Über die Vorgänge der Mesodermablösung bei den **Tentaculata** haben wir nur geringe Kenntnisse. Bei der wohl ursprünglichsten Klasse, den Phoronida, ist Enterocoelabfaltung, vor allem aber Wucherung aus dem Urdarmbereich, beobachtet worden. Auch die bisherigen spärlichen Untersuchungen an Vertretern der beiden anderen Klassen, den Brachiopoda und den Bryozoa, lassen auf eine Mesodermbildung durch Ablösung vom Urdarm schließen.

Bei der Enterocoelbildung treten niemals Teloblasten auf, und es kommt daher auch nie zu einer teloblastischen Sprossung von Segmenten. Bemerkenswert ist aber, daß auch bei Enterocoelie das Mesoderm in engem genealogischem Zusammenhang mit dem Entoderm steht, im Grunde genommen also, wie bei den Spiralia, aus einem ursprünglichen mesentodermalen Komplex hervorgeht. Dies bedeutet mit großer Wahrscheinlichkeit, daß das Mesoderm nur einmal im Tierreich entstanden ist und daß alle Tierstämme mit drei Keimblättern einer gemeinsamen Wurzel entstammen und eine monophyletische Einheit darstellen. Dies bedeutet aber noch nicht, daß auch das

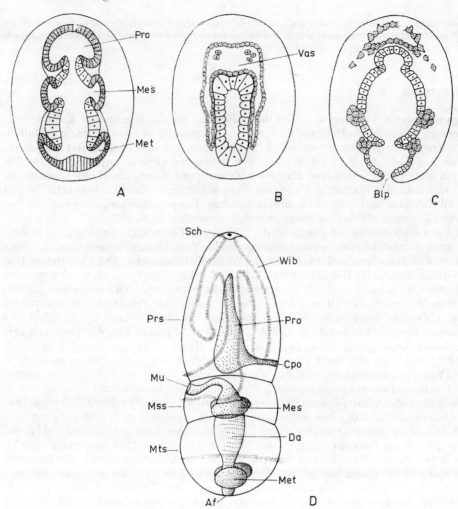

Abb. 23. Abfaltung des Mesoderms bei den Hemichordata, stark schematisiert. **A.** Getrennte Abfaltung aller drei Segmente. **B.** Abfaltung einer einheitlichen Vasoperitonealblase, deren caudale Auswüchse sich durchschnüren. **C.** Abfaltung des Protocoels und Wucherung des Meso- und Metacoels. **D.** Tornaria-Larve der Hemichordata mit endgültiger Coelomanordnung und äußerer Segmentierung. — **Af** After, **Blp** Blastoporus, **Cpo** Coelomporus (Öffnung des Coeloms nach außen), **Da** Darm, **Mes** Mesocoel, **Met** Metacoel, **Mss** Mesosoma, **Mts** Metasoma, **Mu** Mund, **Pro** Protocoel, **Prs** Prosoma, **Sch** Scheitelplatte, **Vas** Vasoperitonealblase, **Wib** Wimperband. — Leicht verändert nach SIEWING, R., 1969, Lehrbuch der vergleichenden Entwicklungsgeschichte der Tiere. Parey, Hamburg/ Berlin.

Coelom monophyletischen Ursprungs ist. Die unterschiedliche ontogenetische Entstehungsweise könnte durchaus auch auf eine mindestens zweimalige stammesgeschichtliche Herausbildung der sekundären Leibeshöhle hindeuten (s. S. 140).

Auf eine Tatsache muß noch hingewiesen werden, die für vergleichende Untersuchungen von Bedeutung ist. Bei den Enteropneusta (Hemichordata) tritt im vordersten Körperabschnitt, dem Prosoma (hier Eichel genannt), neben dem großen unpaarigen Protocoel noch eine kleine Pericardblase auf, die sich aus dem Protocoel abfaltet. Dies könnte bedeuten, daß auch das Protocoel ursprünglich paarig war und daß es erst im Laufe der Phylogenese zur unpaarigen Entstehung und nachträglichen Teilung kam. Das sogenannte Eichelcoelom der Enteropneusta würde dann dem linken, das Pericard dem rechten Teil des Protocoels entsprechen (vgl. Abb. 25 D).

Die erwachsenen Angehörigen der oftmals als Archicoelomata zusammengefaßten Tierstämme haben, trotz ihrer doch recht einheitlichen Ontogenese, ein sehr unterschiedliches Aussehen. Dem ursprünglichen Typ am nächsten kommen sicherlich die Enteropneusta (Abb. 24 A) mit ihrem wurmförmigen Körper, der im weichen Boden röhrenförmige Gänge gräbt, wobei das Prosoma (Eichel) als Graborgan dient. Eine andere Gruppe der Hemichordata, die Pterobranchia (Abb. 24 B), ist zur sessilen Lebensweise übergegangen, ebenso wie die Tentaculata (Abb. 24 C). Im Zusammenhang mit der Seßhaftigkeit haben diese Tiere einen Tentakelapparat ausgebildet, der zwar verschiedenen Bau hat, der aber immer vom Mesosoma seinen Ausgang nimmt und in den auch Fortsätze des Mesocoels eindringen. In gleichem Maße, wie das Mesosoma einen Tentakelapparat ausbildet, wird das Prosoma stark reduziert, der After rückt

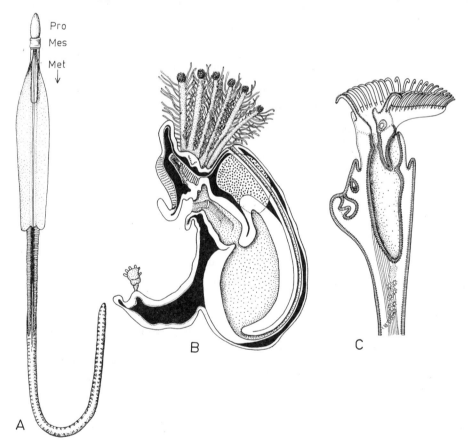

Abb. 24. Körperorganisation der Hemichordata und Tentaculata. **A.** *Balanoglossus hydrocephalus* (Hemichordata, Enteropneusta). **B.** Schematischer Sagittalschnitt durch *Cephalodiscus* (Hemichordata, Pterobranchia). **C.** Schematischer Sagittalschnitt durch *Plumatella* (Tentaculata, Bryozoa). — **Mes** Mesosoma, **Met** Metasoma, **Pro** Prosoma. — Nach verschiedenen Autoren.

auf dem Metasoma weit nach vorn, es werden feste Röhren oder Gehäuse abgeschieden und viele Arten pflanzen sich ungeschlechtlich durch Knospung fort, wobei es meist zur Kolonie- oder Stockbildung kommt. Dies alles sind Züge, die mit der Seßhaftigkeit in engstem Zusammenhang stehen.

Ganz anders ist die Organisation der **Echinodermata**. Ihr pentaradialer, also fünf-strahliger Bauplan, der im Tierreich nicht seinesgleichen hat, ist nur von der Onto-genese her zu verstehen. Die Entwicklungsgeschichte gibt darüberhinaus auch deut-liche Hinweise auf eine Verwandtschaft der Echinodermata zumindest mit den Hemi-chordata.

Zu einer Komplikation bei der Mesodermentwicklung der Echinodermata kommt es durch das Auftreten eines mesenchymalen Skeletts bei diesen Tieren. Vor der eigentlichen Mesodermabfaltung beginnen vom Urdarmdach aus zahlreiche Zellen in das Blastocoel einzuwandern (Abb. 25 A). Dieses sogenannte larvale Mesenchym läßt später die Skelett-elemente entstehen. In einer zweiten Phase der Mesodermbildung faltet sich dann aber in den allermeisten Fällen, wie bei manchen Hemichordata, vom Urdarmdach eine Vasoperi-tonealblase ab (Abb. 25 B), die beiderseits des Urdarms nach hinten wächst, sich dann jedoch (im Gegensatz zu den Hemichordata) vom Urdarm ablöst und dabei ganz deutlich in zwei Schläuche zerfällt (Abb. 25 C). Diese Coelomschläuche gliedern sich schließlich in jeweils drei Abschnitte, so daß drei paarige Coelomräume entstehen, wobei die beiden vorderen allerdings durch einen Kanal verbunden bleiben. Auch das Protocoel der Echino-dermata ist also paarig, und der Keim wird ganz eindeutig bilateralsymmetrisch angelegt. Schon frühzeitig ist aber eine Tendenz zur Asymmetrie zu erkennen. Fast immer ist nämlich das Coelom der linken Seite deutlich größer als das der rechten (Abb. 25 D); im Laufe der Metamorphose wird sogar das rechte Mesocoel völlig, das rechte Protocoel weit-gehend reduziert. Das linke Mesocoel dagegen eilt in der Entwicklung häufig voraus und spielt bei der Ausbildung des pentaradialen Bauplanes eine entscheidende Rolle. Dieser Coelomabschnitt leitet die Metamorphose ein, indem er sich hufeisenförmig um den Vorder-darm krümmt und fünf fingerförmige Blasen, die künftigen Radiärkanäle, ausstülpt (Abb. 25 E). Das Hufeisen wird schließlich zu einem Ring geschlossen, der den Vorderdarm umgreift und von dem fünf Fortsätze ausgehen. Dieser Fünfstrahligkeit ordnet sich später auch das Metacoel unter.

Während der Metamorphose kommt es zu erheblichen Verschiebungen der Achsenver-hältnisse. Mund und After werden so verlagert, daß auch der Darm asymmetrisch ge-krümmt wird, und diesen Verlagerungen folgt das Coelom. Der definitive Mund liegt dann nicht mehr auf der ursprünglichen Ventralseite der Larve, er ist vielmehr auf eine Fläche verschoben, die bei den erwachsenen Echinodermata mit dem neutralen Ausdruck Oralseite bezeichnet wird. Es kommt auf diese Weise zu einer auf den ersten Blick unver-ständlichen Körperorganisation, die scheinbar nichts mehr mit dem bilateralen Bauplan der übrigen Coelomtiere gemein hat.

Es kann jedoch kein Zweifel daran bestehen, daß die Echinodermata von bilateral gebauten Vorfahren abstammen und daß ihre Fünfstrahligkeit sekundär erworben ist. Ebenso sicher ist es, daß zwischen Echinodermata und Hemichordata eine Ver-wandtschaft bestehen muß. Fraglich ist lediglich, wie eng diese Verwandtschaft ist und wie die Beziehungen zu den übrigen trimeren Tierstämmen einerseits und zu den Chor-data andererseits sind (s. S. 152).

Die **Chaetognatha** sind eine fast ausschließlich holopelagisch lebende Tiergruppe, über deren Morphologie, Ontogenese und Lebensweise wir sehr genaue Kenntnisse haben. Es ist daher geradezu paradox, daß wir über ihre stammesgeschichtliche Her-kunft kaum etwas aussagen können. Von vielen Zoologen zu den trimeren Tierstämmen (Archicoelomata) gestellt, werden sie doch bei Diskussionen der Verwandtschaftsbe-ziehungen meist stillschweigend übergangen, oder ihre Abstammung wird mit einem Fragezeichen versehen.

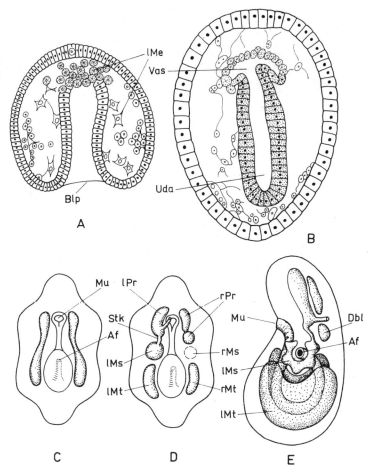

Abb. 25. Bildung und Gliederung des Coeloms bei den Echinodermata. **A.** Immigration des larvalen Mesenchyms. **B.** Abfaltung der Vasoperitonealblase. **C.** Paarige Coelomschläuche beiderseits des Urdarmes. **D.** Gliederung der Coeloms. **E.** Verlagerung von Mund und After, ringförmiges Wachstum des linken Mesocoels. — **Af** After, **Blp** Blastoporus, **Dbl** Dorsalblase (Teil des rechten Protocoels), **lMe** larvales Mesenchym, **lMs** linkes Mesocoel (Hydrocoel), **lMt** linkes Metacoel (Somatocoel), **lPr** linkes Protocoel (Axialorgan), **Mu** Mund, **rMs** rechtes Mesocoel (wird eingeschmolzen), **rMt** rechtes Metacoel (Somatocoel), **rPr** rechtes Protocoel, **Stk** Steinkanal, **Uda** Urdarm, **Vas** Vasoperitonealblase. — Nach SIEWING, R., 1969, Lehrbuch der vergleichenden Entwicklungsgeschichte der Tiere. Parey, Hamburg/Berlin.

Die Ontogenese der Chaetognatha verläuft zwar auch über eine typische Invaginationsgastrula, und es kommt zu einer Coelomabfaltung vom Urdarm; die Gliederung des Coeloms weicht aber von derjenigen der Hemichordata und Echinodermata ab. Am Urdarmdach fallen schon frühzeitig zwei Urgeschlechtszellen auf (Abb. 26A). Später bilden sich an dieser Stelle zwei Falten, die in das Lumen des Urdarmes in Richtung auf den Blastoporus wachsen. Dies sind die paarigen Coelomschläuche, welche die sich teilenden Urgeschlechtszellen vor sich herschieben (Abb. 26B). Der zentrale Teil des Urdarmes stellt den künftigen Mitteldarm dar. Die beiden Coelomschläuche teilen sich bald jederseits in zwei Abschnitte. Ein Dissepiment trennt dann das kleinere Kopfcoelom vom größeren Rumpfcoelom. Anschließend wächst der Keim stark in die Länge, und sein Inneres wird so sehr zusammengepreßt, daß die Hohlräume im Ento- und Mesoderm verschwinden. Es

7*

sind dann nur noch zwei solide laterale Mesodermstränge und eine zentrale Entoderm-
lamelle zu unterscheiden. Erst später treten im Mesoderm wieder Spalträume auf, die
schließlich jederseits zu einer einheitlichen Leibeshöhle zusammenfließen. Es besteht aber
keine Klarheit darüber, ob diese sekundär entstandenen Hohlräume mit den embryonalen
Hohlräumen völlig identisch sind. (Ein Vergleich mit dem Schizocoel der Plathelminthes,
das ja ebenfalls durch Spaltenbildung in einer soliden Mesodermmasse entsteht, erscheint
allerdings zu abwegig, als daß er in Betracht gezogen werden sollte.) Auch im Entoderm
entsteht nun wieder ein Hohlraum, jedoch wird im hinteren Körperabschnitt der
Darm völlig eingeschmolzen, und der After liegt dann sekundär weit vor dem Hinterende.

Die merkwürdige Zweiteilung des Coeloms in einem Kopf- und einen Rumpfabschnitt
scheint der ursprünglichen Gliederung der Chaetognatha zu entsprechen. Erst später
nämlich und im engen Zusammenhang mit der Ausbildung der Gonaden wird vom Rumpfcoelom noch ein Schwanzcoelom abgetrennt (Abb. 26C). Durch dieses Schwanzcoelom
wird aber eine trimere Gliederung offenbar nur vorgetäuscht. Die Scheidewand zwischen
Rumpf- und Schwanzcoelom ist nämlich kein echtes Dissepiment, sie entsteht vielmehr
aus den Hüllepithelien der Gonaden. Bei der Coelomteilung werden gleichzeitig die
Gonaden dieser zwittrigen Tiere geschieden, so daß nun die Ovarien im Rumpfcoelom, die
Testes im Schwanzcoelom liegen.

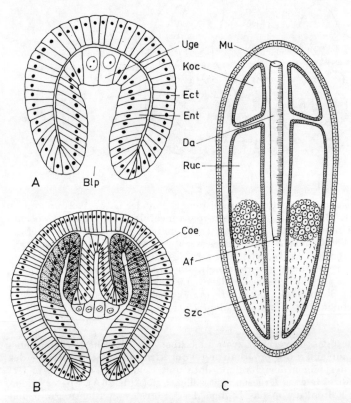

Abb. 26. Coelombildung bei den Chaetognatha. **A.** Invaginationsgastrula. **B.** Abfaltung von
zwei Mesodermschläuchen am Urdarmdach. **C.** Schema der Coelomgliederung. — **Af** After
(dahinter wird der Darm eingeschmolzen), **Blp** Blastoporus, **Coe** Coelomdivertikel, **Da** Darm,
Ect Ectoderm, **Ent** Entoderm, **Koc** Kopfcoelom, **Mu** Mund, **Ruc** Rumpfcoelom (mit
Ovarien), **Szc** Schwanzcoelom (mit Testes), **Uge** Urgeschlechtszellen. — A und B nach
O. Hᴇʀᴛᴡɪɢ.

Das Coelom der Chaetognatha entsteht also paarig, wenn auch etwas anders als bei Hemichordata und Echinodermata, und es liegt eine typische Enterocoelie vor. Mit großer Wahrscheinlichkeit werden aber ursprünglich nur zwei Segmente oder Körperabschnitte gebildet, von denen noch nicht einmal bekannt ist, ob sie dem Pro- und Mesosoma oder aber dem Meso- und Metasoma der trimeren Tierstämme entsprechen, falls die Chaetognatha überhaupt eine phylogenetische Beziehung zu diesen Tierstämmen haben.

Ein wieder etwas anderer Modus der Mesodermablösung und der Körpergliederung liegt bei den **Pogonophora** vor. Die Verhältnisse sind hier nur schwierig zu beobachten, weil der Darm dieser Tiere zeitlebens rudimentär bleibt; es bricht nie eine Mundöffnung durch, und das Entoderm löst sich teilweise auf.

Die Gastrulation erfolgt durch Delamination und anschließende Epibolie. Die dabei ins Innere gelangenden mesentodermalen Zellen bilden einen Strang, von dessen Vorderende aus bald zwei laterale Ausstülpungen nach hinten wachsen: die Anlagen der paarigen Coelomsäcke. Die Coelomhöhlen stehen ursprünglich mit dem rudimentären Urdarm in Verbindung, es liegt also eine eindeutige Enterocoelbildung vor. Wenn die Coelomsäcke bis zum Hinterende des Keimes vorgewachsen sind, beginnen sich Körper und Coelom zu gliedern, dies aber eigenartigerweise von hinten beginnend. Zuerst schnürt sich der hinterste Abschnitt ab, dann folgen nach vorn fortschreitend drei weitere Abschnitte. Der Körper der Pogonophora setzt sich schließlich aus vier Segmenten zusammen, die als Pro-, Meso-, Meta- und Telosoma bezeichnet werden, wobei jeder Abschnitt ursprünglich eine paarige Coelomhöhle aufweist. Ist schon diese Tetramerie einzigartig im gesamten Tierreich, so muß es noch mehr überraschen, daß nun auch das Telosoma samt seinem Coelom noch sekundär in 10—20 Abschnitte untergliedert wird (Abb. 27). Dabei entstehen auf dem telosomalen Ectoderm Ringfurchen, während das zuvor zu einem einheitlichen Raum zusammengeflossene Telocoel durch die einwachsende Somatopleura des Coelothels von vorn her unterteilt wird. Diese Unterteilung des Telosoma zeigt eine so geringe Ähnlichkeit mit

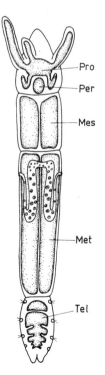

Abb. 27. Coelomgliederung bei den Pogonophora (schematisch). — **Mes** Mesocoel, **Met** Metacoel (mit Gonade), **Per** Pericard (rechtes Protocoel), **Pro** Protocoel (linker Teil), **Tel** Telocoel (im Begriff, sich zu gliedern). — Nach Ivanov 1976, leicht verändert.

den sonst üblichen Vorgängen bei einer polymeren Gliederung, daß wir zögern, hier von einer echten Segmentierung zu sprechen.

Die Pogonophora bilden Tentakel aus, aber nicht wie die Tentaculata und Pterobranchia am Mesosoma, sondern am Prosoma. In die Tentakel dringen Fortsätze des sich vergrößernden linken Protocoels ein. Das rechte Protocoel dagegen bleibt stets klein und bildet das Pericard, soweit ein solches vorhanden ist. Dies ist eine bemerkenswerte Übereinstimmung mit den Verhältnissen bei Echinodermata und Hemichordata.

Die Pogonophora haben also eine tetramere Körpergliederung, zu der noch eine sekundäre Unterteilung des letzten Körperabschnitts kommt. Sie gehören eindeutig zu den Tierstämmen mit einer typischen Enterocoelbildung. Die Gliederung des Körpers ist aber, auch in ihrer Entstehung, ganz anders als etwa bei Tentaculata, Hemichordata und Echinodermata. Eine Homologisierung der Körperabschnitte der Pogonophora mit denen der trimeren Tierstämme ist daher sehr fragwürdig.

An dieser Stelle müssen die eigenartigen **Tardigrada** erwähnt werden. Diese winzigen Tiere zeigen zwar morphologisch große Ähnlichkeiten mit den Arthropoda, haben aber eine völlig andere Mesodermbildung. Bei den Tardigrada falten sich aus dem bereits fertigen und durchgehenden Darm fünf Paar Taschen ab, in einem Vorgang, der nur als Enterocoelie bezeichnet werden kann. Den fünf Coelompaaren entsprechen die fünf Körpersegmente des Adultus. Es löst sich aber nur das hinterste Coelompaar vom Darm ab, dessen beide Partner verschmelzen und eine unpaarige Gonadenhöhle bilden. Die vier vorderen Paare dagegen lösen sich bald in Einzelzellen auf, die in der primären Leibeshöhle flottieren und später das Muskel- und Bindegewebe liefern. Diese Auflösung des Mesoderms und die Bildung der Gonadenhöhle gleichen in hohem Maße den entsprechenden Vorgängen bei den Arthropoda. Die Enterocoelie aber ist im gesamten Verwandtschaftskreis der Spiralia und Articulata völlig unbekannt. Sie muß als eine Neuerwerbung der Tardigrada betrachtet werden. Ganz sicher ist sie auch unabhängig von der Enterocoelie der trimeren Tierstämme entstanden.

Durch eine typische Enterocoelie, also durch Abfaltung vom Urdarm, entsteht schließlich das Mesoderm bei den **Chordata**, deren Körper polymer und ursprünglich homonom gegliedert ist. Ein eindrucksvolles Bild, wie diese Gliederung ontogenetisch entsteht, vermitteln uns die Acrania, die unter den heute lebenden Vertretern sicherlich auch der Wurzel der Chordata am nächsten stehen.

Die Eier von *Branchiostoma* furchen sich total, und durch Embolie entsteht eine Invaginationsgastrula, deren Urdarm im Querschnitt eine dreieckige Gestalt hat (Abb. 28 A). Die beiden dorsolateralen Zipfel des Urdarmes werden als Mesodermrinnen bezeichnet. Aus ihnen entstehen durch eine typische Enterocoelie zwei langgestreckte Ausfaltungen, die sich dann von vorn nach hinten fortschreitend in Coelomsäckchen, die Somite, zerlegen. Im hinteren Körperbereich stehen die Coelomhöhlen durch einen Spalt noch längere Zeit mit dem Lumen des Urdarmes in Verbindung. Zur gleichen Zeit, in der die Mesodermabfaltung einsetzt, beginnen sich am Hinterende und auf der Oberfläche des Keimes beiderseits der Mediane zwei ectodermale Wülste zu erheben, die sich dann von hinten nach vorn schließen und auf diese Weise das für die Chordata typische dorsale Neuralrohr bilden. Eine ganz ähnliche Neuralrohrbildung ist übrigens bei den Enteropneusta zu beobachten, macht dort aber den Eindruck, als ob der Vorgang reduziert sei; das Neuralrohr tritt bei den Enteropneusta nur noch im Mesosoma auf.

Nachdem sich die ersten Coelomsäckchen gebildet haben, faltet sich am Urdarmdach eine weitere, unpaarige Rinne aus, die Anlage der Chorda dorsalis (Abb. 28 B, C). Ihre Ablösung vom Urdarm schreitet, wie die des Mesoderms, von vorn nach hinten fort. Die voll ausgebildete Chorda ist ein elastischer Stab, der einmal das Tier längenkonstant hält, zum anderen den Körper nach einer Krümmung immer wieder in die gestreckte Ausgangslage zurückbringt.

Die Coelomsäcke wachsen dann ventrad (Abb. 29 A, B) und verschmelzen in der ventralen Mittellinie (Abb. 29 C). Gleichzeitig verdickt sich das innere Coelothel im Bereich der Chorda; diese Myotome lassen die künftige Muskulatur entstehen. Unter dem Darm-

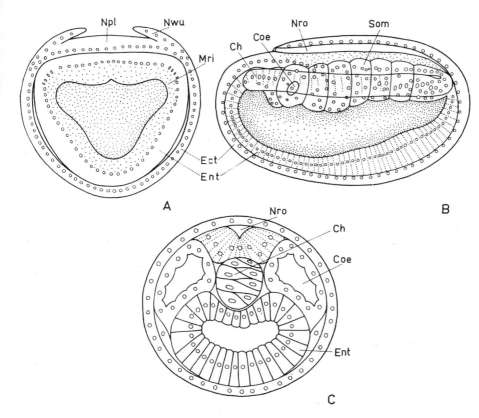

Abb. 28. Mesodermablösung bei den Chordata (*Branchiostoma*). **A.** Querschnitt durch einen Keim mit Mesodermrinnen und Neuralwülsten. **B.** Sagittalschnitt durch einen Embryo mit vertieften und gegliederten Mesodermrinnen, beginnender Chorda-Abfaltung und Neuralrohr. **C.** Querschnitt durch einen Embryo mit 10—11 Segmenten. — **Ch** Chorda, **Coe** Coelom, **Ect** Ectoderm, **Ent** Entoderm, **Mri** Mesodermrinne, **Npl** Neuralplatte, **Nro** Neuralrohr, **Nwu** Neuralwulst, **Som** Somite. — Nach CONCLIN aus SIEWING, R., 1969, Lehrbuch der vergleichenden Entwicklungsgeschichte der Tiere. Parey, Hamburg/Berlin.

rohr erscheint das erste Blutgefäß. In Höhe des Darmrohres wird schließlich jedes Coelom-säckchen zu einem Ursegmentstiel verdünnt, und später wird an dieser Stelle das Meso-derm in einen dorsalen und einen ventralen Bereich durchgeschnürt (Abb. 29 D). Der ventrale Bereich wird als Seitenplattenmesoderm bezeichnet; hier lösen sich bald die Seg-mentgrenzen auf, und das Seitenplattencoelom verschmilzt zu einer großen einheitlichen Coelomhöhle mit einer inneren Splanchnopleura und einer äußeren Somatopleura. Der dorsale Bereich des Mesoderms behält die metamere Gliederung bei. Die Coelomsäckchen werden nun als Ursegmente (im engeren Sinne) bezeichnet. Sie liefern vor allem Musku-latur. Am Chordarohr wird schließlich noch die sogenannte Sclerotomfalte dorsad ge-schoben, deren inneres Blatt sich dicht der Chorda anlegt und die Chordascheide bildet. Bei den Vertebrata wirkt die Chordascheide an der Bildung des Skeletts mit. Auf die Ent-wicklung der Kiemenspalten im Bereich des Vorderdarmes und des Peribranchialraumes kann hier nicht näher eingegangen werden. Die Kiemenspalten haben sich im Verlaufe der Phylogenese offenbar erst sekundär der Coelomgliederung untergeordnet.

Bemerkenswert ist, daß sich nach der Ablösung der Coelomsäckchen am Vorderende des Urdarmes vor dem ersten Mesodermsegment ein weiterer, geräumiger Blindsack aus-stülpt. Dieses ursprünglich unpaarige Urdarmdivertikel wird anschließend paarig. Es löst sich vom Urdarm ab und bildet dann das vorderste Coelomsackpaar. Die beiden Partner entwickeln sich aber ganz unterschiedlich weiter: der linke bleibt klein und wird zur Praeoralhöhle, der rechte dagegen wird sehr umfangreich und bildet die Kopfhöhle. Es besteht also eine verblüffende Ähnlichkeit mit den Verhältnissen am Protocoel der Pogonophora, Echinodermata und Hemichordata. Ob es sich tatsächlich um homologe Gebilde handelt, ist allerdings ungewiß.

Bei den anderen Chordata zeigt die Entwicklung zum Teil beträchtliche Abweichungen gegenüber der der Acrania. Das hängt mit dem Dotterreichtum der Eier, mit der Ausbildung sekundärer Embryonalhüllen oder mit anderen Sonderbildungen zusammen. In manchen Fällen ist sogar die typische Enterocoelabfaltung nicht mehr erkennbar.

Das Ectoderm ist bei den Chordata, im Gegensatz zu den Articulata, nicht mit in den Segmentierungsprozeß einbezogen. Die Metamerie beschränkt sich vielmehr auf das Mesoderm und seine Abkömmlinge, wie Muskulatur (und später die Wirbelknochen), Blutgefäßsystem, Exkretionsorgane und Gonaden. Im ventralen Coelombereich wird die Segmentierung sogar wieder aufgegeben. Das dorsale Nervenrohr als ectodermales Organ ist eine nichtsegmentale Struktur; lediglich die von ihm ausgehenden Spinalnerven ordnen sich sekundär der Muskelmetamerie ein. Auch die entodermale Chorda dorsalis zeigt in keiner Phase der Entwicklung eine Metamerie.

Im Gegensatz zu den Arthropoda tritt also bei den Chordata keine äußere Segmentierung auf, ebensowenig wie Tagmata und segmentale Gliedmaßen ausgebildet werden. Wohl aber kommt es innerhalb dieses Tierstammes, bei den Vertebrata, zu einer Kopfbildung oder **Cephalisation**. Die Kopfkapsel trägt die Hauptsinnesorgane und umschließt das Gehirn. Der ursprüngliche Wirbeltierkopf umfaßt eine Region, die bis zur sogenannten craniovertebralen Grenze nach hinten reicht. Es ist allerdings umstritten, ob dieses primäre Cranium aus Segmenten zusammengesetzt ist oder nicht (auf dieses Problem wird im Chordaten-Band dieses Lehrbuches näher eingegangen). Fest steht aber, daß in den verschiedensten Wirbeltier-Gruppen unabhängig voneinander eine unterschiedlich große Anzahl von Rumpfsegmenten an den Kopf angegliedert werden kann. Diese in den Kopf einbezogenen Rumpfsegmente werden als Occipitalregion zusammengefaßt. Die Kopfbildung war wohl die wichtigste Voraussetzung für die überragende Leistungsfähigkeit des Wirbeltierkörpers.

Den Vorgang der Cephalisation hatten wir schon bei den Arthropoda kennengelernt S. 93). Es ist verblüffend, wie groß die Ähnlichkeit dieses Vorganges bei Vertebrata

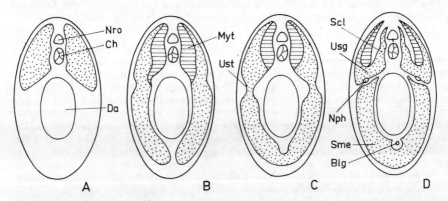

Abb. 29. Coelombildung bei den Chordata (*Branchiostoma*), schematische Querschnitte. — **Blg** Blutgefäß, **Ch** Chorda, **Da** Darmkanal, **Myt** Myotom, **Nph** Nephridium, **Nro** Neuralrohr, **Scl** Sclerotomfalte, **Sme** Seitenplatten-Mesoderm, **Usg** Ursegment, **Ust** Ursegmentstiel. — In Anlehnung an SIEWING, R., 1969, Lehrbuch der vergleichenden Entwicklungsgeschichte der Tiere, Parey, Hamburg/Berlin.

und Arthropoda ist, obwohl die Kopfbildung in beiden Gruppen unabhängig voneinander vor sich gegangen ist. Bei beiden Tierstämmen ging die Cephalisation jedoch von
einem ursprünglich homonom segmentierten Körper aus, und in beiden Fällen ist das
Ergebnis gleich: Am Vorderpol des Körpers wird ein komplexes Integrationsareal geschaffen, das durch in höchstem Maße gesteigerte Nerven- und Sinnesleistungen den
Organismus der Vertebrata und Arthropoda weit über das Evolutionsniveau ihrer
nächsten Verwandten hinaushebt (vgl. S. 56).

Die phylogenetische Bedeutung der Keimblätter

Bei Betrachtungen zur Stammesgeschichte der Metazoa spielt unter anderem die phylogenetische Bedeutung der Keimblätter eine wichtige Rolle. Ursprünglich bezieht sich
die Benennung der Keimblätter als Ecto-, Ento- und Mesoderm lediglich auf ihre entsprechende Lage im Keim. Da allerdings diese Beziehungen durchgehend bei allen
Metazoa angewendet werden, erhebt sich die Frage, ob tatsächlich auch bei allen Metazoa die Keimblätter homolog sind, ob also zum Beispiel das Entoderm der Ctenophora
dem der Echinodermata, das Mesoderm der Plathelminthes dem der Chordata usw.
entspricht. Wenn eine solche Homologie besteht, dann müßten sich die Keimblätter
aller heute lebenden Metazoa logischerweise auf die entsprechenden Körperschichten
einer phylogenetischen Stammform zurückführen lassen, die ebenfalls schon einen
solchen Schichtenbau besessen haben müßte.

Es wird heute wohl nicht bestritten, daß zumindest eine zweischichtige Stammform
der Metazoa existiert haben muß, die aus den beiden Schichten Ecto- und Entoderm
bestand. Von einer so organisierten Stammform dürften sich die Placozoa, Porifera,
Cnidaria und Ctenophora abgeleitet haben. Später trat dann das Mesoderm als dritte
Körperschicht auf und schob sich zwischen die beiden primären Schichten. Eine solche
dreischichtige Stammform müßte dann allen als Bilateralia zusammengefaßten Tierstämmen den Ursprung gegeben haben, falls das Mesoderm tatsächlich bei allen diesen
Stämmen homolog ist. An einer solchen Homologie kann aber durchaus auch gezweifelt werden. Wie wir oben dargelegt haben, entwickelt sich nämlich das dritte
Keimblatt ontogenetisch auf zwei sehr unterschiedliche Weisen. Es wäre also durchaus
denkbar, daß das Mesoderm auch phylogenetisch zweimal entstanden ist.

Für eine Homologie der Keimblätter, zumindest von Ecto- und Entoderm, gibt es
verschiedene Hinweise. Zunächst nehmen die Keimblätter stets die gleiche Lage ein,
sie haben also im Keim immer eine feste Lagebeziehung zueinander, und eine ganz
entsprechende Lagebeziehung ist dann auch im Adultus zu beobachten. Weiterhin ist
der Ort der Entstehung des Entoderms relativ konstant, es differenziert sich an der
Blastoporuszone. Das Mesoderm entsteht zwar stets im engen Zusammenhang mit dem
Entoderm, aber eben einmal aus einem mesentodermalen Komplex an der Blastoporuszone und bei anderen Tierstämmen aus dem bereits differenzierten Urdarm.

Die Keimblätter können auch durch ihre prospektive Bedeutung gekennzeichnet
werden. Sie liefern über das gesamte Tierreich hinweg immer wieder dieselben Organsysteme. Im Normalfall entstehen bei den Bilateralia

aus dem Ectoderm: die Körperbedeckung einschließlich der verschiedenen Exoskelette,
der Vorder- und der Enddarm sowie das Nervensystem;

aus dem Entoderm: der Mitteldarm mit seinen Anhängen, wie Mitteldarmdrüsen, Leber, Lunge usw., sowie die Chorda dorsalis der Chordata;

aus dem Mesoderm: die Coelomepithelien oder das parenchymale Füllgewebe, Muskulatur, Exkretionsorgane und Gonaden sowie die Skelette der Echinodermata und
Vertebrata.

Diese Aufzählung gibt das Schicksal der Keimblätter bei der typischen Entwicklung der Bilateralia wieder, sie stellt jedoch kein starres Schema dar. Manchmal gehen nämlich bestimmte Organe aus einem anderen Keimblatt hervor, oder — anders ausgedrückt — ein Keimblatt kann unter Umständen auch noch andere als die oben angeführten Organe liefern, wie etwa das Ectoderm ein Ectoparenchym oder Ectomesenchym.

Für die noch zu besprechende Großeinteilung des Tierreichs (Kap. 9) ist die Homologie der Keimblätter außerordentlich bedeutsam. Sie läßt mit Sicherheit die Schlußfolgerung zu, daß die Metazoa eine monophyletische Gruppe darstellen. Ob dagegen auch die Tierstämme mit drei Keimblättern, also die Bilateralia, monophyletischen Ursprungs sind, bedarf noch der Diskussion.

Das Schicksal des Blastoporus

Auch das Schicksal des Blastoporus spielt eine gewisse Rolle für die Großgliederung der Metazoa. Als Blastoporus bezeichnet man, wie wir gesehen haben, die Region, an der am bis dahin einschichtigen Keim ein Teil des Blastomeren-Materials nach innen verlagert wird. Die Blastomeren werden dabei in Ecto- und Entoderm differenziert, und gleichzeitig entsteht an der Keimesoberfläche eine Öffnung, eben der Blastoporus oder Urmund. So einfach liegen die Dinge allerdings nur in wenigen übersichtlichen Fällen, wenn zum Beispiel eine typische Invaginationsgastrula entsteht. Diese Fälle müssen sicherlich als ursprünglich angesehen werden. Bei zahlreichen Tiergruppen entsteht nun aber gar keine Blastoporus-Öffnung mehr. Die Lage des Blastoporus kann dann nur noch aus Indizien geschlossen werden. Bei der Immigration von Zellen und bei der superficiellen Furchung bilden beispielsweise die sich ablösenden Blastomeren keinen geschlossenen Verband mehr. Trotzdem kann man aber beobachten, daß sich das Zellenmaterial an einer ganz bestimmten Stelle der Keimesoberfläche konzentriert und erst von dort nach innen verlagert wird. Diese Region entspricht dem Blastoporus. Fast immer kann man daher vom Entstehungsort des Entoderms bzw. des Mesentoderms auf die Lage des Blastoporus schließen. Die Blastoporusregion kennzeichnet im übrigen am Keim ursprünglich den vegetativen Pol.

Im einfachsten Fall geht aus dem Blastoporus der Mund und nur dieser hervor (daher auch die Bezeichnung Urmund). Das trifft für die Cnidaria und Ctenophora zu. Komplizierter sind die Verhältnisse bei denjenigen Tieren, die als Erwachsene oder auch schon als Larven einen durchgehenden Darm mit Mund und After haben. Bei ihnen ist der Blastoporus auf die Ventralseite des Keimes verschoben und stellt oft einen langgestreckten Schlitz dar. Manchmal wächst dann dieser Schlitz in der mittleren Region von beiden Seiten her zu, so daß nur eine vordere und eine hintere Öffnung erhalten bleiben. Die vordere wird dann zum definitiven Mund, die hintere zum After. In anderen Fällen kommt es zu einer Zerteilung des Blastoporus in Mund und After. Auch wenn in abgeleiteten Fällen gar kein offener Blastoporus mehr auftritt, sind diese Vorgänge übrigens in ganz ähnlicher Weise zu beobachten.

Der Blastoporus kann aber auch so verschlossen werden, daß nur noch eine vordere Öffnung als späterer Mund erhalten bleibt. Man hat die Tiere, bei denen dies geschieht, als **Protostomia** (Erstmünder) bezeichnet. Der After bricht bei ihnen sekundär an der Stelle durch, an der sich der hintere Winkel des Blastoporus befand. Schließlich kann der Blastoporus auch vollkommen geschlossen werden. Dann müssen sowohl der Mund als auch der After neu entstehen. In diesen Fällen ist dann oftmals nur noch eine eng umgrenzte Materialbildungszone zu erkennen, sozusagen als Rest des Blastoporus. Diese Zone kann nun entweder enge Beziehungen zum künftigen Mund aufweisen, dann rechnet man die betreffenden Tiere zu den Protostomia, oder aber die Bildungszone kann mit dem künftigen After in enger Beziehung stehen, dann nennt man die betreffenden Tiere **Deuterostomia** (Zweitmünder) (vgl. S. 150).

Deuterostomia sind also Tiere, bei denen der After an der Stelle der Blastoporusregion durchbricht und bei denen der Mund eine völlige Neubildung ist; sie werden daher manchmal auch als Neumünder bezeichnet. — Zu den Protostomia zählen dagegen alle Tiere, bei denen an der Stelle der Blastoporusregion der Mund entsteht und der After eine Neubildung darstellt oder bei denen sich der Blastoporus bis auf den späteren Mund verschließt. Herkömmlicherweise werden dazu aber auch alle Tiere gerechnet, bei denen der Blastoporus in eine vordere und eine hintere Öffnung als künftiger Mund bzw. After zerteilt wird oder wo diese Öffnungen beim Verschluß des mittleren Blastoporus-Abschnitts erhalten bleiben. Zumindest der Begriff Protostomia ist also nicht ganz eindeutig.

8.3. Larvenformen und Lebenszyklen

An die embryonale Phase der Entwicklung schließt sich bei der Mehrzahl der Metazoa die larvale Phase an. Als **Larve** bezeichnet man ein normalerweise frei lebendes Entwicklungsstadium, das sich vom Adultus morphologisch unterscheidet, in der Regel eine andere Fortbewegungs- und Ernährungsweise hat und sich meist auch in einem anderen Lebensraum aufhält (eine Ausnahme bilden hier viele Insecta). Die Larve ist mit spezifischen **Larvalorganen** ausgerüstet, die dem Adultus fehlen. Der **Adultus** dagegen hat typische **Adultorgane**, die man gewöhnlich bei der Larve vermißt. So sind etwa die Wimperschnüre der Pluteus-Larve (Seeigel) ein ausgesprochenes Larvalmerkmal, der Kauapparat und die Saugfüßchen der erwachsenen Echinoida aber charakteristische Adultmerkmale. Bei sehr vielen Metazoen-Larven sind allerdings neben den Larvalmerkmalen auch schon Adultmerkmale zu beobachten. Ein bekanntes Beispiel dafür sind die Anlagen von Fuß und Schale bei der Veliger-Larve der Mollusca: ein typisches Larvalmerkmal dieser Larve ist das Velum.

Es gibt im übrigen auch eine ganze Reihe von Tieren, bei denen die Larven parasitisch, die Adulten dagegen frei leben. Bei anderen Arten lebt die Larve frei, und der Adultus ist ein Parasit. Schließlich treten auch Formen auf, bei denen alle Stadien eine parasitische Lebensweise führen; dann erfolgt beim Übergang von der Larve zum Adultus fast immer ein Wirtswechsel. (Man schätzt übrigens, daß etwa ein Viertel aller rezenten Tierarten in der einen oder anderen Form Parasiten sind.)

Da sich Larve und Adultus normalerweise sowohl morphologisch als auch ökologisch unterscheiden, muß beim Übergang von der einen zur anderen Phase eine morphologische und physiologische Umrüstung eintreten. Diesen Wandel bezeichnet man als **Metamorphose**. Sie bedeutet einen mehr oder weniger tiefgreifenden Gestaltwandel, bei dem die larvalen Organe eingeschmolzen werden, die bereits vorhandenen Adultmerkmale auf den Adultus übertragen werden und eventuell auch neue Adultmerkmale hinzukommen. Gleichzeitig ist die Metamorphose mit einem Wechsel der Lebensweise und oft auch des Lebensraumes verbunden.

Die meisten Tiere gehen übrigens nach der Metamorphose nicht sofort in die adulte Phase über; sie schalten vielmehr eine **juvenile Phase** ein, die vor allem eine Wachstumsphase darstellt und zur Ausdifferenzierung der Adultmerkmale, insbesondere der Gonaden, dient. Als Adultus bezeichnet man dann erst das geschlechtsreife, fortpflanzungsfähige Tier.

Neben diesem ontogenetischen Aspekt werfen die Larven der Metazoa aber auch ein phylogenetisches Problem auf. Wie alle anderen Entwicklungsstadien einer jeden Tierart sind ja auch die Larven den Mechanismen der Evolution unterworfen. Wenn nun aber Larve und Adultus einen unterschiedlichen Lebensraum besiedeln, dann bedeutet dies zwangsläufig, daß beide auch unterschiedlichen Selektionsdrücken ausgesetzt sind. Die uns heute bekannten Larvenformen machen also nicht nur im Verlaufe der Individualentwicklung einen ontogenetischen Wandel durch, sie müssen vielmehr auch einen phylogenetischen Entstehungs- und Wandlungsprozeß hinter sich haben.

Eine Zusammenstellung dieses gesamten Fragenkomplexes verdanken wir G. JÄGERSTEN [52], dessen Gedankengängen und dessen Terminologie wir uns hier anschließen. Wir können in dieser Einführung allerdings nur auf einige allgemeine Aspekte der Larvalentwicklung eingehen. Die einzelnen Larvenformen und die damit zusammenhängenden Lebenszyklen werden bei den betreffenden Stämmen und Klassen näher behandelt.

Primäre Lebenszyklen

Wenn wir davon ausgehen, daß die Metazoa im Meer entstanden sind und daß sich dort auch alle wesentlichen Bauplantypen entwickelt haben, dann müssen die ursprünglichsten Verhältnisse wohl auch bei Meeresbewohnern zu suchen sein. Und der ursprünglichste Lebenszyklus aller Metazoa ist zweifellos eine **indirekte Entwicklung** mit einem Wechsel zwischen pelagischer Larve und benthonischem Adultus. Man nennt dies den primären **pelago-benthonischen Lebenszyklus.** Wir finden ihn bei rund 80% aller marinen Tiere und bei fast allen im Meer vertretenen Tierstämmen. Die bei diesem Lebenszyklus auftretenden Larven werden **Primärlarven** genannt. Dazu zählen zum Beispiel die Amphiblastula und Parenchymula der Porifera, die Planula und Actinula der Cnidaria, die Trochophora der Annelida, der Veliger der Mollusca, der Nauplius der Crustacea, die Dipleurula der Echinodermata und zahlreiche andere.

Die Termini Primär- und entsprechend dann Sekundärlarve werden in der Literatur leider für völlig verschiedene Sachverhalte benutzt. So unterscheidet man unter rein ontogenetischem Bezug Primär- und Sekundärlarven dann, wenn im Verlaufe der Larvalentwicklung einer Art mehrere unterschiedliche Larvenstadien auftreten (im deutschsprachigen Schrifttum oft auch als Erstlarve, Zweitlarve usw. bezeichnet). Auf der anderen Seite spricht man im phylogenetischen Sinne von einer Primärlarve, wenn es sich innerhalb eines Verwandtschaftskreises um eine einfache, ursprüngliche Larventyp handelt, wie etwa die Planula-Larve der Cnidaria. Tritt innerhalb dieses Verwandtschaftskreises, etwa durch Abkürzung der Larvalentwicklung, ein abgewandelter Larventyp auf, nennt man ihn Sekundärlarve, wie zum Beispiel die Actinula der Cnidaria.
Wir bezeichnen hier als Primärlarven lediglich solche postembryonalen Entwicklungsstadien, die dem primären pelago-benthonischen Lebenszyklus angehören, gleichgültig, wieviele Stadien bei diesem Zyklus im einzelnen auftreten und wie sehr sich die Larven innerhalb eines Verwandtschaftskreises unterscheiden. Sekundärlarven in unserem Sinne gehören dagegen einem ganz anderen Lebenszyklus an (s. S. 112).

Ökologisch kann man bei den Larven der marinen Wirbellosen einen Trend feststellen, der von der typischen pelagischen Larve zu einer immer deutlicheren Verkürzung der pelagischen Phase führt. Die einzelnen Larven unterscheiden sich dabei aber nicht nur durch die Dauer des Aufenthaltes im Pelagial, sondern auch durch die Ernährungsweise. Dies steht im engen Zusammenhang mit dem Dottergehalt der von der betreffenden Art abgelegten Eier, und dies wiederum hat einen Einfluß auf die Anzahl der produzierten Eier.

Die im folgenden vorgenommene Einteilung darf allerdings nur als Faustregel angesehen werden. Es gibt einerseits alle möglichen Übergänge zwischen den aufgeführten Typen, und andererseits treten auch Ausnahmen von dieser „Regel" auf.

Der ursprünglichste Typ sind die pelagischen und planktotrophen Larven, die lange Zeit im Pelagial treiben und sich aktiv von winzigem Plankton ernähren. Tiere mit solchen Larven produzieren kleine und dotterarme Eier. Da die Verluste während des langen Planktonlebens sehr hoch sind, müssen in der Regel zahlreiche Eier abgelegt werden. In vielen Stämmen und Klassen hat sich nun parallel und unabhängig voneinander eine pelagische, aber lecithotrophe Larve herausgebildet. Diese Larven ernähren sich vorwiegend oder ausschließlich vom eigenen Dotter und halten sich meist nur eine kürzere Zeit im Pelagial auf. In diesen Fällen sind die Eier etwas größer und dotterreicher, und sie werden in geringerer Anzahl produziert. Bei vielen lecithotrophen Larven sind die larvalen Organe zur Nahrungsaufnahme sogar reduziert. Die nächste Stufe sind die benthonisch-lecithotrophen Larven, bei denen die pelagische Phase oft auf wenige Stunden, manchmal nur Minuten beschränkt ist oder sogar gänzlich wegfällt. Es kommt dann zu einem **holobenthonischen Lebenszyklus**. Bei diesen benthonischen Larven können dann auch noch die larvalen Fortbewegungsorgane wegfallen. Am Ende dieser Reihe steht schließlich der völlige Verlust des Larvenstadiums, also die **direkte Entwicklung**.

Der holobenthonische Lebenszyklus mit direkter Entwicklung ist also aus dem primären pelago-benthonischen Zyklus entstanden, indem die Larve während der Phylogenese zum Bodenleben überging und schließlich ganz verschwand. Es kann jedoch auch umgekehrt die pelagische Larve erhalten bleiben und der Adultus zum pelagischen Organismus werden. Daraus resultiert dann ein **holopelagischer Lebenszyklus**. Bezeichnenderweise kommt es auch dabei zu einem mehr oder weniger vollständigen Verlust der typischen Larvenformen, also zur **direkten Entwicklung**. Die extremsten Beispiele dafür sind die Ctenophora und die Chaetognatha. Die Angehörigen beider Tierstämme leben holopelagisch (nur einige Arten sind sekundär wieder zur benthonischen Lebensweise übergegangen). Bei den Chaetognatha fehlen Larven vollständig; bei den Ctenophora werden zwar gewisse Entwicklungsstadien als Larven bezeichnet, es ist aber fraglich, ob sie die Verhältnisse des ursprünglichen pelago-benthonischen Lebenszyklus widerspiegeln. Zur holopelagischen Lebensweise und damit verbunden zur direkten Entwicklung kommt es auch innerhalb vieler anderer Stämme der Metazoa. In den allermeisten Fällen ist dabei aber die Entstehung dieses Lebenszyklus noch erkennbar, weil auch noch ursprünglichere Verwandte mit pelago-benthonischem Lebenszyklus existieren. Bei den Ctenophora und Chaetognatha fehlen solche Verwandte völlig.

Zur holopelagischen Lebensweise kann es theoretisch auf zweierlei Weise kommen. Einmal kann man sich vorstellen, daß das Larvenleben im Laufe der Phylogenese ständig verlängert wurde, bis schließlich die Larve keine Metamorphose mehr durchmachte, sondern unmittelbar in einen fortpflanzungsfähigen Organismus überging. Dieser Vorgang wird als Neotenie bezeichnet. Der andere Weg muß umgekehrt seinen Ausgang vom Adultus genommen haben, der zur pelagischen Lebensweise überging und entsprechende Anpassungen erwarb, während die Dauer der Larvalphase immer mehr verkürzt wurde bis zur direkten Entwicklung.

Die pelagische Lebensweise der Larven wird in der Regel als eine Anpassung der betreffenden Tiergruppe zur Verbreitung der Art angesehen. Das führte oftmals zu der Schlußfolgerung, benthonische Tiere hätten lediglich zum Zwecke der besseren Verbreitungsmöglichkeit eine pelagische Larvenphase ausgebildet. Der pelago-benthonische Lebenszyklus müßte dann aber mehrmals aus dem holobenthonischen Zyklus hervorgegangen sein. Gegen einen solchen Ablauf der Phylogenese sprechen jedoch alle bisherigen Erkenntnisse. Wir stellen vielmehr Formen mit pelagischer Larve an den Beginn der Evolution der Metazoa. Diese Larve diente von Anfang an unter anderem auch der Verbreitung, wurde aber sicherlich nicht erst zu diesem Zweck „erfunden".

Die phylogenetische Entstehung des pelago-benthonischen Lebenszyklus kann man sich etwa wie folgt vorstellen. Bei den ursprünglichsten Metazoa haben sich ganz offensichtlich die pelagische Larve und der benthonische Adultus nur wenig unterschieden.

Sie könnten zum Beispiel einer pelagischen Blastaea und einer benthonischen Bilateroblastaea ähnlich gewesen sein. Die Metamorphose drückte sich dabei vor allem in einem ökologischen und physiologischen Wandel aus und war nur von einem unbedeutenden Gestaltwechsel begleitet. Daß es überhaupt zu einer Trennung in eine pelagische und eine benthonische Phase kam, und zwar offenbar schon bei der Stammform der Metazoa, muß wohl mit den Ernährungsmöglichkeiten zusammenhängen. Die Larve ist ja bei allen Tieren ein vergleichsweise kleiner Organismus, der beim Schlüpfen die Größe des Eies nicht überschreitet. Im Gegensatz zum Embryo aber, der die Größe der Zygote konstant beibehält, wächst die Larve; sie durchläuft dabei sogar oft mehrere, deutlich zu trennende Stadien. Dieses Wachstum kann nur durch Nahrungsaufnahme zustandekommen. Wegen der Kleinheit der Larve kann jedoch auch ihre Nahrung nur aus winzigsten Teilchen bestehen, und diese sind eben am einfachsten im Pelagial zu finden und aufzunehmen. Den meisten Larven genügt dafür ein einfacher Strudelapparat, der im ursprünglichsten Fall aus über den Körper verstreuten Geißeln besteht. Ein solcher Apparat ist aber zur Nahrungsaufnahme auf dem Boden völlig ungeeignet. Die Larve ist also gewissermaßen gezwungen, im Pelagial zu driften, um die ihrer Größe und ihrer Aufnahmemöglichkeit gemäße Nahrung zu finden. Sie wächst dabei bis zu einer bestimmten Größe heran und sinkt dann zu Boden.

Auch der aus der Metamorphose hervorgehende Adultus wächst weiter. Er hat aber jetzt einen viel größeren Nahrungsbedarf, der mit einfachen morphologischen Strukturen nicht mehr im Pelagial zu decken ist. Der Adultus entwickelt daher vor allem Organe zur Aufnahme größerer Nahrungsteilchen und -mengen. Außerdem verlangt der ständige Aufenthalt im pelagischen Lebensraum einen hohen Energieaufwand. Normalerweise kann sich ein nur mit Geißeln ausgerüsteter Organismus, wie ihn die ersten Metazoa dargestellt haben müssen, nur bis zu einer Größe von 1—2 mm im Pelagial halten. Wird er größer, sinkt er durch sein Eigengewicht zu Boden (spezifische Schwebeeinrichtungen sind ganz sicher vergleichsweise jungen stammesgeschichtlichen Datums). Der Adultus wurde also aus Gründen der Ernährung und des Energieaufwands sozusagen an den Boden gefesselt.

Im Verlaufe der Stammesgeschichte hat nun die Selektion, bedingt durch die unterschiedlichen Lebensräume von Larve und Adultus, in unterschiedlichem Maße gewirkt. Es kam zu einer immer stärker divergierenden Evolution zwischen beiden Lebensphasen. Je mehr sich Larve und Adultus unterschieden, um so radikaler mußte dann auch die Metamorphose werden. Die Larven haben bei diesem divergierenden Evolutionsprozeß oft hoch spezialisierte Larvalmerkmale erworben und sich dem pelagischen Leben immer vollkommener angepaßt. Sie sind sozusagen zu eigenständigen Lebensformtypen geworden. Besonders charakteristische Beispiele dafür sind die Pelagosphaera der Sipunculida, der Cyphonautes der Bryozoa und auch die Larve der Entoprocta. Auf der anderen Seite haben sich die Adulten immer besser der benthonischen Lebensweise angepaßt und dabei ganz spezifische Adultmerkmale erworben.

Wenn wir die Phylogenese so interpretieren, dann bedeutet dies, daß die der pelagischen Lebensweise angepaßten Larvalmerkmale phylogenetisch während der pelagischen Lebensphase entstanden sein müssen. Adultmerkmale dagegen müssen, soweit sie der benthonischen Lebensweise angepaßt sind, phylogenetisch zuerst in der benthonischen Lebensphase aufgetreten sein. Diese scheinbar simple Feststellung hat eine sehr bedeutungsvolle Konsequenz.

Die Adultation

Es wurde schon angedeutet, daß pelagische Larven nicht nur spezifische Larvalmerkmale aufweisen, die während der Metamorphose eingeschmolzen werden, sondern oft auch schon Merkmale, die als typische Adultmerkmale gelten müssen und die im Normalfall vom Adultus übernommen werden. So besitzt, um dieses Beispiel zu wiederholen, die Veliger-Larve der Mollusca neben dem Velum als typischem Larvalmerkmal bereits die Anlage von Fuß und Schale als charakteristische Adultmerkmale, die zweifelsfrei phylogenetisch im Zusammenhang mit der benthonischen Lebensweise entstanden sind. Dieses Auftreten von Adultmerkmalen in der Larve beruht ganz offensichtlich darauf, daß während der Evolution Adultmerkmale in die Larvalphase „vorverlagert" worden sind und nun gewissermaßen verfrüht während der Ontogenese in Erscheinung treten. JÄGERSTEN nennt diesen Vorgang **Adultation**; oft wird er auch, den Tatbestand nicht ganz treffend, als Akzeleration bezeichnet. Dieses Phänomen ist ein ganz allgemeines Prinzip innerhalb der Metazoa und tritt unabhängig voneinander bei den verschiedensten Tiergruppen auf. Die Ursachen für die Adultation sind unbekannt; JÄGERSTEN spricht ganz allgemein von einem „adulten Druck", der auf die Larve ausgeübt wird.

Es kann sogar der Fall eintreten, daß solche Adultmerkmale, die sich bei der Larve manifestiert haben, beim Adultus gar nicht mehr in Erscheinung treten. Es handelt sich dann um **ancestrale Adultmerkmale.** So haben etwa die in Holothurien parasitierenden Gastropoda der Gattung *Entoconcha* und Verwandte einen wurmförmigen und unbeschalten Körper, der in keiner Weise mehr an eine Schnecke erinnert. Ihre Larven haben aber durchaus die übliche Anlage von Fuß und Schale der Veliger. Ebenso zeigen die parasitischen Rhizocephala (Crustacea, Cirripedia) keinerlei Ähnlichkeit mehr mit einem Krebs, während ihre Larven die typischen Spaltbeine und sogar die bei anderen Cirripedia auftretende zweiklappige Schale (Carapax) besitzen.

In diesen Fällen kann man relativ einfach beurteilen, welche Adultmerkmale während der Phylogenese auf die Larve verschoben, beim Adultus aber später völlig unterdrückt worden sind; wir kennen ja noch die „normal" aussehenden Verwandten. Möglicherweise existieren weitere Tiergruppen, bei denen ähnliche Phänomene auftreten, die aber noch nicht erkannt worden sind, weil die Vergleichsmöglichkeiten fehlen. Es könnte also Larven geben, die Merkmale besitzen, die weder als Larvalmerkmale zu deuten sind noch vom Adultus übernommen werden. Dabei würde es sich dann um ehemalige, also ancestrale Adultmerkmale handeln, die im Laufe der weiteren Phylogenese aus dem adulten Stadium eliminiert worden sind. Wenn wir zum Beispiel außer den Rhizocephala überhaupt keine anderen Krebse mehr kennen würden, wüßten wir wohl mit dem Carapax und den Spaltbeinen der Larve kaum etwas anzufangen. Dieser Frage ist bisher kaum Beachtung geschenkt worden, ihre Untersuchung könnte aber sicherlich ein neues Licht auf manche stammesgeschichtlichen Hypothesen werfen.

In diesem Zusammenhang ist die Feststellung interessant, daß sich im Laufe der Phylogenese die Larven ganz offensichtlich morphologisch weniger verändert haben als die Adulten. Wie sehr innerhalb vieler Tierstämme die adulten Tiere auch voneinander abweichen, die Larven halten meist recht konservativ an ihrem Bauplan fest. Dieses konservative Festhalten bezieht auch die Adultmerkmale der Larve ein.

Je weiter nun die Adultation der Larve voranschreitet, um so mehr nähert sich der Lebenszyklus einer **direkten Entwicklung**, bei der keine frei lebende Larve mehr auftritt. Der Übergang von der indirekten zur direkten Entwicklung ist fließend, und oft kann nicht entschieden werden, welcher Entwicklungsmodus vorliegt. Dieser Übergang hat sich, wie aus dem oben Gesagten hervorgeht, unabhängig in den verschiedenen Tiergruppen vollzogen. Die direkte Entwicklung ist also eine sekundäre Erscheinung, die im Laufe der Evolution mehrfach entstanden ist. Interessanterweise werden übrigens auch bei direkter Entwicklung oftmals noch die der Primärlarve entsprechenden Stadien ganz deutlich im Ei durchlaufen. Direkte Entwicklung bedeutet im allgemeinen gleichzeitig, daß alle Entwicklungsstadien denselben Lebensraum besiedeln.

Sekundäre Lebenszyklen

Bisher haben wir festgestellt, daß aus einem primären pelago-benthonischen Lebenszyklus mehrfach eine direkte Entwicklung entstanden ist. An verschiedenen Stellen des Tierreichs ist die Evolution aber auch noch weitergegangen. Von der direkten Entwicklung ausgehend kann es nämlich im Laufe der Phylogenese wieder zu einer indirekten Entwicklung, das heißt zu einer Ontogenese mit jetzt sekundärer Larve und sekundärer Metamorphose kommen. Und aus dieser sekundären indirekten Entwicklung kann schließlich abermals eine direkte, nunmehr aber sekundäre direkte Entwicklung hervorgehen. Die Phylogenese der Lebenszyklen der Metazoa können wir wie folgt zusammenfassen:

Ontogenese mit primärer Larve und primärer Metamorphose
(primärer pelago-benthonischer Lebenszyklus)
↓
Direkte Entwicklung (primär)
↓
Ontogenese mit sekundärer Larve und sekundärer Metamorphose
↓
Direkte Entwicklung (sekundär).

Als **Sekundärlarven** werden hier demnach larvale Entwicklungsstadien bezeichnet, die sich phylogenetisch erst nachträglich aus einem direkten Entwicklungsablauf herausgebildet haben. Die bekanntesten Beispiele für solche Sekundärlarven finden wir bei den Chordata und den Arthropoda.

Die Stammform der Chordata hatte sicherlich den im Tierreich allgemein üblichen pelago-benthonischen Lebenszyklus mit einer Larve, die etwa der Dipleurula der Echinodermata oder Tornaria der Hemichordata ähnlich gewesen sein dürfte. Im Laufe der Stammesgeschichte gingen dann die adulten Chordata zur pelagischen Lebensweise über, der gesamte Lebenszyklus wurde holopelagisch. Im gleichen Maße wurde durch Adultation die Larvenphase immer weiter eliminiert, und es kam schließlich zur direkten Entwicklung, die wir heute bei den Chordata allgemein antreffen. Reste von Merkmalen einer Primärlarve können nur noch bei den Acrania gefunden werden.

Wenn wir diesen stammesgeschichtlichen Ablauf im Vorfeld der heutigen Chordata voraussetzen, muß zum Beispiel der Lebenszyklus der Ascidiacea (Tunicata) einen abgeleiteten Zustand darstellen. Die adulten Ascidiacea müssen sekundär zum Bodenleben übergegangen sein, während ihre frühen ontogenetischen Entwicklungsstadien pelagisch blieben. Durch eine divergente Evolution von pelagischem Entwicklungsstadium und benthonischem Adultus kam es schließlich zur Ausbildung eines typischen Larvenstadiums, das nunmehr aber eine Sekundärlarve darstellt. Diese Larve steht übrigens dem typischen Chordaten-Bauplan viel näher als der sessile Adultus. Bei den Ascidiacea ist es also zur Ausbildung eines sekundären pelago-benthonischen Lebenszyklus gekommen. Die Ascidien-Larve hat, ihrer sekundären Entstehung entsprechend, sicherlich nichts gemein mit der uns unbekannten Primärlarve der Chordata. Es muß daher auch zu falschen Schlußfolgerungen führen, wenn die Ascidien-Larve zur phylogenetischen Theorienbildung herangezogen wird, unter der Prämisse, sie stelle einen ursprünglichen Larventyp dar.

Als Sekundärlarven müssen auch die Larven der Anura, die Kaulquappen, gelten. Bei den Froschlurchen kam es vor allem durch die bedeutenden Umwandlungen des Adultus (z.B. Verlust des Schwanzes) und durch seinen Übergang zum mehr oder weniger ausgeprägten terrestrischen Bodenleben zu einer neuerlichen Divergenz zwischen Entwicklungsstadien und Adultus. Von einer ursprünglich direkten Entwicklung ausgehend, bildeten sich auch hier wieder in den unterschiedlichen Lebensräumen zwei sich auseinanderentwickelnde Phasen aus: die pelagisch bleibende Larve als typische Sekundärlarve und der benthonische Adultus. Die Folge davon ist, daß es bei den Anura zu einer sonst bei den Vertebrata unbekannten Metamorphose kommt, die als sekundäre Metamorphose zu bezeichnen ist.

Es gibt nun sowohl unter den Ascidiacea als auch unter den Anura einige Arten, bei denen die gesamte Larvalentwicklung wieder im Ei abläuft, bei denen also das pelagische Larvenstadium abermals weggefallen ist. Dies sind dann Fälle von **sekundärer direkter Entwicklung**.

Auch bei den Insecta treten ausschließlich sekundäre Entwicklungsabläufe auf. Wie der primäre pelago-benthonische Lebenszyklus und die Primärlarve der Insekten-Vorfahren ausgesehen haben, wissen wir nicht. Der Lebenszyklus könnte dem der rezenten Krebse ähnlich gewesen sein. Als sicher gilt es jedoch, daß die Insekten (und mit ihnen die Myriapoda) auf dem Lande entstanden sind und daß bereits die Stammform der heutigen Insekten durch eine direkte Entwicklung ausgezeichnet war. Eine solche direkte Entwicklung führen uns die primär ungeflügelten Insekten vor, also die Entognatha, Archaeognatha und Zygentoma. Bei ihnen schlüpfen aus dem Ei Jugendstadien, die in der Lebensweise und weitgehend auch morphologisch dem Adultus gleich sind und bei denen im Verlaufe von mehreren Häutungen lediglich die morphologischen Merkmale ausdifferenziert werden und die Gonaden heranreifen. Es tritt keine Metamorphose auf. Auch die Adulten dieser Insekten häuten sich noch weiter und können ein für Kerbtiere sehr hohes Alter erreichen (bis zu 5 Jahre). Der Adultus wird bei den Insekten übrigens als **Imago** bezeichnet.

Komplizierter werden die Verhältnisse bei den ordnungs- und artenreichen Pterygota, also den geflügelten Insekten. Wenn wir zuerst die Holometabola betrachten, dann haben wir Tiere vor uns, deren Entwicklungsstadien oft einen völlig anderen Lebensraum als die Imagines bewohnen und bei denen beide Phasen meist auch eine ganz unterschiedliche Ernährungsweise haben. Auch hier kommt es, wie bei Ascidiacea und Anura, aus ökologischen Gründen wieder zu einer divergierenden Evolution zwischen postembryonalem Entwicklungsstadium und Adultus und zur Ausbildung einer Sekundärlarve. Die Umwandlung von der Larven- zur adulten Phase geschieht dann in einer radikalen Metamorphose, die so kompliziert ist, daß sie sich über einen längeren Zeitraum erstreckt und ein besonderes Zwischenstadium, die Puppe, erfordert. In den meisten Fällen ist die Puppe sogar unbeweglich und durch eine feste Hülle geschützt. Alle Formen mit einem solchen Entwicklungsgang werden, wie gesagt, als holometabole Insekten zusammengefaßt. Bei den Holometabola häutet sich der Adultus nicht mehr, und er hat in der Regel auch nur eine Lebensdauer von wenigen Wochen oder sogar nur Tagen. Mitunter nimmt er gar keine Nahrung mehr auf. Er dient dann ausschließlich der Verbreitung und Fortpflanzung. Die Holometabolie ist, gewissermaßen als Extremfall der sekundären indirekten Entwicklung, innerhalb der Insecta offenbar nur einmal entstanden. Die Holometabola sind eine monophyletische Gruppe, zu der unter anderem die Megaloptera, Planipennia, Coleoptera, Hymenoptera, Lepidoptera und Diptera gehören.

Sozusagen im Vorfeld der Holometabola sind aber Entwicklungsabläufe zu beobachten, die auf eine mehrmalige Entstehung der sekundären indirekten Entwicklung innerhalb der Pterygota schließen lassen, wenn es auch nirgends zu einem so ausgeprägten Vorgang gekommen ist, wie ihn die Holometabolie darstellt. Oftmals ist dabei gar nicht recht zu unterscheiden, ob es sich noch um eine direkte oder schon um eine indirekte Entwicklung handelt. Bei den Orthopteroida und der überwiegenden Mehrzahl der Hemiptera zum Beispiel kann man durchaus von einer direkten Entwicklung sprechen. Aus dem Ei schlüpft ein Organismus, der schon die Grundorganisation des Adultus hat und der vor allem keine spezifischen Larvalmerkmale aufweist. Ihm fehlen insbesondere die Flügel und die äußeren Geschlechtsorgane, die beide im Laufe des Wachstums allmählich entstehen, ebenso wie die Gonaden allmählich heranreifen. Jungtiere und Adultus nehmen auch denselben Lebensraum ein. Dies alles sind charakteristische Merkmale eines direkten Entwicklungsweges.

Dessen ungeachtet werden die Jugendstadien dieser Insekten in der entomologischen Literatur herkömmlicherweise als Larven bezeichnet; wenn sie schon Flügelanlagen bekommen haben, werden sie Pronymphen bzw. Nymphen genannt. Im amerikanischen Schrifttum dagegen wird meist für alle diese Jugendstadien der Terminus Nymphe benutzt, um den Unterschied zu den echten Sekundärlarven der Holometabola deutlich zu machen. Wir können hier natürlich nicht eine althergebrachte Terminologie ändern; es muß aber deutlich darauf hingewiesen werden, daß bei Insektengruppen mit einem derartigen Entwicklungsgang die Bezeichnung Larve eigentlich fehl am Platze ist. Es handelt sich in Wirklichkeit um eine juvenile Phase.

Die Ephemeroptera haben im Wasser lebende Jugendstadien und fliegende Imagines. Die besiedelten Lebensräume sind also sehr verschieden. Außerdem haben die Jugendstadien abdominale Kiemen als typisches Larvenmerkmal. Im übrigen geht aber die Entwicklung von einem Häutungsstadium zum anderen sehr stetig vorwärts. Es findet keine typische Metamorphose statt. Auch die Flügel entstehen allmählich (im Wasser!). Hier kann man nun wirklich nicht mehr entscheiden, ob es sich bei den postembryonalen Entwicklungsstadien um eine juvenile oder eine larvale Phase im Sinne der oben definierten Sekundärlarve handelt. Ähnliches gilt für die Odonata, bei denen die wasserbewohnenden Jugendstadien durch larvale Atmungsorgane und den großen labialen Fangapparat ausgezeichnet sind, bei denen aber auch alle übrigen Merkmale einschließlich der Flügel sukzessive ausgebildet werden. Lediglich bei der letzten Häutung zum Adultus tritt ein größerer Entwicklungsschritt auf. Schließlich ist auch bei den Plecoptera ein ähnlicher Entwicklungsablauf zu beobachten.

Es gibt nun auch einige Insekten, bei denen der Übergang zur sekundären indirekten Entwicklung schon deutlicher ist. Bei den Thysanoptera zum Beispiel haben nur die frühesten (meist wohl zwei) Larvenstadien gut ausgebildete Mundwerkzeuge, und nur sie nehmen Nahrung auf; sie haben noch keine Flügelanlagen. Die Larve geht dann in zwei oder drei „Ruhestadien" über, die sich kaum noch bewegen und keine Nahrung mehr aufnehmen. Während dieser Stadien gehen bedeutungsvolle Umbildungen der Muskulatur, des Darmes und des Fettkörpers vor sich, und es erscheinen Flügelanlagen. Hier kann man also schon mit einem gewissen Recht von einer Metamorphose sprechen. Ähnliche Vorgänge laufen bei einigen Hemiptera ab, so bei den Männchen der Coccina (Schildläuse) und bei den geflügelten Weibchen der Reblaus (und Verwandten). Die Aleyrodina, die sogenannten Mottenläuse, haben als Larven überhaupt keine Flügelanlagen mehr. Ihr letztes Larvenstadium, das nach einiger Zeit übrigens unbeweglich wird, vollzieht vielmehr einen großen Metamorphoseschritt. Beim Adultus erscheinen dann sofort, also nach einer einzigen Häutung, die Flügel und die adulte Gliederung. Dies ist eine bemerkenswerte Parallele zur holometabolen Entwicklung.

Die sekundäre indirekte Entwicklung ist bei den Insekten also mehrmals angesteuert worden. Es sind bei ihnen aber keine Fälle von sekundärer direkter Entwicklung bekannt, wie sie bei einigen Asciadiacea und Anura auftritt; sie könnte nur innerhalb der Holometabola entstanden sein. Einen Schritt in dieser Richtung, also zur Unterdrückung der Sekundärlarve, haben lediglich einige Diptera getan, die als pupipare Fliegen bezeichnet werden. Sie legen Larven ab, die unmittelbar vor der Verpuppung stehen und keine Nahrung mehr aufnehmen. Hier ist also die Larvenphase weitgehend unterdrückt, die Larve wächst vielmehr im Uterus der Mutter heran und wird mit einem Drüsensekret ernährt.

Die vollständige sekundäre Entwicklung, bei der aus dem Ei also wieder ein junger Adultus schlüpft, ist bei den Holometabola deshalb nicht möglich, weil sich der Adultus dieser Insektengruppe nicht mehr häutet, also auch nicht mehr wachsen kann. Theoretisch müßte also bei sekundärer direkter Entwicklung aus dem Ei ein Adultus von derselben Größe wie die Mutter schlüpfen. Außerdem stünde einer direkten Entwicklung auch der komplizierte Vorgang der Flügelentfaltung entgegen, der innerhalb des Eies nicht denkbar ist.

Innerhalb des Tierreichs treten Sekundärlarven im hier definierten Sinne sonst nur selten auf, und noch seltener kommt es zu einer sekundären direkten Entwicklung. Immerhin handelt es sich ja um Vorgänge, die einen langen phylogenetischen Umweg hinter sich haben. Es könnte aber durchaus sein, daß diese Umwege noch gar nicht bei allen Tiergruppen erkannt worden sind und daß sich unter Umständen mancher bisher unverständlich erscheinende Lebenszyklus anhand des hier dargelegten Evolutionsablaufs erklären läßt.

Wir hatten eingangs schon erwähnt, daß der primäre pelago-benthonische Lebenszyklus innerhalb der Metazoa weit verbreitet ist und überall dort, wo er auftritt, die ursprünglichen Verhältnisse widerspiegelt. Er fehlt vollständig nur bei den Stämmen Ctenophora, Priapulida, Nemathelminthes, Chaetognatha und Chordata. Die Angehörigen dieser Stämme sind durch eine direkte Entwicklung gekennzeichnet, und es gibt in keinem Fall einen Hinweis auf die Gestalt der Primärlarve ihrer Vorfahren. Einige Formen haben im Zusammenhang mit einer holopelagischen, parasitischen oder sekundär pelago-benthonischen Lebensweise Sekundärlarven ausgebildet, die ebenfalls keine Auskunft auf ursprüngliche Verhältnisse geben können. Es ist bezeichnend, daß wir über die Verwandtschaftsverhältnisse gerade dieser Stämme die geringsten Vorstellungen haben. Eine Ausnahme bilden lediglich die Chordata, die durch eindeutige Synapomorphien mit den Hemichordata und den Echinodermata in enger Beziehung stehen (S. 152).

Die phylogenetische Bedeutung der Larven

Die Bedeutung der Larven für Untersuchungen zur Stammesgeschichte der Metazoa ist oft stark überschätzt oder aber in einem falschen Licht gesehen worden. Zu diesem Schluß muß man wenigstens kommen, wenn man den hier vertretenen Standpunkt über die phylogenetische Entstehung der Lebenszyklen einnimmt. Wenn wir annehmen, daß die Metazoa monophyletischen Ursprungs sind, dann muß ihre Stammform zwangsläufig auch den „Urtyp" der Metazoen-Larve besessen haben. Im Verlaufe der Phylogenese haben sich nun aber nicht nur die Adulti divergierend auseinanderentwickelt, sondern auch ihre jeweiligen Larven. Um es noch einmal zu wiederholen: Alle Entwicklungsstadien unterliegen einem evolutiven Wandel, und zwar — wegen der unterschiedlichen Lebensverhältnisse der einzelnen Lebensphasen — einem meist auch innerhalb der Arten divergierenden Wandel. Alle heute auftretenden Larvenformen sind demnach genauso vorläufige Endprodukte der Evolution wie die Adulti. Ebensowenig wie man eine heute lebende Tiergruppe phylogenetisch aus einer anderen rezenten Tiergruppe anhand der Adulti herleiten kann, ist das anhand der Larven möglich. Genauso unfruchtbar muß es deshalb sein, eine rezente Larvenform aus einer anderen ableiten zu wollen. Man kann höchstens nach der jeweiligen — dann aber zwangsläufig hypothetischen — larvalen Stammform eines Verwandtschaftskreises suchen. Als eine solche hypothetische Stammform aller Metazoen-Larven hatten wir bereits die Blastaea in Betracht gezogen.

Unzulässig ist es auch, eine Larve zur phylogenetischen Stammform adulter Tiere machen zu wollen, wie das verschiedentlich mit der Trochophora geschehen ist. Die Trochophora (Abb. 30) wurde von manchen Autoren als Vorfahre des gesamten Spiralia-Kreises angesehen, indem man von ihr und über entsprechend weiter entwickelte

Larvenformen die verschiedenen Baupläne der adulten rezenten Organisationstypen ableitete. Auch die Dipleurula (Abb. 31) der Echinodermata wurde oft als phylogenetische Stammform der heutigen adulten Stachelhäuter sowie der Hemichordata angesehen. Die unter diesen Voraussetzungen konstruierten Stammbäume enthalten dann im basalen Teil Larvalformen, während die Endzweige mit den jeweiligen Adultformen abschließen. Bei einem derartigen Verfahren wird sowohl die Ontogenese mit der Phylogenese vermischt als auch in nicht korrekter Weise die Evolution von Larven und Adulti verknüpft. Diese Gedankengänge gehen wohl vor allem auf HAECKELS Rekapitulations-Hypothese zurück.

Etwas ganz anderes ist es, wenn zum Beispiel die Dipleurula als die ursprüngliche Larve aller Echinodermata betrachtet wird, als eine Larve also, welche bereits von der Stammform der Stachelhäuter während der Ontogenese durchlaufen wurde. Ebenso kann man natürlich von einem hypothetischen Ur-Spiralier annehmen, daß er ontogenetisch das Trochophora-Stadium durchlief. Der Ur-Spiralier selbst, also der Adultus, war ein benthonisch lebender Organismus. Für ihn wurde übrigens die Bezeichnung Trochozoon geprägt. Nur aus diesem Organismus können die Adulti der verschiedenen Stämme der Spiralia hervorgegangen sein, nicht aber aus bereits höher evolvierten Larven. Die Larven haben vielmehr eine unabhängig von den Adulti verlaufende Evolution durchgemacht. Wenn das mit einem Stammbaumschema ausgedrückt werden soll, dann müssen für die Larven und für die Adulti getrennte Kladogramme entworfen werden. Diese beiden Stammbäume müssen dann selbstverständlich deckungsgleich sein.

Die unterschiedliche Evolution von Larve und Adultus ist der Grund, warum man — selbst bei bewußter Anwendung der Methoden der Phylogenetischen Systematik — manchmal zu zwei verschiedenen Systemen gelangt (vgl. S. 52). Man kommt also für die Larven zu einem anderen Stammbaum als für die Adulti, beide Kladogramme sind nicht deckungsgleich. Wir hatten schon darauf hingewiesen, daß in diesen Fällen zumindest eines der Systeme falsch sein muß. Auch wenn der Selektionsdruck auf die einzelnen ontogenetischen Entwicklungsstadien unterschiedlich ist und zu einer divergierenden Evolution führt, kann von einer Artengruppe natürlich nur ein einziger phylogenetischer Entwicklungsweg durchlaufen worden sein, der für alle Stadien einer Art derselbe sein muß. Die Phylogenese drückt sich aber bei Larve und Adultus in ganz unterschiedlichen Merkmalen und Merkmalskomplexen aus. Die Ursache für die oben erwähnten „Fehlleistungen" der Systematik ist wohl vor allem in den Verhältnissen bei den Larven zu suchen. Da bei ihnen gleichzeitig Larvalmerkmale, Adultmerkmale und ancestrale Adultmerkmale auftreten können und oft auch eine ausgesprochene Merkmalsarmut herrscht, ist es meist außerordentlich schwierig, die einzelnen Merkmalskomplexe zu trennen, Plesiomorphien und Apomorphien zu erkennen usw. Die falsche Wahl der Merkmale, die zu einer Diskrepanz der Systeme führt, wird daher sicherlich in den meisten Fällen bei den Larven und nicht bei den Adulti getroffen.

Die einfachsten Larvenformen finden wir heute innerhalb der Metazoa bei den Porifera und den Cnidaria. Deren Larven gleichen noch weitgehend der hypothetischen Blastaea; sie stellen einschichtige, gleichmäßig begeißelte Zellkolonien dar und haben noch keine spezifischen Larvalmerkmale. Sie werden Coeloblastula-Larven genannt. Ein spezieller Typ der Coeloblastula ist die Amphiblastula mancher Porifera, bei der zwei morphologisch verschieden differenzierte Zellbezirke als künftige Dermallager bzw. Gastrallager zu unterscheiden sind (Abb. 96, S. 264). Aus der Coeloblastula geht durch recht unterschiedliche Gastrulationsvorgänge die zweischichtige Planula-Larve der Cnidaria hervor, die sich nach dem Festheften auf dem Boden in einer sehr einfachen Metamorphose zum Polypen umwandelt. Bei den Porifera entsteht aus der Coeloblastula in vielen Fällen eine ebenfalls zweischichtige Parenchymula-Larve; ihre Metamorphose verläuft etwas komplizierter.

Schon bei den Porifera und vor allem bei den Cnidaria tritt die bei den Metazoa allgemein zu beobachtende Tendenz zur Entwicklungsabkürzung auf, indem ein Teil der Larvalentwicklung bereits in der Embryonalphase durchlaufen wird. Bei manchen Hydrozoa schlüpft dann aus dem Ei eine als Actinula bezeichnete Larve, die schon weitgehend einem Polypen ähnlich ist.

Andere Larventypen treten bei den Metazoa mit drei Keimblättern und mit einem durchgehenden Darm auf. Die am weitesten verbreitete Larvenform ist die **Trochophora**, die in ihrer wahrscheinlich noch recht ursprünglichen Gestalt bei verschiedenen Polychaeta (Annelida) zu beobachten ist (Abb. 30). Diese typische planktotrophe Primärlarve besteht aus einer vorderen Region, der Episphaere, und einer hinteren Region, der Hyposphaere. An der Grenze zwischen beiden Regionen liegt ventral der Mund. Der After befindet sich nahe dem Hinterende. Den Darmkanal einschließlich Mund und After könnte man schon als ein Adultmerkmal bezeichnen. Typische Larvalmerkmale sind dagegen die Cilienbänder der Trochophora. Man kann einen in der Regel vor dem Mund gelegenen, also praeoralen Prototroch aus langen und kurzen Cilien und einen hinter dem Mund gelegenen, also postoralen Metatroch aus gleich langen Cilien unterscheiden. Zwischen beiden liegt noch eine sogenannte adorale Wimperzone aus sehr kurzen Cilien. Während des Schwimmens schlagen die Cilien des Prototroch kleine Nahrungspartikel auf die adorale Wimperzone, deren Cilien die Partikel zum Mund transportieren. Der Metatroch ist ausschließlich Schwimmorgan. Dazu kann noch ein ebenfalls dem Schwimmen dienender Telotroch kommen, der noch weiter dem Hinterende genähert ist.

Auf der Ventralseite der Trochophora zwischen Mund und After fällt ein Längsband aus sehr kurzen Cilien auf, das im allgemeinen als Neurotroch bezeichnet wird. Dieses

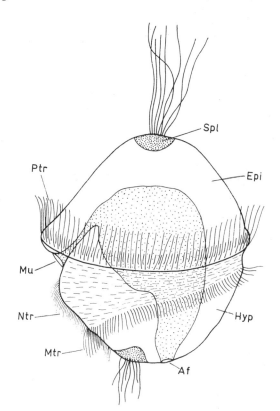

Abb. 30. Trochophora-Larve eines Anneliden von der Seite (schematisiert). — **Af** After, **Epi** Episphaere, **Hyp** Hyposphaere, **Mtr** Metatroch, **Mu** Mund, **Ntr** Neurotroch, **Ptr** Prototroch, **Spl** Scheitelplatte. — Nach verschiedenen Autoren.

Wimperband entsteht an der Verschlußnaht des Blastoporus (vgl. S. 106). Seine Cilien sind so kurz, daß sie für die Fortbewegung der Larve überhaupt keine Rolle spielen. Das Band tritt vielmehr erst in Aktion, wenn die Larve zu Boden sinkt und mit der Ventralseite dem Untergrund aufliegt. Dann nämlich fungiert das ventrale Wimperband als Gleitorgan. Wir haben also ein typisches Adultmerkmal vor uns.

Überraschenderweise kommt ein Neurotroch bei zahlreichen pelagischen Primärlarven vor, auch bei solchen, die nicht dem Trochophora-Typ angehören. Es muß sich also um ein uraltes Adultmerkmal handeln, das schon die frühesten benthonisch lebenden Metazoa besaßen. Man kann daraus schließen, daß das Gleiten auf dem Boden mit Hilfe ventraler Wimpern die ursprünglichste Fortbewegungsart der Metazoa war. Im Laufe der Stammesgeschichte wurde dieses Merkmal durch Adultation bereits auf die Larven übertragen und tritt heute noch bei zahlreichen Larven auf, selbst wenn bei den Adulti keine Spur eines Neurotrochs mehr zu sehen ist, wie etwa bei den meisten Annelida. In diesem Falle weist die Larve einen Neurotroch als ancestrales Adultmerkmal auf. Bei den Mollusca dagegen scheint sich die Kriechsohle (Fuß) unmittelbar aus dem Wimperband entwickelt zu haben.

Ein Neurotroch ist festgestellt worden bei pelagischen Primärlarven aus den Stämmen Mollusca, Echiurida, Annelida, Tentaculata und Hemichordata sowie in etwas veränderter Form bei Entoprocta, Sipunculida und Pogonophora. Allerdings tritt der Neurotroch keineswegs bei allen Larven dieser Tierstämme auf. Vor allem bei Entwicklungsabkürzungen fällt er meist weg. Der Name Neurotroch hängt übrigens damit zusammen, daß zumindest bei den Larven vom Trochophora-Typ unmittelbar unter diesem Wimperband das ventrale Zentralnervensystem entsteht.

Am Vorderende der Trochophora liegt die apikale Scheitelplatte mit einem Wimperschopf. Sie ist die Anlage des Cerebralganglions, und von ihr nimmt das larvale Nervensystem seinen Ausgang, das vor allem in Nervenringen unter den Wimperringen besteht. Im Innern können ein Paar Protonephridien als larvale Exkretionsorgane auftreten. Vor dem Enddarm liegen die ventralen Mesodermstreifen mit den Mesoteloblasten. Schließlich kann man in der primären Leibeshöhle auch noch mesenchymale Muskelzellen feststellen, die aus dem Ectoderm eingewandert sind (Ectomesenchym).

Typische Trochophora-Larven haben außer den Polychaeta (Annelida) auch die Entoprocta, die Sipunculida und die Echiurida. Abgewandelte Larven dieses Typs finden wir bei Polycladida (Turbellaria, Plathelminthes) als Müllersche Larve oder Goettesche Larve, bei Nemertini als Pilidium und bei Mollusca als Veliger. Die Abwandlungen bestehen teilweise in einer verschiedenartigen Umgestaltung des Prototroch, der zur Vergrößerung des Wimperepithels in lange Lappen oder Arme ausgezogen werden kann, zum Beispiel zum Velum der Mollusken-Larve. Andererseits haben die einzelnen Larventypen aber auch spezifische Larvalmerkmale erworben und charakteristische Adultmerkmale der betreffenden Gruppe übernommen. Es ist bemerkenswert, daß alle genannten Larven des Trochophora-Typs Tierstämmen angehören, die sich über eine Spiralfurchung entwickeln.

Von einer Trochophora leitet sich schließlich auch der Nauplius der Crustacea (Arthropoda) ab. Diese Larve ist allerdings recht beträchtlich abgewandelt. Sie hat keine Wimperkränze mehr, es ist also das typischste Larvalmerkmal der Trochophora weggefallen. Dafür hat der Nauplius drei Paar gegliederte Extremitäten, die anstelle der Wimperkränze zur Fortbewegung und zum Nahrungsfang dienen und die unter einer gewissen Veränderung von Gestalt und Funktion vom Adultus übernommen werden. Sie stellen also ein charakteristisches Adultmerkmal dar. Die frühzeitige Segmentierung des Nauplius hängt mit diesem Erscheinen der Extremitäten bereits im jüngsten Larvenstadium zusammen (bei einer typischen Trochophora tritt die Segmentierung erst in einem späteren Stadium, der Metatrochophora, auf). Die Adultation der Crustaceen-Larve ist also sehr weit fortgeschritten.

Ob auch die Larven der Tentaculata, also die Actinotrocha der Phoronida und der Cyphonautes der Bryozoa, dem Trochophora-Typ angehören, ist fraglich. Diese Larven sind durch Adultmerkmale, die zum Teil sogar wieder verlorengegangen sind, so stark verändert, daß ursprüngliche Merkmale einer Trochophora nicht mehr eindeutig zu erkennen sind. Eine Verwandtschaft dieser Larven zur Trochophora kann jedoch nicht völlig ausgeschlossen werden.

Einen ganz anderen Larventyp stellt die **Dipleurula** dar, die mit Sicherheit nicht unmittelbar auf eine heutige Trochophora zurückgeführt werden kann. Diese Larve tritt bei allen Klassen der Echinodermata auf, mit Ausnahme der Crinoida. Als Dipleurula (Abb. 31 A) bezeichnet man eine planktotrophe Primärlarve von etwa eiförmiger Gestalt, deren vertieftes Mundfeld von einem annähernd trapezförmigen Wimperkranz umgeben ist; am apikalen Pol kann ein Wimperschopf auftreten, der oft von Nervengewebe (einer Scheitelplatte) unterlagert ist. Die Dipleurula ist allerdings nur ein Durchgangsstadium. Normalerweise schlüpft — abgesehen von den Crinoida — bei den Stachelhäutern aus dem Ei eine gleichmäßig bewimperte Blastula, die durch Embolie in eine Gastrula übergeht. Durch Konzentration der Wimpern auf den circumoralen Wimperkranz geht aus der Gastrula die Dipleurula hervor. Damit ist aber die Larval-

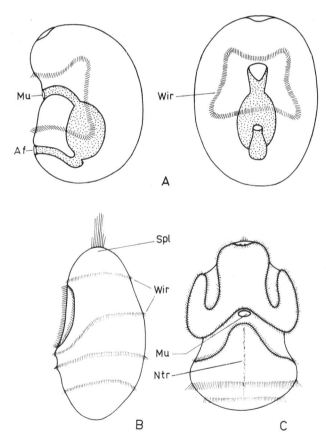

Abb. 31. Larven vom Dipleurula-Typ (schematisiert). **A.** Dipleurula der Echinodermata von lateral und ventral. **B.** Doliolaria der Crinoida von lateral. **C.** Tornaria der Enteropneusta von ventral. — **Af** After, **Mu** Mund, **Ntr** Neurotroch, **Spl** Scheitelplatte, **Wir** Wimperringe. — A nach Heider 1913, B nach Thomson, C nach Jägersten 1972.

entwicklung noch nicht abgeschlossen, sie verläuft anschließend bei den einzelnen Klassen jedoch in verschiedener Richtung. Jetzt wird nämlich der Wimperkranz zur Vergrößerung der Oberfläche in Schlingen gelegt und meist auch in mehr oder weniger lange Fortsätze ausgezogen. Um diese Fortsätze zu stützen, bilden viele Larven eigens dafür ein mesodermales Larvalskelett aus. Je nach der Gestalt der Wimperschnüre werden die Larven, die aus der Dipleurula hervorgehen, unterschiedlich bezeichnet, so bei den Echinoida und Ophiuroida als Pluteus, bei den Asterioida als Bipinnaria und Brachiolaria, bei den Holothurioida als Auricularia.

Bei den Crinoida treffen wir ausschließlich eine andere Larvenform an, die Doliolaria (Abb. 31 B). Sie ist gekennzeichnet durch vier (seltener fünf) Wimperringe, und sie ist lecithotroph. Während uns bei den Crinoida diese Larve unvermittelt gegenübertritt, entsteht die Doliolaria bei manchen Holothurioida aus der Auricularia, hat also vorher schon das Dipleurula-Stadium durchlaufen. Auch bei verschiedenen Ophiuroida und Echinoida kommen Larven mit Merkmalen der Doliolaria vor, die sich aus einem Pluteus entwickeln. Ganz offensichtlich ist innerhalb der Echinodermata die Doliolaria mehrmals im Zusammenhang mit der lecithotrophen Ernährung entstanden und aus der Dipleurula hervorgegangen.

Ebenfalls von der Dipleurula kann die Larve der Enteropneusta (Hemichordata), die Tornaria (Abb. 31 C), abgeleitet werden. Auch sie ist planktotroph, wie die Dipleurula. Sie hat oft ein ungewöhnlich langes pelagisches Leben und kann zu beträchtlicher Größe heranwachsen (man hat Tornaria-Larven von über 1 cm Länge gefunden). Die Larven der Pterobranchia dagegen sind lecithotroph; sie stellen also, ähnlich wie die Doliolaria, einen abgewandelten Seitenzweig dar.

Schließlich deutet auch manches darauf hin, daß die Larve der Pogonophora dem Dipleurula-Typ angehören. Wir kennen bisher allerdings aus diesem Tierstamm nur lecithotrophe Larven mit stark verkürzter pelagischer Phase. Da aber bei anderen Arten oligolecithale Eier gefunden worden sind, treten ganz sicher bei den Pogonophora auch planktotrophe Larven auf, die den ursprünglichen Larventyp dieser Tiere verkörpern müssen. Es muß sich zeigen, ob diese planktotrophen Larven tatsächlich von der Dipleurula abzuleiten sind.

Die Primärlarve der Chordata ist uns völlig unbekannt. Es kann jedoch mit guten Gründen vermutet werden, daß auch sie einer Dipleurula oder einer Tornaria ähnlich gewesen ist.

Es scheint nach dieser Übersicht so, als ob innerhalb der Bilateralia lediglich zwei prinzipielle Typen von Primärlarven vorhanden sind, die Trochophora und die Dipleurula. Zweifellos hat dies auch eine phylogenetische Bedeutung. Auffallend ist nämlich daß alle Tierstämme mit einem Trochophora-Typ als Larve sich ursprünglich über eine Spiralfurchung entwickeln, während die Tierstämme mit Dipleurula-Larven primär eine Radiärfurchung haben. Ungewiß ist allerdings, in welcher Weise beide Larven-Typen aus einer gemeinsamen. noch ursprünglicheren Larvenform hervorgegangen sein könnten: Eine solche gemeinsame Stammlarve müssen wir voraussetzen, wenn wir einen monophyletischen Ursprung der Bilateralia annehmen. Wir können aber nicht sagen, ob die Trochophora oder die Dipleurula die ältere Form ist und ob die eine oder die andere Larve der Stammform näherster. Denkbar wäre es allerdings auch, daß sich die Bilateralia aus zwei unabhängigen Entwicklungszweigen zusammensetzen, deren einer sich über die Trochophora entwickelt, während der andere eine Dipleurula als Larvenform hat.

Schwierigkeiten bereiten, wie schon angedeutet, immer noch die Larven der Tentaculata. Sie gehören weder zum Dipleurula-Typ noch können sie mit Sicherheit dem Trochophora-Typ zugeordnet werden.

9. Möglichkeiten der Großgliederung des Tierreichs

Aus didaktischen Gründen wird auch heute noch in fast allen Lehrbüchern und im Unterricht eine Einteilung des Tierreichs in die beiden großen Gruppen **Invertebrata** (Wirbellose Tiere) und **Vertebrata** (Wirbeltiere) vorgenommen. Die Vertebrata stellen jedoch nur einen Unterstamm des Stammes Chordata dar, zu dem auch noch die beiden Unterstämme Tunicata und Acrània gehören. Der Schnitt zwischen Invertebrata und Vertebrata geht also mitten durch den Stamm Chordata; es handelt sich um eine rein pragmatische, nicht aber um eine phylogenetische Trennung.

Diese vom phylogenetischen Standpunkt aus nicht vertretbare Einteilung in Wirbellose und Wirbeltiere hat vor allem traditionelle Wurzeln. Sie ist zustandegekommen durch die engen Beziehungen, die der Mensch von jeher zu den Wirbeltieren durch Jagd, Fischfang und Haustierhaltung hatte. Später stellten dann vor allem die Säugetiere unentbehrliche „Hilfsobjekte" zur Erforschung der menschlichen Anatomie und Biologie. So konnte es nicht ausbleiben, daß sich über die Wirbeltiere ein unvergleichlich viel reicheres Wissen angesammelt hat als über alle anderen Tiergruppen. Schließlich sind ja die Wirbeltiere schon wegen ihrer Größe einer Untersuchung wesentlich leichter zugänglich als die meisten Wirbellosen. Dieses Ungleichgewicht spiegelt sich von ARISTOTELES bis auf den heutigen Tag wider: In fast allen Darstellungen des Tierreichs, ebenso in den Lehrplänen der Hochschulen, nehmen die Wirbeltiere eine Sonderstellung ein. Im übrigen sei daran erinnert, daß bis gegen Ende des 19. Jahrhunderts die Vertebrata noch als selbständiger Stamm galten. Erst als die Verwandtschaft von Tunicata, Acrania und Vertebrata erkannt worden war, verwischte sich die ursprünglich scharfe Trennung zwischen Wirbellosen und Wirbeltieren im System.

In diesem Lehrbuch wird den phylogenetischen Gegebenheiten durch eine Trennung des Stoffes in den **Band I: Wirbellose Tiere** (ohne Tunicata und Acrania) und den **Band II: Chorda-Tiere** Rechnung getragen. Auf diese Weise wird zumindest die monophyletische Einheit der Chordata nicht zerrissen. Der Begriff Wirbellose umschreibt auch in dem hier angewandten Sinne eine paraphyletische Gruppe.

Als höchste Einheiten des Tierreichs werden heute die beiden Unterreiche **Protozoa** und **Metazoa** betrachtet, also die einzelligen und die mehrzelligen Tiere. Die Protozoa enthalten nur einen einzigen Stamm. Innerhalb der Metazoa werden (wenigstens in diesem Lehrbuch) 24 Stämme unterschieden. Wir sehen in diesen Stämmen monophyletische Taxa, die relativ gut gegeneinander abgegrenzt sind. Bei einigen Stämmen gibt es aber durchaus noch Bedenken an ihrer Monophylie. So besteht der Verdacht, daß die Mesozoa eine polyphyletische Gruppe darstellen, die teilweise zu den Protozoa und teilweise zu den Plathelminthes (Trematoda) Beziehungen hat. Auch bei den Nemathelminthes gibt es berechtigte Zweifel an ihrer monophyletischen Abstammung; die einzelnen Klassen lassen kaum engere Beziehungen zueinander erkennen, sie werden vielmehr vor allem aufgrund von Negativmerkmalen als Stamm zusammengefaßt. Von manchen Forschern werden deshalb zum Beispiel die Acanthocephala als eigener Stamm betrachtet. Neuerdings wird sogar die monophyletische Abstammung der Arthropoda bestritten: Sie werden von einigen Autoren in drei selbständige Stämme aufgegliedert. Andere Zoologen dagegen halten an der Einheit des Stammes Arthropoda fest. Für beide Ansichten gibt es durchaus gute, aber kontroverse Gründe. Umgekehrt werden die Hemichordata und Chordata manchmal zu einem einzigen Stamm vereinigt mit der Begründung, daß beide auf eine gemeinsame Wurzel zurückzuführen seien. Solange wir nicht mit Sicherheit die monophyletische Natur der einzelnen Stämme nachweisen können, wird es auch die unterschiedlichen Auffassungen über das zoologische System geben.

Die Unsicherheit über die Abgrenzung einiger Stämme ist auch der Grund, warum man in den verschiedenen Lehrbüchern eine unterschiedliche Anzahl von Tierstämmen aufgeführt findet. Das System spiegelt dann normalerweise die Auffassung des betreffenden Autors wider. Als bedenklich sind allerdings solche Systeme zu bewerten, in denen aus Gründen der Übersichtlichkeit oder der Platzersparnis einige Tierstämme einfach unterschlagen werden, etwa weil sie nur wenige Arten enthalten, oder in denen bestimmte Stämme als Anhang zu einem anderen Stamm abgehandelt werden, weil zu diesem eine nähere Verwandtschaft besteht. Solche Verfahren stellen eine unzulässige Vereinfachung dar. Jeder Tierstamm verkörpert — nach unserem gegenwärtigen Stand der Kenntnisse — einen selbständigen Bauplantyp, und als solcher muß er auch im System in Erscheinung treten, ganz gleich, ob er nur wenige oder zahlreiche Arten enthält, und gleichgültig, wie nahe oder wie entfernt die Verwandtschaft zu einem anderen Stamm sein mag.

Wenn schon bei einigen Stämmen die Erforschung ihrer monophyletischen Herkunft auf Hindernisse stößt, so bereitet es noch größere Schwierigkeiten, die Entstehung der heute unterschiedenen Organisationstypen und ihre gegenseitige Verwandtschaft zu klären. An Versuchen zur Lösung dieser Fragen hat es zwar nicht gefehlt, sie alle sind aber mehr oder weniger unbefriedigend geblieben. Auch die aus diesen Versuchen resultierenden Großgliederungen des Tierreichs halten daher nicht in allen Punkten der Kritik stand. Es können hier deshalb nur die verschiedenen Möglichkeiten einer solchen Großgliederung diskutiert und auf ihre Berechtigung geprüft werden. Eine Lösung des Problems zeichnet sich gegenwärtig noch nicht ab.

An die Basis des Tierreichs werden die **Protozoa** gestellt. Ihre Einzelligkeit ist ein ursprünglicher, also plesiomorpher Zustand. Die Vielzelligkeit der Metazoa stellt das entsprechende apomorphe Merkmal dar. Wenn bei der allgemein üblichen Klassifikation die beiden Unterreiche Protozoa und Metazoa gegenübergestellt werden, dann muß das zwangsläufig den Eindruck erwecken, es handele sich um ein Schwestergruppen-Verhältnis zweier monophyletischer Gruppen. Nun geht man aber heute im allgemeinen davon aus, daß die Metazoa aus Vorfahren der rezenten Zooflagellata hervorgegangen sind. Vom Standpunkt der phylogenetischen Systematik aus betrachtet wären also die Zooflagellata (und nicht die Protozoa insgesamt) die Schwestergruppe der Metazoa. Die Protozoa selbst sind eine paraphyletische Gruppe, genau wie die Reptilien, und müßten eigentlich je nach Schwestergruppen-Verhältnissen in einzelne Entwicklungszweige aufgelöst werden. Für die Vertreter der evolutionistischen Klassifikation ist dieser Schritt allerdings nicht relevant, da sie das unterschiedliche Evolutionsniveau von Protozoa und Metazoa als maßgebenden Faktor für die Klassifikation ansehen. Auch in diesem Lehrbuch werden die Protozoa weiterhin als eigenes Unterreich und einheitlicher Stamm abgehandelt. Diese Inkonsequenz hat ihren Grund vor allem darin, daß die stammesgeschichtlichen Abläufe innerhalb der Protozoa noch weitgehend unbekannt und Schwestergruppen-Verhältnisse bisher nur in den wenigsten Fällen erkennbar sind.

Im übrigen tritt auch bei den Protozoa verschiedentlich schon eine Art Vielzelligkeit auf, indem die sich teilenden Zellen in einem geschlossenen Verband verbleiben. Es kommt bei diesen Zellverbänden aber nie zur Ausbildung verschiedener Gewebe. Lediglich bei den Sporen der Myxosporidia ist eine gewisse somatische Differenzierung zu beobachten, und es besteht der Verdacht, daß diese Parasiten gar keine echten Protozoa sind, sondern von Vielzellern abstammen.

Die **Metazoa** sind, im Gegensatz zu den Protozoa, eine monophyletische Gruppe. Sie werden definiert als vielzellige Tiere, deren Körperzellen in verschiedenartige Gewebe differenziert sind, wobei diese Gewebe ontogenetisch auf Keimblätter zurückgeführt werden können. Ursprünglich waren nur die beiden primären Keimblätter Ectoderm und Entoderm vorhanden. Im Verlaufe der Phylogenese kam dann das Mesoderm als sekundäres Keimblatt hinzu.

Die jeweilige Ausprägung des Mesoderms hat bei fast allen Überlegungen zur Großgliederung der Metazoa eine entscheidende Rolle gespielt. Besonders die phylogenetische Entstehung des Coeloms stand immer wieder im Mittelpunkt des Interesses. Ehe auf die Gliederung der Metazoa eingegangen wird, sollen deshalb die mit dem Mesoderm und dem Coelom zusammenhängenden Theorien dargelegt werden.

9.1. Funktion und Entstehung des Coeloms

Einige Tierstämme, die wir als die ursprünglichsten Metazoa ansehen, sind nur aus den beiden primären Keimblättern aufgebaut (Porifera, Cnidaria und Ctenophora). Ein sekundäres Keimblatt tritt bei allen Tierstämmen auf, die herkömmlicherweise als Bilateralia zusammengefaßt werden, und dieses Mesoderm war ganz offensichtlich bei der Herausbildung der verschiedenen Baupläne von größter Bedeutung.

Bei den Bilateralia wird im Verlaufe der Ontogenese die primäre Leibeshöhle (das Blastocoel) mehr oder weniger vollständig vom Mesoderm verdrängt, die Ausdifferenzierung des mittleren Keimblattes ist im einzelnen aber ganz unterschiedlich. Bei den Plathelminthes und einigen anderen Stämmen wird das Mesoderm zu einem Füllgewebe (Parenchym) zwischen Ecto- und Entoderm, das allerdings unregelmäßige, flüssigkeitsgefüllte Spalträume zwischen den Zellen aufweisen kann. Diese Hohlräume entstehen ontogenetisch durch Auseinanderweichen der soliden Zellmasse; sie werden Schizocoel genannt. Etwas andere Verhältnisse herrschen bei den Nemathelminthes, deren einheitlicher Körperhohlraum als Pseudocoel bezeichnet wird (vgl. S. 88). Es ist unbekannt, wie dieser Hohlraum ontogenetisch entsteht.

Andererseits bilden zahlreiche Tiere mesodermale Hohlräume aus, die von einem eigenen Epithel umschlossen sind. Diese als Coelom oder sekundäre Leibeshöhle bezeichneten Körperhohlräume treten allerdings in recht verschiedener Anzahl auf, und sie können, wie wir gesehen haben, auch ontogenetisch auf unterschiedliche Weise entstehen. Es gibt Formen mit nur einem Coelomraum, andere haben deren zwei oder drei Paare, und wieder andere sind mit zahlreichen Paaren ausgerüstet. Dementsprechend spricht man von oligomerer bzw. polymerer Coelom- oder Körpergliederung. Es ist bezeichnend, daß die Tiere mit polymerer Gliederung in bezug auf Anpassungsfähigkeit und Reaktionsvermögen die leistungsfähigsten Organismen hervorgebracht haben, die wir heute kennen, nämlich Arthropoda und Chordata Die großartige Leistungsfähigkeit des polymer gegliederten Körpers hat stammesgeschichtlich ganz zweifellos ihren Ursprung in der segmentalen Untergliederung der mesodermalen Körperhöhle.

Wir dürfen darüber allerdings nicht vergessen, daß es im Tierreich auch Möglichkeiten zur Leistungssteigerung gibt, die nicht auf einem Coelom oder einer polymeren Körpergliederung beruhen. Das bekannteste Beispiel dafür sind wohl die Cephalopoda, die einen äußerst effektiven hydraulischen Antriebs- sowie einen reaktionsschnellen Sinnes- und Nervenapparat entwickelt haben, dies aber auf einer völlig anderen Konstruktionsbasis als etwa die Arthropoda.

Die jeweilige Ausprägung des Mesoderms war vielfach der Anlaß zur Aufstellung systematischer Einheiten. So faßte man Plathelminthes, Nemertini, Entoprocta und Priapulida als **Acoelomata** zusammen oder auch als **Parenchymia**. Die Nemathelminthes bezeichnete man aufgrund ihrer eigentümlichen Leibeshöhle als **Pseudocoelomata**. Acoelomata und Pseudocoelomata werden, sogar heute noch, manchmal als **Scolecida** vereinigt. Alle Tiere, die eine echte, also mit einem Epithel ausgekleidete Leibeshöhle besitzen, wurden als **Eucoelomata** zusammengefaßt. Über die Einteilung der wurmartigen Tierstämme in **Amera**, **Oligomera** und **Polymera** wurde schon früher gesprochen (S. 24). Alle diese Bezeichnungen umschreiben aber lediglich die jeweilige morphologische Situation, sie sind Namen für gewisse Organisationsstufen, nicht jedoch in jedem Falle auch für monophyletische Einheiten. Diese Begriffe sollten deshalb heute nicht mehr benutzt werden.

Das Coelom hat ohne jeden Zweifel Eigenschaften, die nicht nur strukturell, sondern vor allem auch funktionell von größter Bedeutung für das betreffende Tier sind. Es übt spezifische Funktionen aus, die ganz offensichtlich in einer Leistungssteigerung des Gesamtorganismus zum Ausdruck kommen. Es ist also nicht zu übersehen, daß zwischen der Struktur und der Funktion des Coeloms ein enger Zusammenhang bestehen muß. Auch die phylogenetische Entstehung und Entfaltung des Coeloms sind zweifellos nur auf funktions-morphologischer Basis zu erklären und zu verstehen.

Die Funktion des Coeloms

Ursprünglich betrachtete man das Coelom und seine unterschiedliche Ausprägung lediglich unter rein morphologischen und ontogenetischen Gesichtspunkten. Erst relativ spät gerieten auch Fragen nach den Ursachen seiner Entstehung und damit nach seiner Funktion in den Mittelpunkt des Interesses. Heute ist man sich weitgehend darin einig, daß die primäre Aufgabe des Coeloms eine Stützfunktion ist. Die flüssigkeitsgefüllten Coelomhöhlen werden daher auch als **hydrostatisches Skelett** [60] oder kurz als **Hydroskelett** [64] bezeichnet.

Eine Stützfunktion können natürlich prinzipiell alle Hohlräume haben, die mit einer Flüssigkeit gefüllt sind, wie etwa das Pericard, Gonadenhöhlen oder auch die Spalträume des Schizocoels der Plathelminthes, ja selbst das Blastocoel einer Coeloblastula (Abb 16 A). Das echte Coelom unterscheidet sich aber von diesen anderen Hohlräumen durch seine ganz auffällige Beziehung zur Fortbewegung des Organismus. Das Hydroskelett bildet nämlich, analog zu einem knöchernen oder chitinigen Skelett, mit der Rumpfmuskulatur eine enge funktionelle Einheit.

Die ursprünglichsten Metazoa waren, wie wir schon früher festgestellt haben, sicherlich sehr kleine Tiere, die sich mit Hilfe von Cilien und meist wohl auch unter Absonderung eines Schleimfilmes gleitend über den Untergrund fortbewegten. Die ventralen Gleitwimpern manifestierten sich im Laufe der Phylogenese auch in der Larve als Neurotroch (S. 117). Je stärker aber dann die Organismen der Konkurrenz ausgesetzt waren, um so mehr entstand der Zwang zur Vergrößerung des Körpers, besonders aber zur Ausbildung einer wirkungsvolleren Bewegungsart, als es das Gleitkriechen mit Cilien und Schleimfilm darstellt.

Um dem zunehmenden Konkurrenzdruck auszuweichen, gab es für jene einfachen Organismen mehrere Möglichkeiten. Sie konnten sich festsetzen und besondere Schutzhüllen sowie Abwehr- und Fangorgane ausbilden; dies ist beispielsweise bei den Cnidaria geschehen. Ferner konnten sie den Boden völlig verlassen und mit Hilfe spezifischer Schwebeeinrichtungen zur holopelagischen Lebensweise übergehen; ein Beispiel dafür sind die Ctenophora. Diese beiden Wege sind aber ganz offensichtlich ohne phylogenetische Bedeutung für die weitere Entwicklung der Metazoa gewesen; sie führten gewissermaßen in Sackgassen. Weitere Möglichkeiten, den Schutz und den Beutefang effektiver zu gestalten, waren entweder das Ausweichen in den Boden selbst (Gräber) oder der Erwerb einer besseren Fortbewegungsmöglichkeit, die unter Umständen auch eine Flucht ins freie Wasser gestattete (Gleitschwimmer). Sowohl Graben als auch Gleitschwimmen setzen freilich eine kräftige Muskulatur mit den entsprechenden Widerlagern voraus.

Wenn wir uns einen Körper vorstellen, der lediglich aus Epidermis, Darm und einer von Muskelfasern durchzogenen flüssig-gallertigen Zwischenschicht besteht, dann können an einem solchen Körper nur unkontrollierbare und zum Teil auch irreversible Verzerrungen auftreten. Die Muskeln können nicht koordiniert arbeiten, weil ihnen die Widerlager fehlen. Als solche erste Widerlager und Verspannungselemente müssen demnach wohl gleichzeitig mit den Muskeln Bindegewebsfasern aufgetreten sein, die auch für eine gewisse Konstanz des Körperquerschnitts sorgten. Ein solcher Organismus ist jedoch nur zu wenig effektiven Körperkrümmungen befähigt. Das ändert sich erst, wenn im Körper Elemente auftreten, die sein Volumen konstant halten, gleichzeitig aber eine große Flexibilität gestatten. Das einfachste Bauelement, das diese Bedingungen erfüllt, ist ein Flüssigkeitsbehälter mit biegsamer Wandung. Um das zu erreichen, mußten die Muskeln gewissermaßen an die Peripherie eines Raumes verdrängt werden, der nun keine soliden Elemente, sondern nur noch Flüssigkeit enthält. Die Muskeln ordneten sich dabei in eine Längs- und eine Ringmuskelschicht (Hautmuskelschlauch). Damit haben wir die wesentlichen Bauelemente eines Coelomraumes vor uns (Abb 19C, 21). Die Ringmuskulatur verengt den mit Flüssigkeit gefüllten Raum und verlängert ihn dabei passiv. Die Längsmuskulatur verkürzt den Behälter, der dabei passiv wieder erweitert wird. Das Coelom, also der flüssigkeitsgefüllte „Hohlraum", dient als Widerlager für die Muskeln, sein Volumen bleibt konstant, seine Form dagegen kann durch die antagonistische Muskeltätigkeit beliebig verändert werden. Der Flüssigkeitsbehälter ist zum hydrostatischen Skelett geworden. Gleichzeitig wird dabei aber auch der innere Reibungswiderstand des Körpers herabgesetzt, da nun der Raum zwischen Epidermis und Darm nicht mehr von einer zähflüssigen Gallerte oder einem Parenchym, sondern zum größten Teil von einer wäßrigen Flüssigkeit erfüllt ist.

Das einfachste hydrostatische Skelett wäre eine große, einheitliche Coelomhöhle, umgeben von einem Hautmuskelschlauch aus Längs- und Ringmuskeln. Wenn sich an einem derartigen Körper die Muskeln im tonischen Gleichgewicht befinden, liegt er gestreckt und mit einigermaßen gleichmäßigem Körperquerschnitt auf dem Boden. Wenn sich nun die Ringmuskulatur von vorn nach hinten fortschreitend kontrahiert und wieder entspannt, verlaufen Kontraktionswellen über den Körper. Solche peristaltischen Wellen sind geeignet, den Organismus in den weichen Boden eindringen zu lassen. Wenn sich andererseits die Längsmuskulatur einseitig kontrahiert, muß eine Krümmung des Körpers erfolgen. Bei am Boden lebenden Tieren wären dabei nur Krümmungen in der Horizontalen sinnvoll. Sie lassen das Tier auf dem Untergrund vorwärtsgleiten, ja sogar kurze Strecken schwimmen. Derartige Bewegungsformen können wir zum Beispiel bei den Sipunculida und den Echiurida beobachten; sie haben eine einfache unpaarige Coelomhöhle, zu der bei den Sipunculida allerdings noch ein kleines Tentakelcoelom am Vorderende kommt.

Unter zunehmendem Selektionsdruck konnten Tiere mit einer so einfachen Körperorganisation jedoch nicht mehr ungefährdet frei auf dem Boden leben. Sie sind deshalb vor allem zu Grabern geworden, wie eben die Sipunculida und die Echiurida. Aber auch die Enteropneusta (Hemichordata) mit ihrer dreiteiligen Coelomhöhle und die Pogonophora mit einer zumindest vierteiligen Leibeshöhle sind ausnahmslos im Boden lebende und Röhren bauende Organismen. Für eine solche Lebensweise sind peristaltische Verdickungen und Verdünnungen des Körpers die effektivste Bewegungsform. Körperkrümmungen sind im Boden wenig vorteilhaft. Andere Tiere mit oligomerer Körpergliederung sind zur sessilen Lebensweise übergegangen und haben Schutzhüllen ausgebildet, wie die Tentaculata und die Pterobranchia (Hemichordata). Auch in diesen Fällen ist die Körperperistaltik die sinnvollste Bewegungsart, und diese ist durchaus mit nur wenigen Segmenten zu bewerkstelligen.

Bei freier Beweglichkeit auf dem Boden mußte jedoch der Bewegungsapparat effektiver gestaltet werden. Als Fortbewegungsart kam dabei, ausgehend von einer einfachen Körperkrümmung, nur das Schlängeln in horizontaler Richtung in Betracht. Eine Schlängelbewegung kann (wenn harte Skelettelemente fehlen) freilich nur zustandekommen, wenn der große Flüssigkeitsbehälter vielfach (in Segmente) unterteilt wird (Abb. 21). Dann nämlich kann jeder Teilbehälter theoretisch unabhängig bewegt werden. Wenn sich die nun ebenfalls in Einzelpakete gegliederte Längsmuskulatur abschnittsweise auf einer Seite kontrahiert, wird nur der jeweilige Abschnitt gekrümmt.

Die Kontraktion erfolgt in Wirklichkeit allerdings, durch das Nervensystem koordiniert, von vorn nach hinten fortschreitend (metachron) und abwechselnd links und rechts. Daraus resultiert eine schlängelnde Bewegung des Gesamtorganismus in Gestalt einer Sinuskurve. Das Schlängelschwimmen ist beim Fehlen jeglicher harten Skelettelemente die effektivste Fortbewegungsart. Wir können es bei vielen Polychaeta (Annelida) beobachten, bei denen der Antrieb allerdings noch durch die seitlich-ventral stehenden Parapodien unterstützt wird. Die polymere Coelomgliederung ist aber nicht nur zum Schlängelschwimmen auf dem Boden, sondern auch zum Graben im Boden vorzüglich geeignet, wie uns das einige Polychaeta und zahlreiche Oligochaeta (z. B. Regenwürmer) demonstrieren. Dabei gehen über den Körper peristaltische Wellen, hervorgerufen durch metachrone Kontraktionen der Ringmuskulatur. Während beim Schlängeln die Längsmuskulatur besonders gut ausgebildet sein muß, trifft dies beim Graben für die Ringmuskulatur zu. Viele Annelida können übrigens beide Bewegungsarten ausführen. Es muß noch hinzugefügt werden, daß zusätzliche transversale Muskelzüge für eine feste Verspannung des Hautmuskelschlauches sorgen.

Die einzelnen Coelomabschnitte eines polymeren Körpers sind von vorn nach hinten durch die Dissepimente abgeschottet, außerdem ist aber jeder Abschnitt noch durch ein Längsschott, das Mesenterium, in einen linken und rechten Partner geteilt (Abb. 21). Dadurch wird nicht nur ein effektiver Bewegungsablauf erreicht, sondern auch eine stabile Aufhängung des Darmes. Der Darm erlangt schließlich eine weitgehende Autonomie. Er hat eine eigene Muskulatur und kann eine vom Hautmuskelschlauch unabhängige Peristaltik ausführen, die durch einen Darmnervenplexus gesteuert wird. Der Cilienbelag des Darmepithels wird dann weitgehend überflüssig.

Die hier dargelegte Reihenfolge der Coelomausbildung ist vorerst rein funktions-morphologisch zu verstehen. Sie sagt noch nichts darüber aus, ob die einzelnen Leibeshöhlensysteme auch phylogenetisch in dieser Reihenfolge entstanden sind. Die Ansichten über diesen Punkt gehen weit auseinander.

Das Coelom war also mit großer Wahrscheinlichkeit primär ein Stützelement und ist es auch heute noch bei vielen Tieren. Weitere Funktionen, wie die Ausleitung der Geschlechtsprodukte und der Exkrete oder die Ausbildung von Blutgefäßen, wurden sicherlich erst sekundär in den Aufgabenbereich des Coeloms einbezogen. Wenn nun aber die sekundäre Leibeshöhle aus rein funktionellen Gründen entstanden ist, nämlich, um die Beweglichkeit des Körpers zu steigern, dann wäre es durchaus denkbar, daß das Coelom während der Phylogenese mehrmals und voneinander unabhängig in Erscheinung trat. Die Coelome der einzelnen Tiergruppen brauchen demnach theoretisch untereinander gar nicht homolog zu sein. Im allgemeinen geht man heute zwar von einer monophyletischen Entstehung des Coeloms aus, es gibt dafür aber keine Beweise (vgl. S. 140).

Reduktionen des Coeloms

Wenn das Coelom ursprünglich als hydrostatisches Skelett der Fortbewegung gedient hat und seine höchste Ausbildung bei den Schlängelschwimmern erlangte, dann müßte es sich eigentlich auf seinen Ausbildungsgrad auswirken, wenn andere Skelettelemente (Innen- oder Außenskelette) die Stützfunktion und die Funktion als Widerlager der Muskulatur übernehmen oder wenn die vagile Lebensweise auf eine mehr stationäre umgestellt wird. Und das ist nun tatsächlich nachweisbar. In solchen Fällen werden die Flüssigkeitsbehälter teilweise reduziert oder sogar völlig aufgelöst.

Es gibt zahlreiche **Polychaeta,** die zu Röhrenbewohnern geworden sind und für die das Schlängelschwimmen bedeutungslos ist. Bei diesen Arten werden normalerweise die

Dissepimente der vordersten Segmente aufgelöst, so daß jetzt sekundär am Vorderende ein mehr oder weniger langer einheitlicher Coelomraum entsteht, der diesen Körperteil steif hält, wenn er sich aus der Röhre herausschiebt.

Bei **Sipunculida, Echiurida, Tentaculata, Pogonophora** und **Hemichordata**, die im Boden graben oder in Gehäusen leben, ist ebenfalls ein Schlängeln mehr oder weniger überflüssig. Alle diese Tiere haben auffälligerweise ein nur in wenige Abschnitte oder gar nicht unterteiltes Coelom. Auch hier ist also eine deutliche Korrelation zwischen Fortbewegung und Coelomgliederung zu erkennen. Fraglich ist es allerdings, ob diese Tiere primär oligomer gegliedert sind oder ob sie etwa von polymeren Formen abstammen, deren Coelomabschnitte weitgehend aufgelöst wurden.

Einen ganz anderen Weg haben die **Chaetognatha** eingeschlagen. Sie leben holopelagisch und schweben die meiste Zeit bewegungslos und starr ausgestreckt im Wasser. Ihr langer Rumpf hat eine sekundär zweigeteilte Coelomhöhle (Abb. 26C) und ist dorsoventral abgeflacht. Er ist aber von einer elastischen Cuticula eingehüllt, die im Verein mit einem hohen Binnendruck das Tier steif und längenkonstant hält. Das hydrostatische Skelett ist also mit einem biegsamen Außenskelett kombiniert. Der Hautmuskelschlauch bleibt auf bandförmige, kräftige Längsmuskeln beschränkt, die dorsal und ventral angeordnet sind. Mit einer solchen Körperorganisation ist nur noch ein Auf- und Abwärtsschlagen des Hinterendes möglich, also ein vertikales Rudern. Mit einem einzigen Ruderschlag können die Tiere förmlich durchs Wasser schießen. Ähnlich wie bei den Walen ist diese höchst effektive Bewegungsart (Delphin-Schlag) sicherlich sekundär erworben. Auch bei den Chaetognatha weiß man nicht, ob die oligomere Körpergliederung eine primäre Eigenschaft ist. Wenn die Oligomerie dagegen auf eine ursprüngliche Polymerie zurückgehen sollte, könnte der vertikale Schwanzschlag der Chaetognatha unter Umständen von dem vertikalen Schlängeln eines polymer gegliederten Tieres abgeleitet werden.

Analoge Verhältnisse treffen wir bei den **Nematoda** (Nemathelminthes) an. Auch bei ihnen ist der Körper von einer kräftigen Cuticula umschlossen. Der Körperhohlraum ist allerdings überhaupt nicht untergliedert und auch nicht von einem Epithel ausgekleidet; er stellt kein Coelom, sondern ein Pseudocoel dar (Abb. 19B). Auch dieser Raum ist jedoch ein einfaches hydrostatisches Skelett, das den Körper steif hält. Ergänzt wird dieses Hydroskelett durch das cuticuläre Außenskelett. Im Gegensatz zu den Chaetognatha haben die Nematoda einen kreisrunden Körperquerschnitt, und die Längsmuskeln sind gleichmäßig auf den Querschnitt verteilt (vgl. Abb. bei Nematoda). Ringmuskeln fehlen völlig, sie wären wegen des Außenskeletts wirkungslos. Die Tiere können aufgrund dieses Bauplanes den Körper theoretisch nach allen Seiten winden. Sie gleiten jedoch im allgemeinen durch schlängelnde Bewegungen über den Boden und können auf diese Weise sogar schwimmen. Die Körperkrümmungen erfolgen dabei eigenartigerweise in vertikaler Richtung; die Tiere bewegen sich nämlich auf der Seite liegend und nicht etwa mit der Ventralfläche den Boden berührend. Einige Arten können ihren Körper durch Kontraktion aller Längsmuskeln sogar mäßig verkürzen und passiv durch den Binnendruck wieder strecken. Sie können sich ähnlich wie ein Regenwurm fortbewegen, indem sie das Vorderende verankern und den Körper nachziehen. Als normale Bewegungsart der Nematoda muß aber das Schlängelschwimmen gelten, das sonst nur bei polymerer Körpergliederung realisierbar ist, hier aber durch den Erwerb eines elastischen Außenskeletts möglich wurde.

Schwierig zu beurteilen sind die Verhältnisse bei den **Mollusca**. Es besteht durchaus die Möglichkeit, daß sie das Gleiten mit Hilfe von Cilien und Schleimfilm von den frühesten Metazoa unmittelbar übernommen haben. Mit der Ausbildung einer festen dorsalen Körperbedeckung erhielt die Muskulatur dann ein Widerlager, und die Gleitsohle konnte sich zum muskulösen Fuß umwandeln. Für eine solche direkte Entstehung aus einfachsten Metazoa könnte auch der sehr frühe Erwerb der Radula maßgebend gewesen sein, eines ebenso simplen wie effektiven Apparates zur Nahrungsaufnahme. Als Coelom treten bei den rezenten Mollusca nur das Pericard und die Gonadenhöhle auf. Beide sind, wie die Coelome der übrigen Spiralia, ontogenetisch bis auf die Micromere 4d zurückführbar. An einer Homologie ist also nicht zu zweifeln. Fraglich ist nur, wie das Mollusken-Coelom phylogenetisch entstanden ist. Es könnte sich aus einem Parenchym durch Zusammenschluß von schizocoelen Spalträumen gebildet haben, es könnte aber auch durch allmähliche Verkleinerung aus einer ursprünglich großen paarigen Coelomhöhle hervorgegangen sein (vergleichbar mit der bei Sipunculida und Echiurida). Einige Zoologen nehmen als Vorfahren der Mollusca sogar polymer gegliederte Coelomtiere vom Annelidentyp an; dafür gibt es allerdings weder morphologisch noch ontogenetisch überzeugende Hinweise. Hier gilt es jetzt lediglich festzuhalten, daß die Mollusca eine feste dorsale Körperbedeckung oder eine Schale als Außenskelett haben und daß ihnen — ganz offensichtlich im Zusammenhang damit — ein hydrostatisches Skelett in Gestalt großer Coelomräume fehlt.

Ganz augenfällig ist die gegenseitige Abgängigkeit zwischen hydrostatischem und Außenskelett bei den **Arthropoda.** Dies wird bei einem Vergleich mit den Annelida deutlich. Beide Tiergruppen gehen mit größter Wahrscheinlichkeit auf eine gemeinsame Stammform zurück. Die Annelida stehen dieser Stammform wesentlich näher; sie haben keine harten Skelettelemente, dafür aber ein geradezu klassisch ausgeprägtes hydrostatisches Skelett. Die Arthropoda dagegen haben ein außerordentlich festes Außenskelett aus segmental angeordneten Platten, die als Muskelansatz dienen. Die einzelnen Platten (Tergit, Pleurite, Sternit) schließen sich bei den meisten Arthropoda zu festen Röhren oder Ringen zusammen. Sie halten auf diese Weise die einzelnen Segmente volumen- und längenkonstant. Ein hydrostatisches Skelett wäre hier vollkommen wirkungslos. Die Coelomhöhlen werden tatsächlich während der Ontogenese sehr früh aufgelöst (vgl. S. 92), und die Coelomwände bilden sich vor allem in Muskulatur um, deren Widerlager nun allein das Außenskelett ist.

Umgekehrte anatomische Verhältnisse treffen wir bei den **Chordata** an. Sie haben ein Innenskelett, dessen Ursprung die vom Urdarmdach abgefaltete Chorda dorsalis darstellt. Dieser aus großen turgeszenten Zellen bestehende und von der Chordascheide umhüllte, elastische Stab hält den Körper längenkonstant und dient der Muskulatur als Widerlager. Die seitlich der Chorda gelegenen dorsalen Abschnitte der Coelomwände wandeln sich in eine kräftige Längsmuskulatur um, die aber segmentweise in Gestalt der Myotome gebündelt bleibt. Die Hohlräume des Coeloms werden dabei völlig verdrängt, das Coelom verliert seine Funktion als Hydroskelett. Da jetzt nur noch eine Biegung, nicht aber eine Verengung und Verdickung des Körpers möglich ist, kann auf eine Ringmuskulatur verzichtet werden. Durch die metachrone Kontraktion der Längsmuskel-Abschnitte kann der Körper schlängeln (Acrania). Wegen der dorsalen Lage der Chorda bleibt der Bewegungsantrieb allerdings auf den Rückenabschnitt beschränkt. Der Ventralbereich des Körpers wirkt an der Fortbewegung überhaupt nicht aktiv mit, in diesem Bereich wird die Coelom-Segmentierung vollkommen aufgegeben (vgl. S. 103). Auch bei den Chordata besteht also ein deutlicher Zusammenhang zwischen der Ausbildung eines festen Skeletts und der Reduktion des Coeloms als Hydroskelett.

Die phylogenetische Herkunft des Coeloms

Funktion und Entstehungsursache des Coeloms als hydrostatisches Skelett sind heute wohl unbestritten. Völlige Ungewißheit besteht aber noch immer über die phylogenetische Herkunft des Coeloms. Zu erklären versuchen diesen Entstehungsvorgang vier verschiedene Hypothesen, die alle im letzten Viertel des 19. Jahrhunderts mehr oder weniger gleichzeitig aufgestellt worden sind.

Die **Nephrocoel-Hypothese** behauptet, daß sich die Terminalzellen von Protonephridien, also von Exkretionsorganen, stark erweitert hätten und schließlich zu Coelomhöhlen geworden seien. Diese Hypothese wird heute nicht mehr ernstlich in Betracht gezogen. Es gibt nämlich weder ontogenetisch noch funktionell einen Hinweis auf einen solchen Entwicklungsgang. Bei einer ganzen Reihe von Tieren existieren vielmehr alle Varianten von Nephridien gleichzeitig neben dem Coelom. Außerdem entwickeln sich, wenigstens bei rezenten Tieren, Protonephridien und Coelom aus ganz verschiedenen Anlagen. Mit anderen Worten: Die Exkretion war sicherlich nicht die primäre Funktion des Coeloms und auch nicht die Ursache seiner Entstehung.

In ganz ähnlicher Weise leitet die **Gonocoel-Hypothese** das Coelom von Geschlechtsanlagen ab, speziell von den serial angeordneten Gonadenfollikeln der Nemertini. Jedes dieser Follikel soll sich immer stärker ausgehöhlt haben. Dabei wurde das Keimlager angeblich auf einen immer kleineren Bezirk der ursprünglichen Gonadenwand beschränkt, während sich die übrige Wandung zum Coelothel umwandelte. Die Coelom-Muskulatur soll primär zur Entleerung der Gonaden gedient haben. Bei einer solchen Betrachtungsweise erklärt sich dann übrigens die polymere Gliederung der Annelida (und auch der Chordata) von selbst. — Der wichtigste Einwand gegen diese ebenfalls nicht mehr aktuelle Hypothese liegt darin, daß während der Phylogenese wohl kaum Geschlechts- in Somazellen umgewandelt wurden, ebensowenig wie das bei heutigen Tieren während der Ontogenese zu beobachten ist. Wir müssen vielmehr eine von den Gonaden unabhängige Entstehung des Coeloms annehmen. Dann aber kann auch nicht die Ausleitung der Geschlechtsprodukte die ursprüngliche Aufgabe der sekundären Leibeshöhle gewesen sein.

Einen höheren Grad an Wahrscheinlichkeit haben die beiden anderen Hypothesen. Die **Schizocoel-Hypothese** sieht den phylogenetischen Ursprung des Coeloms in den Spalträumen des Parenchyms, also im Schizocoel etwa von Turbellarien-ähnlichen Tieren. Diese Spalträume sollen sich im Laufe der Stammesgeschichte immer mehr erweitert haben und dabei gleichzeitig von geordneten Zellen, also von einem Epithel, ausgekleidet worden sein. Dieses Epithel müßte dann noch Wimpern ausgebildet haben, denn rezente Coelothele sind normalerweise bewimpert.

Die Schizocoel-Hypothese in ihrer modernen Version [69] geht davon aus, daß die zweischichtige Organisation der ursprünglichsten Metazoa durch eine multipolare Immigration zustandegekommen und die Stammform der Metazoa ein völlig darmloses Tier gewesen sei (Phagocytella-Hypothese, S. 69). Der Körper sei mit einem verdauenden Parenchym erfüllt gewesen. Im Parenchym hätten sich dann flüssigkeitsgefüllte Spalträume gebildet (um den Reibungswiderstand der Muskulatur herabzusetzen). Erst auf dieser Organisationsstufe sei eine Mundöffnung gebildet worden (vgl. Abb. 9). Der sich immer mehr verlängernde Vorderdarm mußte sich dabei nachträglich epithelialisieren und gleichzeitig Wimpern ausbilden. Dasselbe mußte auch in den sich erweiternden Spalträumen des Parenchyms geschehen. Zur Stützung dieser Annahmen wird darauf hingewiesen, daß besonders bei gewissen Turbellaria im Bereich des Schlundes eine solche nachträgliche Epithelbildung während der Ontogenese durchaus stattfindet. Das wichtigste Argument ist aber, daß tatsächlich bei allen Spiralia, bei denen überhaupt ein Coelom auftritt, die Hohlräume ontogenetisch durch das Auseinanderweichen von ursprünglich soliden Zellsträngen oder Zellhaufen des Mesoderms entstehen (vgl. Abb. 20).

Folgerichtig hält die Schizocoel-Hypothese die Turbellaria, speziell die Acoela, für die ursprünglichsten heute lebenden Bilateralia, wenigstens was die Verhältnisse von Darm und Mesoderm anbetrifft. Das Parenchym wäre demnach primär eine nicht-epitheliale, solide Zellmasse, gewissermaßen ein einheitliches mesentodermales Keimblatt gewesen. Erst bei der sukzessiven Ausbildung eines durchgehenden Darmes kam es phylogenetisch zur Trennung eines Entoderms von einer parenchymatischen Füllmasse. Diese Füllmasse wurde später zu einem selbständigen Keimblatt, dem Mesoderm. Die Trennung wurde schließlich auch ontogenetisch fixiert, wobei aber immer noch der innige Zusammenhang zwischen beiden Komplexen zu erkennen ist. Das Mesoderm löst sich nämlich von einem mesentodermalen Blastomeren-Komplex in Gestalt der Micromere 4d ab (S. 87), und zwar bereits am Beginn der Keimblätterdifferenzierung. Die aus dieser Micromere hervorgehenden Urmesodermzellen bilden — vollkommen unabhängig von und gleichzeitig mit der Differenzierung des Entoderms — zwei Zellstränge aus. Erst wenn die Zellen dieser Stränge auseinanderweichen, werden die dabei entstehenden coelomatischen Hohlräume mit einer epithelialen und begeißelten Auskleidung versehen.

Nun gibt es aber Tiere, bei denen sich das Entoderm sofort als epithelialer Zellverband differenziert (z.B. Echinodermata, Hemichordata und Chordata) und bei denen erst zeitlich danach aus dem bereits differenzierten Urdarm coelomatische Hohlräume ausgefaltet werden, und zwar ebenfalls unmittelbar im Epithelverband (Enterocoelie). Diese Tatsache wird von den Vertretern der Schizocoel-Hypothese als eine sekundäre und später entstandene Erscheinung betrachtet, sozusagen als letzter Rationalisierungsschritt auf dem Wege einer langen phylogenetischen Entwicklung.

Die Evolution der Bilateralia wäre nach den Auffassungen dieser Hypothese also wie folgt verlaufen: Darmloser, nur mit Parenchym erfüllter Organismus von der Gestalt einer Phagocytella (Abb. 9) — ein Tier mit Darm (aber noch ohne After) und mit Spalträumen im Parenchym, etwa wie die heutigen Turbellaria — ein Lebewesen mit durchgehendem Darm und mehr oder weniger einheitlicher sekundärer Leibeshöhle, vergleichbar mit den rezenten Echiurida oder Sipunculida — schließlich Untergliederung der Leibeshöhle in mehrere oder zahlreiche Abschnitte (Segmente).

Einen ganz anderen Standpunkt vertritt die **Enterocoel-Hypothese.** Sie nimmt an, daß die Coelomhöhlen phylogenetisch aus Darmausbuchtungen entstanden sind, die sich immer mehr vertieft und schließlich vom Darm abgelöst haben. Vergleichbar wäre das etwa mit den ontogenetischen Vorgängen bei gewissen Enteropneusta (Abb. 23 A).

Nach der Enterocoel-Hypothese hat sich das Entoderm sofort als epithelialer Verband gebildet, und zwar durch Embolie. Die ursprünglichsten Metazoa müßten dann auch bereits einen Mund besessen haben (Gastraea-Hypothese, S. 65). Außerdem war das bei der Invagination der Blastaea nach innen gestülpte Epithel primär begeißelt, und auch die sich später vom Darm abfaltenden Gastraltaschen übernahmen dieses Geißelepithel. Dies erscheint logischer als die Annahme der Schizocoel-Hypothese, daß sich Darm- und Coelomepithel erst nachträglich begeißelt hätten. Mit der Abfaltung der Gastraltaschen vom Urdarm war unmittelbar das Mesoderm als selbständiges Keimblatt entstanden, nicht über den Umweg eines mesentodermalen Parenchyms. Die Stammform der Bilateralia muß dann ein Coelom-Tier gewesen sein! Von den Vertretern der Enterocoel-Hypothese werden deshalb die Bilateralia meist als Coelomata bezeichnet. Wie viele Coelomsack-Paare der Ur-Coelomat besessen haben mag, ist allerdings Gegenstand großer Kontroversen.

Nach Auffassung der Enterocoel-Hypothese ging die Evolution der Bilateralia von einem Tier mit sekundärer Leibeshöhle aus, bei dem das Coelom durch Abfaltung vom Urdarm entstanden war. Entoderm und Mesoderm wurden dabei während der Ontogenese zeitlich nacheinander differenziert. Die Verhältnisse bei den Spiralia werden dagegen als eine Art Zeitraffung gedeutet: Die Trennung von Ento- und Mesoderm wird in immer frühere ontogenetische Stadien vorverlegt, bis sich schließlich an der dorsalen Blastoporuslippe ein gemeinsamer mesentodermaler Komplex ablöst. Aus diesem Komplex differenziert sich nun, mehr oder weniger gleichzeitig mit dem Entoderm, das Mesoderm (aus Urmesodermzellen). Die starke Reduktion des Coeloms etwa bei den Mollusca oder das völlige Fehlen von coelomatischen Hohlräumen bei den Plathelminthes muß von der Enterocoel-Hypothese logischerweise als sekundäre Erscheinung betrachtet werden. Danach wären zum Beispiel die Turbellaria stark abgeleitete Tiere, bei denen das Coelom vollkommen eingeschmolzen worden ist.

Schizocoel- und Enterocoel-Hypothese stehen sich also in bezug auf die phylogenetische Entstehung des Coeloms und auf die Phylogenese der Bilateralia diametral gegenüber.

Auf der Basis der Enterocoel-Hypothese gibt es noch zwei unterschiedliche Vorstellungen, die sich mit der stammesgeschichtlichen Herkunft und mit der Entfaltung des Coeloms auseinandersetzen.

Die auf O. und R. Hertwig zurückgehende und vor allem von A. Remane [73] vertretene **Gastraltaschen-Hypothese** leitet die Coelomsäcke der Coelomtiere von den Gastraltaschen der Cnidaria ab.

Diese Hypothese nimmt an, daß sich vierstrahlige Polypen quer zu ihrer Hauptachse ausgedehnt und dabei eine neue Längsachse erworben hätten. Gleichzeitig soll sich der Mund in dieser Achse zu einem Längsschlitz gestreckt haben und nun die Ventralseite und die Längsachse des jetzt bilateralen Organismus markieren (Abb. 32 B). Der lange Mundspalt müßte sich dann — genau wie während der Ontogenese zahlreicher rezenter Bilateralia — von hinten her bis auf den vordersten Winkel oder von vorn her bis auf den hintersten Winkel geschlossen haben. Auf diese Weise wäre dann der primäre Mund (Protostomia) bzw. der primäre After (Deuterostomia) entstanden. Auch der zentrale Gastralraum des Polypen soll sich in der neuen Achse ausgedehnt haben und zum Darmkanal ge-

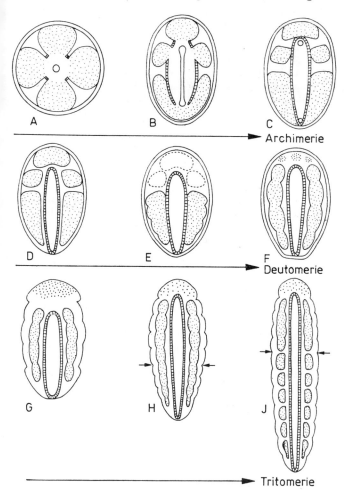

Abb. 32. Entstehung des Coeloms und der Metamerie nach der Gastraltaschen-Hypothese. — Nach Remane 1950.

worden sein. Seine Divertikel, die zunächst radiär um die Hauptachse gruppiert waren (Abb. 32A), liegen danach quer zu der neuen Längsachse, und zwar serial hintereinander (Abb. 32B).

Die Gastraltaschen müßten sich anschließend vom Darm abgeschnürt haben, wobei sich die hintere Tasche geteilt haben soll. Auf diese Weise wären dann drei aufeinanderfolgende Coelomsäcke entstanden, von denen der vorderste primär unpaarig ist (Abb. 32C). Diese Konstellation wird von Remane als Archimerie bezeichnet. Er verweist darauf, daß uns solche aus drei Archimetameren zusammengesetzten, also trimeren Tiere tatsächlich in Form einiger stark spezialisierter Tierstämme erhalten sind (z.B. Tentaculata, Echinodermata, Hemichordata), die schon früher als Archicoelomata zusammengefaßt worden waren (vgl. S. 153). Die drei Coelomabschnitte werden von vorn nach hinten als Proto-, Meso- und Metacoel bezeichnet, bei den Echinodermata häufig als Axo-, Hydro- und Somatocoel.

Während nun bei den sogenannten Archicoelomata die Coelomhöhlen den ganzen Körper einnehmen, sind sie bei der Hauptmasse der rezenten Bilateralia auf den postoralen Körperabschnitt beschränkt. Daraus wird geschlossen, daß sich im Laufe der Stammesgeschichte die beiden vorderen Archimetameren völlig zurückgebildet haben. Der dritte Coelomabschnitt allein soll dagegen die Grundlage der sekundären Leibeshöhle aller übrigen Bilateralia gebildet haben. Dieses zunächst einheitliche, paarige Metacoel müßte sich dann in mehrere hintereinanderliegende Abschnitte zerlegt haben, ein Zustand, der als Deutomerie bezeichnet wird (Abb. 32 D—F). Ontogenetisch ließe sich die phylogenetische Entstehung der Deutometameren mit dem Bildungsprozeß der Larvalsegmente vieler Articulata vergleichen (S. 90). Die Verhältnisse bei den Chordata werden ebenfalls als Deutomerie im Sinne dieser Hypothese gedeutet. Eine deutometamere Ausgangssituation könnte im übrigen auch für die Reduktion des Coeloms bei den Mollusca und sein völliges Verschwinden bei den Plathelminthes in Anspruch genommen werden; in diesen Fällen wäre dann die sekundäre Leibeshöhle weitgehend oder vollständig mit Parenchym ausgefüllt worden. Die große einheitliche Coelomhöhle der Echiurida wird von manchen Zoologen gleichfalls als Homologon des Metacoels aufgefaßt, während Leibeshöhle und Tentakelcoelom der Sipunculida als Meta- und Mesocoel gedeutet werden.

Von der Deutomerie ausgehend, soll nach REMANE noch ein weiterer Segmentbildungsprozeß im Laufe der Phylogenese entstanden sein, nämlich die Sprossung von Segmenten am Hinterende der Deutometameren (Abb. 32 G—I). Ein solcher als Tritomerie bezeichneter Prozeß ist nur bei den rezenten Articulata verwirklicht. Bei den Annelida etwa würden dann die Larvalsegmente den phylogenetischen Deutometameren entsprechen, die auf teloblastischem Wege entstandenen Sprossungssegmente dagegen den Tritometameren (vgl. S. 91).

Die Hypothese von der stufenweise entstandenen Archi-, Deuto- und Tritomerie scheint im kühnen Bogen die Phylogenese von den Cnidaria bis zu den Articulata und Chordata zu überspannen. Ihre Ausgangsbasis ist die Gastraea-Hypothese, nach der sich die Bilateralia von radiär gebauten Vorfahren ableiten sollen (S. 65). Aber eben an dieser Basis liegen die schwerwiegendsten Bedenken gegen diese Vorstellungen. Im Zusammenhang mit der Gastraea-Hypothese hatten wir schon festgestellt, daß festsitzende Tiere als Stammformen von frei beweglichen Organismen prinzipiell nicht in Frage kommen dürften (eine Ausnahme bilden lediglich die stark abgewandelten Echinodermata). Außerdem ist es so gut wie sicher, daß die Cnidaria bilateralsymmetrische Vorfahren hatten, daß sie also gar nicht primär radiärsymmetrisch sind. Die radiäre ist mit größter Wahrscheinlichkeit aus der bilateralen Symmetrie hervorgegangen und nicht umgekehrt, wie es die Gastraltaschen-Hypothese voraussetzt. Sehr unwahrscheinlich ist diese Hypothese auch wegen der ganz verschiedenen Achsenverhältnisse bei Cnidaria und Bilateralia. In Abb. 32 A blicken wir nämlich auf den apikalen Pol eines Cnidariers, in Abb. 32 C aber auf die Ventralfläche eines Bilateraliers. Beide Ansichten sind in Wirklichkeit also gar nicht identisch, wie das die Abbildungen vortäuschen. Außerdem liegen in dem einen Fall die Gastraltaschen radiär um die Hauptachse, in dem anderen beiderseits der Hauptachse hintereinander. Die Ableitung des einen aus dem anderen Zustand ist eine reine Fiktion.

Die Gastraltaschen-Hypothese in dieser Version muß außerdem annehmen, daß das paarige Metacoel durch die Teilung einer unpaarigen Gastraltasche entstanden sei. Für einen solchen Entwicklungsablauf gibt es jedoch überhaupt keinen Hinweis. Überall dort, wo ein Metacoel auftritt, entsteht es ontogenetisch sofort paarig. Der Einwand, daß ja die als Metacoel gedeuteten Deutometameren der Spiralia letztlich auf die unpaarige Micromere 4 d zurückgeführt werden können, kann auch nicht zählen, denn gerade für diese Hypothese müssen Spiralfurchung und teloblastische Mesodermentwicklung sehr stark abgeleitete Vorgänge sein. Es wird weiterhin von dieser Hypothese vorausgesetzt, daß das Protocoel phylogenetisch als unpaarige Struktur entstanden sei. Auch das ist eine unbegründete Annahme. Die ontogenetischen Vorgänge lassen eher auf eine paarige Anlage des Protocoels schließen. Erst später wird der rechte Partner vielfach stark reduziert.

Wenn man von einer hypothetischen Stammform mit sechs (statt mit vier) Gastraltaschen ausgehen würde, wäre das zwar ein eleganter Ausweg, denn aus sechs Gastraltaschen ließen sich zwanglos drei Paar Coelomsäcke ableiten. Inzwischen hat sich aber wohl endgültig herausgestellt, daß die Stammform aller rezenten Cnidaria tatsächlich ein

Organismus mit vier Gastraltaschen gewesen sein muß. Aber abgesehen davon dürfte schon wegen der unterschiedlichen Achsenverhältnisse, wegen der nicht nachweisbaren Achsenverlagerung und wegen der Seßhaftigkeit der Polypen eine Ableitung der Bilateralia auf diesem Wege nicht in Betracht kommen.

Diese offensichtlichen Unzulänglichkeiten versucht die **Bilaterogastraea-Hypothese** von JÄGERSTEN [70] zu umgehen. Nach dieser Hypothese waren bereits die frühesten Metazoa, nachdem sie erst einmal zum benthonischen Leben übergegangen waren, bilaterale Organismen. Sie sollen auf die schon geschilderte Weise (S. 67) einen schlitzförmigen Urmund erlangt haben, der in einen einfachen Urmagen (Protogaster) führt (Abb. 8).

Diese einfache Bilaterogastraea soll nun drei Paar Darmtaschen ausgebildet haben. Die Gonaden, die ursprünglich dem Protogaster anlagen und sich in diesen entleerten, wurden dabei von den distalen Enden der Darmtaschen in die primäre Leibeshöhle vorgeschoben. Von einem derartigen Tier werden unabhängig voneinander die Cnidaria, die Ctenophora und die Coelomata (Bilateralia) mit drei Paar Coelomsäcken abgeleitet (Abb. 33). Der Urcoelomat wird als Protocoeloma bezeichnet.

Von einer Bilaterogastraea mit sechs Darmtaschen gelangt JÄGERSTEN zu einem Polypen mit acht Gastraltaschen, da er annimmt, die Octocorallia stünden der Stammform der Cnidaria am nächsten. Wie aus der Abbildung zu erkennen ist, ließen sich aus den sechs Darmtaschen ebenso gut nur sechs Gastraltaschen (Hexacorallia) ableiten, ähnlich wie das für die Ctenophora geschieht. Aber auch diese Möglichkeit führt nicht weiter, da wir eine Stammform der Cnidaria mit vier Gastraltaschen, ähnlich den rezenten Scyphozoa, annehmen müssen. Ein Ausweg wäre es, wenn man von einer Bilaterogastraea ausginge, die ursprünglich nur ein Paar Darmtaschen hatte. Aus einer solchen Stammform ließen sich ohne Schwierigkeiten sowohl die tetraradialen Cnidaria als auch die biradialen Ctenophora ableiten (daneben auch Coelomata mit einem Paar von Coelomsäcken). Auch dieser Weg führt aber unserer Ansicht nach nicht zum Ziel. Ganz abgesehen nämlich davon, wieviele Darmtaschen der Bilaterogastraea zugestanden werden, muß aus denselben Gründen, aus denen oben die Ableitung der Coelomsäcke aus Gastraltaschen abgelehnt wurde, der umgekehrte Weg angezweifelt werden.

Auch die Ableitung von radiär um die Längsachse stehenden Gastraltaschen aus quer zur Längsachse angeordneten Darmtaschen ist also sehr unwahrscheinlich. Offenbar muß die Aufspaltung in die basalen Zweige der Metazoa noch früher angesetzt werden. Es besteht nämlich durchaus die Möglichkeit, daß Gastral- und Darmtaschen völlig unabhängig voneinander entstanden sind. Wenn wir eine Stammform mit einfachem Protogaster annehmen, dann könnten sich die Gastraltaschen der Cnidaria als Aussackungen parallel zur Urdarm-Achse im Zusammenhang mit der sich anbahnenden Seßhaftigkeit gebildet haben, weil auf diese Weise die Längsachse versteift werden konnte. Die Coelomsäcke der Bilateralia dagegen müßten sich quer zur Urdarm-Achse und hintereinander ausgefaltet haben; das war für eine vagile Lebensweise viel sinnvoller, weil das die Längsachse beweglich hielt.

Die Coelomsäcke der Bilateralia sind nach JÄGERSTEN sofort in drei Paaren entstanden. Gleichzeitig mit der Abschnürung der Darmtaschen soll sich der Urmundschlitz im mittleren Abschnitt verschlossen haben, wie das während der Ontogenese rezenter Tiere durchaus vorkommt. Dabei wären dann ein vorderer Winkel als Mund und ein hinterer Winkel als After offengeblieben, und es wäre der durchgehende Darm der Protocoeloma entstanden. Die Phylogenese der Bilateralia verfolgt JÄGERSTEN nicht weiter, er gibt lediglich an, daß aus dem Protocoeloma die beiden Zweige der Protostomia und Deuterostomia (s. S. 150) hervorgegangen seien. Auch er gelangt jedoch an einem bestimmten Punkt zu demselben Resultat wie REMANE: Einmalige Entstehung der Bilateralia als Coelomaten mit drei Coelomabschnitten. Auch JÄGERSTEN muß also die Verhältnisse bei den Plathelminthes (hier besonders auch das Fehlen des Afters), bei den Nemathelminthes, Mollusca usw. als sekundär vereinfacht betrachten.

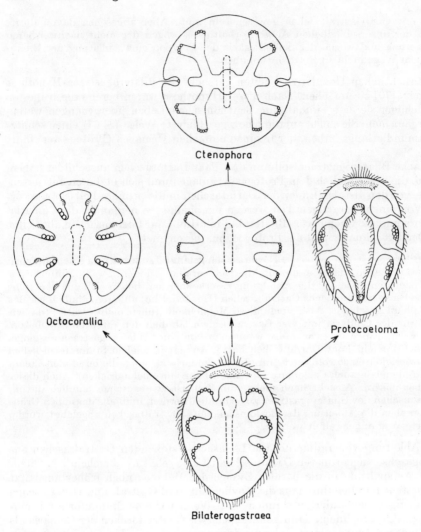

Ctenophora

Octocorallia

Protocoeloma

Bilaterogastraea

Abb. 33. Coelomentstehung nach der Bilaterogastraea-Hypothese (vgl. auch Abb. 8). — Nach JÄGERSTEN 1955.

Einen ganz anderen Standpunkt zur Entstehung und Entfaltung der Metazoa nimmt die **Gallertoid-Hypothese** [59] ein. Sie lehnt die vergleichend-morphologische Betrachtungsweise der bisher erörterten Hypothesen völlig ab, vor allem auch die Übertragung ontogenetischer Fakten in den stammesgeschichtlichen Ablauf nach dem Prinzip des Biogenetischen Grundgesetzes. Sie geht vielmehr von dem Prinzip aus, daß funktions- und konstruktions-morphologische Zwänge den Ablauf der Evolution bestimmt haben und daß die Stammesgeschichte der Tiere allein anhand solcher Zwangsabläufe zu rekonstruieren sei. Als phylogenetische Zwischenformen konstruiert sie daher Funktionsmodelle auf rein biomechanischer Grundlage.

Ausgangspunkt der Gallertoid-Hypothese ist ein blastula-ähnlicher Organismus, der innen von einer wasserhaltigen, steifen Gallerte gestützt war (Abb. 11). Dieses kugelförmige bis ellipsoide Tier könnte frei im Wasser schwimmend oder auf dem Boden

„rollend" gelebt haben. Mit zunehmender Größe wäre dann die Versorgung der Gallerte, die ja ebenfalls einen Stoffwechsel hatte, immer schwieriger geworden. Deshalb müßten sich jetzt, gewissermaßen zwangsläufig, in die Gallerte eine Art Gastralraum sowie zahlreiche mit Cilien ausgekleidete Kanäle eingesenkt haben, die der Filtration und Verteilung der Nahrung dienten (Abb. 34 A). Von einem solchen Organisationstyp werden die sessilen Porifera, die holopelagischen Ctenophora und die (mit Mesoderm ausgerüsteten!) Plathelminthes abgeleitet.

Unklar bleibt bei diesen Vorstellungen vor allem, wie sich dieser Organismus mit einem so relativ komplizierten Kanalsystem ontogenetisch entwickelt haben soll. Am Beginn der Metazoen-Entfaltung müssen doch wohl auch sehr einfache ontogenetische Vorgänge vermutet werden, wie etwa eine klare Trennung von ecto- und entodermalem Keimblatt. Die gleichzeitige Einsenkung eines Gastralraumes und zusätzlicher Kanäle in das Ectoderm ist nur schwer vorstellbar. Da die frühesten Metazoa kaum größer als einen Millimeter gewesen sein dürften, muß auch bezweifelt werden, daß tatsächlich ein physiologischer Zwang zur Ausbildung von Kanälen bestanden hat. Außerdem ist es wohl kaum zu erklären, warum ausgerechnet bei einem frei beweglichen Tier solche Kanäle entstanden sein sollen. Es ist vielmehr anzunehmen, daß ein derartiges Kanalsystem (wir finden es heute bei den Porifera ausgebildet) einzig und allein im Zusammenhang mit der sessilen Lebensweise entstanden ist und keinen phylogenetischen Vorläufer hatte. Bei den Ctenophora gibt es überhaupt keinen Hinweis, daß sich das Kanalsystem von der Oberfläche her eingesenkt hätte; ebenso wie das heute während der Ontogenese zu beobachten ist, hat sich sicherlich auch phylogenetisch dieses System vom Urdarm abgefaltet. Die gewaltige Gallerte und die Gastralkanäle der Ctenophora sind offenbar erst beim Übergang zur holopelagischen Lebensweise entstanden; vom Aussehen der benthonischen Vorläufer der Rippenquallen haben wir nicht die geringste Vorstellung.

Nach der Gallertoid-Hypothese soll sich das Gallertoid mit zentralem, verdauendem Gastralraum und peripherem, verdauendem Kanalsystem später in die Länge gestreckt haben (Abb. 34 B). Aus Biegebewegungen im Mundbereich, die vor allem der Nahrungssuche dienten, sei ein Schlängelantrieb entstanden, der den gesamten, nunmehr wurmförmigen Körper erfaßte. Es wird angenommen, daß in diesem Stadium die ersten Muskel-, Bindegewebs- und Nervenzellen auftraten. Gleichzeitig entstand ein durchgehender Darm, und die Verteilungskanäle ordneten sich, durch die Schlängelbewegungen erzwungen, regelmäßig an. Es wurde jetzt also schon die Segmentierung gewissermaßen vorprogrammiert. Die verteilenden Kanäle versorgten die gesamte Muskulatur und die nun immer stärker eingeengte Gallerte, die nach außen führenden Kanalöffnungen leiteten die Exkrete und die Geschlechtsprodukte ins Wasser.

Schließlich sollen sich die Kanäle perlschnurartig aufgeweitet haben (Abb. 34 C). Die dadurch entstandenen Flüssigkeitsbehälter verdrängten mehr und mehr die Gallerte und setzten auf diese Weise die innere Reibung herab. Wiederum zwangsläufig, nämlich durch die seitlichen (horizontalen) Schlängelbewegungen veranlaßt, mußten sich jetzt die seitlichen Räume bevorzugt erweitern (Abb. 34 D), denn dadurch konnte der Reibungswiderstand am wirkungsvollsten vermindert werden. Bindegewebe und Transversal-Muskulatur wurden dabei immer mehr auf quergestellte Zwischenwände konzentriert; auf diese Weise entstanden die späteren Dissepimente zwischen den Flüssigkeitsbehältern. An der Körperwand bildete sich dagegen ein Hautmuskelschlauch aus Längs- und Ringmuskulatur.

Es war nun nur noch ein kleiner Schritt zur Anneliden-Konstruktion. Auf diesem Entwicklungsweg blieben lediglich die beiden lateralen Behälter erhalten, die sich schließlich auch noch völlig vom Darm und gegeneinander abschnürten und damit zu paarigen Coelomräumen wurden (Abb. 34 E). Die nach außen führenden Kanäle blieben als Coelomoducte zur Ausleitung der Exkrete und der Geschlechtszellen erhalten. — Von einer gleichen Vorläuferkonstruktion werden auch die Chordata abgeleitet. Auf dieser Entwicklungslinie ist es nach der Entstehung der Chorda dorsalis zu einer Einengung der Coelomräume unter gleichzeitiger Verstärkung der Längsmuskulatur gekommen (Abb. 34 F).

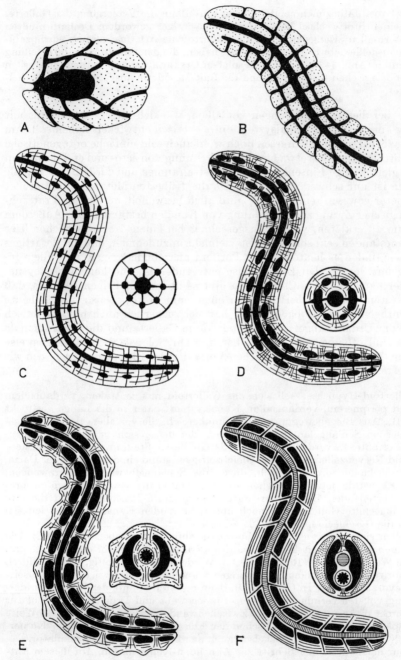

Abb. 34. Coelomentstehung nach der Gallertoid-Hypothese (vgl. auch Abb. 11). **A.** Ein Gallertoid mit Gastralraum und Verteilerkanälen. **B.** Wurmförmiges Tier mit durchgehendem Darm und mehr oder weniger regelmäßig angeordneten Kanälen. **C.** Die Kanäle weiten sich abschnittsweise wie Perlschnüre auf. **D.** Die lateralen Aufweitungen nehmen an Größe zu. **E.** Anneliden-Vorläufer mit abgeteilten Coelomhöhlen. **F.** Chordaten-Vorläufer mit Chorda, eingeengten Coelomhöhlen und kräftiger Längsmuskulatur. — Nach BONIK, GRASSHOFF & GUTMANN 1976.

Nach dieser Hypothese ist also das Coelom gleichzeitig mit der polymeren Körpergliederung entstanden. Die polymere Gliederung war sogar schon vorgeprägt, und die Flüssigkeitsbehälter mußten sich in den bereits vorgegebenen Segmenten nur noch erweitern. Beide Vorgänge sollen auf mechanischen Zwängen beruhen: Die segmentale Anordnung der Verteilungskanäle sowie die der Muskel- und Bindegewebszellen wurde durch die schlängelnde Körperbewegung veranlaßt; die Erweiterung der Kanäle zu Coelomabschnitten wurde erzwungen, weil dadurch der innere Reibungswiderstand am wirkungsvollsten vermindert werden konnte.

Polymere Körpergliederung und segmental angeordnetes Coelom stellen demzufolge nach dieser Hypothese die ursprüngliche Konstruktion fast aller Bilateralia dar. Alle anderen Baupläne, wie die oligomere Gliederung, die pseudocoele Körperorganisation der Nemathelminthes oder der Bauplan der Mollusca werden aus dem polymeren Organisationstyp abgeleitet.

Eine Konsequenz aus der Gallertoid-Hypothese ist es unter anderem, daß die sogenannten Archicoelomata nicht, wie allgemein üblich, als sehr ursprüngliche Coelomaten betrachtet werden, sondern im Gegenteil als völlig abgeleitete Bauplantypen, die aus polymeren Vorläufern hervorgegangen sind. So werden zum Beispiel die Hemichordata und die Echinodermata aus Chordaten-ähnlichen Zwischenformen abgeleitet. Eine andere Konsequenz ist eine angeblich enge Verwandtschaft zwischen Annelida und Chordata, die ja beide auf einen gemeinsamen Vorläufer zurückgeführt werden.

Bemerkungen zu den Coelom-Hypothesen

Im Mittelpunkt aller Hypothesen zur Entstehung und Entfaltung des Coeloms steht die Frage nach der ursprünglichen Ausprägung des mittleren Keimblattes bei den Stammformen der heutigen Bilateralia. Je nachdem, welche Situation dabei als primär betrachtet wird, gelangt man zu sehr unterschiedlichen Vorstellungen über den Ablauf der Umkonstruktionen, die am Mesoderm im Verlaufe der Stammesgeschichte stattgefunden haben müssen. Aus den Schlußfolgerungen dieser Hypothesen resultieren dann auch Aussagen über die Phylogenese des Tierreichs, die zwangsläufig genau so stark voneinander abweichen wie die Ausgangpositionen selbst. Diese außerordentlich unbefriedigende Tatsache hat ihre Ursache wohl vor allem in den ganz unterschiedlichen theoretischen Grundeinstellungen.

So fußt die Enterocoel-Hypothese auf den klassischen Methoden der vergleichenden Morphologie und Ontogenie. Ausgehend von rezenten Tierformen versucht sie durch Aufspüren von Homologien und ihre Bewertung als Apomorphien oder Plesiomorphien, Verwandtschaftsverhältnisse nachzuweisen und den Stammbaum zeitlich immer weiter nach rückwärts zu rekonstruieren. Die jeweils als ursprünglich angesehenen Merkmale werden dabei in die betreffende hypothetische Stammform zurücktransformiert, und auf diese Weise gelangt man schließlich über die verschiedenen phylogenetischen Zwischenformen zu den frühesten Stammformen der Metazoa, wie Protocoeloma, Gastraea oder Blastaea. Je weiter man im Zeithorizont nach rückwärts schreitet und immer „einfachere" Organismen konstruiert, in um so stärkerem Maße greift man dabei auf rezent-ontogenetische Vorgänge als Vorbild zurück. In ganz ähnlicher Weise verfährt die Schizocoel-Hypothese.

Unbewußt begeht man bei diesem Vorgehen allerdings oft einen Zirkelschluß. So gelangt die Enterocoel-Hypothese zum Beispiel zu einer hypothetischen Stammform der Bilateralia mit drei Coelomabschnitten, weil sie die rezenten Archicoelomata für sehr alte Organisationstypen hält, die jener Stammform noch am nächsten stehen sollen. Die Enterocoelabfaltung wiederum wird als stammesgeschichtlich ursprünglicher Bildungsmodus des Coeloms angesehen, weil bei eben diesen Archicoelomata das Coelom ontogenetisch in dieser Weise gebildet wird. Die ursprüngliche Natur der Archicoelomata begründet man unter anderem auch mit der bei ihnen auftretenden und als ursprünglich betrachteten Radiärfurchung und der Urdarmdifferenzierung durch Embolie.

Auf der anderen Seite geht die Schizocoel-Hypothese davon aus, daß die Turbellaria der Stammform der Bilateralia am nächsten stehen, vor allem wegen des einfachen, nur mit Spalträumen versehenen Mesoderms und wegen des fehlenden Afters. Entsprechende ontogenetische Abläufe bei Porifera und Turbellaria werden als Beweismittel herangezogen und in die Phylogenese transformiert. Man konstruiert nach dieser Theorie deshalb eine Stammform der Bilateralia von der Organisation eines acoelen Turbellars. Auch hier wird gewissermaßen das zu Beweisende als Beweis angeführt.

Gegen die Methode der klassischen vergleichenden Morphologie wird unter anderem eingewendet, daß sie funktions-morphologische und ökologische Aspekte völlig vernachlässige. Sie ignoriere die Tatsache, daß in einer bestimmten Umweltsituation nur ganz bestimmte selektive Kräfte gewirkt haben können. Sie konstruiere daher an den Evolutionsmechanismen mehr oder weniger vorbei. Diese Methode sei deshalb auch nicht in der Lage, die wichtige Frage nach den Ursachen von Konstruktionsveränderungen zu beantworten. Diese Vorwürfe sind sicherlich bis zu einem gewissen Grade berechtigt, und es steht auch fest, daß die auf den Methoden der vergleichenden Morphologie basierenden Hypothesen noch keine allgemein gültige Erklärung für den Ablauf der Phylogenese, speziell auch der Coelomentstehung, gefunden haben. Die vergleichende Morphologie ist in diesem Bereich offenbar an den Grenzen ihrer Leistungsfähigkeit und Aussagekraft angelangt. Die Ursachen dafür sind ganz objektiver Art: Aus jenen Zeitepochen, in denen sich die hier diskutierten Entwicklungen abspielten, fehlen uns so gut wie alle fossilen Dokumente, die als Beweismittel für die theoretischen Überlegungen dienen könnten.

Es wird deshalb schon seit langem nach anderen Methoden gesucht, die die anstehenden Fragen besser beantworten können. Vor allem funktions-morphologische Überlegungen werden dabei in die Theorien-Bildung einbezogen. In ganz konsequenter Weise geschieht das bei der Gallertoid-Hypothese. Sie hält die Erkenntnisse der vergleichenden Morphologie und Ontogenie für untauglich und auch gar nicht für erforderlich, wenn man die Phylogenese und die entsprechenden phylogenetischen Zwischenformen rekonstruieren will. Sie geht vielmehr von der Voraussetzung aus, daß eine bestimmte Struktur nur im Zusammenhang mit einer bestimmten Funktion entstanden sein könne. Dabei müßten aber Struktur und Funktion einen selektiven Vorteil erbracht haben, denn sonst wäre ihre Entstehung unökonomisch gewesen, und das widerspräche den Prinzipien der Evolution. Das morphologische Material werde vielmehr stets so eingesetzt, daß sich eine optimale Leistung ergäbe. Wenn dagegen eine bestimmte Leistung nicht mehr erforderlich ist, etwa weil sich die ökologischen Anforderungen geändert haben, würden die dafür vorhandenen Strukturen, gewissermaßen aus Sparsamkeitsgründen, reduziert oder ganz eingeschmolzen.

Aus dem Grundgedanken vom ökonomischen und funktionsbezogenen Einsatz des morphologischen Materials wird nun gefolgert, daß sich die verschiedenen Strukturen und Baupläne, ganz gleich auf welchem Evolutionsniveau, unter biomechanischen Zwängen herausgebildet haben müssen. Das phylogenetische Geschehen könne man daher allein anhand solcher Zwangsabläufe rekonstruieren. Die Stammesgeschichte der Metazoa wird deshalb von der Gallertoid-Hypothese von „unten" her konstruiert, indem ein früheres Stadium durch die angenommenen morphologischen Zwänge in ein späteres Stadium übergeführt wird bis hin zu den Bauplänen der rezenten Tierstämme.

Die Hypothese kommt dabei allerdings zu einigen recht absonderlichen Ergebnissen. So werden zum Beispiel alle Bilateralia (außer den Plathelminthes) von polymeren Stammformen abgeleitet. Die Evolution der Bilateralia wäre demnach vorwiegend durch Reduktionserscheinungen an einem außerordentlich effektiven Organisationstyp gekennzeichnet. Es gibt aber für die Herleitung etwa der Mollusca oder der Nemathelminthes aus solchen polymeren Vorläufern keinerlei Anhaltspunkte. Hier ist die Hypothese auf rein spekulative und nicht beweisbare Postulate angewiesen. Aus dem angenommenen Ablauf der Konstruktionsveränderungen im Verlaufe der Phylogenese resultiert dann zwangsläufig ein Stammbaum des Tierreichs, der mit den bisherigen Erkenntnissen der Systematik kaum noch etwas gemeinsam hat. Zweifelsfrei feststehende Verwandtschaftsverhältnisse sind darin nicht mehr zu erkennen, ja sie werden zum Teil sogar völlig zerrissen.

Die hier vor allem interessierende Frage nach der phylogenetischen Entstehung des Coeloms versucht die Gallertoid-Hypothese ebenfalls anhand von biomechanischen Zwangsabläufen zu erklären. Sie kommt dabei zu der Feststellung, daß die Coelomräume durch Aufweitung von ursprünglich der Nahrungsverteilung dienenden Kanälen entstanden seien. Auch dafür gibt es jedoch im gesamten Tierreich keinen konkreten Hinweis. (Es wurde schon gesagt, daß die Porifera als Modell für diese Ableitung nicht geeignet erscheinen.) Es wäre im höchsten Maße verwunderlich, wenn ein derart fundamentaler Vorgang wie die Coelomentstehung nicht eine irgendwie geartete Spur bei rezenten Tieren oder wenigstens bei ontogenetischen Entwicklungsabläufen hinterlassen hätte.

Auch die Gallertoid-Hypothese kann also nicht widerspruchsfrei die Entstehung des Coeloms erklären. Sie geht zwar von der durchaus richtigen Überlegung aus, daß bei der Rekonstruktion phylogenetischer Zwischenformen funktions-morphologische Gesichtspunkte maßgebend sein müssen. Ihr großer Mangel ist es jedoch, daß sie nun ihrerseits die Erkenntnisse der klassischen Morphologie und der Ontogenie weitgehend ignoriert.

Dabei ist es eigentlich gar nicht einzusehen, warum sich die vergleichend-morphologische und die funktions-morphologische Methode gegenseitig ausschließen sollen. Offensichtlich können doch nur beide gemeinsam zum Ziel führen. Es dürfte heute unbestritten sein, daß jeder Struktur eine bestimmte Funktion zukommt und daß sie auch im Zusammenhang mit dieser Funktion phylogenetisch entstanden sein muß. Fest steht aber auch, daß Strukturen im Verlaufe der Phylogenese umfunktioniert werden können und dabei unter Umständen ein ganz anderes Aussehen erhalten. Um die Identität solcher Strukturen nachweisen zu können, helfen aber nur die klassischen vergleichend-morphologischen Methoden der Homologie-Forschung. Sie sind nach wie vor die Basis der Verwandtschaftsforschung und müssen am Anfang aller phylogenetischen Betrachtungen stehen. Die Frage nach den Ursachen der Entstehung und der Umwandlung einer Struktur können dagegen nur funktions-morphologische Überlegungen beantworten.

Bei der Konstruktion von phylogenetischen Zwischenformen, die vor allem auch für die Erklärung der Coelomentstehung herangezogen werden, sind ebenfalls beide Gesichtspunkte zu beachten. Einerseits muß eine solche Zwischenform natürlich ein funktionstüchtiger Organismus gewesen sein, der strukturell und funktionell den seinerzeitigen ökologischen Bedingungen optimal angepaßt war. Seine Konstruktion muß also nach funktions-morphologischen Methoden erfolgen. Andererseits gibt es im rezenten Tierreich Strukturen, die in gleicher oder ähnlicher Ausprägung immer wieder anzutreffen sind und die deshalb als ein uraltes Erbe gewertet werden müssen. Auch ontogenetische Abläufe gehören dazu. Derartige gemeinsame und als ursprünglich erkannte Strukturen einer bestimmten Verwandtschaftsgruppe oder des gesamten Tierreichs müssen dann wohl auch im Konstruktionsplan der jeweiligen hypothetischen Zwischenform berücksichtigt werden. Der Versuch, beide Betrachtungsweisen in die theoretischen Überlegungen einfließen zu lassen, ist bis zu einem gewissen Grade bei der Bilaterogastraea und der Schizocoel-Hypothese zu erkennen.

Zusammenfassend können wir feststellen, daß uns — wenn wir von den Erkenntnissen an rezenten Tieren ausgehen — zwei prinzipiell verschiedene Entwicklungsweisen bekannt sind, nach denen das mittlere Keimblatt, also das Mesoderm, ontogenetisch entstehen kann. Das ist einmal die teloblastische Zellvermehrung aus einer Urmesodermzelle und zum anderen die Ausfaltung von Divertikeln aus dem Urdarm. Die Schizocoel-Hypothese behauptet nun, daß das Coelom auch phylogenetisch auf die erstere Art entstanden sei, die Enterocoel-Hypothese dagegen sieht in dem zweiten Vorgang den phylogenetischen Ursprung des Coeloms. Weder die eine noch die andere Hypothese ist aber in der Lage, den einen aus dem anderen Vorgang abzuleiten. Beide haben zwar von allen bisher aufgestellten Hypothesen die größte Wahrscheinlichkeit, beide sind aber nicht miteinander vereinbar. Sie kommen auch zu einem völlig kontroversen Ablauf der Stammesgeschichte. Unter diesen Umständen ist es nicht möglich, sich für die eine oder die andere zu entscheiden.

Es besteht allerdings auch die Möglichkeit, daß beide Hypothesen recht haben und daß das Mesoderm und damit auch das Coelom im Tierreich wenigstens zweimal entstanden ist. Eigenartigerweise haben nämlich die Tierstämme mit teloblastisch sich entwickelndem Mesoderm auch noch eine Reihe anderer gemeinsamer Merkmale, die als Synapomorphien gewertet werden müssen. Das gleiche gilt für einige Tierstämme mit einem sich durch Enterocoelie entwickelnden Mesoderm. Eine mindestens diphyletische Entstehung der Bilateralia ist also keineswegs auszuschließen. Wir werden auf dieses Problem noch einmal zurückkommen (Kap. 9.3.).

Die einzelnen Hypothesen zur Coelom-Entstehung wurden hier deshalb so ausführlich dargestellt, weil an ihnen besonders plastisch die verschiedenartigen Möglichkeiten der Interpretation der Stammesgeschichte demonstriert werden können. Dabei sollte aber auch deutlich gemacht werden, daß alle diese theoretischen Überlegungen an irgendeiner Stelle einen schwachen Punkt haben und daß keine in der Lage ist, die Stammesgeschichte widerspruchsfrei zu rekonstruieren. Wenn diese Hypothesen seit dem Ende des 19. Jahrhunderts in immer wieder anderen Variationen auftauchen, ohne dabei grundsätzlich Neues zu bringen, zeigt das nur, wie weit wir noch von einer Abklärung der Stammesgeschichte im Bereich der großen Organisationstypen entfernt sind. Wie wir schon mehrfach betont haben, beruht unsere Unsicherheit vor allem darauf, daß alle uns heute bekannten Organisationstypen bereits ausgebildet waren, ehe die paläontologische Überlieferung einsetzt. Die stets wieder neu aufflammenden Diskussionen zu diesen Fragen bewahren uns aber davor, daß wir Denkmodelle, die sozusagen nur Notlösungen sind, durch Gewöhnung für Endgültiges halten.

9.2. Metazoa mit zwei Keimblättern

Wenn wir noch einmal alle morphologischen und entwicklungsgeschichtlichen Indizien zusammenfassen, dann können wir die Evolution an der Basis der Metazoa etwa wie folgt beschreiben: Am Beginn stand eine annähernd kugelige und pelagische Zellkolonie (Blastaea), die ringsum begeißelt war und offenbar dicht über dem Boden schwamm. Die Fortpflanzung erfolgte zweigeschlechtlich, die Geschlechter waren getrennt. Bei zunehmender Größe mußte dieses Tier dann zum Bodenleben übergehen. Bereits auf diesem Stadium dürfte es zu einer physiologischen Differenzierung in ein verdauendes Ventral- und ein schützendes Dorsalepithel gekommen sein. Von einer solchen benthonischen Blastaea könnten sich die Placozoa und unter Umständen auch die Porifera ableiten. Bei einer Blastaea, die sich mit Hilfe des Geißelschlages am Boden vornehmlich in nur einer Richtung fortbewegte, wurde dann offenbar ein bilateralsymmetrischer Körperbau erzwungen (Bilateroblastaea). Gleichzeitig müßte ein Nerven-Sinnespol am Vorderende ausgebildet worden sein. Die Ontogenese fand aber nach wie vor im Pelagial statt, das Tier hatte einen pelago-benthonischen Lebenszyklus.

Später entstand dann der zweischichtige Körperbau, indem durch einen Einstülpungsvorgang das nutritive Ventralepithel nach innen verlagert wurde. Es differenzierte sich ein Protogaster (Bilaterogastraea). Die Innenschicht des Körpers könnte allerdings auch aus einem nicht-epithelialen Parenchym bestanden haben (Phagocytella). Bei allen diesen hypothetischen Stammformen der Metazoa wurden aller Wahrscheinlichkeit nach die Eier frei ins Wasser abgegeben und dort auch befruchtet. Die Eier waren dotterarm und machten eine totale und radiäre Furchung durch, aus der eine allseitig begeißelte Blastula mit geräumigem Blastocoel hervorging. Die Larven waren planktotroph. Nachdem es zur phylogenetischen Herausbildung der primären Keimblätter gekommen war, erfolgte ihre Differenzierung ontogenetisch durch Invagination.

Eine andere Überlegung geht davon aus, daß während der Phylogenese kein pelagisches Blastaea-Stadium durchlaufen wurde und daß der zweischichtige Körperbau durch einen Delaminations-Vorgang erworben worden sei (Placula). Vor allem wegen der dabei anzunehmenden sekundären Herausbildung eines pelagischen Larvenstadiums ist ein solcher Entwicklungsgang wenig wahrscheinlich.

Einen solchen einfachen, zweischichtigen Körperbau mit äußerem Ectoderm und innerem Entoderm haben heute noch die Porifera, Cnidaria und Ctenophora. Auch die Placozoa sind zweischichtig gebaut, bei ihnen ist es jedoch nicht zur Einstülpung des Entoderms gekommen. Bei allen diesen Tieren aber ist mit einer wenigstens physiologischen, meist auch morphologischen Differenzierung von Ectoderm und Entoderm die Keimblätterentwicklung abgeschlossen. Ein drittes Keimblatt tritt nicht auf. Das oftmals zwischen Ecto- und Entoderm liegende Mesenchym kann zumindest ontogenetisch nicht mit dem Mesoderm der übrigen Metazoa homologisiert werden. Diese vier Stämme (und unter Vorbehalt auch die Mesozoa) sind von der Körpergrundgestalt her die ursprünglichsten Metazoa, die wir heute kennen. Sie lassen sich hypothetisch entweder aus einer Entwicklungsreihe Blastaea-Bilateroblastaea-Bilaterogastraea oder aus einer Phagocytella oder aber aus der Reihe Placula-Bilaterogastraea ableiten.

Der zweischichtige Körperbau stellt im übrigen eine Plesiomorphie dar und sagt deshalb nichts über die Verwandtschaft dieser Stämme miteinander aus. Da Synapomorphien fehlen, kann man diese Stämme auch nicht etwa zu einer höheren Einheit zusammenfassen. Noch nicht geklärt ist, ob die Gastralräume der Cnidaria und Ctenophora ein synapomorphes Merkmal darstellen.

Die **Placozoa** sind zwar frei auf dem Boden bewegliche, aber trotzdem überraschenderweise asymmetrische Tiere. Sie könnten stammesgeschichtlich aus einer bereits am Boden lebenden Blastaea hervorgegangen sein, ohne jemals eine bilateralsymmetrische Phase durchlaufen zu haben. Das bedeutet, daß sie sich vom Stammbaum der Metazoa zwar nach der physiologischen Differenzierung der Keimblätter, aber noch vor der Einsenkung des Entoderms abgezweigt haben müßten. Die Placula-Hypothese nimmt einen etwas anderen Entwicklungsgang an. Sie leitet das Dorsal- und Ventralepithel der Placozoa und im Anschluß daran auch die beiden Körperschichten der Porifera aus den beiden Schichten der hypothetischen Placula ab. Alle übrigen Metazoa seien dann aus einer Bilaterogastraea hervorgegangen, die aus der Placula durch Einsenkung des Ventralepithels entstand (Abb. 10, S. 71).

Die **Porifera** sind ebenfalls asymmetrische, jedoch festsitzende Tiere. Ihre Entwicklung verläuft bei den ursprünglichsten Formen über eine pelagische Larve (Amphiblastula), die dem Blastula-Stadium entspricht. Diese Larve besteht aus einer stets begeißelten und einer oft unbegeißelten Hemisphaere. Sie setzt sich mit dem begeißelten (= vegetativen) Pol fest, und erst jetzt kommt es von diesem Pol aus zu einer Gastrulation durch Invagination (Abb. 96, S. 264). Dabei gelangen die Geißelzellen ins Innere (entsprechen also dem Entoderm) und ergeben schließlich das für die Schwämme so charakteristische Kragengeißelepithel, das sich zu Kanal- und Kammersystemen anordnet. Der einfache und dabei doch so eigenartige Bauplan der Schwämme ist einmalig im Tierreich, ebenso seine ontogenetische Entstehung. Es besteht aber kein Zweifel daran, daß die Porifera echte Metazoa sind. Es gibt also auch keinen Grund, sie als **Parazoa** den übrigen, dann als **Eumetazoa** zusammengefaßten Vielzellern gegenüberzustellen.

Zweifellos haben sich auch die Porifera sehr frühzeitig vom Stammbaum der Metazoa abgezweigt, vielleicht schon auf dem Stadium eines der Blastaea ähnlichen Tieres. Nach der Phagocytella-Hypothese könnten sie aus einem frühen Phagocytella-Stadium hervorgegangen sein (Abb. 9C, D). Die Placula-Theorie dagegen leitet sie von einem der Placula ähnlichen Tier ab. Zu verstehen ist die Herausbildung des Schwammbauplanes sicherlich nur im Zusammenhang mit der Sessilität der Tiere. Der einschneidendste Prozeß war dabei die Umwandlung des ursprünglich lokomotorischen Geißelepithels in ein Wassertransportsystem.

Die **Cnidaria** werden herkömmlicherweise als radiärsymmetrische Tiere bezeichnet, es besteht aber aller Grund zu der Annahme, daß sie ursprünglich bilateralsymmetrisch gebaut waren oder zumindest aus bilateralen und frei beweglichen Vorfahren hervorgegangen sind. Nach dem Seßhaftwerden wurde dann der radiärsymmetrische Bauplan des mit Tentakeln ausgestatteten Polypen herausgebildet. (Die Tendenz zur Radiärsymmetrie und zur Tentakelbildung ist übrigens auch innerhalb vieler anderer Tierstämme beim Übergang zur Sessilität zu beobachten). Es entstanden, nach unserer heutigen Kenntnis, vier Gastraltaschen und vier Septen; der ursprüngliche Bauplan war also tetraradial. Unter den rezenten Cnidaria stehen dieser Stammform die Scyphozoa (Bd. I/2) am nächsten. In einigen Entwicklungszweigen der Cnidaria kam es dann zur Ausbildung einer zweiten, der Medusen-Generation und eines metagenetischen Generationswechsels. Weder bei den Polypen noch bei den Medusen kommt es aber jemals zum Durchbruch eines Afters; die Entwicklung bleibt sozusagen auf einem Gastrula-Stadium stehen. Im Gegensatz zur Amphiblastula der Porifera setzt sich die Larve der Cnidaria mit dem animalen Pol fest.

Ein recht isoliert stehender Tierstamm sind die **Ctenophora** oder Rippenquallen. Sie leben fast ausnahmslos holopelagisch. Wie bei den Cnidaria geht ihr Körper aus den beiden primären Keimblättern hervor, es werden Gastraltaschen in Gestalt enger Kanäle gebildet, und nie bricht ein After durch. Aufgrund dieser ausgesprochen plesiomorphen Merkmale wurden bisher meist die Cnidaria und die Ctenophora (syn. Acnidaria) als **Coelenterata** oder Hohltiere zusammengefaßt. Diese Vereinigung ist jedoch nicht aufrechtzuerhalten, denn ganz offensichtlich handelt es sich um zwei getrennte Entwicklungslinien, die allerdings beide auf ein der Bilaterogastraea ähnliches Tier zurückgeführt werden können.

Eine im Tierreich einmalige Konstruktion ist der disymmetrische oder biradiale Bauplan der Rippenquallen. Die Tiere besitzen eine Symmetrie-Ebene durch die beiden Tentakeltaschen und eine zweite, senkrecht dazu stehende Ebene durch den Schlund. Überraschenderweise werden diese Symmetrie-Verhältnisse schon bei den ersten beiden Furchungsteilungen festgelegt (Abb. 14C, S. 82). Die Disymmetrie scheint deshalb eine uralte Eigenschaft der Ctenophora zu sein. Sie dürfte sich aber aus der Bilateralsymmetrie der Vorfahren ableiten und nicht etwa aus der Radiärsymmetrie der Cnidaria. Die Verwandtschaft der Ctenophora ist vor allem deshalb so schwer zu ergründen, weil bei ihnen keine spezifische Larvenform auftritt (holopelagischer Lebenszyklus).

Die **Mesozoa** stehen völlig abseits von allen anderen Tierstämmen. Sie lassen nicht einmal eine deutliche Differenzierung in Keimblätter erkennen. Das könnte allerdings eine Reduktionserscheinung sein, wie sie bei diesen hochgradig parasitischen Tieren durchaus nicht überraschend wäre. Auf der anderen Seite besteht aber sogar der Verdacht, daß die Mesozoa gar nicht monophyletischen Ursprungs sind. Vor allem aufgrund der geschlechtlichen Vorgänge hat man sie teilweise in die Nähe der Cnidosporidia (also parasitischer Protozoa), zum Teil in die Nähe der Trematoda (also parasitischer Plathelminthes) gerückt. Wenn sich diese beiderseitigen Beziehungen bestätigen sollten, müßten die Mesozoa als polyphyletische Gruppe aufgelöst werden. Beim gegenwärtigen Stand der Kenntnisse ist es unmöglich, die Mesozoa in das Verwandtschaftsschema der Metazoa einzuordnen.

Die mutmaßlichen verwandtschaftlichen Beziehungen der nur aus den beiden primären Keimblättern aufgebauten Tierstämme sind in einem Schema dargestellt, das gleichzeitig auch etwas über die Entstehung dieser Bauplantypen aussagen soll (Abb. 35). Dieses Schema kann allerdings nicht als Stammbaum im Sinne der phylogenetischen Systematik betrachtet werden, denn noch sind keine Synapomorphien zwischen den einzelnen Stämmen bekannt. Es ist auch ungewiß, ob sich die Cnidaria oder die Ctenophora früher vom Stammbaum abgezweigt haben. Wir wollen mit diesem Schema vor allem zum Ausdruck bringen, daß der zweischichtige Körperbau lediglich eine plesiomorphe Organisationsstufe darstellt, nicht aber eine phylogenetische Verwandtschaftsgruppe begründet. Außerdem soll optisch unterstrichen werden, daß diese Tierstämme, insbesondere die Cnidaria, nach unserer Ansicht keine unmittelbaren Vorfahren der übrigen Metazoa sind.

In den bisherigen Auflagen dieses Lehrbuches wurden die Metazoa wie folgt gegliedert:

Unterreich: Metazoa

1. Division: Mesozoa
   Stamm: Mesozoa

2. Division: Parazoa
   Stamm: Porifera

3. Division: Eumetazoa
   1. Subdivision: Coelenterata
   Stamm: Cnidaria
   Stamm: Acnidaria (Ctenophora)
   2. Subdivision: Bilateralia

Wir verzichten hier auf eine derartige Einteilung, weil sie die Gefahr in sich birgt, daß Verwandtschaftsbeziehungen vorgetäuscht werden, die unter Umständen garnicht existieren. Da die verwandtschaftlichen Beziehungen der Stämme untereinander nicht geklärt sind, lassen wir deshalb die einzelnen Stämme, mehr oder weniger nach ihrer Organisationshöhe, aufeinander folgen:

Unterreich: Protozoa
   1. Stamm: Protozoa
Unterreich: Metazoa
   2. Stamm: Placozoa (erst neuerdings aufgestellt)
   3. Stamm: Porifera
   4. Stamm: Cnidaria
   5. Stamm: Ctenophora
   6. Stamm: Mesozoa

Es folgen der 7.—25. Stamm, deren Vertreter aus drei Keimblättern aufgebaut sind.

In unserem System tauchen also die Begriffe Parazoa, Eumetazoa und Coelenterata nicht auf, da diese Bezeichnungen lediglich eine Organisationsstufe umschreiben, nicht aber unbedingt phylogenetische Verwandtschaftsgruppen kennzeichnen.

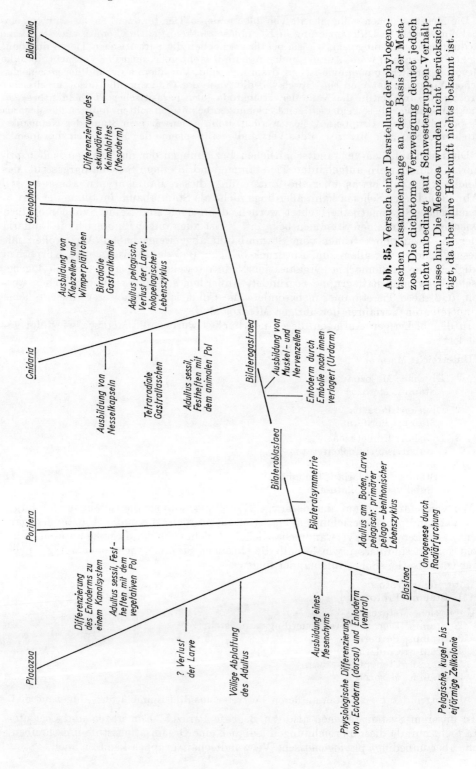

Abb. 35. Versuch einer Darstellung der phylogenetischen Zusammenhänge an der Basis der Metazoa. Die dichotome Verzweigung deutet jedoch nicht unbedingt auf Schwestergruppen-Verhältnisse hin. Die Mesozoa wurden nicht berücksichtigt, da über ihre Herkunft nichts bekannt ist.

Bilateralia

Differenzierung des
sekundären
Keimblattes
(Mesoderm)

Ctenophora

Ausbildung von
Klebzellen und
Wimperplättchen

Biradiale
Gastralkanäle

Adultus pelagisch,
Verlust der Larve:
holopelagischer
Lebenszyklus

Cnidaria

Ausbildung von
Nesselkapseln

Tetraradiale
Gastraltaschen

Adultus sessil,
Festheften mit
dem animalen Pol

Bilaterogastraea

Ausbildung von
Muskel- und
Nervenzellen

Entoderm durch
Embolie nach innen
verlagert (Urdarm)

Bilateroblastaea

Bilateralsymmetrie

Porifera

Differenzierung
des Entoderms zu
einem Kanalsystem

Adultus sessil, Fest-
heften mit dem
vegetativen Pol

? Verlust
der Larve

Völlige Abplattung
des Adultus

Placozoa

Ausbildung eines
Mesenchyms

Physiologische Differenzierung
von Ectoderm (dorsal) und Entoderm
(ventral)

Adultus am Boden, Larve
pelagisch: primärer
pelago – benthonischer
Lebenszyklus

Blastaea

Ontogenese durch
Radiärfurchung

Pelagische, kugel- bis
eiförmige Zellkolonie

9.3. Metazoa mit drei Keimblättern

Nach dem bisher meist üblichen System wurden den „Coelenterata" die restlichen Tierstämme als **Bilateralia** gegenübergestellt, in der Überzeugung, daß die Radiär- bzw. Disymmetrie im Gegensatz zur Bilateralsymmetrie stehe. Die bilaterale Symmetrie ist jedoch ganz offensichtlich eine sehr ursprüngliche Eigenschaft der Metazoa, aus der die Radiär- und die Disymmetrie abgeleitet werden müssen. Es besteht also kein Grund, nur wegen der unterschiedlichen Symmetrieverhältnisse eine Unterteilung der Metazoa vorzunehmen.

Die als Bilateralia zusammengefaßten Tierstämme zeichnen sich aber durch ein anderes gemeinsames Merkmal aus: Sie alle besitzen ein drittes, sogenanntes sekundäres Keimblatt, das Mesoderm. Wenn dieses Mesoderm im Tierreich nur einmal entstanden wäre, dann könnten durchaus alle Tierstämme mit einem sekundären Keimblatt als monophyletische Gruppe zusammengefaßt werden, auch wenn für diese Gruppe der Name Bilateralia unglücklich gewählt wäre. Aber an dem monophyletischen Ursprung des Mesoderms kann, wie wir schon angedeutet haben, auch gezweifelt werden.

Ganz verwirrend ist es, wenn für die Tierstämme mit drei Keimblättern der Name **Coelomata** benutzt wird, der eigentlich nur auf die Tiere bezogen werden sollte, die tatsächlich ein echtes Coelom besitzen. Wenn dieser Name auf alle Bilateralia ausgedehnt wird, bringt man damit zwangsläufig zum Ausdruck, daß nicht nur das Mesoderm monophyletischen Ursprungs ist, sondern auch das Coelom. Ferner sagt man damit aus, daß das Coelom die ursprüngliche mesodermale Struktur ist und daß sich Schizocoel und Pseudocoel von ihm ableiten. Für diese Annahmen gibt es aber keine Beweise.

Die Bilateralia können gekennzeichnet werden als vielzellige Tiere, deren Körper durch eine Mediosagittalebene in zwei spiegelbildlich gleiche Hälften zerlegt werden kann. Es sind eine Bauch- und eine Rückenseite, ein Vorder- und ein Hinterpol zu unterscheiden. Wenn Verschiebungen dieser Symmetrieverhältnisse eintreten, wie besonders deutlich bei den Echinodermata, dann haben zumindest die Entwicklungs- und Larvenstadien eine bilaterale Symmetrie. Der Vorderpol trägt den Mund, er geht bei der Bewegung voran (auch hier bilden die meisten Echinodermata eine Ausnahme), und an diesem Pol konzentrieren sich Sinneszellen, Sinnesorgane und ein paariges nervöses Zentralorgan, das Gehirn oder Oberschlundganglion. Der Mund ist in der Regel etwas verschoben und dem Substrat zugekehrt; auf diese Weise kennzeichnet er die Ventralseite des Tieres. Die Lage der Mundöffnung ist im übrigen das einzige objektive Merkmal, um Bauch- und Rückenseite der Bilateralia zu unterscheiden. Der Darm ist bei den meisten Bilateralia durchgehend, er besitzt also neben der Mund- auch eine Afteröffnung. Ohne After sind lediglich die Plathelminthes, wobei es umstritten ist, ob hier der After primär fehlt, oder ob er erst im Laufe der Stammesgeschichte verlorengegangen ist. Wenn bei anderen Formen (z. B. Pogonophora) der Darm völlig eingeschmolzen wird, gilt das als sekundäre Eigenschaft.

Das Mesoderm der Bilateralia als ausgesprochen organbildendes Keimblatt liefert Parenchym, Coelomsäcke, Muskelzellen, bindegewebige Hüllen um innere Organe (z. B. Peritoneum) sowie Wandungen von Hohlraumsystemen, etwa von Gonaden und Blutgefäßen. Bei den Echinodermata und den Chordata ist auch das Skelett mesodermalen Ursprungs; es wird daher als Innenskelett bezeichnet. Aber auch die beiden primären Keimblätter differenzieren sich viel stärker als etwa bei den Cnidaria und Ctenophora. Aus dem Ectoderm gehen unter anderem zum Teil hochkomplizierte Sinnesorgane und Zentralnervensysteme sowie Außenskelette hervor, aus dem Entoderm die Mitteldarmdrüsen, bei den Chordata die Chorda dorsalis und bei den

Vertebrata außerdem die Lunge. Viele Bilateralia zeichnen sich darüber hinaus durch eine Kopfbildung aus.

Für alle Bilateralia muß ursprünglich ein primärer pelago-benthonischer Lebenszyklus angenommen werden, wie er auch bei der überwiegenden Mehrzahl der rezenten Meeresbewohner noch anzutreffen ist. Dabei geht aus dem Ei eine pelagische Larve hervor, die später zu Boden sinkt und sich durch eine Metamorphose in den benthonischen Adultus umwandelt. Die stammesgeschichtlich frühesten adulten Bilateralia waren ganz offensichtlich frei bewegliche Tiere, die sich kriechend über den Boden bewegten oder die im Substrat wühlten. Von solchen frei beweglichen Vorfahren sind einerseits festsitzende (und parasitische), andererseits pelagische Formen abzuleiten. Festsitzende Bilateralia zeigen meist eine Tendenz zur Radiärsymmetrie und zur Tentakelbildung (Analogie zu den Cnidaria).

Die Tatsache, daß den Plathelminthes der After fehlt, war immer wieder Anlaß zu Spekulationen über die Stammesgeschichte der Bilateralia. Im Mittelpunkt dieser Überlegungen stehen dabei die Turbellaria, die von fast allen Zoologen für die „primitivsten" lebenden Bilateralia gehalten werden. Viele Forscher betrachten sie sogar als der Wurzel der Bilateralia am nächsten stehend. Das wirft zwangsläufig die Frage auf, ob die zahlreichen einfachen Strukturen der Turbellaria primär einfach sind, oder ob die Tiere nicht vielleicht sekundär vereinfacht wurden. Auch der After könnte primär fehlen, er könnte aber ebenso gut sekundär eingeschmolzen worden sein. Für beide Annahmen gibt es keine schlüssigen Beweise. Ontogenetisch wird allerdings bei den Turbellaria neben dem Mund nie eine zweite Körperöffnung angelegt, was zumindest vermuten läßt, daß auch phylogenetisch kein After vorhanden war. Im übrigen ist auch nicht recht einzusehen, welchen selektiven Vorteil der Verlust des Afters gebracht haben könnte.

Die Frage nach dem primären oder sekundären Fehlen des Afters bei den Turbellaria ist deshalb so bedeutungsvoll, weil sie einen entscheidenden Punkt der Stammesgeschichte berührt. Wenn nämlich bei den Turbellaria der After sekundär verschwunden wäre, dann könnten die Bilateralia (wenigstens von der Darmkonstruktion her) als monophyletische Gruppe betrachtet werden, die von einer Stammform mit durchgehendem Darm abzuleiten wäre. Fehlt aber der After bei den Turbellaria primär und würden sich diese Tiere von einer afterlosen Stammform ableiten, dann bedeutet dies unter anderem, daß der After innerhalb der Bilateralia mehrmals entstanden sein könnte. Die Konstruktion des Darmes allein gibt jedenfalls keinen Hinweis auf die Abstammung der Bilateralia und auf die Verwandtschaft innerhalb dieser Gruppe.

Es gibt aber andere Merkmale, die für die Großeinteilung der Bilateralia benutzt werden können und über deren Verwendbarkeit seit dem ausgehenden 19. Jahrhundert immer wieder diskutiert worden ist. Dabei verfolgte man primär das Ziel, nach Verwandtschaftsgruppen innerhalb der Bilateralia zu suchen. Man versuchte also, nach unserem heutigen Sprachgebrauch, Synapomorphien aufzuspüren. Erst in zweiter Linie fragte man dann auch nach der Abstammung der Bilateralia.

In seinem „Lehrbuch der Zoologie" nahm B. HATSCHEK (1888) eine Gliederung der Bilateralia vor allem nach dem Bau des Nervensystems vor. Als Zygoneura (Paarnervige) betrachtete er alle Formen mit paarigen Längsnervensträngen, die sich vor allem auf der Ventralseite des Körpers konzentrieren, die aber mindestens im Bereich der Schlundkommissur getrennt bleiben. Ihnen stellte er die Ambulacralia und die Chordonii (= Chordata) gegenüber, bei denen sich das Zentralnervensystem auf der Dorsalseite konzentriert. Sein System hatte folgendes Aussehen (wir benutzen dabei die heutigen Bezeichnungen der Stämme und die von uns praktizierte Reihenfolge):

1. Zygoneura mit   Plathelminthes
                    Nemertini
                    Entoprocta

                Nemathelminthes
                Mollusca
                Sipunculida
                Annelida
                Onychophora
                Arthropoda
                Tentaculata
                Chaetognatha
2. Ambulacralia mit Echinodermata
                Hemichordata
3. Chordonii mit   Chordata

Der Name Zygoneura wurde später geändert in **Gastroneuralia** (Bauchmarktiere), während die beiden anderen Gruppen als **Notoneuralia** (Rückenmarktiere) zusammengefaßt wurden.

Die **Bedeutung des Nervensystems** für die Verwandtschaftsforschung bedarf einer Erläuterung. Wie alle anderen Organe muß auch das Nervensystem aller heute lebenden Tiere eine Evolution hinter sich haben, die von einfachen zu komplizierten Strukturen fortgeschritten sein muß. Es ist durchaus anzunehmen, daß sich auch heute noch bei bestimmten Tierformen einfache Verhältnisse auffinden lassen. Die Schwierigkeit besteht jedoch, wie bei anderen Organen auch, darin, daß nicht immer eindeutig zu erkennen ist, ob ein Nervensystem primär einfach ist oder ob es sekundär vereinfacht wurde. Das hängt vor allem damit zusammen, daß die Struktur des Nervensystems in hohem Maße vom Gesamtbauplan des Tieres, seiner Fortbewegungsart, seiner Ernährungsweise usw. bedingt ist.

Trotzdem lassen sich aber einige prinzipielle Entwicklungszüge aufspüren: Bereits bei den ursprünglichsten Einzellern müssen Reizbarkeit, Leitfähigkeit und Kontraktilität zu den Grundeigenschaften der Zelle bzw. ihres Protoplasmas gehört haben. Diese drei Eigenschaften wurden bei den Metazoa im Laufe der Evolution in immer stärkerem Maße von ganz spezifischen Zelltypen übernommen, den Sinnes-, Nerven- und Muskelzellen. Dabei waren jedoch von Anfang an ganz sicher innige gegenseitige Beziehungen zwischen Struktur und Leistung dieser Zellen vorhanden. Je besser die sensorischen und die motorischen Elemente ausgebildet wurden, um so effektiver mußten auch die leitenden und koordinierenden Elemente werden. Im Laufe der Evolution haben also die Metazoa in zunehmendem Maße spezialisierte Zellen für die Rezeption von Veränderungen in der Umwelt ausgebildet (Sinneszellen), die sich gruppieren und mit anderen Geweben zu Sinnesorganen zusammenschließen können. Gleichzeitig wurde ein spezifisches Antwortsystem ausgebildet (Muskelzellen oder organisierte Muskellagen), und schließlich wurde auch das Reizleitungssystem in Gestalt von Nervennetzen oder Nervenbahnen kanalisiert.

Alle Nervensysteme, die wir an rezenten Tieren kennen, sind offenbar auf einen unregelmäßigen epithelialen Nervenplexus zurückzuführen, wie er etwa bei den Cnidaria und den Ctenophora zu finden ist. Bereits in den einfachsten Nervensystemen der Bilateralia sind Neuronen und Synapsen voll ausgebildet, sie sind aber unregelmäßig über die Nervenbahnen verteilt. Solche Nervenbahnen nennt man Markstränge. Die Leitung zwischen den Rezeptoren an der Körperoberfläche und dem in tiefere Schichten verlagerten Antwortsystem war ursprünglich ziemlich einfach und direkt. Im Verlaufe der Evolution nahm dann die Zahl der zwischengeschalteten Neuronen zu, und es kam zu einer Konzentration der Neuronen in bestimmten Abschnitten der Nervenbahnen. Solche Neuronen-Konzentrationen werden als Ganglienknoten bezeichnet.

Diese Entwicklung ist deutlich an den Nervensystemen abzulesen, die bei den verschiedenen Stämmen der Gastroneuralia auftreten, zumindest bei jenen Stämmen, die heute oft auch als Spiralia und Articulata (s. unten) zusammengefaßt werden. Der ursprünglichste Typ des Nervensystems innerhalb dieser Verwandtschaftsgruppen ist offensichtlich das sogenannte Orthogon, das bei den Turbellaria auftritt [72]. Es besteht aus einem dorsalen, einem ventralen und je einem lateralen Paar von Marksträngen, also aus insgesamt acht Längssträngen, die in mehr oder weniger regelmäßigen Abständen durch Ringkommissuren miteinander verbunden sind. Im Laufe der Evolution ist es dann offenbar zu einer Reduktion der dorsalen und lateralen Stränge gekommen, so daß nur noch der paarige ventrale Längsstrang, das sogenannte Bauchmark, übrigblieb. Eine Zwischenstellung nimmt zum Beispiel das Nervensystem der Mollusca ein. Hier tritt neben dem paarigen ventralen Längsstrang (Pedalstrang) noch ein ebenfalls paariger lateraler Strang (Pleuralstrang) auf. Bei ursprünglichen Mollusca (Caudofoveata) sind diese Nervenbahnen noch typische Markstränge mit verstreut liegenden Neuronen und zahlreichen Kommissuren zwischen den Strängen. Bei höher evolvierten Formen dagegen (z.B. Gastropoda) kommt es zu einer deutlichen Ganglienbildung, indem sich die Neuronen im Pedalganglion, Pleuralganglion usw. konzentrieren. Die Kommissuren verbinden dann nur noch je ein Ganglienpaar untereinander.

Am deutlichsten ausgeprägt ist die Ganglienbildung bei den polymeren Gastroneuralia, also bei Annelida und Arthropoda (und ihren Verwandten). Hier finden wir nur noch den paarigen Ventralstrang, der aber nun aus einer Kette von segmental angeordneten, paarigen Ganglienknoten besteht. Die beiden Knoten eines Paares sind durch eine Kommissur, die Knoten der aufeinanderfolgenden Paare durch Konnektive miteinander verbunden. Auf diese Weise entsteht das regelmäßige Bild eines Strickleiternervensystems, das auch als Bauchganglienkette bezeichnet wird. Den Zustand der regelmäßigen segmentalen Gliederung nennt man Neuromerie. Bei vielen Arthropoda kommt es oft zu einer Verlagerung und einem Zusammenschluß von Ganglienknoten von hinten nach vorn, oder aber es konzentrieren sich die entsprechenden Ganglien in einem Körperabschnitt (z.B. Oberschlundganglion, Unterschlundganglion). Immer aber tritt auch dann die ursprüngliche Gliederung während der Embryogenese deutlich hervor.

Ontogenetisch geht das Nervensystem aller Gastroneuralia stets aus Zellwucherungen des ventralen Ectoderms hervor. Die Zellen drängen sich dann zwischen die Epithelzellen (intraepitheliales Nervensystem), oder sie werden unter die Epidermis verlagert (subepitheliales Nervensystem). Die Anlage des Nervensystems der Gastroneuralia ist immer paarig, und die Paarigkeit bleibt auch weitgehend erhalten. Bei Formen mit einem ausgeprägten Gehirn, also etwa bei Annelida und Arthropoda, verläuft eigenartigerweise die Entwicklung des Bauchmarks zunächst deutlich getrennt vom Gehirn, das ja über dem Vorderdarm, also dorsal, liegt (Abb. 36 A).

Bei den Notoneuralia, deutlich ausgeprägt aber nur bei den Chordata, liegt das Zentralnervensystem dorsal; es wird deshalb als Rückenmark bezeichnet (Abb. 36 B). Aber nicht nur seine Lage, sondern vor allem auch seine ontogenetische Entstehung ist völlig anders als bei den Gastroneuralia. Das Rückenmark wird gebildet durch eine rinnenförmige Einsenkung des dorsalen Ectoderms, die sich später zu einem Rohr schließt (vgl. Abb. 28). Die Anlage ist also unpaarig. Außerdem entwickeln sich Rückenmark und Gehirn bei den Chordata stets in enger Verbindung. Es tritt auch nie eine echte Neuromerie auf: Die Neuronen konzentrieren sich zwar normalerweise um den Zentralkanal des Rückenmarks, sie ordnen sich aber nicht zu segmentalen Ganglienknoten.

Das Bauchmark der Gastroneuralia und das Rückenmark der Notoneuralia sind also morphologisch und ontogenetisch so verschieden, daß sie sicherlich nicht voneinander ableitbar sind.

Eindeutige Notoneuralia sind eigentlich nur die Chordata. Bei den Hemichordata kommt zwar ebenfalls ein dorsales Nervenrohr vor, das auch auf die gleiche Weise wie bei den Chordata entsteht, das aber auf den mittleren Körperabschnitt (Mesosoma oder Kragen) beschränkt bleibt. Im übrigen jedoch besteht das Nervensystem dieser Tiere aus einem intraepithelialen Nervengeflecht, das sich sowohl dorsal (im Prosoma und Metasoma) als auch ventral (im Metasoma) zu je einem Längsstrang·verdichtet. Die Echinodermata haben sogar drei Nervensysteme, die in verschiedenen Ebenen des Körpers übereinanderliegen. Zumindest das ectodermale System entsteht während der Metamorphose durch einen Einsenkungsvorgang, ähnlich wie das Rückenmark. Die Anlage ist aber sofort

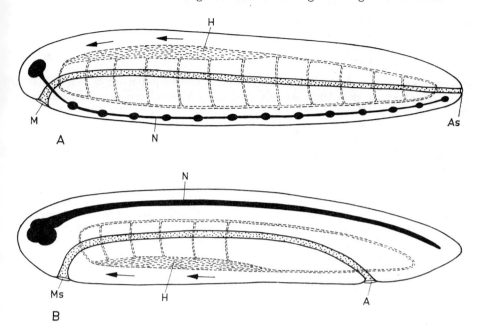

Abb. 36. Lageverhältnisse bei **A.** Gastroneuralia (Annelida) und **B.** Notoneuralia (Chordata). — **A** After, **As** sekundärer After, **H** Herz, **M** Mund, **Ms** sekundärer Mund, **N** Nervensystem.

fünfstrahlig, und sie legt sich um den Vorderdarm herum. Dieses Nervensystem kann also nicht ohne weiteres mit dem Rückenmark der Chordata homologisiert werden.

Eine Verwandtschaft zumindest der als Notoneuralia zusammengefaßten Tierstämme kann demnach mit Hilfe des Nervensystems allein nicht begründet werden. Bereits HATSCHEK hatte jedoch darauf hingewiesen, daß auch andere Homologien innerhalb der von ihm aufgestellten Verwandtschaftsgruppen zu finden seien. Das betrifft unter anderem das Schicksal des Urmundes. Dieses Merkmal benutzte dann K. GROBBEN [62] konsequent bei seiner Gliederung der Bilateralia. Er faßte die Tiere, bei denen der Blastoporus in Beziehung zum definitiven Mund steht, als **Protostomia** (Erstmünder oder Urmünder) zusammen. Die Tiere, bei denen sich eine Beziehung des Blastoporus zum endgültigen After nachweisen läßt, vereinigte er als **Deuterostomia** (Zweitmünder oder Neumünder). Sein System war wie folgt gegliedert (Bezeichnungen und Reihenfolge von uns teilweise verändert):

1. Protostomia mit   Plathelminthes
                           Nemertini
                           Entoprocta
                           Nemathelminthes
                           Mollusca
                           Sipunculida
                           Echiurida
                           Annelida
                           Onychophora
                           Tardigrada
                           Arthropoda
                           Tentaculata

2. Deuterostomia mit Chaetognatha
                       Echinodermata
                       Hemichordata
                       Chordata

Die Veränderungen gegenüber HATSCHEKS System bestanden im wesentlichen in der Zusammenfassung der Ambulacralia und der Chordonii zu den Deuterostomia und im Versetzen der Chaetognatha aus den Protostomia in die Deuterostomia.

Über die **Bedeutung des Blastoporus** für die Großeinteilung der Bilateralia ist schon gesprochen worden (S. 106). Es wurde dabei bereits angedeutet, daß das Schicksal des Urmundes keineswegs so einheitlich ist, wie das die Bezeichnungen Proto- und Deuterostomia ausdrücken

Die Schwierigkeit besteht vor allem darin, daß der Blastoporus nur selten eine deutliche und in seinem Schicksal weiter zu verfolgende Öffnung ist. In vielen Fällen stellt er nur eine mehr oder weniger ausgedehnte Region der Keimesoberfläche dar, die zudem noch verlagert wird. Diese Verlagerung kann zwar manchmal noch ontogenetisch verfolgt werden, sie ist oft aber schon phylogenetisch so fixiert, daß die Blastoporusregion sofort am Verlagerungsort erscheint. Bei manchen Tiergruppen kann auch gar nicht eindeutig gesagt werden, aus welchen Teilen der Blastoporusregion Mund und After hervorgehen. Ja es kann sogar zu einer völligen Umkehr der Verhältnisse kommen, wie etwa bei den Malacostraca (Crustacea), bei denen die Blastoporusregion in ontogenetischer Beziehung zum späteren After steht, obwohl diese Tiere definitionsgemäß den Protostomia zugerechnet werden.

Eben weil das Schicksal des Urmundes nicht immer ganz eindeutig ist, aber auch aus anderen Gründen, wird neuerdings die phylogenetische Einheit der Deuterostomia, vor allem aber der Protostomia vielfach bestritten.

Innerhalb der **Protostomia** gibt es nun aber eine Gruppe von Stämmen, an deren Verwandtschaft kaum gezweifelt werden kann. Diese Verwandtschaftsgruppe gründet sich ebenfalls auf ein ontogenetisches Merkmal, nämlich auf die Spiralfurchung (S. 81). Dieser Furchungstyp ist so charakteristisch, und er erscheint so stark abgeleitet, daß er durchaus als Synapomorphie gewertet werden kann. Alle Tierstämme, deren Angehörige sich nach diesem Modus entwickeln, hat man als **Spiralia** zusammengefaßt. Wenn bei diesen Tierstämmen eine Larve auftritt, dann gehört sie stets dem Trochophora-Typ an. Außerdem sind die hierher gehörenden Tiere immer typische Gastroneuralia. Viele unter ihnen zeigen die Tendenz zur Ausbildung eines ectodermalen (nie eines mesodermalen) Skeletts. All dies sind nicht zu übersehende Synapomorphien. Man kann deshalb mit guten Gründen annehmen, daß die Verwandtschaftsgruppe der Spiralia monophyletischen Ursprungs ist. Zu ihr werden die folgenden Stämme gerechnet:

Plathelminthes
Nemertini
Entoprocta
Mollusca
Sipunculida
Echiurida
Annelida

Anklänge an eine Spiralfurchung sind auch bei gewissen Tentaculata zu beobachten. Dieser Stamm fügt sich aber, vor allem wegen der unterschiedlichen Entstehungsweise des Coeloms und wegen seiner eigenartigen Larvenformen, nicht in diesen Verwandtschaftskreis ein.

Neben den Spiralia wird innerhalb der Protostomia meist noch eine zweite Verwandtschaftsgruppe unterschieden: die **Articulata** oder Gliedertiere. Bereits CUVIER

(1817) hat sie als einen seiner Tierkreise aufgestellt. Als Articulata bezeichnet man alle Tiere, deren Körper mit Ausnahme des vordersten und des hintersten Abschnitts (Prostomium und Pygidium) aus einer Reihe von Segmenten (Metameren) zusammengesetzt ist, die in der Regel teloblastisch entstehen. Jedes Segment enthält dabei, zumindest beim Embryo, je ein Paar Ganglienknoten und Coelomsäcke. Die Coelomsäcke lösen sich im Laufe der Ontogenese jedoch oftmals auf und vermischen sich mit der primären Leibeshöhle zu einem Mixocoel. Meist bilden die Segmente auch paarige Anhänge aus, die ursprünglich wohl nur der Lokomotiom und der Atmung gedient haben (Parapodien der Polychaeta). Bei den Arthropoda sind diese Anhänge zu gegliederten Beinen geworden und teilweise zu Greiforganen und Mundwerkzeugen umgebildet.

Mit ihren Gliederbeinen können sich die Arthropoda viel schneller fortbewegen als die meisten anderen Wirbellosen, und dementsprechend ist ihr Aktionsradius erheblich vergrößert. Parallel dazu haben sie die von den Anneliden-ähnlichen Vorfahren ererbten Sinnesorgane und Nervenzentren in Bau und Leistung gewaltig entwickelt. Fast alle Entwicklungszweige der Arthropoda sind außerdem in einen völlig neuen Lebensraum eingedrungen: Sie haben das Festland erobert. Die Insecta und Myriapoda sind sogar auf dem Lande entstanden. Die Arthropoda stellen (neben den Gastropoda unter den Mollusca) die einzigen Wirbellosen dar, die außerhalb des Wassers oder feuchter Böden eine bedeutende biologische und ökologische Rolle spielen, ähnlich wie die Amniota unter den Wirbeltieren.

Zu den Articulata werden die folgenden Stämme gezählt:

Annelida
Onychophora
Tardigrada
Pentastomida
Arthropoda

Die Tardigrada sind zwar von ihrer gesamten Körperorganisation her eindeutige Articulata. Im Gegensatz zu der sonst in diesem Verwandtschaftskreis üblichen teloblastischen Segmententstehung, werden bei ihnen aber die Coelomhöhlen durch Ausfaltung vom Darm, also durch Enterocoelie, gebildet. Es ist rätselhaft, wie diese eigenartige Ausnahme zu deuten ist. Es kann sich nur um eine völlige Neuerwerbung handeln, die mit der Enterocoelie etwa bei Tentaculata oder Chordata phylogenetisch nichts zu tun hat. Es ist bis heute nicht geklärt, ob die Articulata monophyletischen Ursprungs sind, oder ob sie vielleicht mehrfach (polyphyletisch) entstanden sind. Diese Frage ist vor allem deshalb so schwierig zu klären, weil (außer bei den Annelida) bei den Articulata keine Spiralfurchung auftritt. Und es fällt schwer, die Furchung dieser Stämme gemeinsam aus der Spiralfurchung abzuleiten. Ebenso fehlt den meisten Articulata die Primärlarve, so daß auch über die Larvenformen die Monophylie dieser Stammgruppe nicht zu ergründen ist. Wenn allerdings die Articulata polyphyletischen Ursprungs wären, dann müßte die polymere Körpergliederung innerhalb der Protostomia mehrfach aus ungegliederten Vorfahren entstanden sein. Das ist aber bei den zahlreichen synapomorphen Homologien, die diese Stämme miteinander verbinden, recht unwahrscheinlich. Wir betrachten deshalb die Articulata als monophyletische Gruppe.

Die Articulata sind mit den Spiralia (über die Annelida) zu einem großen Verwandtschaftskreis **Spiralia-Articulata** verbunden, der mit großer Wahrscheinlichkeit ebenfalls monophyletischen Ursprungs sein dürfte. Aus den Protostomia, wie sie GROBBEN konzipiert hatte, wären nach diesen Überlegungen lediglich die Nemathelminthes, Priapulida und Tentaculata auszuscheiden. Diese Stämme stehen mehr oder weniger isoliert, man kann keine gesicherten Beziehungen zu anderen Protostomia erkennen.

Die ursprünglich als Protostomia zusammengefaßten Tierstämme kann man demnach wie folgt gliedern:

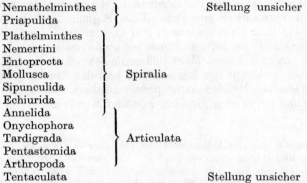

Nemathelminthes	Stellung unsicher
Priapulida	
Plathelminthes	
Nemertini	
Entoprocta	
Mollusca	Spiralia
Sipunculida	
Echiurida	
Annelida	
Onychophora	
Tardigrada	Articulata
Pentastomida	
Arthropoda	
Tentaculata	Stellung unsicher

Die **Deuterostomia** erscheinen viel einheitlicher als die Protostomia, wenigstens was das Schicksal des Urmundes anbetrifft. Aber auch hier muß die Zusammengehörigkeit aller bisher unter diesem Namen vereinigten Stämme angezweifelt werden. Eine abgesicherte monophyletische Einheit stellen lediglich die Echinodermata, Hemichordata und Chordata dar. Man kann sie als **Deuterostomia im engeren Sinne** bezeichnen.

Die Schwestergruppe der **Chordata** sind ohne jeden Zweifel die **Hemichordata**. Beide weisen eindeutige Synpomorphien auf. An erster Stelle ist der von Kiemenspalten durchbrochene Vorderdarm zu nennen, der sonst nirgends im Tierreich auftritt. Gleichzeitig mit diesem Kiemendarm ist offenbar die Chorda dorsalis entstanden, die bei den Chordata den Körper in ganzer Länge durchzieht, bei den Hemichordata jedoch auf den vordersten Körperabschnitt beschränkt bleibt und hier als Stomochord bezeichnet wird. Je nachdem, in welcher Richtung man den Ablauf der Phylogenese deutet, wird das Stomochord entweder als Vorläufer oder aber als Rest der Chorda dorsalis gedeutet. Eine ähnlich unterschiedliche Deutung erfährt das unpaarige, dorsale, als Rohr sich einsenkende Rückenmark, das bei den Chordata ebenfalls den ganzen Körper durchzieht, während es bei den Hemichordata nur im mittleren Körperabschnitt ausgebildet ist. Ein Rückenmark kommt ebenfalls nur bei diesen beiden Tierstämmen vor.

Die Hemichordata-Chordata wiederum sind die Schwestergruppe der **Echinodermata**. Innerhalb dieses gesamten Verwandtschaftskreises müssen die Echinodermata freilich auf den ersten Blick wegen ihres pentameren Bauplanes als gänzlich abweichend erscheinen. Die Pentamerie mutet uns zwar fremdartig und rätselhaft an, sie hat sich aber offensichtlich im Zusammenhang mit der ursprünglich seßhaften Lebensweise dieser Tiere herausgebildet (analog zum tetraradialen Bau der Cnidaria). Außerdem sind die Larven der Echinodermata eindeutig bilateral gebaut. Auch das primäre Mesenchym und das Coelom werden bilateralsymmetrisch angelegt. An der ursprünglichen Bilateralität der Stachelhäuter kann also nicht gezweifelt werden. Die Larven gehören, wie bei den Hemichordata, dem Dipleurula-Typ an. Die gesamte Ontogenese, speziell die Entstehungsweise des Coeloms, stimmt bei beiden Tierstämmen in so hohem Maße überein, daß an einer echten Homologie nicht gezweifelt werden kann. Auch zu den Chordata haben die Echinodermata enge Beziehungen: Beide bilden ein mesodermales Skelett aus. Elemente eines solchen Innenskeletts treten im Tierreich sonst nur noch bei den Tentaculata auf.

Zu den Deuterostomia wurden auch die **Chaetognatha** gestellt, weil bei ihnen der Blastoporus ebenfalls in Beziehung zum definitiven After steht und weil sich ihr Coelom vom Urdarm abfaltet. Im Gegensatz zur dreiteiligen Leibeshöhle der Echinodermata und Hemichordata ist jedoch das Coelom der Chaetognatha offensichtlich nur zweiteilig; ein sogenanntes drittes Segment wird erst am Ende der Ontogenese im Zusammenhang mit der Ausbildung der Gonaden sekundär abgegliedert. Die Chaetognatha haben außerdem ein ventral liegendes Nervensystem, sie sind also definitionsgemäß Gastroneuralia. Ihre Stellung im System ist nach wie vor unklar. Der Hauptgrund für unsere Unsicherheit ist wieder das Fehlen einer Primärlarve; die Tiere haben einen holopelagischen Lebenszyklus.

Auch die **Pogonophora** wurden, nachdem man sie als eigenständigen Bauplantyp erkannt hatte, den Deuterostomia eingereiht. Diese Eingliederung betrachtete man aber stets mit gewissen Vorbehalten, da man noch nicht einmal wußte, wo bei diesen Tieren die Ventral- und die Dorsalseite zu suchen sind. Ihnen fehlen Mund und Darm völlig. Man war aber der Überzeugung, daß es sich um trimere Tiere handele, deren Körper praktisch genau wie bei den Hemichordata in drei deutliche Abschnitte mit den korrespondierenden Coelomhöhlen gegliedert sei. Dies hat sich inzwischen als Irrtum herausgestellt, denn man fand nachträglich bei den Pogonophora am Hinterende einen winzigen vierten Körperabschnitt (Telosoma), dessen Coelom zudem noch durch Septen sekundär unterteilt ist. Man weiß aber jetzt auch, daß das Coelom durch Abfaltung vom Urdarm entsteht, und zwar ganz ähnlich wie bei den Echinodermata. Die Lage des Blastoporus läßt darauf schließen, daß es sich um Deuterostomia handelt. Auch die Frage nach der Orientierung des Körpers konnte inzwischen geklärt werden: Das Nervensystem liegt auf der Ventralseite. Dies paßt nun, ähnlich wie bei den Chaetognatha, wieder nicht in die übliche Deuterostomia-Vorstellung. Eine planktotrophe Primärlarve, die bei bestimmten Arten wegen der dort auftretenden oligolecithalen Eier theoretisch vorkommen muß, ist leider noch nicht aufgefunden worden. Nach unseren bisherigen Kenntnissen von den Larven der Pogonophora könnte sie aber dem Dipleurula-Typ angehören.

Die Chaetognatha und die Pogonophora sind also nicht ohne weiteres in den Verwandtschaftskreis der Deuterostomia einzureihen. Sie stehen ähnlich isoliert wie die Nemathelminthes, Priapulida und Tentaculata unter den Protostomia. Die Gliederung der ursprünglich als Deuterostomia zusammengefaßten Tierstämme stellt sich demnach wie folgt dar:

Chaetognatha ⎫ Pogonophora ⎬	Stellung unsicher
Echinodermata ⎫ Hemichordata ⎬ Chordata ⎭	Deuterostomia im engeren Sinne

Seit dem ausgehenden 19. Jahrhundert glaubte man übrigens vielfach, neben den typischen Proto- und Deuterostomia noch eine dritte Gruppe von verwandten Stämmen erkannt zu haben. Sie wurden unter dem Namen Oligomera, Trimera oder **Archicoelomata** vereinigt. Man rechnete dazu die Hemichordata, Tentaculata, Chaetognatha, Echinodermata und später auch die Pogonophora [76]. Diese Tierstämme scheinen in Körperbau und Körpergliederung (angeblich trimer), vor allem aber in der Art ihrer Coelomentwicklung (Enterocoelie), eine zum Teil verblüffende Ähnlichkeit aufzuweisen. Man ist manchmal auch heute noch der Meinung, daß es sich hier um einen uralten „Wurzelbereich" der Bilateralia handelt, aus dem dann sowohl die übrigen Protostomia als auch die Deuterostomia (diese dann nur noch durch die Chordata repräsentiert) hervorgegangen seien.

Wir halten eine derartige Zusammenfassung nicht für gerechtfertigt. Eindeutige Verwandtschaftsbeziehungen innerhalb der sogenannten Archicoelomata zeigen nur die Echinodermata und die Hemichordata, und diese wieder sind mit den Chordata näher verwandt als mit allen anderen Tierstämmen. Die Tentaculata, Chaetognatha und Pogonophora wurden unserer Ansicht nach lediglich aufgrund plesiomorpher und zum Teil sogar falsch interpretierter Merkmale den beiden anderen Stämmen zugeordnet. Eine taxonomische Gruppe Archicoelomata gibt es nicht.

Das Archicoelomaten-Konzept geht davon aus, daß die ursprünglichsten Bilateralia trimere Tiere mit einem dreiteiligen Coelom waren. Dies ist aber, wie wir sahen, nicht beweisbar, höchstens durch einen Zirkelschluß. Außerdem muß diese Hypothese annehmen, daß die Bilateralia primär eine oligomere Körpergliederung hatten, aus der die polymere Gliederung hervorgegangen ist. Dies wird nun von anderer Seite heftig bestritten [59, 64], die der Überzeugung ist, die Polymerie sei ursprünglich, und alle oligomeren (und fast alle ameren) Formen hätten sich unabhängig voneinander aus polymeren Vorläufern entwickelt.

In dieser verabsolutierenden Form ist diese Vorstellung jedoch wenig überzeugend. Es steht zwar einerseits fest, daß die polymere Gliederung innerhalb verschiedener Tiergruppen (z. B. Polychaeta) teilweise reduziert wird, wobei allerdings immer die ursprüngliche Gliederung ontogenetisch noch nachweisbar bleibt. Es ist aber andererseits sehr unwahrscheinlich, daß die überwiegende Mehrzahl der heutigen Bauplantypen durch einen Reduktionsprozeß entstanden sein soll, der dazu noch keinerlei Reste der ursprünglichen Organisation während der Ontogenese hinterlassen hat. Die polymere Körpergliederung stellt außerdem eine so großartige „Erfindung" dar, und sie steigert (nach dem Prinzip des Regelkreises) die Leistungsfähigkeit des tierischen Organismus so entscheidend, daß eine Aufgabe dieser Konstruktion bei der Mehrzahl der Tierstämme völlig undenkbar erscheinen muß. Der Meeresboden, auf dem oder in dem sich diese Vorgänge abgespielt haben müssen, wäre ja schon von weit überlegenen polymeren Formen besiedelt gewesen, ehe der viel weniger effektive oligomere Bauplan entstand. Es ist kaum anzunehmen, daß unter diesen Umständen die Hemichordata, Echinodermata, Mollusca und andere Tierformen noch eine ökologische Nische gefunden haben sollten, ja daß überhaupt eine Chance zu ihrer Entstehung bestand. Wir halten aus diesen Gründen die polymere Körpergliederung für eine stammesgeschichtlich späte Erscheinung.

Zusammenfassend können wir feststellen, daß bei den Metazoa mit drei Keimblättern zwei große Gruppen von Stämmen zu unterscheiden sind, innerhalb derer die Verwandtschaft einigermaßen abgesichert ist: die **Spiralia-Articulata** und die **Deuterostomia im engeren Sinne.** Bei beiden Entwicklungszweigen stimmen jeweils die ursprünglichen Furchungstypen, die Entstehung des Mesoderms, das Schicksal des Urmundes, der Bau des Nervensystems und die Larvenformen überein oder sind zumindest aus dem jeweils ursprünglichen Zustand ableitbar. Bei der Besprechung dieser einzelnen Merkmale hatten wir aber stets feststellen müssen, daß es bei keinem gelingt, mit überzeugenden Argumenten den einen aus dem anderen Zustand abzuleiten, geschweige denn alle diese Merkmale gemeinsam aus dem einen oder aus dem anderen Grundbauplan herzuleiten. Es ist also nicht möglich, die Spiralia-Articulata als die ursprünglichen Bilateralia zu betrachten, aus denen die Deuterostomia hervorgegangen sind, und ebenso wenig ist das umgekehrt durchführbar. Wir haben es höchstwahrscheinlich mit zwei völlig getrennten Entwicklungslinien zu tun, die beide unabhängig aus einer hypothetischen Bilaterogastraea mit einfachem Urdarm (ohne After) hervorgegangen sein könnten. Denkbar wäre es auch, daß der zu den Spiralia führende Ast eine Phagocytella als Vorfahren hatte.

Die Vorstellungen, die uns zu diesem Schluß führen, sind noch einmal in einem Schema zusammengefaßt (Abb. 37). Daraus geht hervor, daß die sogenannten Bilateralia offenbar diphyletischen Ursprungs sind. Auch das Mesoderm müßte dann zweimal entstanden sein, einmal aus Urmesodermzellen, die ursprünglich ein Parenchym und dann durch Ausweitung der Schizocoelräume das Coelom entstehen ließen, und zum anderen durch Abfaltung vom Urdarm, wobei sofort ein Coelom gebildet wurde. Eine Basisgruppe der bilateralen Tierstämme mit einem dreiteiligen Coelom (in Gestalt der Archicoelomata) existiert unserer Ansicht nach nicht.

Der durchgehende Darm müßte ebenfalls zweimal entstanden sein. Bei dem zu den Spiralia-Articulata führenden Zweig blieb dabei die Beziehung des Urmundes zum definitiven Mund weitgehend, wenn auch nicht immer eindeutig, erhalten. In dieser Reihe müßte es relativ spät zum Durchbruch des Afters gekommen sein. Die Plat-

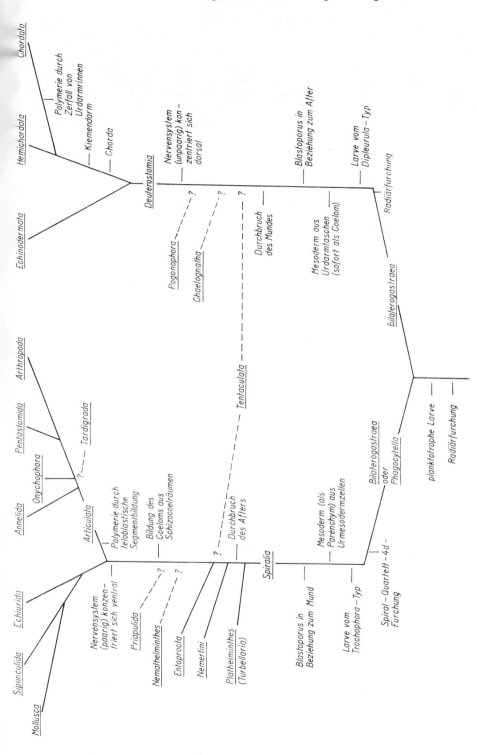

Abb. 37. Schema mit den möglichen verwandtschaftlichen Beziehungen der Tierstämme mit drei Keimblättern. Gleichzeitig soll die Entstehung der einzelnen Merkmalskomplexe veranschaulicht werden, wobei allerdings die zeitliche Abfolge der Merkmalsentstehung ungewiß bleiben muß.

helminthes wären, wenn diese Vorstellungen zutreffen, also primär afterlose Tiere. Bei den Deuterostomia entwickelte sich eine enge Beziehung des Blastoporus zum künftigen After, während die Mundöffnung sekundär und neu durchbrach.

Auch das Nervensystem zeigt diese eigenartige, zweiteilige Entwicklung. Aus dem ursprünglichen epithelialen Nervennetz der Bilaterogastraea hervorgehend, konzentriert es sich bei den Spiralia in zunehmendem Maße auf der Ventralseite, bleibt dabei in der Anlage aber immer paarig und gliedert sich bei den Articulata segmental. Bei den Deuterostomia dagegen zeigt das Nervensystem eine Tendenz zur Konzentration auf der Dorsalseite, es ist hier jedoch stets unpaarig und zeigt auch bei polymeren Formen keine Spur einer Neuromerie.

Schließlich wurden mit der Trochophora und der Dipleurula zwei unterschiedliche und nicht auseinander ableitbare Larvenformen herausgebildet.

Ungeklärt bleiben weiterhin die verwandtschaftlichen Beziehungen der Nemathelminthes und Priapulida, ebenso wie die der Tentaculata, Chaetognatha und Pogonophora. Auch wie sich die Tardigrada in den Stammbaum der Articulata einfügen, ist ungewiß.

Unser Schema kann selbstverständlich auch nur eine Denkvorstellung wiedergeben. Bei der Abhandlung der einzelnen Stämme im folgenden Text haben wir auf eine Zusammenfassung auch der offensichtlich verwandten Stämme zu höheren Einheiten bewußt verzichtet, eben weil die Verwandtschaft einiger Stämme noch ungeklärt ist. Eine solche Zusammenfassung müßte deshalb nur Stückwerk bleiben. Außerdem könnte dabei der Eindruck entstehen, daß Denkmöglichkeiten als abgesicherte phylogenetische Tatsachen ausgegeben werden. Lediglich die Begriffe Spiralia, Articulata und Deuterostomia (im engeren Sinne) werden im Text als Bezeichnungen für Verwandtschaftsgruppen benutzt.

Dieses Ergebnis der Großgliederung des Tierreichs mag vielleicht manchem Leser unbefriedigend erscheinen. Er sollte sich aber ins Bewußtsein zurückrufen, was schon verschiedentlich angedeutet wurde: Die großen Bauplantypen haben sich herausgebildet, ehe die fossile Überlieferung einsetzte. Bei allen Überlegungen, die sich mit der Großgliederung auseinandersetzen, sind wir deshalb weitgehend auf Hypothesen angewiesen, und diese werden wohl kaum jemals zu völlig befriedigenden Ergebnissen führen. Außerdem sollte nicht vergessen werden, welche großartigen Leistungen die phylogenetische Forschung anderweitig zu verzeichnen hat: Innerhalb der meisten Tierstämme ist die Stammesgeschichte von der Art bis zur Klasse weitgehend abgeklärt. Bei den einzelnen Stämmen werden diese Probleme an entsprechender Stelle zusammenfassend dargelegt und diskutiert.

Unterreich Protozoa, Einzeller oder Urtiere

Obwohl das Unterreich Protozoa — wie das Unterreich Metazoa — in mehrere Stämme eingeteilt werden könnte, ist es üblich, der von den Systematikern eingeführten Hierarchie taxonomischer Begriffe (s. S. 38) dadurch Rechnung zu tragen, daß dem Unterreich Protozoa ein einziger Stamm gleichen Namens zugeordnet wird, der sich in mehrer Klassen aufgliedert. Dadurch wird erreicht, daß die Relation zu den Klassen der Metazoa einigermaßen gewahrt bleibt.

In älteren Darstellungen des Systems der Protozoa wurden die Klassen der Flagellata, Rhizopoda und Sporozoa (einschließlich Cnidosporidia, S. 232) vielfach als Cytomorpha oder Plasmodroma zusammengefaßt und ihnen die Ciliata als Cytoidea oder Ciliophora gegenübergestellt. Dieses Vorgehen beruhte auf einer Überbewertung der für die Ciliata charakteristischen Merkmale, die sich von solchen anderer Protozoa ableiten lassen, aber in ihrer Kombination auf die Ciliata beschränkt sind. Ohne Zweifel stehen die Ciliata auf der gleichen Organisationsstufe wie alle Protozoa: Sie sind echte Einzeller (Individuen erster Ordnung) und keineswegs nur „zellähnlich". Ihre Cilien leiten sich von Geißeln ab.

Da den Protozoa Gewebe und Organe fehlen, kann bei der Beschreibung ihres Aufbaues nicht nach dem sonst in diesem Lehrbuch üblichen Schema vorgegangen werden.

1. Stamm Protozoa

Etwa 27100 rezente Arten (nach dem Stand von 1971). Im allgemeinen unter 1 mm groß. Größte Art: die rezente Foraminifere *Gypsina plana* mit einem Schalendurchmesser von 12,5 cm.

Diagnose

Die Protozoa sind Eukaryota, die entweder als ein- oder mehrkernige Einzelzellen leben oder Verbände von Zellen (Kolonien) bilden. Die meisten Protozoa sind mikroskopisch klein. Bei den Zellverbänden kommt es zwar vereinzelt schon zu einer Differenzierung in generative und somatische Zellen, niemals aber zur Ausbildung verschiedenartiger Gewebe.

Protozoa als Eukaryota

Im Gegensatz zu den ebenfalls einzelligen Prokaryota (Bakterien und blaugrüne Algen) zählen die Protozoa zu den Eukaryota mit einem echten Zellkern und mit durch Membranen abgegrenzten Reaktionsräumen (vgl. S. 59). Der Kern enthält als Grundsubstanz das Karyoplasma, in das die Chromosomen und Nucleolen eingebettet sind. Durch eine doppelte Membran, die Kernhülle, ist der Kern gegen das Cytoplasma abgegrenzt. Bei den sogenannten Ruhekernen lassen sich die Chromosomen meistens nicht deutlich vom Karyoplasma unterscheiden (S. 168).

Elektronenmikroskopische Untersuchungen ergaben, daß bei den Protozoa die gleichen Membranstrukturen vorkommen wie bei allen übrigen Eukaryota (Abb. 38):

Das **endoplasmatische Reticulum** ist ein System von membranbegrenzten Spalträumen oder Zisternen, die netzartig miteinander verbunden sein können. In vielen Fällen wurde auch eine Kommunikation mit der sogenannten perinucleären Zisterne nachgewiesen, dem Spaltraum, der die beiden Membranen der Kernhülle trennt. Außen liegen den Membranen des endoplasmatischen Reticulums Ribosomen an, die aber auch frei im Grundplasma vorkommen. Das endoplasmatische Reticulum ermöglicht es, gelöste Stoffe schnell — und womöglich gezielt — in der Zelle zu verteilen.

Die **Mitochondrien** stellen kugelige oder fadenförmige Gebilde von charakteristischem Feinbau dar. An eine Außenmembran schließt sich eine Innenmembran an, von welcher Einstülpungen entspringen, die neben einer strukturlosen Grundsubstanz (Matrix) den größten Teil des Inneren erfüllen. Je nach dem Aussehen dieser Einstülpungen lassen sich verschiedene Typen von Mitochondrien, nämlich ein Crista-, ein Sacculus- und ein Tubulus-Typ, unterscheiden. Der letztere, bei dem die Einstülpungen röhrenartig sind, ist bei den Protozoa besonders häufig. Die Mitochondrien sind die Orte der Zellatmung. Sie liefern den größten Teil der Adenosin-triphosphat-(ATP-)Moleküle, bei deren Spaltung die für die chemischen Umsetzungen der Zelle erforderlichen Energiemengen frei werden. Man hat sie daher auch als die „Kraftwerke der Zelle" bezeichnet.

Die **Golgi-Komplexe** sind Stapel von Membransäcken, die häufig eine konkave und eine konvexe Seite, d. h. eine Polarität, zeigen. Am Rande werden von den Membransäcken kleine Bläschen, sogenannte Golgi-Vesikel, abgeschnürt. Die Membranen tragen keine Ribosomen. In den Golgi-Komplexen können Substanzen (z. B. Polysaccharide) angereichert oder Strukturen aufgebaut werden, die in den Vesikeln zur Zelloberfläche transportiert und in die Zellhülle eingebaut werden.

Die Mitochondrien und die Golgi-Komplexe sind bei manchen Protozoa in spezifischer Weise abgewandelt. Die Kinetoplastiden (S. 190) besitzen nur ein einziges, zum „Kinetoplasten" umgestaltetes Mitochondrium (Abb. 38 B), die Polymastigina haben anstelle der Golgi-Komplexe sogenannte Parabasalkörper (S. 193 f). Derartige Sonderbildungen sind unter Umständen auch für die Systematik wichtig.

Die zur Photosynthese befähigten „Phytoflagellaten" besitzen **Plastiden**. Wegen ihres Gehaltes an Chlorophyll sind sie meistens grün gefärbt und werden dann als Chloroplasten bezeichnet. Haben sie eine gelbe, braune oder rote Farbe, so wird das Chlorophyll durch Carotinoide und andere Farbstoffe überdeckt. Die Plastiden können in der Einzahl auftreten und sind dann häufig becherförmig ausgebildet (Abb. 38 A); sie können aber auch in größerer Zahl vorliegen und haben dann untereinander etwa die gleiche Größe (Abb. 44 H). Mit den Plastiden der Algen stimmen die der „Phytoflagellaten" darin überein, daß in der Grundsubstanz (Stroma) zahlreiche Lamellen eingebettet sind, die mehr oder weniger parallel verlaufen. Die Lamellen bestehen ihrerseits aus dicht gepackten Membransäcken, den sogenannten Thylakoiden. Innerhalb der Plastiden kommen häufig Pyrenoide vor, abgegrenzte Bereiche, die meistens von Stärkekörnern umgeben sind und daher für die Kondensation der bei der Photosynthese entstehenden Stärke eine Rolle spielen dürften.

Mitochondrien und Plastiden sind **Selbstteilungskörper**, die nur aus ihresgleichen hervorgehen. Nachdem zuerst in den Kinetoplasten mit Hilfe der Feulgen-Reaktion DNS nachgewiesen und auch elektronenmikroskopisch dargestellt wurde (Abb. 38 B), zeigten eingehende Untersuchungen, daß alle Mitochondrien DNS enthalten. Der gleiche Nachweis gelang auch für die Plastiden. Sowohl die Mitochondrien-DNS als auch die Plastiden-DNS speichern genetische Information. Ihre Gene kontrollieren die Synthese von Proteinen, vor allem von Enzymen, die für die Mitochondrien und Plastiden spezifisch sind. Allerdings reicht die DNS-Menge nur aus, um einen Teil der Proteine zu codieren. Da auch Kerngene für ihren Aufbau erforderlich sind, werden Mitochondrien und Plastiden als semi-autonome Selbstteilungskörper bezeichnet.

Der Nachweis „extranucleärer" DNS bildete den Ausgangspunkt für die sogenannte Endosymbionten-Hypothese (vgl. S. 60). Nach dieser Theorie sollen die Mitochondrien aus Bakterien, die Plastiden aus Cyanophyten hervorgegangen sein, die als Endosymbionten von den Zellen der „Ur-Eukaryoten" aufgenommen wurden und sich schließlich zu integrierenden Bestandteilen ihrer „Wirtszellen" entwickelten. Für diese Hypothese wird unter anderem angeführt, daß die Ribosomen der Mitochondrien und Plastiden in ihren Dimensionen mehr denen der Prokaryota als denen der Eukaryota entsprechen.

Protozoa als einzellige Organismen

Wie schon hervorgehoben wurde, sind die beschriebenen Membranstrukturen nicht spezifisch für die Protozoa, sondern charakteristisch für die Zellen aller Eukaryota. Die strukturellen Besonderheiten der Protozoa hängen damit zusammen, daß sie alle

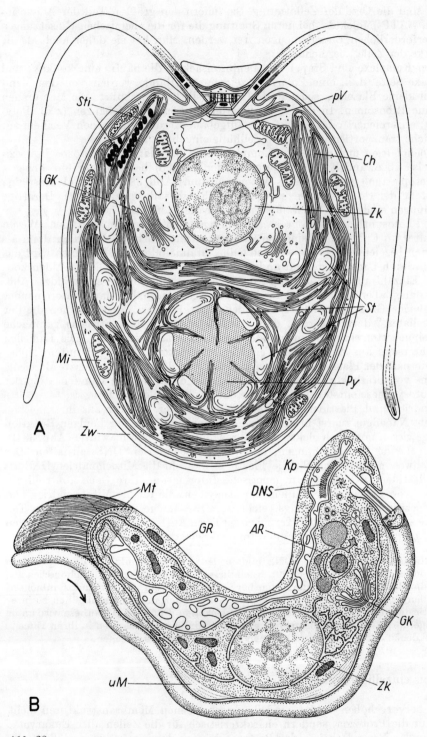

Abb. 38.

Lebensfunktionen als einzellige Organismen ausüben müssen. Häufig treten Strukturen zu komplexen Gebilden zusammen, die an die Organe höherer Tiere erinnern und als **Organelle** bezeichnet werden.

Der Differenzierungsgrad der Protozoa ist daher im allgemeinen höher als der von Gewebezellen, die nur Teilfunktionen im Gesamtgefüge eines vielzelligen Organismus erfüllen. Es besteht aber kein Grund, die Protozoa deshalb als „nicht-zellig" (DOBELL, HYMAN u. a.) zu bezeichnen.

a) Beweglichkeit (Motilität)

Als Organismen verfügen die meisten Protozoa über die Fähigkeit zur Orts- und Formveränderung. Für die Ortsveränderung oder Lokomotion können besondere **Bewegungsorganelle** ausgebildet sein.

An erster Stelle sind hier die **Geißeln** zu nennen, die bei der Evolution der Flagellata entstanden sind und mit erstaunlich gleichförmigem Feinbau bis zu den höchsten Metazoa beibehalten wurden.

Ohne auf Einzelheiten einzugehen, sei die Ultrastruktur einer Geißel anhand eines Schemas erläutert. Der Längsschnitt (Abb. 39 A) zeigt, daß sie im wesentlichen aus einem Bündel von Fibrillen (Microtubuli) besteht. Der in der Zelle verankerte kurze Teil wird als **Basalkörper** oder **Kinetosom**, der über die Zelloberfläche hinausragende lange Teil als **Schaft** bezeichnet. Letzterer führt die Bewegungen aus und wird von der Zellhülle, die hier die Geißelmembran bildet, überzogen. Querschnitte zeigen, daß die Microtubuli im Basalkörper einen Kranz von neun schägstehenden Dreiergruppen (Triplets) bilden. Die Microtubuli jeder Dreiergruppe haben gemeinsame Wände und werden von innen nach außen mit den Buchstaben A, B und C bezeichnet. Im proximalen Teil ist im Innern des Basalkörpers die sogenannte Speichenradstruktur ausgebildet. Für das Querschnittsbild des Schaftes ist das „9 + 2-Muster" charakteristisch: Außen befinden sich die neun peripheren Zweiergruppen (Doublets), welche die distale Fortsetzung der Microtubuli A und B des Basalkörpers bilden, innen liegen die beiden zentralen Microtubuli, die mit ihren basalen Enden häufig einer als Axosom (Ax) bezeichneten Struktur aufsitzen.

Abb. 38. Beispiele für die Ultrastruktur von Flagellata. Schemata nach elektronenmikroskopischen Aufnahmen. **A.** *Chlamydomonas reinhardii.* Am Vorderende entspringen die beiden Geißeln, die durch eine Papille getrennt sind. Ihre Basalkörper sind durch Fibrillen verbunden und bilden die Ansatzstellen für Microtubuli. Der größte Teil der Zelle wird von dem becherförmigen Chloroplasten (**Ch**) ausgefüllt; in ihm sind die aus Thylakoiden bestehenden Lamellen, das Pyrenoid (**Py**) und einige Stärkekörner (**St**) zu sehen. Eine Sonderbildung des Chloroplasten ist das aus Carotinoid-Granula bestehende Stigma (**Sti**). Außer dem Zellkern (**Zk**) erkennt man noch Mitochondrien (**Mi**), Golgi-Komplexe (**GK**) und eine der beiden pulsierenden Vakuolen (**pV**). **Zw** Zellwand. — Nach SAGER 1972. **B.** *Trypanosoma congolense.* Die Geißel ist zu einer undulierenden Membran (**uM**) umgebildet und führt in der durch den Pfeil angegebenen Richtung wellenförmige Bewegungen aus; sie ist fest mit dem Zellkörper verbunden. Unter der Zellhülle verlaufen Microtubuli (**Mt**), die am linken Ende der Zeichnung (die Zelle biegt hier nach unten um) durch Querschnitte und Flächenansichten verdeutlicht sind. Oberhalb des Zellkerns (**Zk**) erkennt man den Kinetoplasten (**Kp**), der ein stark vergrößertes, hin und her gewundenes Mitochondrium mit deutlich abgesetztem DNS-Bereich (**DNS**) ist. — **AR** Agranuläres, **GR** granuläres endoplasmatisches Reticulum, **Gk** Golgi-Komplex. — Nach VICKERMAN 1969.

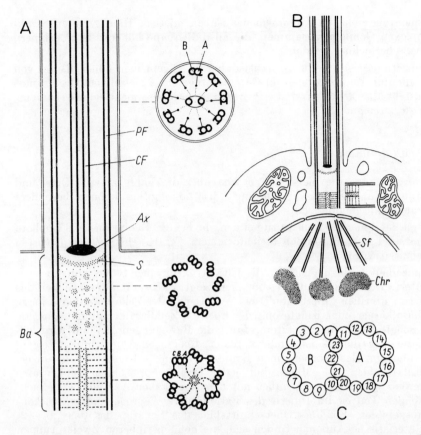

Abb. 39. Schema der Ultrastruktur einer Geißel oder Wimper. **A.** Längsschnitt und drei Querschnitte in verschiedener Höhe (durch Strichlinien angegeben). **B.** Der Bereich eines Basalkörpers induziert die Bildung eines neuen Basalkörpers (im rechten Winkel) und von Spindelfasern (Microtubuli) innerhalb des Zellkerns. **C.** Schematischer Querschnitt durch den vollständigen Microtubulus A (13 Untereinheiten: 11—23) und den unvollständigen Microtubulus B (10 Untereinheiten: 1—10) einer peripheren Zweiergruppe. — **Ax** Axosom, **Ba** Basalkörper, **CF** zentrale Fibrillen, **Chr** Chromosomen, **PF** periphere Fibrillen, **S** Septum, **Sf** Spindelfasern. — Aus Grell 1973, verändert.

Von dem Microtubulus A jeder Zweiergruppe entspringen zwei als „Arme" bezeichnete Fortsätze, die aus einem myosin-ähnlichen Protein, dem sogenannten Dynein, bestehen. Dieses Protein hat ATPase-Aktivität. Außerdem ragt von jedem Microtubulus A noch ein radialer Fortsatz nach innen.

Wie alle Microtubuli bestehen auch die der Geißel aus globulären Untereinheiten, von denen auf dem Querschnitt 13 angetroffen werden. In der Längsrichtung sind diese Untereinheiten zu sogenannten Protofilamenten aneinandergereiht. Bei den Zweiergruppen (Abb. 39C) ist der Microtubulus A vollständig (13 Untereinheiten), der Microtubulus B unvollständig (10 Untereinheiten). Die an ihrem Aufbau beteiligten Proteine werden als Tubuline bezeichnet.

Nach der experimentell gut belegten „sliding filament"-Hypothese kommen die Bewegungen der Geißel dadurch zustande, daß die peripheren Zweiergruppen in unterschiedlichem Ausmaß aneinander vorbeigleiten. Für diese Gleitvorgänge, deren Koordination noch nicht geklärt ist, wird ATP benötigt. Abgelöste Geißelschäfte können noch Bewegungen ausführen, wenn ihnen ATP zur Verfügung steht. Für die Spaltung des ATP sind — wie bei der Muskelkontraktion — Ca^{2+}-Ionen erforderlich.

Die Trennung des Schaftes vom Basalkörper, z. B. durch Verletzungen, erfolgt verhältnismäßig leicht. Der Basalkörper kann dann den Schaft regenerieren. Neue Basalkörper, die später zu Geißeln auswachsen, werden meistens in der Nähe alter Basalkörper — und zwar im rechten Winkel zu ihnen — angelegt (Abb. 39 B). Außerdem können Basalkörper — wie die mit ihnen ultrastrukturell übereinstimmenden Centriole (S. 169) — die Bildung von Spindelfasern (Microtubuli) induzieren (Abb. 39 B).

Auf Besonderheiten im Feinbau der Geißeln, die zur Kennzeichnung systematischer Gruppen verwendet werden können, wird bei den entsprechenden Klassen oder Ordnungen näher eingegangen.

Die Tätigkeit der Geißeln dient in erster Linie der Fortbewegung (Lokomotion). Dabei erfolgen die Schwingungen entweder in einer Ebene (uniplanar) oder in Form einer Schraube (helicoidal). Die Schwingungen pflanzen sich wellenförmig fort. Ist die Geißel nach hinten gerichtet, so üben die Wellen eine Schubwirkung, ist sie nach vorn gerichtet, eine Zugwirkung aus. Im ersten Fall beginnen die Wellen an der Basis, im zweiten an der Spitze der Geißel. Bei manchen Flagellata ist die Geißel mit feinen, biegsamen Fiederhärchen oder mit dicken, steifen Geißelfäden (Mastigonemen) besetzt. Letztere spielen wahrscheinlich für die Wirkungsweise der Geißel eine Rolle.

Die **Wimpern** oder **Cilien** werden heute als spezialisierte Geißeln betrachtet, mit denen sie in ihrer Ultrastruktur übereinstimmen. Sie sind aber kürzer als die meisten Geißeln und zeigen — im Zusammenhang mit ihrer großen Zahl — einen höheren Grad funktioneller Koordination. Die für die Opalinina und Ciliata charakteristischen Wimpern stehen meistens in Längsreihen und schlagen metachron, d. h. die aufeinanderfolgenden Wimpern schlagen mit einer Phasendifferenz. Da die nebeneinander schlagenden Wimpern in der gleichen Phase sind, äußert sich die Koordination der Wimpertätigkeit im Auftreten der sogenannten metachronen Wellen. Jede Wimper führt für sich eine polarisierte Bewegung aus. Diese besteht aus einem schnellen „effektiven" Schlag und einer langsamen Rückschwingung, bei der die Wimper wieder in ihre Ausgangslage zurückkehrt.

Die Schwimmrichtung wird durch die Richtung des „effektiven" Schlages bestimmt. Pantoffeltierchen, die auf ein Hindernis prallen, schwimmen rückwärts. Dabei findet eine Schlagumkehr statt. Elektrophysiologische Untersuchungen mit Mikroelektroden ergaben, daß dieser Schlagumkehr eine Depolarisation der Zellmembran vorausgeht, die ihrerseits auf einer Erhöhung der Ca^{2+}-Ionen-Konzentration in der Zelle beruht. Ähnlich wie bei einer Sinneszelle sind also auch bei der Ciliaten-Zelle wechselnde Erregungszustände mit Änderungen des Membranpotentials verbunden.

Geißeln und Wimpern dienen häufig nicht nur der Fortbewegung, sondern auch dem Nahrungserwerb. Oft sind sie ausschließlich für diese Funktion spezialisiert: Ihre Tätigkeit führt zur Erzeugung eines Wasserstromes, der die Nahrungspartikel zum Zellmund (Cytostom) treibt. Auf die Vereinigung von Wimpern zu komplexen Gebilden, die der Fortbewegung oder dem Nahrungserwerb dienen, wird später eingegangen (S. 216).

Im Gegensatz zu den Geißeln und Wimpern sind die **Pseudopodien** (Scheinfüßchen) keine Bewegungsorganelle im eigentlichen Sinne, da sie nur vorübergehend entstehen und jederzeit wieder rückgebildet werden können. Sie sind für die Rhizopoda charakteristisch, bei denen man verschiedene Typen von Pseudopodien unterscheidet (S. 199). Sowohl die „amoeboide" Bewegung als auch die Plasmaströmung im Innern der Zelle können auf die Aktivität sogenannter kontraktiler Proteine zurückgeführt werden, wie sie auch bei der Muskelkontraktion eine Rolle spielen (Actin, Myosin). Über die Lokalisation und das koordinierte Zusammenwirken dieser Proteine bestehen aber noch keine klaren Vorstellungen.

Im Zusammenhang mit ihrer Pseudopodienbildung zeigen die Amöben keine konstante, sondern eine ständig wechselnde Körperform („Wechseltierchen"). Aber auch Protozoa, die keine Pseudopodien bilden, haben vielfach die Fähigkeit, aktive **Formveränderungen** durchzuführen, die es ihnen ermöglichen, sich durch Lücken zu zwängen oder Gefahren auszuweichen. Diese Formveränderungen beruhen auf Bündeln kontraktiler Fibrillen, die als **Myoneme** bezeichnet werden. Bei manchen Arten kann sich die Zelle mit Hilfe der Myonemen, die oft unter der Zellhülle verlaufen, zusammenziehen und eine kugelige Form annehmen (z. B. *Stentor*), oder sie entzieht sich dem Gefahrenbereich, indem sich der in einem „Stiel" verlaufende „Stielmuskel" (Spasmonem) kontrahiert (s. Peritricha, S. 224). Vielfach führt die Kontraktion auch dazu, daß sich die Zelle in den Schutz eines Gehäuses begibt. Wie die Schlängelbewegungen (z. B. von Sporozoiten) zeigen, können auch Formveränderungen der Zelle zur Lokomotion führen.

b) Reizbarkeit und Verhalten

Wie alle Organismen sind auch die Protozoa ständig Einwirkungen ausgesetzt, die bei ihnen spezifische Reaktionen auslösen und daher als Reize bezeichnet werden. Während die Reize sehr verschieden sein können — mechanisch, chemisch, Licht- oder Wärmestrahlung —, sind die für uns erkennbaren Reaktionen überwiegend motorisch, d. h. sie führen zu einer Verlangsamung oder Beschleunigung der Bewegung, zu Richtungsänderungen oder zur Flucht. Man spricht daher auch von Ortsbewegungsreaktionen oder **Taxien**. Je nach der Art der Reize lassen sich Thigmo-, Rheo-, Chemo-, Photo-, Thermo- und Geotaxien unterscheiden. Wird die Reaktionsweise zugrundegelegt, so ergibt sich ein Unterschied zwischen Orientierungsreaktionen oder **Topotaxien**, bei denen die motorische Reaktion in einer Beziehung zur Reizrichtung steht, und Schreckreaktionen oder **Phobotaxien**, bei denen eine solche Beziehung nicht erkennbar ist. Ob eine Ortsbewegungsreaktion positiv oder negativ verläuft, d. h. zur Reizquelle hin- oder von ihr wegführt, kann von der Intensität des Reizes abhängen. Das bekannteste Beispiel hierfür ist die **Phototaxis**, die bei den „Phytoflagellaten" in dem für die Photosynthese optimalen Bereich der Lichtintensität positiv, darüber aber negativ verläuft.

Für die Perzeption des Lichtes spielen die sogenannten Augenflecke oder **Stigmen** eine Rolle, die bei allen „Phytoflagellaten" — mit Ausnahme der Euglenoidina (S. 183) — Differenzierungen der Plastiden sind. Sie bestehen in der Regel aus mehreren Lagen gleichgroßer Granula, welche Carotinoide als gelbrotes Pigment enthalten (Abb. 38 A). Bei *Euglena* wurde nachgewiesen, daß der eigentliche Photorezeptor nicht der Augenfleck, sondern eine Anschwellung der Geißelbasis (Paraflagellarkörper) ist (S. 184). Während der Augenfleck in diesem Falle nur als eine Hilfsstruktur für die Lichtwahrnehmung angesehen werden kann, handelt es sich bei den — wahrscheinlich aus Stigmen hervorgegangenen — **Ocelloiden** mancher Dinoflagellata um echte Lichtsinnesorganelle (S. 185).

In einem Reizgefälle, z. B. in dem Diffusionsgradienten eines chemischen Stoffes, sammeln sich Protozoen häufig in einer „optimalen Zone" an. Nach zunächst reaktionslosem Umherschwimmen halten sie sich schließlich in einem Konzentrationsbereich des Stoffes auf, dessen Unter- oder Überschreitung bei ihnen eine phobische Reaktion auslöst. Pantoffeltierchen, die an eine solche Intensitätsschwelle stoßen, prallen unter Umkehr des Wimperschlages zunächst zurück und drehen sich dann häufig auf der Stelle („Kegelschwingungsphase"), ehe sie wieder mit dem normalen Vorwärtsschwimmen beginnen. Dieses als „Fluchtreaktion" (avoiding reaction) bezeichnete Verhalten stellt aber keine einheitliche Reaktion dar, sondern besteht aus drei Phasen, von denen nur die erste den Charakter einer Phobotaxis hat, während die beiden folgenden die ursprüngliche Bewegungsweise wiederherstellen.

Zweifellos kommen aber bei den Ciliata auch komplexere Verhaltensmuster vor, die nicht nur als Reaktionen auf äußere Reize aufzufassen sind, sondern weitgehend von inneren Bedingungen, z. B. dem Alter der Klone, abhängen. Ein Beispiel sind die „Paarungsspiele", die manche Arten (z. B. *Stylonychia mytilus*) vor der Konjugation ausführen.
Versuche mit Ciliata zeigen außerdem, daß es zu einer „Gewöhnung" oder „Sensibilisierung", d. h. zu einer Herauf- oder Herabsetzung der Reizschwelle bei wiederholter Reizung mit der gleichen Intensität kommen kann. Dagegen sind die Experimente immer noch umstritten, durch die ein Lernvermögen nachgewiesen werden sollte, d. h. die Fähigkeit, eine längerdauernde Verknüpfung (Assoziation) zwischen den durch verschiedene Reize hervorgerufenen Zustandsänderungen (Engrammen) herzustellen.

c) Ernährung und Verdauung

Autotrophe Organismen sind imstande, aus anorganischen Stoffen, die ihnen in ihrer Umwelt zur Verfügung stehen, organische Stoffe (Kohlenstoffverbindungen) aufzubauen. Manche Bakterien sind chemo-autotroph: sie gewinnen die hierfür erforderliche Energie durch Spaltung chemischer Verbindungen. Andere Bakterien sind — ebenso wie die Cyanophyta — befähigt, die Energie des Sonnenlichtes auszunutzen. Sie sind photo-autotroph. Auch die sogenannten „Phytoflagellaten" (S. 180) sind photo-autotroph. Sie betreiben eine Photosynthese, indem sie die Lichtenergie an das in ihren Plastiden liegende Chlorophyll binden und aus Kohlensäure und Wasser Kohlenhydrate aufbauen. Diese bilden dann den Ausgangspunkt für die Synthese der übrigen organischen Stoffe.

Eingehende Untersuchungen mit definierten Nährlösungen haben allerdings ergeben, daß die meisten „Phytoflagellaten" bestimmte „Wuchsstoffe", vor allem die als Coenzyme wichtigen Vitamine, nicht selbst herstellen können, sondern von außen aufnehmen müssen (S. 183).

Da es in der Regel nicht möglich ist, im einzelnen zu entscheiden, ob eine Art in vollem Umfange autotroph oder aber „auxotroph" (d. h. auf „Wuchsstoffe" angewiesen) ist, werden alle photosynthetisch aktiven Flagellata allgemein als phototroph bezeichnet.
Die meisten Protozoa sind **heterotroph.** Sie haben keine Plastiden und sind daher ganz auf die Aufnahme organischer Stoffe angewiesen. Liegen diese in gelöster Form vor, so kann ihre Einverleibung auf verschiedene Weise erfolgen. Neben der Permeation, dem aktiven Transport von Stoffen durch die Zellhülle (Osmotrophie), dürfte bei den Protozoa die **Pinocytose** eine große Rolle spielen, d. h. die Abschnürung von Bläschen (Vesikeln) in das Zellinnere. Dieser Vorgang, der bei den Amöben eingehend untersucht wurde, ermöglicht es der Zelle, auch Macromoleküle (z. B. Proteine) aufzunehmen, die die Zellhülle nicht direkt passieren können. Häufig gibt es vorgebildete Stellen, an denen die Abschnürung der Pinocytose-Vesikel erfolgt. Solche Stellen sind z. B. die bei Sporozoa vorkommenden „Microporen" oder „Microcytostome".
Die Aufnahme fester Nahrungspartikel heißt **Phagocytose.** Sie ist die häufigste Art der Nahrungsaufnahme bei den Protozoa (Phagotrophie) und besteht im einfachsten

Fall, z. B. bei den Amöben, darin, daß die Beuteorganismen von Pseudopodien (vgl. S. 199), und zwar meistens Lobopodien, manchmal aber auch Filopodien, umschlossen werden. Handelt es sich um Axopodien oder Reticulopodien, d. h. um Pseudopodien mit „Körnchenströmung", so haften die Beuteorganismen an ihnen fest und werden — wie auf einem Fließband — zum Zellkörper hin befördert, wo dann ihre Einverleibung durch Phagocytose erfolgt.

Bei Protozoa, deren Zellkörper nicht nur durch eine einfache Membran, sondern durch eine komplizierter aufgebaute Zellhülle oder Pellicula begrenzt wird, ist für die Nahrungsaufnahme meistens ein besonderer Bereich, der sogenannte Zellmund oder das **Cytostom**, ausgebildet. Dabei handelt es sich jedoch nicht um eine Öffnung, sondern um eine membranöse Stelle, welche die Abschnürung einer „Empfangsvakuole" ermöglicht, in die Nahrung aufgenommen wird. Obwohl auch schon bei den Flagellata solche Stellen vorkommen können, ist ihr Besitz doch vor allem für die Ciliata charakteristisch. Wie im systematischen Teil näher ausgeführt wird (S. 214), sind bei ihnen auch die Vorrichtungen besonders mannigfaltig, welche zum Herbeistrudeln von Nahrungspartikeln („Strudler") oder zum Festhalten und Verschlingen größerer Beutetiere („Schlinger") dienen. Die mit Tentakeln ausgestatteten Suktorien sind gleichsam „polystom": Jeder der meist sehr zahlreichen Tentakeln ist ein vorragender Bereich der Zelle, der für den Fang von Beutetieren und ihre Phagocytose spezialisiert ist (S. 230).

In der abgeschnürten Vakuole findet die Verdauung statt, so daß sie von jetzt ab als Verdauungsvakuole (Gastriole) bezeichnet wird. Bei manchen Ciliata legt die Verdauungsvakuole im Cytoplasma einen regelmäßigen Weg („Cyclose") zurück, bevor sie ihre unverdaulichen Reste durch einen Zellafter (**Cytopyge**) nach außen abscheidet. Während dieser Wanderung ändert sich in der Vakuole der pH-Wert, wie man mit Indikatorlösungen (z. B. Neutralrot) nachweisen kann. In der Regel reagiert ihr Inhalt zunächst sauer, später alkalisch. Die für den Abbau der Nahrung erforderlichen Enzyme werden von Lysosomen in die Verdauungsvakuole abgegeben, wahrscheinlich zum Zeitpunkt der für ihre Wirkung optimalen pH-Werte.

Die chemischen Prozesse des intermediären Zellstoffwechsels (Glykolyse, Citronensäurezyklus, Endoxidation) verlaufen bei den Protozoa in ähnlicher Weise wie bei allen Zellen. Eigene Wege werden erst mit der Ausbildung zellspezifischer Strukturen beschritten. Als Nebenprodukte des Stoffwechsels werden vielfach Reservestoffe synthetisiert, welche das Aussehen der Zellen mitbestimmen können. Sie werden in Zeiten geringeren Nahrungsangebotes verbraucht oder erfüllen zusätzliche Funktionen. Bei den phototrophen Flagellata wird z. B. außer den Assimilaten (Stärke, Paramylon) vielfach Haematochrom (Carotinoid) gebildet, namentlich bei Hochgebirgsformen, bei denen es vielleicht einen Schutz gegen UV-Einstrahlung bietet (*Euglena sanguinea, Chlamydomonas nivalis, Haematococcus pluvialis*). — Darmbewohnende Amöben und die im Wiederkäuerpansen lebenden Ciliata speichern Glykogen. — Fette und Öle, die in Form kleiner Tröpfchen abgelagert werden, können das spezifische Gewicht verringern, was ihr Vorkommen bei den Radiolaria, die häufig Skelette tragen, verständlich macht.

d) Osmoregulation und Exkretion

Außer den Verdauungsvakuolen enthalten viele Protozoa sogenannte **pulsierende Vakuolen**, die einen ausschließlich flüssigen Inhalt haben und sich in regelmäßigen Zeitabständen nach außen oder in einen mit der Außenwelt verbundenen Raum (Geißelsäckchen der Euglenoidina, S. 183) entleeren.

Pulsierende Vakuolen kommen vor allem bei Süßwasser-Protozoa vor; bei marinen oder parasitischen Einzellern dagegen fehlen sie, oder sie pulsieren, falls sie vorhanden sind, nur sehr langsam. Es liegt daher die Annahme nahe, daß sie in erster Linie der **Osmoregulation** dienen. Da im Zellinnern eine höhere Konzentration an Elektrolyten („Salzgehalt") als in der Umgebung vorliegt, diffundiert ständig Wasser durch die Zellhülle herein, das wieder nach außen geschafft werden muß. Das mit der Nahrung aufgenommene Wasser kann auf diese Weise ebenfalls regulatorisch entfernt werden. Wahrscheinlich entledigt sich die Zelle dabei auch gelöster Exkretstoffe.

Das Anschwellen der pulsierenden Vakuole wird als Diastole, ihre Verkleinerung und Entleerung als Systole bezeichnet. Einige Befunde sprechen dafür, daß diese Vorgänge durch kontraktile Fibrillen ermöglicht werden.

Während die pulsierende Vakuole bei den meisten Protozoa ein einfaches, durch eine Einheitsmembran begrenztes Bläschen ist, kann sie bei den Ciliata besonders ausgestaltet sein. *Paramecium caudatum* (Abb. 64) besitzt zwei pulsierende Vakuolen, die alternierend tätig sind. Während die eine in Diastole ist, befindet sich die andere in Systole. Für beide Vakuolen gibt es vorgebildete Öffnungen, die über einen kurzen Kanal mit dem sogenannten Reservoir in Verbindung stehen (Abb. 40). Bei der

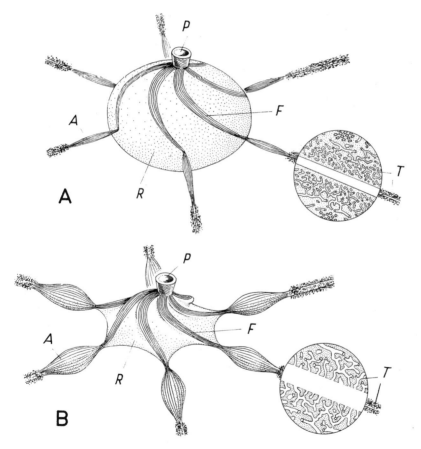

Abb. 40. *Paramecium.* Räumliche Darstellung einer pulsierenden Vakuole in Diastole (**A**) und Systole (**B**). Die Kreisbilder, die einen der Zuführungskanäle unterbrechen (rechts unten), zeigen schematisch, wie das „Nephridialplasma" im Elektronenmikroskop aussieht. — **A** Ampullenartiger Mittelteil eines Zuführungskanals, **F** Fibrillen, **P** Poruskanal, **R** Reservoir, **T** Tubuli des „Nephridialplasmas". — Nach JURAND & SELMAN 1969.

Diastole schwillt das Reservoir an. Die sternförmig angeordneten Zuführungskanäle bestehen aus einem spitzen Endteil, der die Flüssigkeit aus dem Cytoplasma aufnimmt, einem ampullenartigen Mittelteil, der während der Systole anschwillt, und einem kurzen Verbindungsstück, durch welches die Flüssigkeit in das Reservoir gepreßt wird. Elektronenmikroskopische Aufnahmen zeigen, daß die Endteile der Zuführungskanäle von einem besonderen Plasmabereich („Nephridialplasma") umgeben sind, in dem ein Flechtwerk feiner Tubuli erkennbar ist. Bei der Diastole besteht keine Verbindung der Tubuli zum Lumen des Zuführungskanals, so daß die Flüssigkeit in das sich erweiternde Reservoir strömen kann. Dieses übt wahrscheinlich eine Sogwirkung aus. Durch den Poruskanal wird der Inhalt der Vakuole nach außen entleert. Tubuli im Umgebungsbereich pulsierender Vakuolen sind nicht nur bei vielen Ciliata, sondern auch bei anderen Protozoa gefunden worden.

Die Pulsationsfrequenz ist artspezifisch verschieden und variiert bei jeder Art mit der Temperatur. Bei *Paramecium caudatum* erfolgen 3—10 Pulsationen in der Minute; bei *Spirostomum ambiguum* entleert sich die Vakuole nur alle 30—40 Minuten.

Keine Aktivität hingegen zeigen die bei einigen Dinoflagellata vorkommenden **Pusulen**. Dabei handelt es sich um flüssigkeitserfüllte „Safträume", die durch Kanäle mit dem umgebenden Wasser in Verbindung stehen. Vielleicht dienen sie ausschließlich der Exkretion.

e) Fortpflanzung und Sexualität

1. Ruhekern. Als Ruhekern wird die Zustandsform des Zellkerns zwischen den Teilungen bezeichnet. Wie der Ruhekern aller Eukaryota besteht auch der der Protozoa aus der Kernhülle, dem Karyoplasma, den Chromosomen und der Nucleolarsubstanz. Die Mannigfaltigkeit der Protozoenkerne beruht auf dem unterschiedlichen Anteil, welchen die von der Kernhülle umschlossenen Strukturkomponenten am Aufbau des Zellkerns haben, und auf ihrer verschiedenen Ausbildungsweise. Die Kernhülle besteht auch bei den Protozoa aus zwei, durch die sogenannte perinucleäre Zisterne getrennten Membranen, die nur am Rande der Kernporen ineinander übergehen. Bei manchen Amöben wird die Kernhülle durch eine „Honigwabenschicht" ergänzt, bei einigen Flagellata (z. B. *Ochromonas danica*, Abb. 44 A) steht sie mit der Hülle des Chloroplasten in Verbindung. Der Stoffaustausch mit dem Cytoplasma wird wohl in erster Linie durch die Kernporen ermöglicht.

Während die Chromosomen bei den meisten Protozoa nicht im Ruhekern erkennbar sind, weil ihre Struktur so stark aufgelockert ist, daß sie sich nicht vom Karyoplasma unterscheiden lassen, liegen sie bei den Euglenoidina, Dinoflagellata und einigen Polymastigina im Ruhekern als stark kondensierte Fadengebilde vor, also in einer Zustandsform, wie man sie sonst nur während der Kernteilung findet.

Die Nucleolarsubstanz tritt häufig in Form eines kugeligen Nucleolus auf, der im Zentrum des Zellkerns liegt. Vielfach besteht sie aber aus mehreren Nucleolen, die an der Peripherie liegen und in einigen Fällen so zahlreich sind, daß sie eine dicke Schicht unter der Kernhülle bilden. In Übereinstimmung mit den Befunden an manchen Vielzellern konnte auch bei einigen Protozoa (*Holomastigotoides*, *Zelleriella*) nachgewiesen werden, daß die Bildung der Nucleolarsubstanz an bestimmten Stellen bestimmter Chromosomen (Nucleolus-Chromosomen) erfolgt. Daß die Nucleolen DNS enthalten, welche die ribosomale RNS codiert, dürfte auch für die Protozoa gelten.

Viele Flagellata (Diplomonadina, Calonymphida, Opalinina) und Rhizopoda (Amoebina, Testacea, Heliozoa) besitzen ständig zahlreiche Kerne oder bilden vielkernige Entwicklungsstadien aus (Foraminifera, Radiolaria, Sporozoa). In den meisten Fällen erfolgt die Kernvermehrung asynchron während des Zellwachstums (z. B. *Opalina ranarum*), ausnahmsweise aber auch weitgehend synchron (z. B. *Pelomyxa palustris*).

Während die Zellkerne der vielkernigen Protozoa in der Regel alle untereinander gleich sind, zeigen einige Foraminifera (S. 207) und die Ciliata (S. 217) einen **Kerndualismus:** Innerhalb der gleichen Zelle kommen zwei Kerntypen vor, die sich in ihrer Struktur und Funktion voneinander unterscheiden. In beiden Fällen kann man zwischen generativen, d. h. unbegrenzt fortpflanzungsfähigen, und somatischen, d. h. überhaupt nicht oder nur begrenzt fortpflanzungsfähigen Kernen unterscheiden.

Den Ausgangspunkt aller Fortpflanzung bildet die Verdoppelung der DNS (Replikation). Sie spielt sich auch bei den Protozoa schon während der Periode des Ruhekerns ab, so daß sich diese in drei Zeitabschnitte unterteilen läßt: die G_1-Phase[1]), in der die DNS noch nicht verdoppelt ist, die S-Phase, in welcher die Synthese erfolgt, und die G_2-Phase, in der die Verdoppelung abgeschlossen ist. An die letztere schließt sich die Kernteilung an, die in den meisten Fällen eine Mitose ist.

2. Mitose. Bei der Mitose werden die durch Verdoppelung der Chromosomen entstandenen Chromatiden oder Tochterchromosomen gesetzmäßig auf die beiden Tochterkerne verteilt.

Im Vergleich mit den Metazoa zeigen die Protozoa eine Vielfalt verschiedener Mitose-Typen (Abb. 41), die aber alle darin übereinstimmen, daß an ihnen „Spindelfasern" beteiligt sind, die sich im Elektronenmikroskop als Bündel von Microtubuli erweisen. Ihre Entstehung geht von den „Spindelpolen" aus, die bei den Protozoa häufig nicht durch eindeutig definierbare Strukturen gekennzeichnet sind. Manchmal liegen hier abgeflachte Vesikel (A), granuläre Ansammlungen (B) oder stabförmige Gebilde (E), während „typische Centriole", die in ihrer Ultrastruktur den Basalkörpern von Geißeln entsprechen (Abb. 39), nur vereinzelt gefunden wurden (C, F). Manches spricht dafür, daß an den „Spindelpolen" Organisationszentren für die Microtubuli („MTOC's"[2]) liegen, die nicht mit den hier erkennbaren Strukturen identisch, sondern nur mit ihnen assoziiert sind.

Bei den meisten Kernteilungen der Protozoa bleibt die Kernhülle erhalten, selbst wenn sie vorübergehend an den Spindelpolen von „Fenstern" unterbrochen wird (D). Von phylogenetischer Bedeutung ist vielleicht die Tatsache, daß die Spindelansatzstellen der Chromosomen (Kinetochore) in einigen Fällen in die Kernhülle integriert sind (E, F), so wie das „Chromosom" des Bakteriums *Escherichia coli* mit der Zellgrenzmembran verbunden ist. Liegen die Spindelfasern extranucleär, so können sie neben dem Zellkern (E) oder in cytoplasmatischen Kanälen verlaufen, die den Zellkern durchziehen (F).

Aller Wahrscheinlichkeit nach sind mit diesen Beispielen die verschiedenen Möglichkeiten noch keineswegs erschöpft.

3. Meiose. Bei Protozoa, die sich geschlechtlich fortpflanzen, muß die durch die Verschmelzung der Gametenkerne (Karyogamie, S. 173) bewirkte Verdoppelung der Chromosomenzahl früher oder später wieder rückgängig gemacht werden. Diese „Chromosomenreduktion" ist an das Kernteilungsgeschehen der Meiose gebunden.

Einige Polymastigina, möglicherweise auch die Sporozoa, führen eine „Ein-Schritt-Meiose" durch, d. h. es findet nur eine Kernteilung statt, bei welcher eine Verdoppelung der Chromosomen unterbleibt, so daß die sich nur flüchtig paarenden Homologen wie Chromatiden auf die Tochterkerne verteilt werden.

---

[1]) G = Abkürzung für engl. „gap", Unterbrechung
[2]) microtubule organizing centers

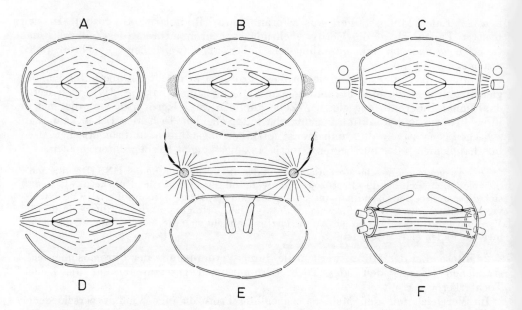

Abb. 41. Schema verschiedener Mitose-Typen bei den Protozoa. Es sind nur die auseinanderrückenden Chromatiden eines Chromosoms (Anaphase) dargestellt. **A.** Micronucleus von *Nassula* (Ciliata). **B.** *Rotaliella* (Foraminifera). **C.** *Myxotheca* (Foraminifera). **D.** *Chlamydomonas* (Phytomonadina). **E.** *Barbulanympha* (Polymastigina). **F.** *Syndinium* (Dinoflagellata).

In den meisten Fällen handelt es sich aber wie bei allen Metazoa um eine „Zwei-Schritt-Meiose", bei der zwei Kernteilungen aufeinander folgen. Eine Verdoppelung der Chromosomen geht nur der ersten Teilung voraus. Die sich paarenden Homologen bestehen daher aus zwei, meist schwer unterscheidbaren Chromatiden, so daß die in der Metaphase auftretenden Verteilungseinheiten Tetraden (Bivalenten) sind. Jede Tetrade besteht aus zwei Dyaden, die bei der Anaphase zu den Polen wandern. Da eine weitere Verdoppelung der Chromosomen unterbleibt, werden bei der zweiten meiotischen Teilung die beiden Chromatiden, aus denen jede Dyade besteht, auf die Tochterkerne verteilt.

Im Entwicklungszyklus der Protozoa kann die Meiose an verschiedener Stelle erfolgen (Abb. 42):

a) Bei den **Haplonten** ist sie mit den ersten Teilungen der Zygote, welche das einzige diploide Stadium im Entwicklungszyklus ist, verknüpft (**zygotische Meiose**).

b) Bei den **Diplonten** spielt sie sich bei den Kernteilungen ab, die der Bildung der Gameten vorausgehen (**gametische Meiose**). Die Gameten sind also die einzigen haploiden Stadien im Entwicklungszyklus.

c) **Diplo-Haplonten** haben einen Generationswechsel, bei dem eine sich ungeschlechtlich fortpflanzende, diploide Generation (Agamont) und eine sich geschlechtlich fortpflanzende haploide Generation (Gamont) alternieren. Die Meiose geht der Vielteilung voraus, bei der sich der Agamont in die Agameten oder Gamonten teilt. Sie liegt daher gleichsam zwischen den Generationen (**intermediäre Meiose**).

Tabelle 1 zeigt Beispiele für diese drei Möglichkeiten.

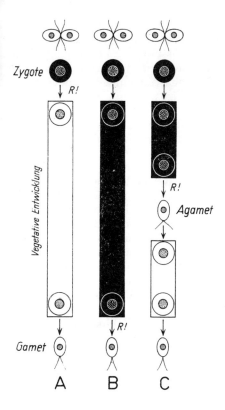

Abb. 42. Schema des Wechsels von Haploidie (Stadien weiß) und Diploidie (Stadien schwarz) durch die verschiedene Lage der Meiose (R!) im Entwicklungsgang der Organismen. **A.** Haplont mit zygotischer Meiose. **B.** Diplont mit gametischer Meiose. **C.** Heterophasischer Generationswechsel bei intermediärer Meiose. — Nach GRELL 1973.

Tabelle 1

Zygotische Meiose (Haplonten)	Gametische Meiose (Diplonten)	Intermediäre Meiose (Diplo-Haplonten)
Phytomonadina Einige Polymastigina (*Trichonympha, Eucomonympha, Barbulanympha, Leptospironympha, Oxymonas, Saccinobaculus*)	Einige Polymastigina (*Urinympha, Rhynchonympha, Macrospironympha, Notila*)	Einige Foraminifera (*Rotaliella, Metarotaliella, Rubratella, Glabratella, Patellina*)
Sporozoa	Opalinina Einige Heliozoa (*Actinophrys, Actinosphaerium*)	Viele Algen Alle Moose, Farne und Samenpflanzen
	Alle Metazoa	

Bei manchen Protozoa kommen Zellkerne vor, die durch Vielteilung in zahlreiche kleinere Kerne „zerlegt" werden können. Sicher nachgewiesen ist dieser Teilungsmodus für die Macronuclei mancher Ciliata (S. 218). Wahrscheinlich kommt er auch bei den großen „Primärkernen" einiger Radiolaria vor, die vor der Bildung der sogenannten Kristallschwärmer in viele kleine „Sekundärkerne" zerfallen (S. 213). Derartige multiple Teilungen sind nur möglich, wenn der Kern „polygenom" ist, also zahlreiche Genome enthält, welche als Ganzes auf die Tochterkerne verteilt werden („Genom-Segregation").

4. Zellteilung. Bei der Mehrzahl der Protozoa ist die Kernteilung mit der Zellteilung korreliert. Wenn die Tochterkerne auseinanderrücken, wird das Cytoplasma durchgeschnürt. Nur bei vielkernigen Arten oder Entwicklungsstadien geht der Zellteilung, die in diesem Falle meist eine multiple ist (S. 173), eine Kernvermehrung voraus, die in mehreren, aufeinanderfolgenden und mit dem Zellwachstum einhergehenden Kernteilungen besteht. Das Ausmaß der Kernvermehrung ist art- und stadienspezifisch verschieden.

Da die meisten Protozoa einkernig sind, leitet die Kernteilung in der Regel eine **Zweiteilung** der Zelle ein. Diese kann zu gleich großen oder verschieden großen Tochterzellen führen. Je nach dem Differenzierungsgrad der Zellen sind mit der Zweiteilung mehr oder weniger tiefgreifende Reorganisationsprozesse verbunden. Bei den Amoebina und Heliozoa wird die Teilungsrichtung durch die Kernteilungsachse bestimmt, und die Reorganisationsprozesse sind bei beiden Tochterzellen gleich. Aber schon bei den Testacea verlaufen sie komplizierter, weil die Schale des Muttertieres meistens nicht durchgeschnürt wird, sondern einer der beiden Tochterzellen verbleibt. Häufig entsteht die andere Tochterzelle daher zunächst wie eine Plasmaknospe, die, sobald sie eine entsprechende Größe hat, von einer eigenen Schale umschlossen wird.

Ursprungsstellen und Zahl der Geißeln bestimmen den Teilungsverlauf der Flagellata. Da die Geißeln meistens am Vorderende inserieren, findet in der Regel eine Längsteilung statt. Eine Ausnahme bilden die Dinoflagellata, bei denen Längs- und Quergeißel an der Seite entspringen; es kommt daher zu einer Art Querteilung. Bei den Peridinida wird diese durch die regionale Verstärkung der Zellhülle kompliziert: Die Teilung folgt den Nähten bestimmter Panzerplatten. Oft übernimmt die eine Tochterzelle die Geißelstrukturen der Mutterzelle, während die andere neue ausbildet (vgl. *Trypanosoma brucei*, Abb. 48 E). Besonders kompliziert verläuft die Teilung mancher Polymastigina, bei denen mit den Geißeln intrazelluläre Organelle (Axostyle, Parabasalkörper) verbunden sind oder die Geißeln von schraubenförmig gewundenen Bändern entspringen (Abb. 51).

Zum Unterschied von den Flagellata zeichnen sich die Ciliata meistens durch Querteilung aus. Je nach dem Differenzierungsgrad der Mutterzelle sind die beiden Tochtertiere, von denen das vordere als ,,Proter", das hintere als ,,Opisthe" be-

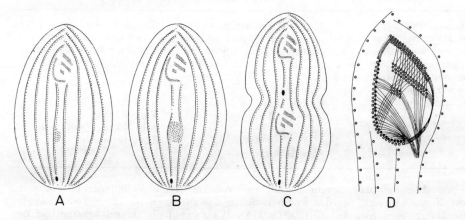

A   B   C   D

Abb. 43. *Tetrahymena pyriformis* (Ciliata). **A—C.** Schema der Zellteilung. Aus einem (punktiert dargestellten) ,,Anlagenbereich" gehen die zum Cytostom führenden Wimperorganelle (vgl. Abb. 68 E) des Hintertieres hervor (Stomatogenese). **D.** Anordnung der Basalkörper und Fibrillen des Mundfeldes. Rechts oben: die Basalkörper der drei Membranellen; links unten: die Basalkörper der undulierenden Membran. — Nach SLEIGH 1973.

zeichnet wird, voneinander verschieden. Die Regenerationsprozesse, welche ihre Übereinstimmung herbeiführen, können daher ebenfalls sehr unterschiedlich verlaufen. Gehört das Cytostom mit seinen Wimperorganellen (S. 216) der vorderen Zellhälfte an, so muß das Hintertier ein neues ausbilden, ein Vorgang, der als „Stomatogenese" bezeichnet wird. In vielen Fällen wird zunächst ein „Anlagenfeld" aus dichtstehenden Basalkörpern (Kinetosomen) gebildet, welche gruppenweise auseinanderrücken und die in funktioneller Beziehung zum Cytostom stehenden Wimperorganelle liefern (Abb. 43). Einige besonders große Ciliata, z. B. *Stentor coeruleus*, haben sich als geeignete Objekte erwiesen, um die morphogenetischen Prozesse, die mit der Zellteilung und Regeneration verbunden sind, experimentell zu erforschen.

Als **Knospung** wird eine Zellteilung bezeichnet, wenn eine sessile „Mutterzelle" kleinere „Tochterzellen" abschnürt, die als Schwärmer umherkriechen oder -schwimmen und nach ihrer Festheftung eine Metamorphose durchführen. Dieser Teilungsmodus ist besonders charakteristisch für die Suctoria (S. 230), wenn auch nicht auf sie beschränkt.

Wird eine Mutterzelle gleichzeitig oder nacheinander in mehrere Tochterzellen aufgeteilt, oder schnürt sie mehrere Knospen ab, so handelt es sich um **Vielteilung**. Während dieser Teilungsmodus bei den meisten Gruppen nur vereinzelt auftritt, bildet er bei den Foraminifera und Sporozoa, die einen Generationswechsel haben, die Regel.

5. **Geschlechtlichkeit.** Viele Protozoa pflanzen sich geschlechtlich fort, d. h. sie bilden Geschlechtszellen oder **Gameten** aus, die paarweise miteinander verschmelzen. Dieser Vorgang wird als Kopulation bezeichnet. Das Verschmelzungsprodukt zweier Gameten heißt **Zygote**. Ihr Kern ist immer diploid und wird Verschmelzungskern oder Synkaryon genannt. Er ist aus der Vereinigung der beiden haploiden Gametenkerne hervorgegangen (Karyogamie).

Daß Zellen, die sich sonst ungeschlechtlich fortpflanzen würden, unter bestimmten Bedingungen selbst zu Gameten werden, kommt nur bei den Phytomonadina (z. B. *Chlamydomonas*, S. 189) vor. In der Regel sind die Gameten das Ergebnis eines besonderen, als Gamogonie bezeichneten Fortpflanzungsprozesses, bei welchem aus einem Gamonten (Gametenmutterzelle) durch Zwei- oder Vielteilung Gameten hervorgehen.

Die miteinander kopulierenden Geschlechtszellen können äußerlich gleiche Isogameten (**Isogametie**) oder in der Größe und Struktur verschiedene Anisogameten (**Anisogametie**) sein. Der Grad der Verschiedenheit zeigt bei den Protozoa eine erstaunliche Variabilität. Allgemein kann man den größeren Gameten als Macrogameten, den kleineren als Microgameten bezeichnen. Ist der Macrogamet plasmareich und unbeweglich, der Microgamet plasmaarm und beweglich, so erinnern die Geschlechtszellen an Ei und Spermium der Metazoa (**Oogametie**) und werden oft in gleicher Weise bezeichnet.

In allen näher untersuchten Fällen hat sich gezeigt, daß auch Isogameten zwei verschiedenen Typen oder Geschlechtern (+, −) angehören müssen, um miteinander kopulieren zu können. Es ist daher sehr wahrscheinlich, daß auch bei den Protozoa, die eine geschlechtliche Fortpflanzung haben, allgemein eine bipolare Sexualität vorliegt, so wie es uns von den Metazoa geläufig ist.

Können Gameten, die dem gleichen Klon angehören oder von dem gleichen Gamonten stammen, miteinander kopulieren, so handelt es sich um **Gemischtgeschlechtlichkeit** oder **Monözie**. Müssen die Gameten, um miteinander kopulieren zu können, verschiedenen Klonen angehören oder von verschiedenen Gamonten gebildet werden, so liegt **Getrenntgeschlechtlichkeit** oder **Diözie** vor.

Bei den Protozoa lassen sich drei Typen der geschlechtlichen Fortpflanzung unterscheiden:

a) **Gametogamie:** Keine Paarung der Gamonten. Die Gameten des einen Geschlechtes (Microgameten) oder beider Geschlechter sind frei beweglich.

b) **Autogamie:** Die Gameten oder Gametenkerne des gleichen Gamonten verschmelzen miteinander (obligatorische Monözie).

c) **Gamontogamie:** Vereinigung von Gamonten, welche Gameten oder Gametenkerne erzeugen, die paarweise miteinander verschmelzen.

Tabelle 2 zeigt einige Beispiele für diese Möglichkeiten, die im speziellen Teil ausführlich behandelt werden.

Tabelle 2

Gametogamie	Autogamie	Gamontogamie
Alle Phytomonadina, z.B. *Chlamydomonas* (Abb. 46).	Manche Heliozoa, z.B. *Actinophrys* (Abb. 60).	Manche Foraminifera, z.B. *Patellina* (Abb. 57).
Manche Polymastigina, z.B. *Trichonympha* (Abb. 50).	Manche Foraminifera, z.B. *Rotaliella* (Abb. 58).	Alle Gregarinida, z.B. *Monocystis* (Abb. 76)
Manche Foraminifera.		Alle Adeleidae.
Alle Coccidia (außer den Adeleidae), z.B. *Eimeria* (Abb. 78) und *Plasmodium* (Abb. 79).		Alle Ciliata (Konjugation), z.B. *Paramecium* (Abb. 67).

6. Generationswechsel. Es ist üblich, von einem Generationswechsel zu sprechen, wenn innerhalb der gleichen Art zwei oder mehrere Generationen aufeinander folgen, die sich verschieden fortpflanzen. Da die sich fortpflanzenden Generationen bei den Protozoa Zellen sind, wird ihr Generationswechsel als primär bezeichnet. Die sich geschlechtlich fortpflanzende Generation heißt Gamont, die sich ungeschlechtlich fortpflanzende Agamont. Die entsprechenden Fortpflanzungsweisen werden als **Gamogonie** und **Agamogonie** unterschieden. Gehören beide Generationen der gleichen Kernphase an, so ist der Generationswechsel homophasisch, und zwar entweder haplo-homophasisch, wenn alle Stadien mit Ausnahme der Zygote haploid sind (Phytomonadina, Sporozoa), oder diplo-homophasisch, wenn alle Stadien mit Ausnahme der Gameten oder Gametenkerne diploid sind (*Actinophrys*, Ciliata). Ein heterophasischer Generationswechsel, bei dem der Gamont haploid, der Agamont diploid ist, beide Generationen also verschiedenen Kernphasen angehören, kommt im Tierreich nur bei den Foraminifera vor.

f) Vorkommen und Verbreitung

Die Protozoa sind — wie die anschließenden Stämme der Metazoa (Placozoa, Porifera, Cnidaria, Ctenophora) — auf das Wasser als Lebensraum angewiesen. Im Meer und Süßwasser treten sie in großer Artenzahl auf. Einige Gruppen, wie die Coccolithophoriden, Silicoflagellata, Foraminifera und Radiolaria, kommen ausschließlich oder, wie die Tintinniden, überwiegend im Meer vor, während andere Gruppen, wie die Phytomonadina, Euglenoidina, Testacea und Heliozoa, ihre größte Entfaltung im Süßwasser haben.

Manche Gattungen umfassen Arten, die in beiden Bereichen leben, z. B. die Ciliaten-Gattung *Euplotes*: Eine marine Art (*E. vannus*) kann eine erhebliche Herabsetzung, eine limnische (*E. affinis*) eine erhebliche Heraufsetzung des Salzgehaltes vertragen, vorausgesetzt, daß der Übergang allmählich erfolgt.

Die ökologische Valenz, d. h. die Fähigkeit, eine bestimmte Schwankungsbreite ökologischer Faktoren (z. B. Salzgehalt, Temperatur, pH, O_2- und CO_2-Gehalt des Wassers) zu ertragen, ist auch bei den Protozoa in der Reaktionsnorm festgelegt und daher artspezifisch verschieden.

Im **Meer** sind die Schwankungen der ökologischen Faktoren großräumiger als im Süßwasser. Temperatur, Wassertiefe und Lichtmenge sind von entscheidender Bedeutung. So kommen die Radiolaria, welche ausschließlich dem Pelagial angehören, hauptsächlich im Warmwassergürtel der Erde vor, wobei die Acantharia überwiegend im Oberflächenplankton (bis 100 m Tiefe), andere Gruppen (z. B. Tripylea) vornehmlich im Tiefenplankton auftreten.

Für Protozoa des Benthos spielt auch die Beschaffenheit des Untergrundes (Sand, Schlamm, Algen) eine wichtige Rolle. Mit Ausnahme der pelagischen Globigerinidae und Globorotalidae sind alle Foraminifera benthonisch. Die Verbreitung ihrer Arten ist oft deutlich substratgebunden. So sind z. B. bestimmte Foraminifera für Korallenriffe charakteristisch und an deren Zusammensetzung nicht unwesentlich beteiligt. Meistens enthalten sie symbiontische Zooxanthellen (S. 187) und benötigen daher eine ausreichende Lichtmenge. Eine besondere Lebensgemeinschaft des Meeres, zu der Ciliata mit ursprünglichen Kernverhältnissen gehören (S. 217), findet sich im Lückensystem des Sandes (Mesopsammon).

Die reichhaltige Aufgliederung des **Süßwassers** hat zur Folge, daß die ökologischen Faktoren viel mannigfaltiger kombiniert sein können als im Meer, so daß sich die Protozoenfaunen in kleineren Räumen unterscheiden. Bestimmte Kombinationen wiederholen sich aber über die ganze Erde und rufen ähnliche Biotope hervor. Die meisten limnischen Gattungen scheinen kosmopolitisch verbreitet zu sein. Mit den stärkeren Schwankungen der ökologischen Faktoren hängt es zusammen, daß die freilebenden Protozoa des Süßwassers verhältnismäßig euryök sind, also eine große ökologische Valenz besitzen.

Arten, welche in Biotopen leben, die der Gefahr der Austrocknung ausgesetzt sind (Tümpel, Moospolster, feuchte Erde), besitzen meistens die Fähigkeit der **Encystierung** (Amoebina, Testacea, Ciliata). Als Cysten können sie oft erstaunlich lange Trockenperioden und Temperaturschwankungen überstehen und durch den Wind oder durch Tiere an Stellen verfrachtet werden, wo günstigere Lebensbedingungen herrschen. Die Cysten des Ciliaten *Colpoda cucullus*, der in ephemeren Wasseransammlungen (z. B. Regenpfützen) lebt, können z. B. über fünf Jahre trocken aufbewahrt werden und kurzfristig extreme Temperaturschwankungen überstehen. Allerdings sind nicht alle Cysten der Protozoa trockenresistent. *Didinium nasutum* encystiert sich, wenn keine Pantoffeltierchen mehr als Beute zur Verfügung stehen. Die Cysten vertragen keine Austrocknung, sind aber im Wasser über zehn Jahre lebensfähig. Häufig sind Fortpflanzungsprozesse mit dem jahreszeitlichen Wechsel der ökologischen Faktoren koordiniert, z. B. bei manchen Phytomonadina, die als Zygoten den Winter überdauern.

Da Erdproben regelmäßig Dauerstadien von Protozoen enthalten, kann man aus ihnen zahlreiche Arten isolieren, wenn man sie eine Zeitlang mit Wasser überschichtet.

Auch sogenannte **extreme Biotope**, also solche, bei denen Kombinationen der ökologischen Faktoren herrschen, welche die meisten Tiere nicht ertragen, können noch von Protozoen bevölkert sein. Dazu gehören nicht nur die heißen Quellen oder der Schnee des Hochgebirges, der manchmal von *Chlamydomonas nivalis* oder *Haematococcus pluvialis* rot gefärbt ist („Blutschnee"), sondern auch ganz abgesonderte, kleine Flüssigkeitsansammlungen wie der „Kuckucksspeichel" der Schaumzikaden, die Feuchtigkeit an den Kiemen der Landasseln (Oniscoidea) oder der wäßrige Inhalt von *Nepenthes*-Kannen. Ein extremer Lebensraum ist auch der O_2-arme Faulschlamm (Sapropel), der nur noch Anaerobiern ein Leben ermöglicht. Hier kommen verschiedene heterotrophe Flagellata und die Amöbe *Pelomyxa palustris* vor. Von den Ciliata sind vor allem die Odontostomata (S. 230) vertreten.

Die experimentelle Bestimmung der ökologischen Valenz einzelner Arten ist auch von praktischer Bedeutung. Ciliata können als **Leitformen** (Indikatoren) für den Verschmutzungsgrad (Saprobität) von Gewässern verwendet werden. Außerdem tragen viele Protozoa zur „biologischen Selbstreinigung" der Gewässer bei, die in Kläranlagen zur Reinigung von städtischen und industriellen Abwässern nachgeahmt und durch technische Einrichtungen wirksam gesteigert wird.

Während die Verbreitung höherer Tiere auf der Erdoberfläche oft nur verständlich wird, wenn historische (geologische) Ereignisse zu Rate gezogen werden, scheinen für die Verbreitung der Protozoa überwiegend ökologische Faktoren maßgebend gewesen zu sein, d. h. man kann sie im allgemeinen dort erwarten, wo die Umwelt ihre Existenz ermöglicht.

Allerdings sind viele Protozoa im Laufe der Stammesgeschichte eine enge Bindung mit anderen Organismen eingegangen, so daß ihre Verbreitung durch die ihrer „Wirte" begrenzt wird. Von den verschiedenen Möglichkeiten der Vergesellschaftung sei in diesem Abschnitt nur der **Symphorismus** besprochen, die Erscheinung, daß eine Art eine andere als ständigen Träger oder Transportwirt benutzt. In der Regel ist der Symphorismus mit **Kommensalismus** verbunden, d. h. der Symphoriont benutzt die Lebenstätigkeit des Trägers, um sich selbst Nahrung zu verschaffen.

Die sessilen Protozoa, die als Symphorionten auf Wassertieren vorkommen, sind häufig nicht nur art-, sondern auch körperteilspezifisch. Fast alle Chonotricha sitzen auf marinen Malacostraca (Crustacea), manche Arten an den Mundwerkzeugen, andere an den Schreitfüßen oder an den Kiemen. Im Süßwasser haben sich vor allem viele Peritricha und Suctoria an die symphorionte Lebensweise angepaßt. Auf Flußkrebsen kommen beispielsweise acht Peritricha-Arten (Familie Epistylidae) und ein Suctor (*Discophrya astaci*) vor. Das Suctor *Choanophrya infundibilifera* sitzt häufig an den Mundwerkzeugen von Ruderfußkrebsen (Copepoda) und nimmt die Beuteabfälle des Wirtes unmittelbar durch seine Tentakel (keine Haptocysten, s. S. 230) auf. Auch viele Wasserinsekten tragen regelmäßig bestimmte Symphorionten. Das Studium dieser Form der Vergesellschaftung ist von allgemeinem Interesse, da es unter Umständen Hinweise auf die Phylogenese eines der beiden Organismen geben kann.

g) Parasitismus und Symbiose

Symphorismus und Kommensalismus haben im Laufe der Stammesgeschichte häufig zum **Parasitismus** geführt, also zu einer Form der Vergesellschaftung, bei welcher der Parasit den Wirt durch Nahrungsentzug oder durch Abscheidung giftiger Stoffwechselprodukte (Toxine) schädigt.

Der Grad der Schädigung kann sehr verschieden sein. Er hängt von dem Zustand gegenseitiger Anpassung beider Organismen, aber auch von der Stärke des Befalls und den Möglichkeiten des Wirtes ab, Abwehrkräfte (Resistenz, Immunität, Abkapselung, Phagocytose) gegen den Parasiten zu mobilisieren. Von einer nur geringfügigen Schädigung bis zum Auftreten von Krankheitserscheinungen finden sich alle Übergänge. Selten führt der Parasit den Tod des Wirtes herbei. Manche Parasiten haben allerdings ihren Lebenszyklus so eingerichtet, daß der Wirt nach Abschluß ihrer Vermehrungsphase regelmäßig zugrunde geht.

Je geringer die Spezifität des Parasit-Wirt-Verhältnisses ist, um so größer ist die Wahrscheinlichkeit, daß der Parasit verschiedene Wirtsarten befällt. Meistens läßt sich dann aber ein **Hauptwirt**, an den er bevorzugt angepaßt ist, von **Nebenwirten** unterscheiden.

Um **Wirtswechsel** handelt es sich, wenn die gleiche Parasitenart in regelmäßigem Wechsel in zwei verschiedenen Wirtsarten vorkommt. Bei den Protozoa kann mit diesem Wirtswechsel eine Transformation des Zelltyps (Trypanosomidae, S. 191) oder eine Änderung der Fortpflanzungsweise (Generationswechsel, S. 230) verbunden sein. Handelt es sich bei dem einen Wirt um ein Wirbeltier, bei dem anderen um einen Wirbellosen (z. B. Arthropoden), der den Parasiten passiv (z. B. durch Gefressenwerden) oder aktiv (z. B. beim Blutsaugen) überträgt, so wird der wirbellose Wirt als **Überträger** (Vektor) bezeichnet. Welches der phylogenetisch ältere Wirt ist, läßt sich oft schwer entscheiden. Bei einem Generationswechsel des Parasiten wird man wohl den Wirt, in dem die geschlechtliche Fortpflanzung stattfindet, als den ursprünglicheren ansehen können.

Gelegentlich ist aus einem kommensalischen oder parasitischen Verhältnis eine **Symbiose** hervorgegangen, bei welcher sich aus der einseitigen Ausnutzung des Wirtes eine Partnerschaft gegenseitigen Nutzens entwickelte.

Etwa 20% der Protozoen sind Kommensalen, Parasiten oder Symbionten. Mit Ausnahme der *Phytomonas*-Arten, die im Milchsaft von Pflanzen (Euphorbiaceen, Asclepiadaceen) leben, haben alle parasitischen Protozoen tierische Wirte.

Ectoparasiten sitzen ihrem Wirt außen an, nicht immer auf der äußeren Haut, sondern vielfach auch auf Körperteilen (z.B. Kiemen), die mit der Außenwelt indirekt in Verbindung stehen. Zum Unterschied von den Symphorionten besitzen sie besondere Organelle, mit denen sie ihrem Wirt Stoffe entziehen. Ectoparasitische Protozoen haben nur Wassertiere als Wirte.

Endoparasiten können entweder extrazellulär, z.B. im Darmlumen, in der Leibeshöhle und in Körperflüssigkeiten (Blut, Lymphe, Galle), oder intrazellulär — meistens in bestimmten Gewebezellen — vorkommen. Im allgemeinen ist die Schädigung des Wirtes durch intrazelluläre Parasiten größer, weil die befallenen Zellen und die von ihnen gebildeten Gewebe weitgehend ausgeschaltet, wenn nicht ganz zerstört werden.

Viele Protozoen sind wahrscheinlich dadurch zu Endoparasiten geworden, daß sie von dem Wirt regelmäßig mit der Nahrung aufgenommen wurden und sich schließlich an die Lebensbedingungen im Darm anpaßten. Anaerobier aus dem Faulschlamm (Sapropel, S. 175) oder aus Kotaufschwemmungen waren hierfür besonders geeignet.

Da auf die Parasiten und Symbionten im systematischen Teil näher eingegangen wird, sei hier lediglich vorausgeschickt, daß die Klassen der Sporozoa und Cnidosporidia ausschließlich Parasiten umfassen, daß es aber auch bei den Klassen der Flagellata, Rhizopoda und Ciliata ganze Ordnungen und Familien gibt, deren Vertreter eine parasitische oder symbiontische Lebensweise führen.

Die Protozoen, die **im Menschen** vorkommen, sind teilweise **Kommensalen** und rufen keine Krankheitserscheinungen hervor. Es handelt sich teils um Flagellata (F), teils um Amoebina (A):

Mundhöhle: *Trichomonas tenax* (F)
             Entamoeba gingivalis (A)
Dünndarm: *Lamblia* (*Giardia*) *intestinalis* (F)
Dickdarm: *Trichomonas fecalis* (F)
             Trichomonas hominis (F)
             Trichomonas ardin delteili (F)
             Dientamoeba fragilis (F, amoeboide Form)
             Chilomastix mesnili (F)
             Retortamonas intestinalis (F)
             Enteromonas hominis (F)
             Entamoeba coli (A)
             Jodamoeba buetschlii (A)
             Endolimax nana (A)

Die in der folgenden Tabelle aufgeführten Protozoen sind dagegen für den Menschen **pathogen**. Dabei gilt allerdings die Einschränkung, daß der Flagellat *Trichomonas vaginalis* und der Ciliat *Balantidium coli* bei schwacher Infektion keine Krankheitserscheinungen hervorrufen und offenbar nur gefährlich werden, wenn durch Insuffizienz der befallenen Organe eine Massenvermehrung erfolgt. Über die sogenannten *Limax*-Amöben (*Acanthamoeba, Hartmannella, Naegleria*) und *Entamoeba histolytica* s. S. 201.

Tabelle 3

Art	Krankheit des Menschen	Verbreitung	Überträger Übertragungsweise
Leishmania tropica	Hautleishmaniase oder Orientbeule	Ostasien, Indien, Mittelmeergebiet, Afrika	
Leishmania brasiliensis	Schleimhaut-leishmaniase	Süd- und Mittelamerika	Schmetterlingsmücken (*Phlebotomus*)
Leishmania donovani	Eingeweide-leishmaniase oder Kala Azar	Ostasien, Indien, Mittelmeergebiet, Afrika	
Trypanosoma gambiense	Schlafkrankheit	Aequatoriales Afrika (West)	Tse-tse-Fliegen: *Glossina palpalis*
Trypanosoma rhodesiense		Aequatoriales Afrika (Ost)	*Glossina morsitans*
Trypanosoma (syn. *Schizotrypanum*) *cruzi*	Chagas'sche Krankheit	Süd- und Mittelamerika	Raubwanzen der Gattungen *Rhodnius* und *Triatoma*
Trichomonas vaginalis	Trichomonadenkolpitis der Frau	kosmopolitisch	Geschlechtsakt
Entamoeba histolytica (Magna-Form)	Amöbenruhr	Tropen und Subtropen	oral durch Cysten (verunreinigte Nahrung, Fliegen)
Acanthamoeba-, Hartmannella- und *Naegleria*-Amöben	Amoeboide Meningo-Encephalitis	wahrscheinlich kosmopolitisch	Nasen-Rachen-Weg
Plasmodium vivax *Plasmodium ovale*	Malaria tertiana	hauptsächlich Tropen und Subtropen	Stechmücken der Gattung *Anopheles*
Plasmodium malariae	M. quartana		
Plasmodium falciparum	M. tropica		
Toxoplasma gondii	Toxoplasmose	wahrscheinlich kosmopolitisch	oral (Erwachsener) oder intrauterin (Embryo)
Balantidium coli	Balantidienruhr	wahrscheinlich kosmopolitisch	oral (Hauptwirt: Schwein)

h) Phylogenese und System

Die scharfe Trennung zwischen Einzellern und Vielzellern ist nur im Rahmen der zoologischen Systematik möglich, da für die Metazoa — zum Unterschied von den „Metaphyten" — nicht nur die Vielzelligkeit und somatische Differenzierung, sondern auch die Zurückführbarkeit ihrer Gewebe auf die beiden „primären Keimblätter" charakteristisch ist (vgl. S. 245).

Solange es kein biologisches, d. h. alle Lebewesen umfassendes System gibt, müssen die phototrophen „Phytoflagellaten" und die heterotrophen „Zooflagellaten" in einem System der Protozoa als Flagellata zusammengefaßt werden. Diese bilden die Stammgruppe aller übrigen Protozoa.

Zwischen den Flagellata (Mastigophora) und Rhizopoda (Sarcodina) bestehen enge Verwandtschaftsbeziehungen, die sich vor allem darin äußern, daß auch bei den letzteren begeißelte Stadien (Schwärmer, Gameten) vorkommen können. Es wurde daher vielfach vorgeschlagen, beide Gruppen als „Rhizoflagellata" oder „Sarcomastigophora" zusammenzufassen. Dem ist jedoch entgegenzuhalten, daß sich auch die Ciliata und Sporozoa von Flagellata ableiten lassen und uns konkrete Vorstellungen über den Verlauf der Stammesgeschichte fehlen.

Von den hier aufgeführten Klassen erscheinen die Rhizopoda besonders heterogen. Ihre intensive Erforschung — vor allem mit elektronenmikroskopischen und molekularbiologischen Methoden — wird wahrscheinlich zu einer weiteren Aufspaltung in Klassen führen. So wie die „Phytoflagellaten" enge Beziehungen zu den „Algen", haben, so scheinen manche Rhizopoda eine Brücke zu den „Pilzen" (Myxomyceten) zu bilden.

Eine ganz isolierte Stellung haben die Cnidosporidia, die möglicherweise auch keine einheitliche systematische (monophyletische) Gruppe bilden. Der ausstülpbare Polfaden, der sowohl für die Sporen der Microsporidia als auch für die der Myxosporidia charakteristisch ist, könnte eine konvergente Bildung sein. Die Microsporidia, hält man sie nicht für Cnidosporidia, die durch den intrazellulären Parasitismus stärker „vereinfacht" wurden, stimmen mit den übrigen Protozoa durch ihre Einzelligkeit und das Fehlen einer somatischen Differenzierung überein. Die Myxosporidia dagegen erwecken den Verdacht, daß sie von Metazoa abstammen, sind doch ihre Sporen vielzellig und aus verschiedenartigen Zellen zusammengesetzt, so daß man von einer somatischen Differenzierung sprechen kann.

Das System der Protozoa ist daher noch weit davon entfernt, ein „konsequent phylogenetisches System" (Hennig) zu sein, sondern hat durchaus provisorischen Charakter.

Einer der Gründe hierfür ist, daß die meisten Protozoa keine Hartteile bilden und uns die Paläontologie daher auch nur wenig Aufschluß über ihre Stammesgeschichte geben kann. Fossile Reste sind im wesentlichen nur von Chrysomonadina, Silicoflagellata, Haptomonadina (Coccolithophorida), Dinoflagellata, Testacea, Foraminifera, Radiolaria und Tintinniden bekannt. Diese können in gesteinsbildenden Massen auftreten (z.B. Fusulinen- und Nummulitenkalk, Radiolarite) und zum Aufbau ganzer Gebirgszüge beitragen.

1. Klasse Flagellata (syn. Mastigophora), Geißeltierchen

Etwa 5890 rezente Arten (Stand von 1971).

Die Flagellata oder Geißeltierchen · besitzen als Bewegungsorganelle eine oder mehrere **Geißeln**, welche die für die Geißeln aller Eukaryota charakteristische Ultrastruktur (S. 161) zeigen. Manche Flagellata können unter bestimmten Bedingungen in einen geißellosen Zustand (Palmella-Stadium) übergehen oder unbegeißelte Entwicklungsstadien durchlaufen.

Vielfach kommt es zur Ausbildung von Zellverbänden, die als Kolonien frei herumschwimmen oder festgeheftet sind und zu den Algen überleiten.

Bei der ungeschlechtlichen Fortpflanzung, die in einer Zwei- oder Vielteilung bestehen kann, wird der Zellkörper meistens longitudinal, seltener transversal durchgeschnürt. Bei den Arten einiger Ordnungen (Phytomonadina, Polymastigina, Opalinina) sind regelmäßig Geschlechtsvorgänge zu beobachten.

Vielfach werden die Ordnungen, deren Vertreter mit Plastiden (S. 159) ausgestattet sind oder durch Plastidenverlust unmittelbar von solchen abgeleitet werden können (S. 183), in der Unterklasse „**Phytoflagellata**" („Phytomastigophora)," die übrigen Ordnungen, welche ausschließlich heterotrophe Formen enthalten, in der Unterklasse „**Zooflagellata,,** („Zoomastigophora") zusammengefaßt. Diese Gruppierung ist jedoch insofern problematisch, als sich auch für die „Zooflagellaten" nicht ausschließen läßt, daß sie von „Phytoflagellaten" abstammen.

Die Ordnungen der „Phytoflagellata" (1.—9.) werden im botanischen System meistens als Klassen aufgefaßt und mit der Endung „-phyceae" versehen.

1. Ordnung Chrysomonadina (syn. Chrysophyceae)

Die Chrysomonadina sind kleine Flagellaten mit gelbbraunen Plastiden. Chlorophyll a (b fehlt) wird durch Carotinoide (Fukoxanthin u. a.) überdeckt. Am Vorderende entspringen zwei verschieden lange Geißeln. Die längere ist mit zwei Reihen steifer Mastigonemen (S. 163) besetzt, während die kürzere, die häufig über dem roten Augenfleck liegt, nur einige feine Fäden trägt (Abb. 44A).

Als Dauerstadien werden sogenannte Endocysten ausgebildet (Abb. 44B). Diese entstehen innerhalb des Cytoplasmas zwischen Kern und Zellhülle. Sie besitzen einen Porus, der durch eine Art Stopfen verschlossen wird. Ihre Wand enthält Kieselsäure.

Bei vielen Chrysomonadina ist die Zelle mit kieselsäurehaltigen Schüppchen bedeckt oder von einem Gehäuse umschlossen. Als Reservestoffe treten das Polysaccharid Leukosin (Chrysolaminarin) und Öle auf, während Stärke nicht ausgebildet wird.

Bei Lichtmangel können manche Arten zur ausschließlich heterotrophen Ernährung übergehen, indem sie geeignete Nährstoffe unmittelbar aufnehmen oder andere Einzeller mit Hilfe von Pseudopodien phagocytieren. Für *Ochromonas danica* (Abb. 44A), eine Art, die in steriler Nährlösung gezüchtet werden kann, wurde nachgewiesen, daß die Plastiden, welche durch eine besondere Membran mit dem Zellkern verbunden sind, bei längerer Dunkelkultur zu Proplastiden reduziert werden. Diese sind viel kleiner als die Plastiden und enthalten keine Thylakoide mehr. Im Licht wachsen die Proplastiden wieder zu Plastiden heran.

Einige Chrysomonadina bilden amoeboide Stadien aus oder sind ständig amoeboid (*Chrysamoeba, Myxochrysis*). Häufig werden auch umfangreiche Lager geißelloser Palmella-Stadien oder fadenförmige Zellverbände (z. B. *Hydrurus foetidus* in Bächen) gebildet, wobei die Einzelzellen durch Gallerte verbunden sind. Manche Arten treten als freischwimmende Kolonien auf.

Aus Chrysomonadina könnten daher sowohl farblose Flagellata und Rhizopoda (Plastidenverlust) als auch vielzellige Algen (z. B. die Phaeophyceae) hervorgegangen sein.

Chrysomonadina leben im Meer und im Süßwasser.

Ochromonas danica (Abb. 44A), Zelle hinten zugespitzt; Süßwasser. — *Chromulina rosanoffii*, Zelle kugelig, gelegentlich mit Pseudopodien. Im geißellosen Zustand häufig ein staubartiges Oberflächenhäutchen auf Wassertümpeln bildend. — *Synura uvella*,

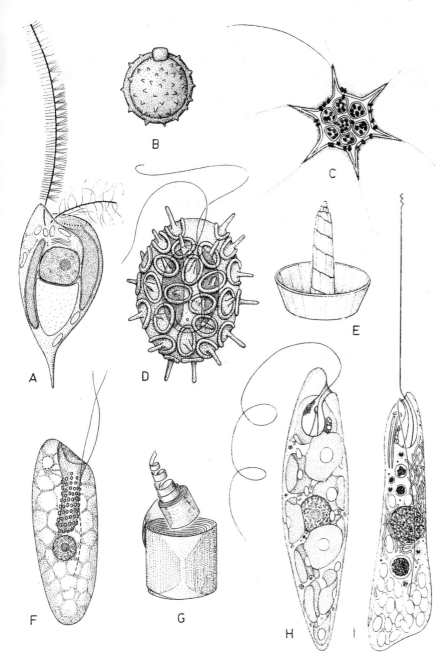

Abb. 44. Flagellata. **A.** *Ochromonas danica.* — Nach Bouk etwas vereinfacht. **B.** Endocyste von *Chrysapsis yserensis.* — Nach Conrad. **C.** *Dictyocha speculum.* — Nach Marshall. **D.** *Syracosphaera subsalsa.* — Nach Conrad. **E.** Kalkplättchen (Coccolith) von *Syracorhabdus ferti.* — Nach Lecal. **F.** *Chilomonas paramecium.* 1000 ×. — Nach Doflein. **G.** Ejectisom einer Cryptomonadine zu Beginn der Ausrollung. — Nach Mignot, Joyon & Pringsheim. **H.** *Euglena gracilis.* 1500 ×. — Nach Leedale. **I.** *Peranema trichophorum.* 1400 ×. — Nach Leedale.

kugelige Kolonie, deren Zellen von dachziegelförmigen Kieselschüppchen bedeckt sind; Süßwasser; ruft gelegentlich durch massenhaftes Auftreten „Wasserblüte" hervor. — *Dinobryon sertularia*, buschartige Kolonie, deren Zellen in tütenförmigen Gehäusen sitzen; charakteristische Form des Süßwasserplanktons. — *Anthophysa vegetans*, farblos; kugelige Kolonien an den Enden verzweigter Gallertstiele, die durch eine Eisenverbindung braun gefärbt sein können; Süßwasser.

Die beiden folgenden Ordnungen wurden früher zu den Chrysomonadina gerechnet, mit denen sie durch den strukturellen und chemischen Aufbau der Plastiden weitgehend übereinstimmen.

2. Ordnung Silicoflagellata

Die Silicoflagellata, die ausschließlich aus dem Meer bekannt sind, besitzen nur eine Geißel und ein intrazelluläres Skelett aus Kieselsäure, das gitterartig durchbrochen und sternförmig ausgezogen ist.

Dictyocha speculum (Abb. 44 C).

3. Ordnung Haptomonadina (syn. Haptophyceae)

Die Haptomonadina besitzen außer zwei gleich langen Geißeln, die keine Mastigonemen tragen, einen als **Haptonema** bezeichneten Faden, der zwar geißelähnlich ist, aber nur 7—0 Microtubuli enthält. Er kann sich spiralig aufrollen und dient der Festheftung.

Die Zellen vieler Arten sind mit winzigen Schüppchen aus organischem Material bedeckt, die in Vesikeln der Golgi-Komplexe entstehen und artspezifisch verschieden sind. Die früher als **Coccolithophorida** oder **Kalkflagellaten** zusammengefaßten Haptomonadina werden von zierlichen Kalkplättchen (Coccolithen) umschlossen, die miteinander zu einer Art Hülle verbunden sein können (Abb. 44 D, E). Diese Kalkplättchen sind auch fossil bekannt und bilden einen wesentlichen Bestandteil der Kreide. Zusammen mit den Silicoflagellata stellen die Coccolithophorida die Hauptmasse des marinen Zwerg- oder Nannoplanktons (<50 µm), das vielen pelagischen Strudlern (Appendicularien, Salpen, Larven) als Nahrung dient.

Prymnesium parvum, erzeugt ein für die Fische tödliches Toxin; Brackwasser. — *Syracosphaera subsalsa*, Coccolithophoride mit scheibenförmigen Coccolithen (Abb. 44 D).

4. Ordnung Cryptomonadina (syn. Cryptophyceae)

Die Cryptomonadina haben eine oder zwei Plastiden, deren Chlorophylle (a, c) in unterschiedlichem Maße durch Carotinoide und Gallenfarbstoffe (Phycobiline) überdeckt sein können. Ihre Farbe ist häufig braun, kann aber auch gelb, rot, grün oder blau sein. Die Lamellen der Plastiden bestehen nur aus zwei Thylakoiden. Als Reservestoff kommt Stärke vor.

Der Zellkörper der Cryptomonadina ist **bilateralsymmetrisch**. Hinter dem Vorderende öffnet sich seitlich eine schlundartige Vertiefung (**Vestibulum**), in deren Nähe zwei etwa gleich lange Geißeln entspringen (Abb. 44 F). In die Wand der Vertiefung sind stark lichtbrechende Körper, die sogenannten **Ejectisome**, eingelagert. Jedes Ejectisom setzt sich aus zwei verschieden großen Zylindern zusammen, von denen jeder ein aufgewickeltes Band darstellt (Abb. 44 G). Bei chemischer Reizung können beide in Bruchteilen einer Sekunde abgerollt und als zweiteiliger Faden aus der Zelle ausgestoßen werden. Die Funktion der Ejectisome ist unbekannt.

Cryptomonadina leben im Meer und im Süßwasser.

Cryptomonas ovata, in kleinen Süßwassertümpeln. — *Chilomonas paramecium*, farblos; in Sumpfwasser; ernährt sich von Bakterien, die durch das Vestibulum aufgenommen werden (Abb. 44 F).

5. Ordnung Euglenoidina (syn. Euglenophyceae)

Die Euglenoidina besitzen zahlreiche Plastiden, die ihnen meistens eine grüne Farbe (Chlorophyll a und b) verleihen. Einige Arten (z. B. *Euglena sanguinea*) sind durch Haematochrom rot gefärbt. Viele Euglenoidina ernähren sich ausschließlich heterotroph und erscheinen daher farblos. Sowohl bei den gefärbten als auch bei den ungefärbten Arten tritt als Reservestoff das Kohlenhydrat Paramylon auf, das in Form von Körnern oder Schollen außerhalb der Plastiden abgelagert wird. Manchmal sind die Plastiden strahlenförmig um eine zentrale Ansammlung von Paramylon angeordnet.

Am Vorderende der Zelle befindet sich eine Einbuchtung, das sogenannte Geißelsäckchen, an dessen Grunde zwei Geißeln entspringen. Diese sind jedoch nur ausnahmsweise (*Eutreptia*) von gleicher Länge. Bei den meisten Euglenoidina ist nur die lange Geißel äußerlich erkennbar, während die kurze innerhalb des Geißelsäckchens — und zwar in der Nähe einer Anschwellung der langen Geißel, des sogenannten Paraflagellarkörpers — endet (Abb. 44 H). In manchen Fällen tritt auch die kurze Geißel aus dem Geißelsäckchen heraus, ist aber — oft dem Zellkörper anliegend — nach hinten gerichtet. Von der langen Geißel entspringt eine Reihe von Härchen, die aber zarter als die eigentlichen Mastigonemen sind. Die süßwasserbewohnenden Arten besitzen eine pulsierende Vakuole, die ihren Inhalt in das Geißelsäckchen entleert.

Die Zellhülle der Euglenoidina ist eine hochdifferenzierte Pellicula, die aus schraubenförmig verlaufenden, breiten Leisten besteht, die durch schmale Rillen getrennt sind. Unter den Leisten verlaufen gleichgerichtete Microtubuli, deren Zahl artspezifisch verschieden ist. In die Rillen öffnen sich Schleimsäcke, deren Sekret wahrscheinlich eine Art Schmiermittel für die Pellicula bildet, welche trotz ihrer Dicke bei manchen Arten peristaltische Formveränderungen zuläßt (Erscheinung der „Metabolie").

Die zur Photosynthese befähigten Euglenoidina sind nicht rein autotroph, sondern benötigen bestimmte „Wuchsstoffe"; *Euglena gracilis*, eine ernährungsphysiologisch besonders gut untersuchte Art, braucht z. B. Vitamin B_{12}. Bei längerer Verdunkelung gehen sie von der phototrophen zur heterotrophen Ernährung über, wenn ihnen geeignete Kohlenstoffverbindungen in ihrem Medium zur Verfügung stehen. Dabei werden die Plastiden zu sogenannten Proplastiden (S. 180) reduziert, die keine Thylakoide mehr enthalten, aber teilungsfähig bleiben. Bei erneuter Belichtung wandeln sich die Proplastiden wieder in Plastiden um.

Unter Einwirkung hoher Temperatur (>32 °C), ultravioletter Strahlen oder bestimmter Stoffe (Streptomycin, Antihistamine) können die Zellen irreversibel „gebleicht" werden, so daß sie sich unter Umständen nicht von Formen unterscheiden, die als farblose Euglenoidina beschrieben worden sind. Eine „gebleichte" *Euglena gracilis* entspricht z. B. der aus der Natur bekannten *Astasia longa*.

Einige heterotrophe Euglenoidina sind zur Phagotrophie übergegangen, z. B. *Peranema trichophorum*, welche mit dem Vorderende andere Einzeller umgreift und mit Hilfe des sogenannten Staborganells verschlingt (Abb. 44 I).

Der dem Geißelsäckchen anliegende **Augenfleck** (Stigma) ist bei den Euglenoidina — zum Unterschied von den anderen „Phytoflagellaten" — keine Differenzierung der Plastiden. Ihm wird die Funktion zugeschrieben, bei der phototaktischen Bewegung der ständig um ihre Achse rotierenden Zelle den Paraflagellarkörper der Geißel periodisch zu beschatten. Dieser stellt daher den eigentlichen Photorezeptor dar, der die Zelle über Richtung und Intensität der Lichtquelle orientiert. Wahrscheinlich enthält er Lactoflavin.

Wie bei den Dinoflagellata (S. 185) sind auch im Ruhekern der Euglenoidina die Chromosomen meistens deutlich erkennbar. Der zentral gelegene Nucleolus („Endosom") streckt sich bei der Kernteilung hantelförmig in die Länge. Die ihm eng anliegenden Microtubuli scheinen aber nicht mit den Chromosomen verbunden zu sein. Die Kernhülle bleibt bei der Teilung erhalten.

Die meisten Euglenoidina leben im Süßwasser, vor allem in Moortümpeln, Abwassergräben und Pfützen, die durch tierische oder pflanzliche Abfälle verunreinigt sind. Hier können sie wesentlich zur Selbstreinigung des Wassers beitragen. Einige Arten kommen parasitisch in wirbellosen Tieren und in Amphibien (Kaulquappen) vor.

1. Unterordnung Euglenida

Gefärbte Euglenoidina und solche, die ihnen nach Verlust der Plastiden morphologisch entsprechen.

Eutreptia viridis, mit zwei gleich langen Geißeln; im Meer. — *Euglena viridis*, die Plastiden strahlen von einer zentralen Paramylon-Ansammlung aus. — *E. gracilis* (Abb. 44 H), Plastiden gleichmäßig verteilt. — Andere Süßwasserarten: *E. spirogyra*, *E. oxyuris*, *E. proxima*. — *Astasia longa*, morphologisch *E. gracilis* entsprechend, aber ohne Plastiden, heterotroph. — *Phacus longicaudus*, Zellkörper abgeplattet, hinten schwanzartig verjüngt; Süßwasser. — *Trachelomonas hispida*, Zellkörper von brauner, skulpturierter Hülle umgeben; Süßwasser.

2. Unterordnung Peranemida

Ungefärbte Euglenoidina, welche den gefärbten morphologisch nicht entsprechen.

Peranema trichophorum (Abb. 44 I), mit Schwimm- und Schleppgeißel, letztere der Zelle angeschmiegt; phagotroph, mit Staborganell; Süßwasser. — *Anisonema ovale*, mit Schwimm und Schleppgeißel; Zellkörper mit Längsfurche; Süßwasser.

6. Ordnung Chloromonadina (syn. Chloromonadophyceae)

Die Chloromonadina haben viele kleine, blaßgrüne Plastiden (Chlorophyll a, nicht b), die sich bei Säurezusatz blau färben. Als Reservestoff kommt Öl vor (kein Paramylon). Der Zellkörper ist dorsoventral gebaut. Von den beiden Geißeln ist eine nach vorn gerichtet und mit Härchen besetzt, während die andere nach hinten gerichtet ist und z. T. in einer ventralen Furche liegt. Wenige Arten.

Vacuolaria virescens, Zellkörper zylindrisch bis eiförmig; Süßwasser. — *Gonyostomum semen*, Zellkörper abgeplattet; Süßwasser.

7. Ordnung Dinoflagellata (syn. Dinophyceae)

Die Dinoflagellata haben zahlreiche, gelbbraune Plastiden (Chlorophyll a und c, nicht b) oder sind farblos. Die beiden Geißeln sind als longitudinal schlagende **Längsgeißel** und als transversal undulierende **Quergeißel** ausgebildet. Bei den meisten Dinoflagellata entspringt die Längsgeißel in einer **Längsfurche** (Sulcus), während die Quergeißel in einer den Zellkörper gürtelförmig umziehenden **Querfurche** (Annulus) schwingt. Durch die Querfurche wird der Zellkörper in einen vorderen Abschnitt oder **Epiconus** und einen hinteren Abschnitt oder **Hypoconus** geteilt (Abb. 45A). Bei manchen Dinoflagellata ist die Querfurche so weit zum Vorderende gerückt, daß der Epiconus nur noch als zahnartiger Fortsatz erscheint (*Prorocentrum, Amphidinium,* Abb. 45B) oder völlig fehlt (*Exuviaella*). Im letzteren Fall unduliert die Quergeißel um die Ansatzstelle der Längsgeißel.

Die Formenmannigfaltigkeit übertrifft die aller bisher behandelten Ordnungen. Während viele Dinoflagellata eine verhältnismäßig einfach gebaute Zellhülle besitzen, haben andere einen festen, cellulosehaltigen Panzer oder eine durch eine Sagittalnaht geteilte Schale. Häufig kommen trichocystenartige Ausschleuder-Organelle (Extrusome, S. 216) (Abb. 45G) oder kompliziert gebaute „Nematocysten" (*Polykrikos, Nematodinium*) vor.

Manche Dinoflagellata besitzen **Stigmen** oder **„Ocelloide"** (Familie Warnowiidae), Ocellus-artige Lichtsinnesorganelle (Abb. 45E), die aus einem dioptrischen Apparat („Linse"), einem Pigmentbecher und einer von diesem umschlossenen, als Photorezeptor aufzufassenden Schicht („Retina") besteht. Zwischen dioptrischem Apparat und Pigmentbecher befindet sich eine Kammer, von der ein enger Kanal nach außen führt.

Pulsierende Vakuolen fehlen. Bei einigen marinen und süßwasserbewohnenden Arten treten permanente Safträume, die sogenannten **Pusulen**, auf, die mit der Außenwelt durch einen Kanal verbunden sind. Wahrscheinlich dienen sie nicht der Osmoregulation, sondern spielen bei der Exkretion eine Rolle.

Der meist in der Einzahl, selten in der Mehrzahl vorkommende Zellkern (Abb. 45B) enthält zahlreiche, stark kondensierte (oft im Leben sichtbare) Chromosomen. Diese haben eine charakteristische Ultrastruktur (Querbänderung, Fibrillenbau) und bestehen überwiegend aus DNS.

Die Dinoflagellata spielen im Haushalt der Natur eine große Rolle. Neben phototrophen gibt es zahlreiche heterotrophe Formen, von denen ein Teil freilebend und phagotroph, ein Teil parasitisch und osmotroph ist. Unter den freilebenden Arten treten die des Meeresplanktons oft in ungeheuren Massen auf. Arten der Gattungen *Gonyaulax* und *Gymnodinium* rufen die sogenannten „red tides" hervor. Die von ihnen abgeschiedenen Giftstoffe (Neurotoxine) können über Muscheln und Fische in den Menschen gelangen und zu gefährlichen Krankheitserscheinungen führen. Mehrere Arten, vor allem *Noctiluca miliaris*, die mit Hilfe eines Tentakels andere Planktonorganismen fängt (Abb. 45D), zeichnen sich durch Leuchtvermögen aus.

Parasitische Dinoflagellata kommen bei den verschiedenartigsten Wirtsorganismen vor. Als Schmarotzer besitzen sie keine Geißeln und wachsen häufig zu vielkernigen „Keimkörpern" heran, die keine Ähnlichkeit mehr mit den freilebenden Formen haben. Die Zugehörigkeit zu den Dinoflagellata ist dann nur noch an den Kernverhältnissen zu erkennen und daran, daß die „Keimkörper" bei Erreichen einer bestimmten Größe durch multiple Teilung in zahlreiche Schwärmer („Dinosporen") zerfallen, welche an Zellen von *Gymnodinium* erinnern.

Ectoparasitische Dinoflagellaten kommen an Siphonophoren, Polychaeten, Appendicularien und Salpen vor. Sie sind meistens durch einen Stiel im Wirtsgewebe verankert. Endoparasitische Formen können sich im Zellkörper anderer Protozoen

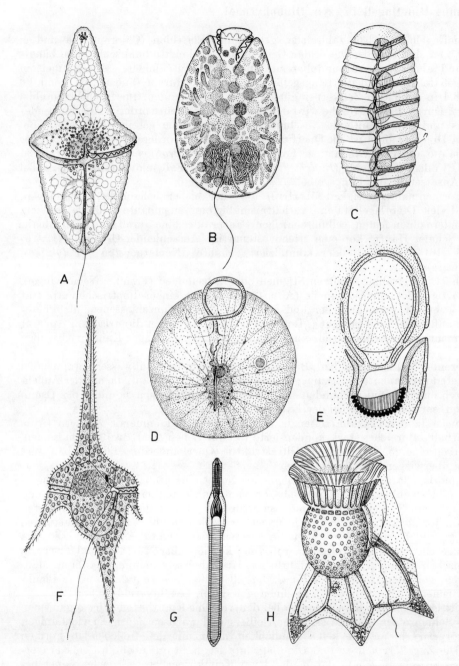

Abb. 45. Dinoflagellata. **A.** *Gymnodinium dogieli*. 360 ×. — Nach KOFOID & SWEZY.
B. *Amphidinium elegans*. 1400 ×. **C.** *Polykrikos schwartzi*. 340 ×. — **n** Zellkerne. — Nach
KOFOID & SWEZY. **D.** *Noctiluca miliaris*. 90 ×. — Nach PRATJE. **E.** Längsschnitt (ver-
einfacht) durch das Ocelloid von *Nematodinium*. — Nach DODGE. **F.** *Ceratium hirundinella*.
380 ×. — Nach LAUTERBORN. **G.** Trichocyste von *Gonyaulax polyedra*. — Nach BOUK &
SWEENY. **H.** *Ornithocercus magnificus*. — Nach SCHÜTT.

(Dinoflagellata, Radiolaria, Ciliata), im Darmkanal und der Leibeshöhle pelagischer Copepoden oder in Krebs- und Fischeiern entwickeln. Gelegentlich sind ihre „Keimkörper" für Entwicklungsstadien der jeweiligen Wirte oder für „Mesozoa" gehalten worden.

Dinoflagellaten sind auch die sogenannten „gelben Zellen" oder **Zooxanthellen,** die als phototrophe Symbionten im Zellkörper zahlreicher Radiolaria und Foraminifera sowie in bestimmten Geweben vieler Metazoa warmer Meere vorkommen. Besonders verbreitet sind sie bei den Nesseltieren der Korallenriffe. Die von den Zooxanthellen abgegebenen Assimilationsprodukte ermöglichen den Seerosen und Korallenpolypen, ihre Stoffwechseltätigkeit auch im kontrahierten Zustand fortzusetzen und macht sie — wenigstens am Tage — unabhängig vom Nahrungserwerb. Andererseits gewähren die Wirte ihren Zooxanthellen Schutz und versorgen sie mit Spurenstoffen, die sie selbst nicht synthetisieren können.

1. Unterordnung Gymnodinida

Ohne gepanzerte Zellhülle („nackte" Dinoflagellata).
Gymnodinium dogieli (Abb. 45 A); im Meer. — *Amphidinium elegans* (Abb. 45 B), im Meer. — *Polykrikos schwartzi* (Abb. 45 C), mehrkernig; im Meer. — *Noctiluca miliaris* (Abb. 45 D), Erreger des Meeresleuchtens.

2. Unterordnung Peridinida

Zellhülle durch Panzerplatten (mit Cellulose) bestimmter Zahl und Anordnung verstärkt.
Peridinium tabulatum, im Süßwasser. — *Gonyaulax tamarensis,* im Meer. — *Ceratium hirundinella* (Abb. 45 F), im Süßwasser.

3. Unterordnung Dinophysida

Panzer (mit Cellulose) durch eine Sagittalnaht in zwei Hälften geteilt. Flügelleisten als Schwebefortsätze. Formen des ozeanischen Pelagials.
Ornithocercus magnificus (Abb. 45 H), im Meer.

8. Ordnung Phytomonadina (syn. Volvocales)

Die Phytomonadina, die im botanischen System an den Anfang der Grünalgen (Chlorophyceae) gestellt werden, besitzen grüne Plastiden, die meistens in der Einzahl auftreten und becherförmig ausgebildet sind. Der Augenfleck (Stigma) ist eine Differenzierung des Plastiden und liegt in der Nähe der Geißelansatzstellen. Art und Mengenverhältnis von Chlorophyllen (a, b) und Carotinoiden stimmen weitgehend mit denen der höheren Pflanzen überein. Als Reservestoff kommt Stärke vor, die innerhalb des Plastiden abgelagert wird.

Am Vorderende der Zelle entspringen zwei oder vier, seltener acht Geißeln, die gleich lang und nicht mit Mastigonemen besetzt sind. Die Zellhülle kann durch Cellulose und Pektine verstärkt sein. Oft verquillt sie ganz oder teilweise zu einer Gallertschicht.

Neben Arten, die nur als Einzelzellen vorkommen, gibt es viele koloniale Arten, die verschiedene Möglichkeiten und Stufen der Integration zeigen. Die **Kolonien** können platten-, kugel- oder eiförmig sein, wobei die Zellen entweder unmittelbar zusammenhängen oder durch eine gemeinsame Gallerte verbunden sind. Während die Zellen in den meisten Fällen untereinander gleich sind, zeigen einige Arten eine Differenzierung in generative Zellen, die unbegrenzt fortpflanzungsfähig sind, und somatische Zellen, die sich im Verband der Kolonie normalerweise nicht fortpflanzen können, sondern bei der Bildung der Tochterkolonien oder der Geschlechtszellen zugrunde gehen (*Pleodorina*, *Volvox*). Man kann daher schon von einer Differenzierung in Keimbahn und Soma (S. 245) sprechen.

Bei den meisten Phytomonadina konnte neben der ungeschlechtlichen Fortpflanzung durch Zwei- oder Vielteilung eine **geschlechtliche Fortpflanzung** nachgewiesen werden. Im einfachsten Falle (z. B. *Chlamydomonas*) werden die Zellen unter bestimmten Außenbedingungen (z. B. Mangel an stickstoffhaltigen Nährstoffen) zu kopulationsbereiten Geschlechtszellen. In der Regel sind die Gameten jedoch das Ergebnis eines besonderen Fortpflanzungsaktes, d. h. es entstehen zunächst Gametenbildungszellen oder Gamonten, welche die Gameten erzeugen.

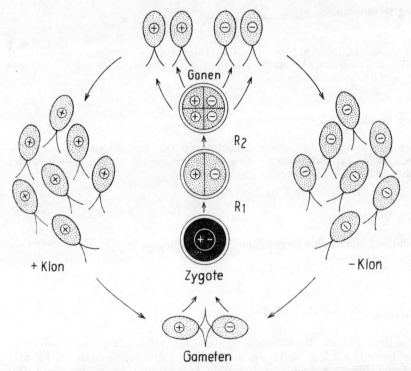

Abb. 46. *Chlamydomonas*. Schema von Fortpflanzung und Kernphasenwechsel einer Art mit Isogametie und Diözie. Die Geschlechtsbestimmung erfolgt bei der Meiose (R_1, R_2), so daß zwei Gonen dem $+$-Geschlecht, zwei Gonen dem $-$-Geschlecht angehören.

Die Gameten können in Form und Größe gleich sein (Isogametie: *Chlamydomonas eugametos*, *Dunaliella salina*, *Chlorogonium elongatum*, *Gonium pectorale*, *Pandorina morum*) oder verschieden sein (Anisogametie: *Chlamydomonas braunii*). Sind die „weiblichen" Gameten wie Eizellen groß und unbeweglich, die „männlichen" Gameten wie Samenzellen klein und beweglich, so handelt es sich um einen Sonderfall der Anisogametie, der als Oogametie bezeichnet wird (*Chlamydomonas pseudogigantea*, *Eudorina*-, *Pleodorina*-, *Volvox*-Arten). Außerdem können sich die Arten und Varietäten dadurch unterscheiden, daß im einen Falle innerhalb des gleichen Klons (Gemischtgeschlechtlichkeit, Monözie), im anderen Falle nur von sexuell verschieden determinierten Klonen (Getrenntgeschlechtlichkeit, Diözie) verschiedengeschlechtliche Gameten gebildet werden können.

Cytologische und genetische Untersuchungen ergaben, daß die Phytomonadina Haplonten mit zygotischer Meiose (S. 170) sind. Abb. 46 zeigt den Kernphasenwechsel einer *Chlamydomonas*-Art mit Isogametie und Diözie. Da eine Homologisierung mit „weiblich" und „männlich" nicht möglich ist, spricht man von einem +- und einem −-Geschlecht. Die Zellen des +- und −-Klons lassen sich getrennt auf Nähragar züchten. Bringt man die begeißelten Isogameten beider Klone zusammen, so findet zunächst eine sogenannte Agglutinations-Reaktion statt, d. h. die Gameten bilden Gruppen, wobei sie sich mit ihren Geißelspitzen berühren. Die Gruppenbildung beruht auf der Wechselwirkung geschlechtsspezifische Substanzen (Gamone), die in den Geißelhüllen lokalisiert sind. Nach einiger Zeit lösen sich aus den Gruppen die einzelnen Kopulationspärchen heraus, und es kommt zur endgültigen Verschmelzung der Gameten.

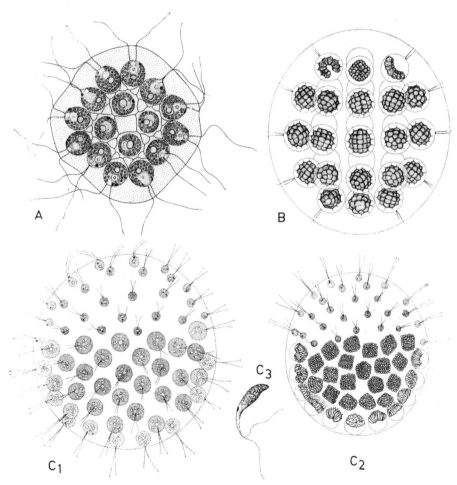

Abb. 47. Phytomonadina. Koloniale Arten. **A.** *Gonium pectorale*. 480 ×. — Nach HARTMANN. **B.** *Eudorina elegans*. Ungeschlechtliche Fortpflanzung. — Nach HARTMANN. **C.** *Pleodorina californica*. 175 ×. Geschlechtliche Fortpflanzung. **C₁**. Weibliche Kolonie (generative Zellen → Macrogameten). **C₂**. Männliche Kolonie (generative Zellen → Microgametenbündel). **C₃**. Microgamet, stärker vergrößert. — Nach CHATTON.

Die Zygote ist ein Ruhestadium. Bei ihrer Keimung findet die Meiose statt, die in zwei Teilungsschritten besteht und zur Entstehung von vier Gonen („Meiosporen") führt. Bei den diözischen *Chlamydomonas*-Arten ist die Geschlechtsbestimmung genetisch: Die Verwirklichung des +- und —-Geschlechts beruht auf einem Paar von Geschlechtsallelen, die bei der Karyogamie zusammenkommen und bei der Meiose wieder getrennt werden, so daß zwei Gonen dem +-, zwei dem —-Geschlecht angehören.

Arten der Gattung *Chlamydomonas* (*C. eugametos, C. reinhardii*) haben sich als geeignete genetische Objekte erwiesen. Dabei konnte nicht nur der Erbgang von Kerngenen untersucht werden, sondern auch der von Genen, welche außerhalb des Zellkerns, und zwar in der DNS des Plastiden, lokalisiert sind. Damit wurde eine neue Richtung der Vererbungsforschung, die Plastiden-Genetik, eingeleitet.

Die Phytomonadina kommen fast ausschließlich im Süßwasser vor.

Dunaliella salina, ohne Cellulose-Hülle; in Salinen. — *Chlamydomonas reinhardii*, mit Cellulose-Hülle; Süßwasser. — *Haematococcus pluvialis*, mit gallertiger Zellhülle, die von feinen Plasmasträngen durchzogen wird; nimmt bei Mangel an stickstoff- und phosphorhaltigen Verbindungen eine auf Haematochrom-Bildung beruhende rote Farbe an; Süßwasser. — *Gonium pectorale* (Abb. 47 A), scheibenförmige Kolonie aus 16 durch Gallerte verbundenen Zellen; Süßwasser. — *Pandorina morum*, kugelige Kolonie aus 8 oder 16 eng aneinanderstoßenden Zellen; Süßwasser. — *Eudorina elegans* (Abb. 47 B), eiförmige Kolonie aus 16 oder 32 Zellen, die in einer gemeinsamen Gallerte liegen und durch Zwischenräume getrennt sind; bei der ungeschlechtlichen Fortpflanzung bilden alle Zellen Tochterkolonien; Süßwasser. — *Pleodorina californica* (Abb. 47 C), eiförmige Kolonie aus 64 oder 128 Zellen; in der vorderen Hälfte der Kolonie befinden sich die kleineren, somatischen Zellen (mit Stigma), in der hinteren Hälfte die größeren, generativen Zellen (ohne Stigma), aus denen bei der ungeschlechtlichen Fortpflanzung die Tochterkolonien, bei der geschlechtlichen die Macrogameten (C_1) oder Microgametenbündel (C_2) hervorgehen; Süßwasser. — *Volvox aureus*; die Kolonie besteht aus mehreren hundert Zellen, die an der Peripherie der Gallertkugel liegen und durch feine Plasmastränge verbunden sind; nur in der hinteren Hälfte der Kolonie sind einzelne generative Zellen verstreut, die durch ihre Größe auffallen; Süßwasser.

9. Ordnung Prasinomonadina (syn. Prasinophyceae)

In dieser Ordnung werden neuerdings einige Gattungen zusammengefaßt, die früher zu den Phytomonadina gerechnet wurden. Sie unterscheiden sich von ihnen aber im wesentlichen nur dadurch, daß Zellhülle und Geißeln mit feinen, elektronenmikroskopisch nachweisbaren Schüppchen bedeckt sind.

Pyramimonas amylifera, mit vier Geißeln; im Meer. — *Halosphaera viridis*, kugelige Cyste im Meeresplankton; bildet *Pyramimonas*-ähnliche Schwärmer aus.

Die folgenden Ordnungen enthalten ausschließlich **heterotrophe** Flagellaten und werden daher vielfach in der Unterklasse **Zooflagellata** (Zoomastigophora) zusammengefaßt.

10. Ordnung Protomonadina

Die Protomonadina sind einkernig und besitzen nur eine oder zwei, selten drei oder vier Geißeln.

Zu dieser Ordnung wird eine große Anzahl kleiner Flagellaten gestellt, deren systematische Beziehungen größtenteils noch wenig geklärt sind. Manche sind wahrscheinlich durch Plastidenverlust aus phototrophen Flagellaten hervorgegangen. Für die bisher zu den Protomonadina gestellten **Bicoecida**, kleine, in einem Gehäuse sitzende Süßwasserbewohner, konnte neuerdings nachgewiesen werden, daß sie in ihrer Ultrastruktur weitgehend mit den Chrysomonadina übereinstimmen.

Es seien daher nur zwei Unterordnungen aufgeführt, die aus theoretischen oder praktischen Gründen von besonderem Interesse sind.

1. Unterordnung Craspedomonadida (syn. Choanoflagellata)

Die Craspedomonadida oder Choanoflagellata besitzen nur eine Geißel. Diese wird — etwa bis zur Hälfte ihrer Länge — von einem **Kragen** (Collare) umschlossen, der aus zahlreichen, oft nur elektronenmikroskopisch unterscheidbaren, fadenförmigen Fortsätzen (Filamenten) besteht. Manche Arten scheiden ein gestieltes oder ungestieltes Gehäuse ab. Außerdem kommt es häufig zur Ausbildung von Zellkolonien.

Wahrscheinlich stammen die Choanoflagellata, die im Meer und im Süßwasser vorkommen, von Chrysomonadina ab, da unter den letzteren auch eine Art, *Stylochromonas minuta*, mit einem Kragen gefunden wurde.

Salpingoeca amphoroideum (Abb. 48 A), mit Amphora-artigem Gehäuse; Süßwasser.

2. Unterordnung Kinetoplastida

Die in dieser Unterordnung zusammengefaßten — freilebenden und parasitischen — Flagellaten sind durch den Besitz eines in der Nähe der Geißelbasis liegenden sogenannten **Kinetoplasten** charakterisiert. Dabei handelt es sich um ein spezialisiertes Mitochondrium von auffallender Größe und hohem DNS-Gehalt (Abb. 38 B).

Die überwiegend freilebenden **Bodonidae** haben zwei Geißeln, von denen die eine meistens nach vorn, die andere nach hinten gerichtet — und manchmal mit dem Zellkörper verklebt — ist. Hauptsächlich in faulenden Flüssigkeiten; Bakterienfresser.

Bodo saltans (Abb. 48 B), Sumpfwasser. — *Ichthyobodo necator* (syn. *Costia necatrix*) (Abb. 48 C), kommt in einer freischwimmenden und in einer festsitzenden Form vor; letztere ectoparasitisch an Süßwasserfischen.

Die großenteils parasitisch lebenden **Trypanosomidae** besitzen nur eine Geißel, welche entweder frei hervortritt oder eine undulierende Membran bildet (Abb. 38 B). Während die meisten in Körperflüssigkeiten vorkommen, sind einige zu Zellparasiten geworden. In vielen Fällen findet ein **Wirtswechsel** statt, der mit einem **Polymorphismus** verbunden ist: Die gleiche Art kann in verschiedenen Modifikationsformen auftreten, die entweder nach den Gattungen, die ihnen morphologisch entsprechen, oder anders benannt werden: *Leishmania*-Form (amastigote F.), *Leptomonas*-Form (promastigote F.), *Crithidia*-Form (epimastigote F.) und *Trypanosoma*-Form (trypomastigote F.).

Mehrere Trypanosomiden sind für den Menschen wichtig, sei es, daß sie ihn selbst befallen und gefährliche Krankheiten hervorrufen, sei es, daß sie Viehseuchen verursachen.

Die *Leishmania*-Arten werden durch die sogenannten Sandmücken (im Mittelmeergebiet: *Phlebotomus pappatasii*), in denen sie in der *Leptomonas*-Form vorkommen, auf den Menschen übertragen. Hier vermehren sie sich in der geißellosen *Leishmania*-Form, und zwar in weißen Blutkörperchen (Macrophagen) und anderen Zellen des reticuloendothelialen Systems (Abb. 48 D).

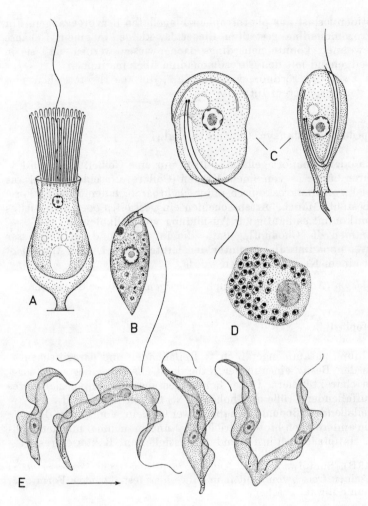

Abb. 48. Protomonadina. **A.** *Salpigoeca amphoroideum*. — Nach BURCK, verändert. **B.** *Bodo saltans*. 2000 ×. — Nach ALEXEIEFF. **C.** *Ichthyobodo necator* (syn. *Costia necatrix*). Links freischwimmende, rechts festsitzende Form. — Nach JOYON & LOM. **D.** Milzzelle, mit *Leishmania donovani* infiziert. **E.** Teilungsstadien von *Trypanosoma brucei*. 1160 ×. Der Pfeil gibt die Reihenfolge der Stadien an. — Nach MACKINNON & HAWES 1961.

Leishmania donovani, Erreger der Eingeweide-Leishmaniase des Menschen (Kala Azar); Verbreitung s. S. 178. — *Leishmania tropica*, Erreger der Haut-Leishmaniase des Menschen (Orientbeule); Verbreitung s. S. 178. — *Leishmania brasiliensis*, Erreger der Schleimhaut-Leishmaniase; Verbreitung s. S. 178.

Die *Trypanosoma*-Arten besitzen in der *Trypanosoma*-Form eine lange undulierende Membran und kommen extrazellulär in Körperflüssigkeiten vor. Die meisten Arten werden durch blutsaugende Fliegen, in denen sie die *Crithidia*- oder *Leptomonas*-Form ausbilden, auf den Menschen oder seine Nutztiere übertragen.

Trypanosoma gambiense und *T. rhodesiense*, Erreger der Schlafkrankheit des Menschen; Verbreitung s. S. 178. Die Parasiten vermehren sich in der Blutflüssigkeit und dringen schließlich in die Cerebrospinalflüssigkeit ein. Die Übertragung auf den Menschen erfolgt durch die sogenannten Tsetse-Fliegen (*Glossina*-Arten).

Trypanosoma brucei, Erreger der Nagana-Seuche (Abb. 48 E) des Viehs (Pferde, Rinder);
Afrika. — *Trypanosoma evansi,* Erreger der Surra (Pferde, Kamele); Nordafrika, Süd-
asien. — *Trypanosoma equinum,* Erreger der Kreuzlähme oder des Mal de Caderas (Pferde);
Mittel- und Südamerika. — *Trypanosoma equiperdum,* Erreger der Beschälseuche oder
Dourine (Pferde); wird nicht durch blutsaugende Fliegen, sondern beim Geschlechtsakt
übertragen. — *Trypanosoma* (syn. *Schizotrypanum*) *cruzi,* Erreger der Chagasschen Krank-
heit des Menschen; Verbreitung s. S. 178. Im Menschen tritt die geißellose *Leishmania-*
Form auf. Sie vermehrt sich in Gewebezellen, vor allem in Muskelzellen des Herzens. Die
Übertragung erfolgt durch Raubwanzen (*Triatoma, Rhodnius*), die den Menschen bei
Nacht befallen und über die Stichwunde mit ihrem Kot infizieren.

11. Ordnung Diplomonadina (syn. Distomatida)

Die Diplomonadina sind bilateralsymmetrische **„Doppelindividuen"**: Sie besitzen zwei
Zellkerne und zwei spiegelbildlich angeordnete Geißelgruppen, von denen jede meist aus
vier Geißeln besteht. Die Geißeln bilden häufig die Fortsetzung intracellulärer Fibrillen.

Lamblia (syn. *Giardia*) *intestinalis* (Abb. 49 A), Zellkörper dorsoventral, auf der Ventralseite Sauggrube; häufiger Darmbewohner des Menschen. Übertragung durch Cysten.

12. Ordnung Polymastigina

Die Polymastigina haben in der Regel vier oder mehr Geißeln und charakteristische
Organelle (Axostyle, Parabasalkörper), die an den Basalkörpern von Geißeln entspringen. Die meisten Arten leben als Kommensalen oder Symbionten im Darmkanal
von Schaben oder Termiten. Einige kommen bei Wirbeltieren vor.

Da die holzfressenden Schaben und Termiten keine cellulosespaltenden Enzyme (Cellu-
lase, Cellobiase) bilden können, sind sie auf die Existenz ihrer Flagellaten angewiesen,
welche diese Enzyme synthetisieren. Mikroskopische Beobachtungen zeigen, daß sie kleine
Holzstückchen — meist am Hinterende — phagocytieren und intrazellulär verdauen.
Experimentell wurde nachgewiesen, daß die Flagellaten Nährstoffe (z. B. Dextrose) in das
Darmlumen abscheiden. Werden die Flagellaten künstlich entfernt (z. B. durch Temperatur-
erhöhung), so gehen die Wirtstiere nach kurzer Zeit zugrunde. Unter natürlichen Verhältnissen verlieren die Termiten ihre Flagellaten, deren Gewicht einen erheblichen Teil
des Körpergewichts ausmachen kann (bei *Zootermopsis* 1/6 bis 1/3), bei jeder Häutung.
Sie infizieren sich neu, indem sie den Kot ihrer Stockgenossen fressen. Aus den Eiern ge-
schlüpfte Junglarven nehmen die Flagellaten auf, indem sie an der Afterregion älterer
Larven oder Imagines lecken.

Bei Polymastigina, die in der nordamerikanischen Schabe *Cryptocercus punctulatus*
und in einigen Termiten vorkommen, wurde eine geschlechtliche Fortpflanzung nachgewiesen (S. 195).
Die im folgenden aufgeführten Unterordnungen werden vielfach als selbständige
Ordnungen betrachtet.

1. Unterordnung Pyrsonymphida

Die Pyrsonymphida unterscheiden sich von den übrigen Polymastigina dadurch, daß
Parabasalkörper fehlen und die Spindel bei der Kernteilung intranucleär ausgebildet
wird. Axostyle sind dagegen vorhanden und können undulierende Bewegungen ausführen.

Pyrsonympha vertens, in Termiten der Gattung *Reticulotermes.* — Arten der Gattungen
Oxymonas, Saccinobaculus und *Notila* kommen in der holzfressenden Schabe *Cryptocercus
punctulatus* vor.

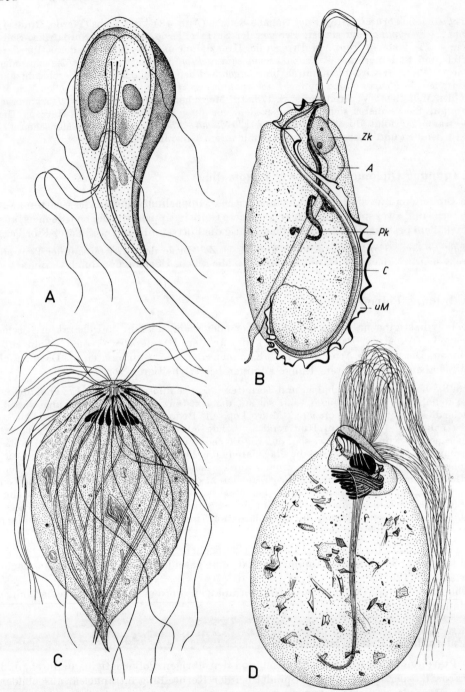

Abb. 49. Diplomonadina und Polymastigina. **A.** *Lamblia* (syn. *Giardia*) *intestinalis.* 3 200 ×. — Nach RODENWALDT. **B.** *Trichomonas termopsidis.* — **A** Achsenstab (Axostyl), **C** Costa, **Pk** Parabasalkörper, **uM** undulierende Membran, **Zk** Zellkern. — Nach HOLLANDE & VALENTIN. **C.** *Coronympha clevelandi.* 2 000 ×. Zellkerne schwarz. — Nach KIRBY. **D.** *Joenia duboscqui.* — Nach HOLLANDE & VALENTIN.

Die anschließenden Unterordnungen bzw. Ordnungen (s. o.) stehen in einem engeren verwandtschaftlichen Zusammenhang. Abgesehen davon, daß sie neben Axostylen auch Parabasalkörper besitzen, bilden sie bei der Kernteilung stets eine extranucleäre Spindel aus, an deren Polen keine typischen Centriole (S. 169), sondern andere Strukturen (sogenannte Atractophoren) lokalisiert sind. Man könnte sie daher in einer Ordnung oder Unterklasse (**Trichomonadinia**) zusammenfassen.

2. Unterordnung Trichomonadida

Die Trichomonadida besitzen nur einen Zellkern und vier bis sechs Geißeln, von denen eine als „Schleppgeißel" nach hinten gerichtet ist.

Devescovina, „Schleppgeißel" frei und bandförmig; zahlreiche Arten in Termiten. — *Trichomonas*, „Schleppgeißel" zu einer undulierenden Membran umgebildet. — *Trichomonas termopsidis* (Abb. 49 B), im Darm der Termite *Termopsis angusticollis*. — *Trichomonas tenax* in der Mundhöhle, *T. vaginalis* in der Vagina, *T. hominis* (und andere Arten) im Darm des Menschen.

3. Unterordnung Calonymphida

Die Calonymphida haben zahlreiche Kerne, von denen jeder mit einem Komplex von Geißeln, Parabasalkörpern und Axostylen in Verbindung stehen kann. Bei manchen Arten treten solche Komplexe vermehrt auf, ohne eine Lagebeziehung zu den Kernen zu zeigen. Ihre Zahl kann dann sogar größer als die der Kerne sein.

Die Calonymphida schließen sich eng an die Trichomonadida an. Sie leben ausschließlich im Darm von Termiten.

Coronympha clevelandi (Abb. 49 C); die Kerne, welche mit Geißelapparaten verbunden sind, bilden einen Kranz am Vorderende der Zelle; in *Calotermes*-Arten.

4. Unterordnung Hypermastigida

Die Hypermastigida besitzen — wie die Calonymphida — zahlreiche Geißeln, aber nur einen Kern, der meistens am Vorderende der Zelle liegt und von einem besonderen „Kernsäckchen" umschlossen sein kann.

Neben einfacher organisierten Formen, die an Trichomonadida erinnern (*Joenia*, *Lophomonas*), kommen bei den Hypermastigida Formen vor, welche durch die Abgliederung eines besonderen „Rostrums" vom übrigen Zellkörper, durch die Ausbildung oberflächlicher oder versenkter „Geißelbänder", von denen die Geißeln einzeln oder in Büscheln entspringen, sowie durch die Vermehrung der Axostyle und Parabasalkörper die höchste Differenzierungsstufe unter den Flagellata erreichen.

Während die Zellteilung bei den meisten Arten longitudinal verläuft, kann sie durch die Ausbildung von Geißelbändern zu einer transversalen Durchschnürung abgewandelt sein (*Spirotrichonympha*, *Holomastigotoides*), wobei die hintere Tochterzelle zunächst viel kleiner als die vordere sein kann.

Bei der Schabe *Cryptocercus punctulatus*, die ihre Symbionten während der Häutung behält, konnte nachgewiesen werden, daß die Flagellaten unter der Einwirkung des Häutungshormons einen Sexualzyklus ausführen. Die Ausschüttung des Häutungshormons (Ecdyson) beginnt schon lange vor dem eigentlichen, in der Abstreifung der alten Larvenhaut bestehenden Häutungsakt (Ecdysis). Bis zu diesem Zeitpunkt steigt die Konzentration des Häutungshormons allmählich an. Die Flagellaten beginnen mit ihrem Sexualzyklus zu verschiedenen Zeiten. Offenbar ist ihre Reaktion auf die Hormonkonzentration artspezifisch festgelegt.

Die Geschlechtsvorgänge zeigen eine erstaunliche Variabilität. Neben Haplonten mit zygotischer Meiose kommen Diplonten mit gametischer Meiose vor. Während in den meisten Fällen freischwimmende Gameten gebildet werden, führt die geschlechtliche Fortpflanzung bei einigen Arten zur Autogamie.

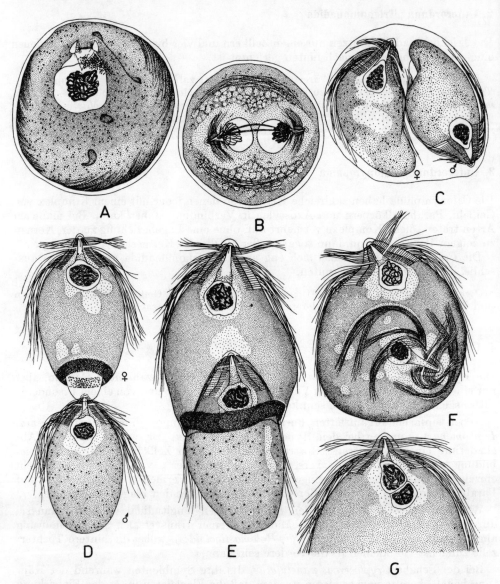

Abb. 50. *Trichonympha*. Geschlechtliche Fortpflanzung. **A.** Encystierter Gamont (Prophase). **B.** Kernteilung (Telophase). **C.** Cyste mit weiblichem und männlichem Gamet. **D.** Kopulation. **E.** Eindringen des männlichen Gameten. **F.** Verschmelzung beider Gameten. **G.** Vorderende einer Zygote (Karyogamie). — Nach Cleveland 1949.

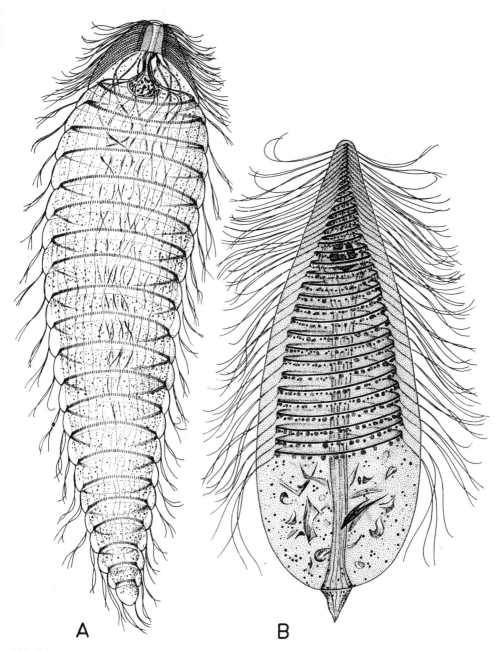

Abb. 51. Hypermastigida. **A.** *Teratonympha mirabilis.* 680 ×. **B.** *Spirotrichonympha bispira.* 940 ×. — Nach CLEVELAND.

Von den verschiedenen Möglichkeiten sei nur ein Beispiel beschrieben (Abb. 50). Bei *Trichonympha* beginnt die geschlechtliche Fortpflanzung mit der Encystierung einer Zelle, die man, da aus ihr die Gameten hervorgehen, als Gamont bezeichnen kann (A). Innerhalb der Cyste teilt sich zunächst der Zellkern (B). Anschließend findet die Zellteilung statt, die zur Entstehung eines weiblichen und eines männlichen Gameten führt (C). Nach dem Ausschlüpfen der Gameten wird ihre verschiedengeschlechtliche Differenzierung deutlicher. Der weibliche Gamet bildet am Hinterende einen Ring von Granula aus, innerhalb dessen ein hyaliner Zellbereich als „Befruchtungshügel" ausgestülpt werden kann. Bei der Kopulation heftet sich der männliche Gamet mit seinem Rostrum an dem Befruchtungshügel des weiblichen Gameten fest (D). Unter Erweiterung des Ringes gleitet der männliche Gamet völlig in den weiblichen Gameten hinein (E). Anschließend löst sich der Kern des männlichen Gameten von den Organellen des Rostrums, mit denen er normalerweise verbunden ist, los (F) und wandert zu dem Kern des weiblichen Gameten, der mit seinen Organellen verbunden bleibt (G). Nach der Karyogamie findet die Meiose statt, die in zwei mit Zellteilungen verbundenen Kernteilungen besteht.

Joenia duboscqui (Abb. 49D). — *Lophomonas blattarum.* — *Teratonympha mirabilis* (Abb. 51A). — *Spriotrichonympha bispira* (Abb. 51B). — *Trichonympha acuta.*

13. Ordnung Opalinina

Die Opalinina wurden lange zu den Ciliata gerechnet, weil sie ein den ganzen Körper bedeckendes „**Wimperkleid**" tragen, das aus Längsreihen von Cilien besteht, zwischen denen die Pellicula in Längsfalten gelegt ist. Sie unterscheiden sich aber von den Ciliata durch das Fehlen des Kerndualismus und die mehr an die Verhältnisse bei den Flagellata erinnernde Art der geschlechtlichen Fortpflanzung. Da sie nicht freilebend sind, sondern als Kommensalen im Darm von Amphibien vorkommen, ist es nicht sehr wahrscheinlich, daß sie die Vorfahren der eigentlichen Ciliata sind (vgl. die frühere Bezeichnung „Protociliata").

Die Opalinina besitzen **zwei** oder **mehrere**, untereinander gleiche **Zellkerne**. Die geschlechtliche Fortpflanzung, über deren Verlauf noch manche Unklarheiten herrschen, beginnt bei *Opalina ranarum* damit, daß die sich ungeschlechtlich durch Zweiteilung fortpflanzenden vielkernigen Agamonten einige Teilungen durchführen, die nicht von Wachstumsphasen unterbrochen werden (Abb. 52). Auf diese Weise entstehen Gamonten, die nur wenige Kerne enthalten und sich encystieren. Die Gamontencysten gehen mit dem Kot des Frosches ab und werden von Kaulquappen aufgenommen, in deren Darm nach einer Periode von Zweiteilungen ungleich große Gameten (Anisogameten) entstehen. Anscheinend geht der Gametenbildung die Meiose voraus. Durch Kopulation der Gameten entstehen die Zygoten, die von einer Cystenhülle umgeben sind und mit den Faeces der Kaulquappe nach außen gelangen.

Für die Auffassung, daß die Opalinina Diplonten mit gametischer Meiose sind, sprechen auch cytologische Untersuchungen an Arten der Gattung *Zelleriella*: Die Chromosomen sind stets in zwei Ausfertigungen vorhanden, die in der Lage der Spindelansatzstellen und bei den sogenannten „Nucleolus-Chromosomen" auch in der Verteilung der Nucleolen-Bildungsbereiche übereinstimmen.

Die Opalinina nehmen ihre Nahrung durch die Zelloberfläche auf, wobei die am Grunde der Pelliculafalten stattfindende Pinocytose (S. 165) offenbar eine wichtige Rolle spielt.

Opalina ranarum, im Enddarm des Frosches.

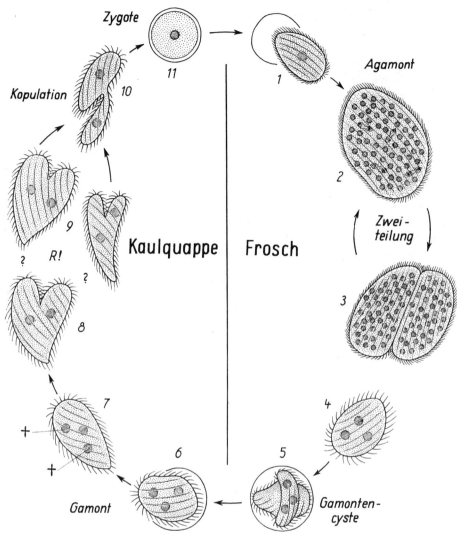

Abb. 52. *Opalina ranarum.* Entwicklungszyklus im Frosch (1—5) und in der Kaulquappe (6—11). Erklärung im Text. — Nach verschiedenen Autoren aus GRELL 1973.

2. Klasse Rhizopoda (syn. Sarcodina), Wurzelfüßer

Etwa 11 110 rezente Arten (Stand von 1971).

Die Rhizopoda oder Wurzelfüßer haben in der Regel keine beständigen Bewegungsorganelle, sondern bewegen sich mit Hilfe von **Pseudopodien** oder Scheinfüßchen fort. Dabei handelt es sich um Zellfortsätze, die vorübergehend ausgebildet und wieder eingeschmolzen werden können. Man kann verschiedene, allerdings nicht scharf gegeneinander abzugrenzende Typen unterscheiden: mehr abgerundete, lappenförmige Lobopodien, spitz zulaufende und aus hyalinem Cytoplasma bestehende Filopodien, sich verzweigende und oft netzartig ausgebildete Rhizo- oder Reticulopodien, sowie mehr oder weniger starre und mit einer festeren Achse ausgestattete Axopodien. Diese Typen können z. T. auch zur systematischen Charakterisierung verwendet werden.

Alle Rhizopoda sind **heterotroph** und **phagotroph**. In der Regel dienen die Pseudopodien neben der Fortbewegung auch dem Fang der Beutetiere.

1. Ordnung Amoebina

Zum Unterschied von den beiden folgenden Ordnungen sind die Amöben oder Wechseltierchen „nackt", d. h. ihr Zellkörper wird nicht von einer Schale umschlossen und kann daher mannigfache Gestaltveränderungen erfahren (Abb. 53). Viele Amöben zeigen aber eine Polarität, indem ein bestimmter Zellbereich das Vorderende, ein anderer das Hinterende bei der Fortbewegung bildet. In einigen Fällen ist das Hinterende besonders differenziert, z. B. mit haarartigen Fortsätzen versehen (*Trichamoeba*), und wird dann als „Uroid" bezeichnet.

Die Pseudopodien stellen meistens Lobopodien, seltener Filopodien dar. Der Zellkörper mancher Arten bewegt sich als Ganzes kriechend oder rollend vorwärts, ohne daß es zur Ausbildung besonderer Pseudopodien kommt.

Deutlicher als bei anderen Protozoen kann man bei vielen Amöben ein hyalines Ectoplasma und ein granuläres Endoplasma unterscheiden. Allerdings gibt es auch einige Arten, bei denen das hyaline Plasma die vordere, das granuläre die hintere Zellhälfte bildet oder ein Konsistenzunterschied überhaupt nicht erkennbar ist.

Die meisten Amöben besitzen nur einen Zellkern, der häufig einen zentralen Nucleolus, seltener mehrere periphere Nucleolen enthält. Einige Arten sind mehrkernig oder bilden mehrkernige Entwicklungsstadien (Plasmodien) aus. Die Fortpflanzung erfolgt durch Zwei- oder Vielteilung. Geschlechtsvorgänge sind nicht sicher nachgewiesen.

Amöben, die im Süßwasser oder in feuchter Erde leben, besitzen vielfach die Fähigkeit, sich bei ungünstigen Lebensbedingungen zu encystieren. Ihre **Cysten** sind Dauerstadien, die Trockenperioden überstehen können. An Arten, die vor der Encystierung Ansammlungen (Aggregate) bilden, schließen sich die sogenannten **kollektiven Amöben** (Acrasina) an, die früher als „zelluläre Schleimpilze" bezeichnet wurden. Durch Aggregation der Zellen bilden sie sogenannte **Sporenträger** (Sporophore) aus, die sich senkrecht in den Luftraum erheben und auf diese Weise eine Weiterverbreitung der Sporen (= Cysten) ermöglichen.

Ein bekanntes Beispiel ist *Dictyostelium discoideum* (Abb. 54), eine Art, die sich leicht in Petrischalen züchten läßt und daher ein geeignetes Versuchsobjekt ist. Überträgt man die Sporen auf einen Bakterienrasen, so schlüpfen die Amöben aus (Sporenkeimung) und vermehren sich durch fortgesetzte Zweiteilung (Vermehrungsphase). Tritt Nahrungsmangel ein, so aggregieren die Amöben und kriechen gleichzeitig gerichtet in zahlreichen Zugstraßen auf ein bestimmtes Zentrum hin (Aggregation). Ohne zu verschmelzen, bilden sie ein kegelförmiges „Pseudoplasmodium" aus, das zunächst in die Höhe strebt (Conusbildung), sich aber nach einiger Zeit auf die Seite legt und wie eine Nacktschnecke umherkriecht (Migrationsphase). Sobald das „Pseudoplasmodium" zur Ruhe gekommen ist, erhebt es sich wieder in die Höhe (Culmination) und bildet sich in den Sporenträger um. Schon vorher haben sich die Amöben in zwei verschiedene Zelltypen differenziert: ein Teil der Amöben bildet den Stiel, ein anderer Teil sammelt sich an der Spitze des Stiels an und wird zu den Sporen. Während die Stielzellen später zugrunde gehen (somatische Zellen), dienen die Sporenzellen der Weiterverbreitung der Art (generative Zellen).

Die meisten Amöben leben im Süßwasser und Meer, wo sie sich von Bakterien, anderen Protozoen und Algen ernähren. Zahlreiche Arten kommen als Kommensalen im Darm von Wirbellosen und Wirbeltieren vor; einige sind pathogen.

Amoeba proteus (syn. *Chaos diffluens*) (Abb. 53 A), eine der häufigsten Amöben des Süßwassers; meistens mit zahlreichen Lobopodien, in denen Ecto- und Endoplasma deutlich zu unterscheiden sind. — *Thecamoeba verrucosa* (Abb. 53 B), mit zäher, runzliger Außenschicht und deutlicher Polarität; Süßwasser. — *Pelomyxa palustris* (Abb. 53 C), vielkernig, keine Differenzierung in Ecto- und Endoplasma; in Faulschlamm. — *Paramoeba eilhardi* (Abb. 53 D); am Zellkern der Amöbe sind ein oder mehrere „Nebenkörper" (wahrscheinlich Symbionten) befestigt; Meer.

Die sogenannten „Limax-Amöben" der Gattungen *Acanthamoeba*, *Hartmannella* und *Naegleria* kommen normalerweise in Kahmhäuten vor, wo sie sich von Bakterien ernähren. Neuere Untersuchungen ergaben, daß bestimmte Stämme für den Menschen gefährlich werden können. Badende können sich über den Nasenrachenraum mit ihnen infizieren und an Gehirnhautentzündung (Meningo-Encephalitis) erkranken.

Die **Darmamöben** des **Menschen** (s. S. 177) sind meistens harmlose Kommensalen (z.B. *Entamoeba coli*). Auch *Entamoeba histolytica* (Abb. 53 E), der Erreger der Amöbenruhr, ist in der sogenannten Minuta- oder Darmlumenform für den Menschen ungefährlich.

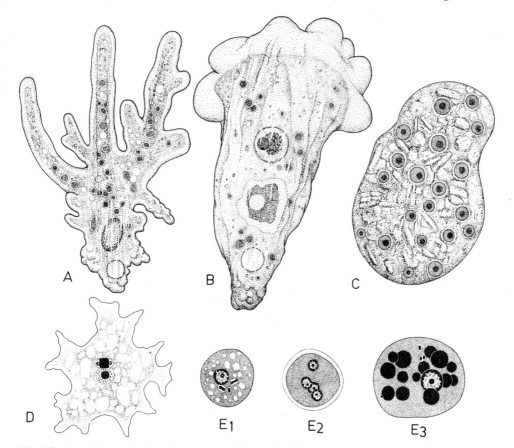

Abb. 53. Amoebina. **A.** *Amoeba proteus.* 170 ×. **B.** *Thecamoeba verrucosa.* 900 ×. **C.** *Pelomyxa palustris.* 80 ×. — Nach DOFLEIN. **D.** *Paramoeba eilhardi.* 830 ×. — Nach GRELL. **E.** *Entamoeba histolytica.* **E₁.** Minuta-Form. **E₂.** Vierkernige Cyste. **E₃.** Magna-Form (schwarz: gefressene Erythrocyten). — Nach REICHENOW.

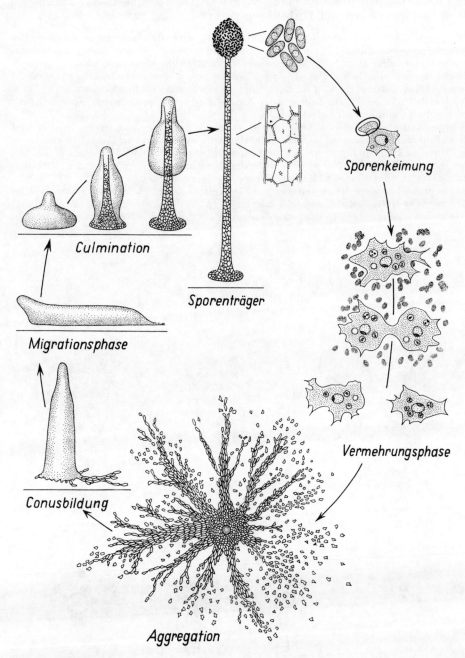

Sporenkeimung

Culmination

Sporenträger

Migrationsphase

Vermehrungsphase

Conusbildung

Aggregation

Abb. 54. *Dictyostelium discoideum.* Entwicklungszyklus. Im rechten Bildteil ist die Vergrößerung wesentlich stärker gewählt als links und in der Mitte. Erklärung im Text. — Nach GERISCH 1964.

In dieser Form kann sie vierkernige Cysten ausbilden, die mit den Faeces abgehen. Die Cysten können auf andere Menschen übertragen werden. Nur bei einer stoffwechsel-physiologischen Schwächung des Darmes, wie sie namentlich in warmen Ländern vorkommt, wandelt sich die Minuta-Form in die sogenannte Magna- oder Gewebsform um, welche rote Blutkörperchen frißt, durch die Darmwand in das umgebende Gewebe eindringt und die für die Amöbenruhr symptomatischen Geschwüre hervorruft.

2. Ordnung Testacea

Die Testacea oder beschalten Amöben besitzen eine ungekammerte **Schale**, die aus einem organischen Material besteht, das bei den meisten Arten mit anorganischen Komponenten wie Kieselsäureplättchen oder mit Fremdkörpern (Sandkörnchen, Diatomeenschalen) verbunden ist. Die Schale hat in der Regel nur eine Öffnung, aus der die Pseudopodien hervortreten. Die meisten Testacea zeigen daher eine deutliche Polarität.

Die Pseudopodien können Lobopodien oder Filopodien, seltener Reticulopodien sein. Im Cytoplasma ist häufig eine Zonierung erkennbar. An die Zone der Pseudo-podienbildung schließt sich die „nutritorische" Zone an, in der die Nahrung verdaut wird, während die der Schalenöffnung abgewandte Zone den oder die Zellkerne umschließt.

Die Fortpflanzung der Testacea besteht in einer Zweiteilung, die je nach der Beschaffenheit der Schale verschieden verlaufen kann. Ist diese besonders weich, so kann sie bei der Teilung mit durchgeschnürt werden. Bei Arten mit fester Schale wird vor der alten stets eine neue Schale gebildet. Über Geschlechtsvorgänge ist nichts Sicheres bekannt.

Die Testacea sind charakteristische Bewohner des Süßwassers, vor allem von Moortümpeln und Moosrasen.

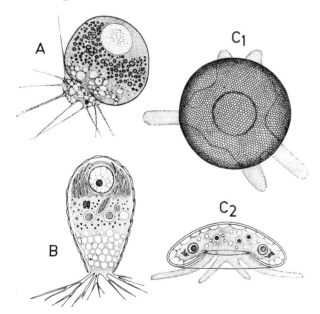

Abb. 55. Testacea. **A.** *Pamphagus hyalinus.* 550 ×. — Nach BELAR. **B.** *Euglypha alveolata.* 430 ×. — Nach SCHEWIAKOFF. **C.** *Arcella vulgaris.* 200 ×. **C₁.** Von oben. — Nach VERWORN. **C₂.** Optischer Schnitt und Seitenansicht. — Nach KÜHN.

Pamphagus hyalinus (Abb. 55 A), mit hyaliner, rein organischer Schale; Filopodien. — *Euglypha alveolata* (Abb. 55 B), Schale aus schindelförmig sich überdeckenden Kieselplättchen, die im Cytoplasma vorgebildet werden. — *Arcella vulgaris* (Abb. 55 C), Schale uhrglasförmig, zwei Kerne, Lobopodien. — *Difflugia pyriformis*, Schale flaschenförmig, durch Sandkörnchen verfestigt, Lobopodien.

3. Ordnung Foraminifera

Die Foraminifera oder Porentierchen stimmen mit den Testacea im Besitz einer **Schale** überein. Auch bei den Foraminifera gibt es **monothalame** (einkammerige) Formen, bei denen die Schale ein einheitliches Gehäuse ist, aus dem die Pseudopodien an einer bestimmten Öffnung hervortreten. Solche Formen lassen sich, wenn nicht die Fortpflanzungsweise für ihre Zugehörigkeit zu den Foraminifera spricht, nicht von Testacea unterscheiden. Die Mehrzahl der Foraminifera ist allerdings **polythalam** (vielkammerig), d. h. ihre Schale besteht aus einer mehr oder weniger großen Anzahl von Kammern, die während des Wachstums nacheinander gebildet werden. Alle Kammern stehen durch Öffnungen miteinander in Verbindung.

Auf der verschiedenartigen Anordnung der Kammern, deren Größe mit dem Wachstum zunimmt, beruht die Formenmannigfaltigkeit der Schalen. Man kann zahlreiche Anordnungstypen unterscheiden, die aber hier nicht im einzelnen besprochen werden können (Abb. 56 A, B).

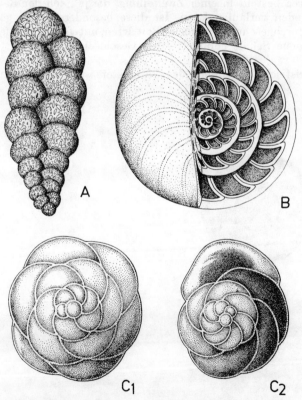

Abb. 56. Foraminifera. **A.** *Textularia agglutinans.* 145 ×. — Nach RHUMBLER. **B.** *Nummulites cumingii* (fossil). 65 ×. Die rechte Hälfte der Schale längs durchgeschnitten, um die Kammern zu zeigen. — Nach BRADY. **C.** *Glabratella sulcata.* 210 ×. C_1. Gamont von oben. C_2. Agamont von oben. — Nach GRELL.

Auch bei den Foraminifera bildet die Grundlage der Schale ein organisches Material, das durch Auf- oder Einlagerung von Kalk (Calcit), Kieselsäure oder Fremdkörpern (Sandkörnchen) verstärkt sein kann. Die Schalen erreichen oft eine Größe von mehreren Zentimetern. Als Bestandteile von Meeressedimenten spielen sie eine große Rolle. Der „Globigerinenschlamm" der Tiefsee setzt sich fast ausschließlich aus den Schalen pelagischer Foraminifera zusammen. Geologische Schichten, wie der Fusulinen- und Nummulitenkalk, bestehen aus den Schalen fossiler Arten. Als Leitformen zur Erkennung erdölhaltiger Lagerstätten können die Foraminifera auch eine praktische Bedeutung erlangen.

Die äußere Wand der Schale wird von zahlreichen Porenkanälen durchsetzt, die wahrscheinlich in erster Linie dem Gasaustausch dienen. In einigen Fällen wurden in ihnen siebartige Querwände gefunden. Für den Austritt der Pseudopodien sind auch bei den polythalamen Arten größere Öffnungen ausgebildet.

Der bei den Foraminifera vorherrschende Pseudopodientyp sind die Rhizo- oder Reticulopodien. Sie bilden häufig ein Netzwerk auf der Unterlage und zeigen eine in beiden Richtungen verlaufende sogenannte „Körnchenströmung". Die Plasmastränge setzen sich meistens aus vielen Einzelsträngen zusammen und können auch als Ganzes zurückgezogen oder wieder ausgestreckt werden. Neuerdings wurden in ihnen Bündel von Microtubuli nachgewiesen. Die Rhizopodien dienen sowohl der Fortbewegung als auch dem Nahrungserwerb. Detritusteilchen und Beuteorganismen (Bakterien, Protozoen, Algen, kleine Metazoen) bleiben an ihnen hängen und werden wie auf Fließbändern zur Zelle hin befordert. Außerdem spielen sie beim Kammerbau eine im einzelnen noch nicht genau geklärte Rolle.

Über die Fortpflanzung der Foraminifera ist erst sehr wenig bekannt. Anscheinend pflanzen sich manche Gruppen nur ungeschlechtlich durch Zwei- oder Vielteilung fort. Bei zahlreichen Arten, von denen ein Teil in Kultur genommen werden konnte, ließ sich jedoch nachweisen, daß ein **Generationswechsel** vorliegt, bei dem eine sich geschlechtlich fortpflanzende Generation (Gamont) mit einer sich ungeschlechtlich fortpflanzenden Generation (Agamont) alterniert. Dabei können die beiden Generationen morphologisch gleich (isomorph) oder verschieden (heteromorph) sein. Der Unterschied kann sich auf die Größe und den Bau der Schale erstrecken (Abb. 56 C_1, C_2).

Bei Arten, die freischwimmende Gameten erzeugen, haben die Gamonten eine große, die Agamonten eine kleine Anfangskammer (Proloculus). Sie wurden daher früher als „macrosphaerische" und „microsphaerische" Generation bezeichnet.

Über die Kernverhältnisse von Arten, deren Gamonten begeißelte Gameten in das Meerwasser abgeben, ist erst sehr wenig bekannt. Daher soll der Generationswechsel für zwei Arten beschrieben werden, deren Kernverhältnisse eingehend untersucht sind und deren Gamonten amoeboide Gameten hervorbringen.

Patellina corrugata (Abb. 57), eine kosmopolitisch verbreitete Art, ist gamontogam (S. 174). Die Gamonten (1), die meistens kleiner als die Agamonten sind, beginnen die geschlechtliche Fortpflanzung damit, daß sie sich paarweise oder zu mehreren zu einem Aggregat zusammenschließen (2). Obwohl sich die Gamonten äußerlich nicht voneinander unterscheiden, sind sie geschlechtlich differenziert. Man kann daher von + - und − -Gamonten sprechen. An einem Aggregat sind immer beide Geschlechter beteiligt, wenn auch in wechselnden Zahlenverhältnissen. Bei einem Dreieraggregat, wie es das Schema darstellt, sind immer zwei Gamonten vom gleichen Geschlecht. Da die Gamonten ein organisches Häutchen abscheiden, das sie untereinander und mit der Unterlage verbindet, ist der von ihnen überdachte Raum hermetisch gegen das umgebende Seewasser abgedichtet. In diesem Raum finden die weiteren Vorgänge statt. Nach einer Reihe von Kernteilungen schlüpfen die Plasmakörper (Protoplasten) der Gamonten aus ihren Schalen heraus und runden sich ab (3). Anschließend zerfällt jeder Plasmakörper in eine der Kernzahl ent-

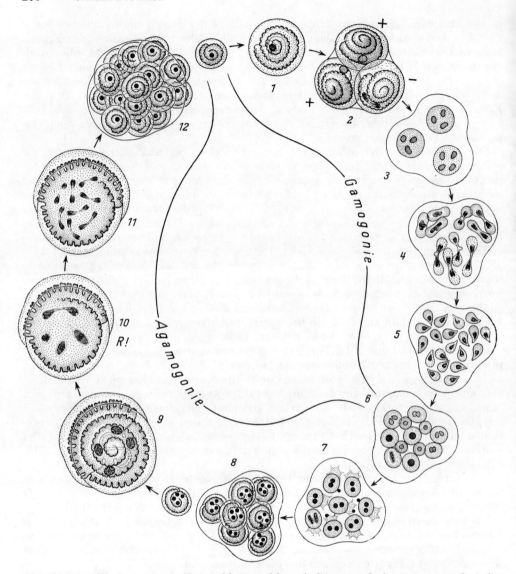

Abb. 57. *Patellina corrugata.* Entwicklungszyklus. **1** Gamont. **2** Aggregat aus drei Gamonten (zwei vom +-, einer vom —-Geschlecht). **3** Plasmakörper der Gamonten auf dem Boden des von den leeren Schalen überdachten Raumes. **4** Letzte Gamogoniemitose und Gametenbildung. **5** Gameten (zwölf vom +-, acht vom —-Geschlecht). **6** Acht Zygoten und vier Restgameten (vom +-Geschlecht). **7** Zweikernige Agamonten (nach der ersten Mitose). **8** Junge (vierkernige) Agamonten. **9** Erwachsener (vierkerniger) Agamont. **10** Meiose I. **11** Meiose II. **12** Ausbildung der Agameten. Die Gamonten und Gameten des +-Geschlechts sind etwas dichter punktiert dargestellt als die des —-Geschlechts. — Nach GRELL 1959.

sprechende Anzahl von Teilstücken, und jedes Teilstück teilt sich seinerseits in zwei Gameten (4, 5). Diese sind tropfenförmig und verschmelzen paarweise zu den Zygoten (6). Da immer nur ein + -Gamet mit einem — -Gamet kopuliert, kommt es häufig vor, daß Gameten übrigbleiben, die vom gleichen Geschlecht sind (im Schema vier + -Gameten).

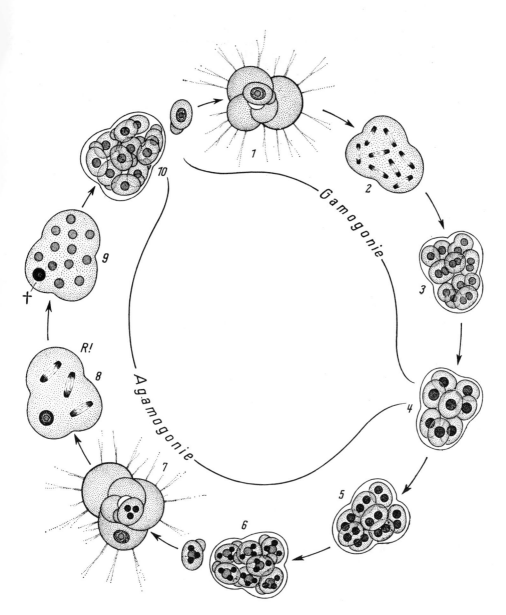

Abb. 58. *Rotaliella heterocaryotica.* Entwicklungszyklus. **1** Erwachsener Gamont. **2** Letzte Gamogoniemitose. **3** Autogame Kopulation der Gameten. **4** Zygoten. **5** Zweikernige Agamonten. **6** Vierkernige Agamonten. **7** Erwachsener Agamont. **8** Erste meiotische Teilung. **9** Ende der zweiten meiotischen Teilung. **10** Agameten (= junge Gamonten). — † Degenerierender Somakern. — Nach GRELL 1954.

Diese „Restgameten" werden später von den Zygoten phagocytiert. Die Zygoten führen nun zwei Kernteilungen durch, so daß vierkernige Agamonten gebildet werden (7, 8), die normalerweise eigene Schalen ausbilden und den von den leeren Schalen der Gamonten überdachten Raum verlassen. Sobald die Agamonten eine bestimmte Größe erreicht haben (9), findet die Meiose statt, an der sich bei *Patellina corrugata* alle Kerne beteiligen (10, 11). Aus einem vierkernigen Agamonten gehen daher 16 Gamonten hervor (12).

Rotaliella heterocaryotica (Abb. 58), eine kleine, nur aus wenigen Kammern bestehende Foraminifere, ist autogam. Sobald der Gamont herangewachsen ist (1), führt sein Kern eine Reihe von Teilungen durch, von denen die letzte synchron verläuft (2). Schließlich zerfällt sein Plasmakörper in eine der Kernzahl entsprechende Anzahl amoeboider Gameten, die paarweise innerhalb der Schale des Gamonten kopulieren (3). Restgameten bleiben dabei nicht übrig. Auch in diesem Falle finden nach der Befruchtung zwei (metagame) Kernteilungen statt (4—6), so daß die jungen Agamonten vierkernig sind. Ein wesentlicher Unterschied zu *Patellina corrugata* (Abb. 57) besteht aber darin, daß sich die Kerne verschieden differenzieren. Während drei kondensiert bleiben, schwillt der vierte an, lockert sich auf und bildet einen Nucleolus aus. Außerdem rückt er frühzeitig in eine jüngere Kammer (7). Versuche sprechen dafür, daß er der stoffwechselphysiologisch aktive Kern ist, ohne den die Zelle nicht wachsen kann. Da er aber nicht mehr teilungsfähig ist, sondern später aufgelöst wird (†), kann man ihn als somatischen Kern bezeichnen. Die drei übrigen Kerne führen die Meiose durch, geben also die genetische Information weiter und heißen generative Kerne (8, 9). Aus einem Agamonten gehen daher in diesem Falle nur 12 Gamonten hervor (10).

Ähnlich wie bei den Ciliata (S. 214) ist es bei *Rotaliella heterocaryotica* — und das gleiche gilt für einige verwandte Arten — zur Ausbildung eines **Kerndualismus** gekommen, allerdings nur bei der ungeschlechtlich sich fortpflanzenden Generation.

Wie schon früher hervorgehoben wurde, sind die Foraminifera die einzigen tierischen Organismen, bei welchen ein **heterophasischer Generationswechsel mit intermediärer Meiose** vorkommt (S. 174).

Die Foraminifera sind ausschließlich marin. Die meisten Arten leben im Sand oder Schlamm, auf Felsen oder Algen. Viele Arten gehören zur Lebensgemeinschaft des Korallenriffs und beherbergen Zooxanthellen im Cytoplasma. Die benthonischen Arten führen nur langsame Ortsveränderungen aus oder bleiben dauernd stationär. Die pelagischen Foraminiferen werden nur durch wenige Arten vertreten, die aber eine große Individuenzahl erreichen und zu zwei Familien der Rotaliida gehören.

Die Foraminifera bilden eine sehr heterogene Gruppe. Das System gründet sich bisher ausschließlich auf die Schalenmorphologie und läßt andere Merkmale wie die Fortpflanzungsweise und die Kernverhältnisse unberücksichtigt. Neuerdings werden meistens fünf Unterordnungen unterschieden: Allogromiida, Textulariida, Fusulinida, Miliolinida, Rotaliida.

Die beiden folgenden Ordnungen stimmen darin überein, daß die Grundform des Zellkörpers sphaerisch ist und die Pseudopodien nach allen Richtungen ausstrahlende Axopodien sind. Sie werden daher vielfach als **Actinopoda** (Strahlenfüßer) zusammengefaßt.

4. Ordnung Heliozoa

Die Heliozoa oder Sonnentierchen haben einen kugeligen Zellkörper, in dem einer oder mehrere Kerne liegen. Eine Zentralkapsel (S. 211) fehlt. Die Achsenfäden (Axonemen) ihrer Axopodien können frei im Cytoplasma, an der Oberfläche des Kerns oder an einem im Zentrum der Zelle liegenden sogenannten Zentralkorn

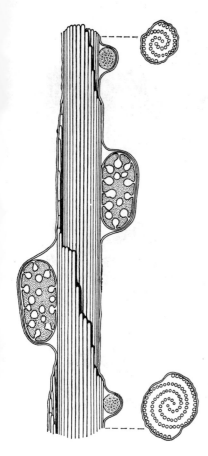

Abb. 59. *Actinosphaerium nucleofilum*. Rekonstruktion eines Axopodiums nach elektronenmikroskopischen Schnitten. Unter der Zellhülle zwei Mitochondrien und Granula. Die Querschnitte (rechts) veranschaulichen die Anordnung der Microtubuli. — Nach TILNEY & PORTER 1965.

(Centroplast) enden. Sie bestehen aus Microtubuli, die im Querschnittsbild eine artspezifische Anordnung zeigen (Abb. 59). An den Axopodien kann man eine „Körnchenströmung" beobachten, bei welcher das die Achsenfäden umschließende Cytoplasma Eiweißgranula, Mitochondrien und andere Partikel zentripetal oder zentrifugal transportiert.

Das Cytoplasma des Zellkörpers hat häufig eine schaumige Beschaffenheit. Es kann aus einer lockeren „Rindenschicht" (Ectoplasma) mit großen, z. T. pulsierenden Vakuolen und einer dichteren „Markschicht" (Endoplasma) bestehen, in der die Zellkerne liegen.

Die Heliozoa pflanzen sich durch Zweiteilung fort. Einige Arten bilden begeißelte Schwärmer aus. Eine geschlechtliche Fortpflanzung ist bisher nur von *Actinophrys sol* und *Actinophaerium eichhorni* genauer bekannt.

Bei *Actinophrys sol* (Abb. 60) setzt die geschlechtliche Fortpflanzung bei Nahrungsmangel ein. Die Zelle (A) zieht ihre Axopodien ein und umgibt sich mit einer Cystenhülle. In der Cyste findet zunächst eine Zellteilung statt, deren Ergebnis zwei Gamonten sind (B). Der Kern jedes Gamonten führt dann die Meiose durch (C—F). Bei den beiden meiotischen Teilungen wird jeweils ein Geschwisterkern pyknotisch und geht zugrunde (n_1, n_2). Jeder Gamont wird daher zu einem Gameten. Obwohl sich die beiden Gameten äußerlich nicht unterscheiden, sind sie sexuell differenziert. Während sich der eine passiv verhält, bildet der andere pseudopodienartige Fortsätze aus (G). Anschließend verschmelzen beide Gameten zur Zygote (H, I), die sich mit einer festen Hülle umgibt.

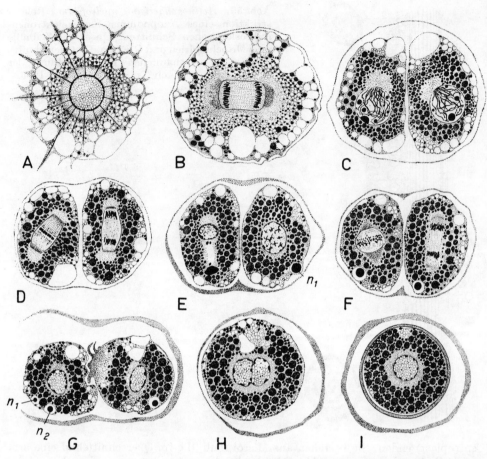

Abb. 60. *Actinophrys sol.* Geschlechtliche Fortpflanzung (Autogamie). **A.** Einzelne Zelle. **B.** Encystierung und Teilung in die beiden Tochterzellen. **C—E.** Erste meiotische Teilung (Degeneration des einen Tochterkerns, n_1). **F, G.** Zweite meiotische Teilung (Degeneration des einen Tochterkerns, n_2) und sexuelle Differenzierung der Gameten (Pseudopodienbildung bei dem einen Gameten). **H.** Karyogamie. **I.** Zygote. 830 ×. — Nach BELAR 1922.

Wie der Verlauf der geschlechtlichen Fortpflanzung zeigt, ist *Actinophrys sol* ein **Diplont mit gametischer Meiose.** Die Gameten sind Geschwisterzellen. Ihre Vereinigung führt — wie bei *Rotaliella heterocaryotica* (Abb. 58) — zur Autogamie.

Die Mehrzahl der Heliozoa führt eine pelagische Lebensweise. Nur wenige Arten sind sessil. Am bekanntesten sind die Süßwasserbewohner.

1. Unterordnung Actinophryida

Actinophrys sol (Abb. 60), mit einem zentral gelegenen Kern, an dem die Achsenfäden enden; Süßwasser. — *Actinosphaerium eichhorni* (Abb. 61 A), zahlreiche Kerne; Rinden- und Markschicht deutlich; Achsenfäden enden im Cytoplasma; Süßwasser. — *A. nucleofilum,* ähnlich voriger Art; Süßwasser.

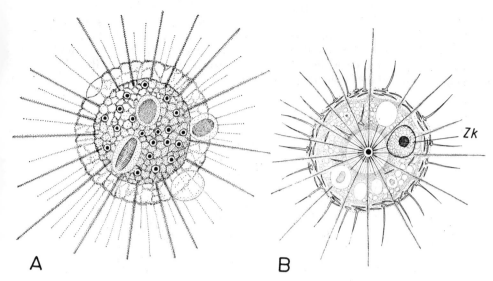

A   B

Abb. 61. Heliozoa. **A.** *Actinosphaerium eichhorni.* 210 ×. Nach KÜHN. **B.** *Acanthocystis aculeata.* 990 ×. — **Zk** Zellkern. — Nach STERN.

2. Unterordnung Centrohelida

Achsenfäden an einem Zentralkorn (Centroplast) endend. — *Acanthocystis aculeata* (Abb. 61 B), mit Hülle aus tangentialen Plättchen und radiären Kieselnadeln; Süßwasser.

Clathrulina elegans, ein sessiles Heliozoon des Süßwassers, das von einer gestielten Gitterkugel umschlossen ist und begeißelte Schwärmer bildet, wird meistens zu einer besonderen Unterordnung (Desmothoraca) gestellt.

5. Ordnung Radiolaria

Die Radiolaria oder Strahlentierchen unterscheiden sich von den Heliozoa durch den Besitz einer **Zentralkapsel.** Diese besteht aus einer Membran, welche das „intracapsuläre" von dem „extracapsulären" Cytoplasma trennt. Poren, deren Zahl und Anordnung für die systematische Einteilung wichtig sind, ermöglichen einen Stoffaustausch zwischen beiden Zellbereichen. Viele Radiolaria haben nur einen, manche mehrere Zellkerne, die stets innerhalb der Zentralkapsel liegen. Im Cytoplasma, das wie bei den Heliozoa stark vakuolisiert ist, kommen häufig Fetttropfen oder Ölkugeln vor, die das Schweben erleichtern. Außerdem enthalten viele Arten Zooxanthellen.

Die Formenmannigfaltigkeit der Radiolaria beruht in erster Linie auf ihren **Skeletten,** die nur bei wenigen Arten fehlen. Das Baumaterial ist Kieselsäure, bei den Acantharia Strontiumsulfat. Im einfachsten Fall besteht das Skelett nur aus Nadeln oder Stacheln; doch kommen häufig auch gitterartig durchbrochene Kugeln vor, die einzeln auftreten oder zu mehreren ineinandergeschachtelt und dann durch radiale Verstrebungen miteinander verbunden sind. Oft ist die sphaerische Grundform ganz aufgegeben, und das Skelett bildet ein kompliziert gestaltetes Gerüstwerk, das im allgemeinen symmetrisch, oft aber auch ganz unsymmetrisch ist.

Als „Kunstformen der Natur" (HAECKEL) haben die Radiolarienskelette Berühmtheit erlangt. Es ist kaum vorstellbar, daß ihr Gestaltungsreichtum Anpassungscharakter hat, leben doch oft die verschiedenartigsten Formen im gleichen Wasserkörper.

Die Radiolarien sind für das Plankton warmer Meere charakteristisch und haben, von den mehr an der Oberfläche lebenden Acantharia abgesehen, ihre Hauptverbreitung in den tieferen Schichten. Im Süßwasser kommen sie nicht vor. Ähnlich

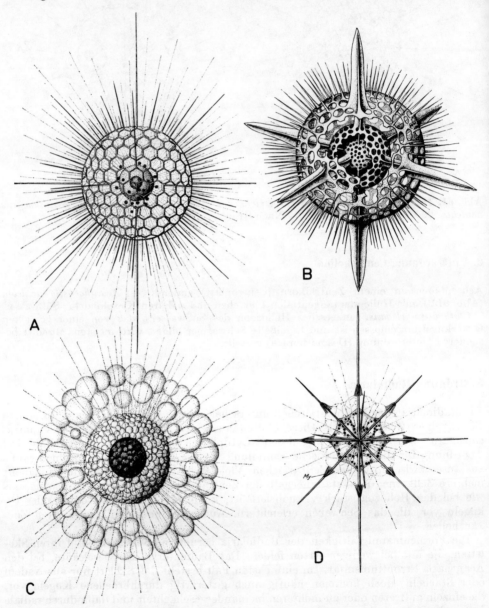

Abb. 62. Radiolaria. A. *Heliosphaera actinota*. 135 ×. — Nach HAECKEL. B. *Hexacontium asteracanthion*. 310 ×. — Nach HAECKEL. C. *Thalassicolla nucleata*. 25 ×. — Nach HUTH. D. *Acanthometra elastica*. — My Myophriske. — Nach HERTWIG.

wie die pelagischen Foraminifera spielen auch die Radiolaria als Sedimentbildner eine Rolle. So bestehen die tertiären Mergel der Insel Barbados größtenteils aus Radiolarienskeletten. Gesteine die aus Radiolarienskeletten entstanden sind (Radiolarite) lassen sich aber viel weiter, bis in praekambrische Zeiten, zurückdatieren.

Da es bisher noch nicht gelungen ist, Radiolarien zu kultivieren, hat man über ihre Fortpflanzung nur bruchstückhafte Kenntnisse. Bei manchen Arten scheint Zweiteilung die Regel zu sein. Außerdem, manchmal ausschließlich, führen aber viele Radiolarien eine multiple Teilung durch, die zur Entstehung zweigeißeliger Schwärmer führt. Diese enthalten einen Kristall und werden daher als „Kristallschwärmer" bezeichnet. Bei einigen Arten, die nicht zu den Acantharia gehören, wurde neuerdings nachgewiesen, daß der Kristall aus Strontiumsulfat besteht[1]).

1. Unterordnung Peripylea (syn. Spumellaria)

Die Zentralkapsel ist allseitig porös. Hierzu gehören teils einzeln lebende Arten, die ein aus Gitterschalen bestehendes Skelett besitzen (*Heliosphaera actinota*, Abb. 62 A; *Hexacontium asteracanthion*, 62 B) oder skelettlos sind (*Thalassicolla nucleata*, 62 C), teils koloniebildende Arten, bei denen zahlreiche Zentralkapseln in einer gemeinsamen Gallerte liegen (*Sphaerozoum punctatum*, *Collozoum inerme*, Abb. 63).

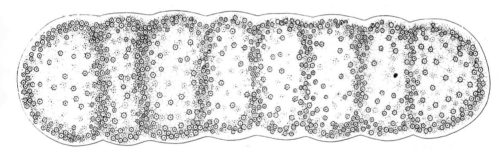

Abb. 63. *Collozoum inerme* (zahlreiche Zentralkapseln in gemeinsamer Gallerte). 8 ×. — Nach BRANDT.

2. Unterordnung Monopylea (syn. Nassellaria)

Zentralkapsel mit einer „Öffnung", die jedoch nicht einheitlich ist, sondern ein Porenfeld darstellt, über dem sich im typischen Falle ein von Porenkanälen durchzogener Kegel erhebt. — *Cyrtocalpis urceolus*. — *Cystidium princeps*.

3. Unterordnung Tripylea (syn. Phaeodaria)

Zentralkapsel mit einer „Hauptöffnung" (Astropyle) und zwei „Nebenöffnungen" (Parapylen). Vor der „Hauptöffnung" befindet sich eine Pigmentmasse (Phaeodium). — *Aulacantha scolymantha*.

---

[1]) Es ist daher nicht gerechtfertigt, die Acantharia wegen der chemischen Beschaffenheit ihres Skeletts von allen übrigen Radiolaria abzutrennen.

4. Unterordnung Acantharia

Skelett aus Strontiumsulfat, im typischen Falle aus 20 Stacheln bestehend, welche im Zentrum der Zelle zusammenstoßen und gesetzmäßig („Müllersches Gesetz") angeordnet sind. Bei vielen Arten stehen die Stacheln durch Bänder („Myophrisken") mit der Zelloberfläche in Verbindung. Ihre Kontraktilität wird neuerdings angezweifelt. Zentralkapsel nur bei einem Teil der Acantharia ausgebildet. — *Acanthometra elastica* (Abb. 62D).

3. Klasse Ciliata (syn. Ciliophora), Wimpertierchen

Etwa 5550 rezente Arten (Stand von 1971).

Die Ciliata oder Wimpertierchen verdanken ihren Namen den Cilien oder Wimpern, die sich von den Geißeln allerdings nur dadurch unterscheiden, daß sie kürzer sind und einen höheren Grad koordinierter Tätigkeit zeigen (S. 163). Wichtiger als dieses Merkmal ist der **Kerndualismus**, das gleichzeitige Vorkommen zweier Kerntypen: somatischer **Macronuclei** und generativer **Micronuclei** (Abb. 64)[1].

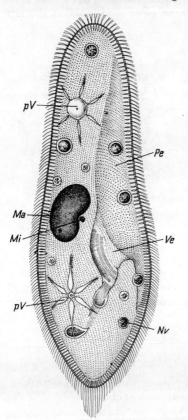

Abb. 64. *Paramecium caudatum.* Organisationsschema. — **Ma** Macronucleus, **Mi** Micronucleus, **Nv** Nahrungsvakuole, **Pe** Peristom, **pV** pulsierende Vakuole, **Ve** Vestibulum. — Nach KÜKENTHAL, MATTHES & RENNER.

---

[1]) Bei den Arten der Gattung *Stephanopogon* (*S. colpoda, mesnili*) kommen nur gleichartige, sich mitotisch teilende Kerne vor. Man hat sie daher als „homokaryotische Ciliaten" betrachtet. Da über die geschlechtliche Fortpflanzung aber noch nichts bekannt ist, erscheint es zweckmäßig, ihre systematische Einordnung zunächst zurückzustellen.

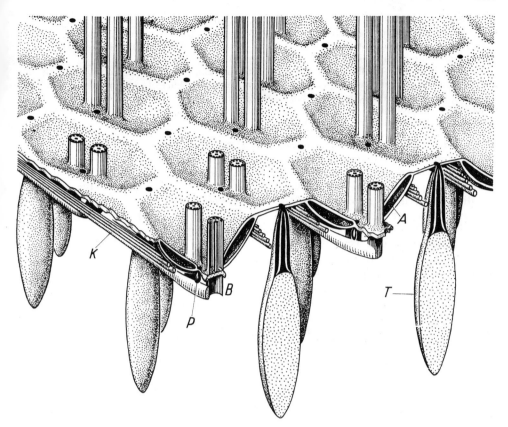

Abb. 65. *Paramecium*. Schema der Pellicula (Region des Peristoms). — **A** Alveole, **B** Basalkörper (Kinetosom), **K** kinetodesmale Fibrille, **P** parasomales Säckchen, **T** Trichocyste. — Im Anschluß an Jurand & Selman 1969, stark verändert.

Besonders charakteristisch ist die geschlechtliche Fortpflanzung, die als **Konjugation** bezeichnet wird und einen bei den anderen Protozoa nicht vorkommenden Sonderfall der Gamontogamie (S. 174) darstellt. Die Ciliata sind **Diplonten mit gametischer Meiose**.

Die Morphologie wird weitgehend durch die Zellhülle (**Pellicula**) bestimmt, die zusammen mit den ihr zugeordneten Strukturen des Cytoplasmas die sogenannte Zellrinde (**Cortex**) bildet. Ihre Festigkeit verleiht den Zellen eine spezifische Gestalt. Die Formenmannigfaltigkeit auf dem Niveau der Arten ist bei den Ciliata besonders groß.

Bei den **Holotricha**, die an den Anfang des Systems gestellt werden, ist häufig ein zusammenhängendes „Wimperkleid" ausgebildet, das aus Längsreihen von Wimpern (Kineten) besteht.

Als Beispiel sei *Paramecium* gewählt (Abb. 65), dessen Pellicula in grubenartige Vertiefungen, die Wimperfelder, aufgeteilt ist. Je nach der Körperregion können sie einen vier- oder sechseckigen Umriß haben und eine oder zwei Wimpern tragen. In den leistenförmigen Erhebungen, welche die in der Längsrichtung aufeinanderfolgenden Wimperfelder trennen, befinden sich die Stellen, an denen die Trichocysten (T) befestigt sind. Manche Strukturen sind nur rechts von der Wimperreihe ausgebildet, wenn man die Zelle vom Vorderende her betrachtet, z. B. das parasomale ʻSäckchen (P), eine beutelförmige

Vertiefung der Pellicula, und die kinetosomale Fibrille (K), welche von dem hinteren Basalkörper (B) entspringt. Unterhalb jedes Wimperfeldes befinden sich zwei Membransäcke, die sogenannten pelliculären Alveolen (A). Sie stoßen vor und hinter den Basalkörpern aneinander und umschließen diese nierenförmig.

Jedes Wimperfeld stellt eine morphogenetische Einheit dar, die sich während des Teilungswachstums in die Länge streckt und verdoppelt. Den Ausgangspunkt dieser Entwicklung bildet die Verdoppelung der Basalkörper. Die übrigen Komponenten folgen in festgelegter Reihenfolge. Die Trichocysten entstehen in Vesikeln des Cytoplasmas. Sie werden mit ihrer Spitze an der „richtigen" Stelle eingefügt.

Schon bei den Holotricha kommt es häufig zu einer Differenzierung des Wimperkleides. Ein in der Nähe des Zellmundes oder Cytostoms liegender Bereich, das Mundfeld oder **Peristom**, wird in den Dienst des Nahrungserwerbs gestellt, sei es, daß besondere Wimperreihen ausgebildet werden, die stets in Mundrichtung schlagen, sei es, daß die Wimpern zu undulierenden Membranen verschmelzen, die ausschließlich dem Nahrungstransport dienen. Eine Reduktion des Wimperkleides findet sich beispielsweise bei *Didinium nasutum*, wo der Zellkörper nur noch von zwei gürtelförmigen Wimperzonen umzogen wird.

Weiter fortgeschritten ist die Differenzierung und Vereinigung von Wimpergruppen zu komplexen Strukturen bei den **Spirotricha**. Diese besitzen stets ein spiralig im Uhrzeigersinne zum Cytostom ziehendes sogenanntes **adorales Membranellenband**. Die Membranellen folgen dicht aufeinander. Jede stellt ein dreieckiges oder trapezförmiges Plättchen dar und besteht aus zwei oder drei Reihen von Wimpern, die in der Querrichtung miteinander verklebt sind. Durch ihre regelmäßige metachrone Schlagfolge befördern sie die Nahrung zum Cytostom.

Wie das Beispiel von *Stylonychia* zeigt (Abb. 66), kann auch die übrige Bewimperung so stark abgewandelt sein, daß nicht mehr von einem „Wimperkleid" gesprochen werden kann. Auf der Ventralseite bilden Wimpergruppen komplexe Bewegungsorganelle, die sogenannten **Cirren**, die eine bestimmte Anordnung haben und wie Beinchen benutzt werden können. Einige sind zu „Schwanzborsten" umgebildet. Die auf der Dorsalseite entspringenden Wimpern stehen zwar in Reihen, sind aber stark verkürzt und spielen wahrscheinlich bei der Wahrnehmung mechanischer Reize eine Rolle.

Bei den **Suctoria** besitzen nur noch die freibeweglichen Schwärmer Wimpern. Sie werden bei der Metamorphose rückgebildet (S. 230).

Außer den schon erwähnten kinetosomalen Fibrillen, die bei *Paramecium* (Abb. 65) nach vorne gerichtet sind und eine scheinbar kontinuierliche „Längsfaser" (Kinetodesma) bilden, entspringen von den Basalkörpern der Ciliata meistens noch andere Bündel von Fibrillen, die z. T. Microtubuli sind. Außerdem sind mit der Pellicula häufig Ausschleuderorganelle (Extrusome) verbunden wie die schon genannten Trichocysten, die sich bei der „Explosion" in einen langen, mit einer Spitze endenden Faden umwandeln, die Toxicysten, die ein lähmendes Gift (Toxin) in das Beutetier injizieren, und die Mucocysten, die eine schleimartige Substanz nach außen abscheiden. Der Festheftung von Beutetieren dienen die in den Tentakelenden der Suctoria eingelagerten Haptocysten. Ob diese, in ihrer Ultrastruktur und Funktion so verschiedenen Gebilde miteinander homologisiert werden können, ist schwer abzuschätzen.

Ungeachtet ihrer artspezifischen Gestalt können viele Ciliata Formveränderungen durchführen, indem sie sich abkugeln (*Stentor*) oder mit Hilfe eines Stiels aus dem Gefahrenbereich zurückziehen (*Vorticella*). Manche sind imstande, die Randzone ihres Cytostoms zu erweitern und zu verengen (*Dileptus*). Diese Kontraktionsvorgänge werden durch Faserbündel ermöglicht, die als Myoneme bezeichnet werden.

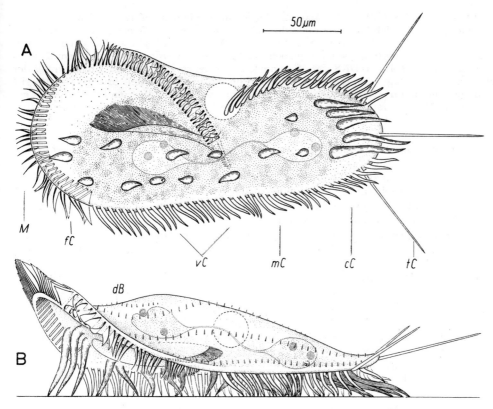

Abb. 66. *Stylonychia mytilus.* **A.** Ventralansicht. **B.** Seitenansicht. — **dB** Dorsale ,,Tastborsten'', **fC, vC, mC, cC, tC** frontale, ventrale, marginale, caudale, terminale Cirren, **M** Membranellen. — Nach MACHEMER aus GRELL 1973.

Alle Ciliata sind mehrkernig. Mindestens ein Kern ist zu einem Macronucleus differenziert, während die übrigen Micronuclei sind. Neuere Untersuchungen haben ergeben, daß zwei Typen des **Kerndualismus** zu unterscheiden sind, von denen der erstgenannte wahrscheinlich der ursprünglichere ist:

1. **Primärtyp.** Die Ciliata dieses Typs gehören alle zu den Holotricha und kommen — mit Ausnahme der Süßwassergattung *Loxodes* — ausschließlich im Lückensystem des Meeressandes (Mesopsammon) vor. Sie haben diploide Macronuclei, die nicht fortpflanzungsfähig sind, sondern bei jeder Zellteilung aus Abkömmlingen der Micronuclei, die sich mitotisch vermehren, hervorgehen. Die Macronuclei unterscheiden sich von den Micronuclei durch ihre aufgelockerte Struktur und den Besitz eines zentralen Nucleolus. Sie erinnern daher an die somatischen Kerne der heterokaryotischen Foraminifera (S. 207).

2. **Sekundärtyp.** Dieser ist für die meisten Ciliata (incl. Holotricha) charakteristisch. Die Macronuclei, die normalerweise in der Einzahl vorkommen, sind polyploid und teilungsfähig. Als somatisch werden sie bezeichnet, weil sie bei der geschlechtlichen Fortpflanzung (Konjugation, Autogamie) regelmäßig zugrunde gehen und aus Abkömmlungen des Synkaryons neu entstehen (S. 218).

Der strukturelle Aufbau der Macronuclei ist noch nicht geklärt. Die Annahme einer Polyploidie stützt sich in erster Linie darauf, daß sie einen viel höheren (wenn auch artspezifisch verschieden hohen) DNS-Gehalt als die Micronuclei besitzen. Für einige Ciliata, z.B. *Stylonychia mytilus*, konnte jedoch nachgewiesen werden, daß in ihrem Macronucleus nur ein Teil der DNS des Micronucleus vermehrt wird, bei der Entwicklung der Macronucleus-Anlage (s. unten) also eine Art „Chromatin-Diminution" erfolgt. Der Begriff „Polyploidie" kann sich in diesen Fällen daher nur auf die im Macronucleus erhalten gebliebenen „Rest-Genome" beziehen. Wieweit diese Befunde verallgemeinert werden können, bleibt abzuwarten.

Die Teilung der Macronuclei, die in nicht ganz zutreffender Weise oft als „Amitose" bezeichnet wird, kann aequal, inaequal oder multipel sein. Außerdem besitzt der Macronucleus als einziger Kerntyp die Fähigkeit zur Regeneration. Selbst verhältnismäßig kleine Bruchstücke, wie sie beispielsweise bei seinem Zerfall während der Konjugation (s. unten) entstehen, können unter bestimmten Bedingungen zu funktionsfähigen Macronuclei heranwachsen.

Versuche haben gezeigt, daß viele Ciliata ohne Micronuclei leben und sich über Hunderte von Zellteilungsfolgen fortpflanzen können. Ein Verlust des Macronucleus führt dagegen schon nach kurzer Zeit zum Tod der Zelle. Offenbar besteht die Bedeutung der Macronuclei vor allem darin, die für die Proteinsynthese erforderliche RNS zu liefern, während sich die der Micronuclei im wesentlichen darauf beschränkt, die genetische Information weiterzugeben.

Die für die Ciliata charakteristische Art der geschlechtlichen Fortpflanzung, die **Konjugation**, beginnt mit der Paarung zweier Gamonten, die allerdings keine Gameten, sondern nur Gametenkerne ausbilden. Der Verlauf der Konjugation sei am Beispiel von *Paramecium aurelia* erläutert, einer Art, die cytologisch und genetisch besonders eingehend untersucht worden ist (Abb. 67).

Außer einem Macronucleus besitzt *Paramecium aurelia* zwei Micronuclei. Beide Gamonten — bei den Ciliata meistens als Konjuganten bezeichnet — heften sich zunächst mit den Vorderenden aneinander (A). Dann werden in der Nähe der Cytostome die sogenannten paroralen Kegel gebildet, die einen intensiveren Kontakt ermöglichen (B). Währenddessen beginnen die Micronuclei mit den beiden meiotischen Teilungen, die zur Entstehung von acht haploiden Gonenkernen führen (C). Von diesen gehen jedoch alle bis auf einen, der stets im paroralen Kegel liegt, zugrunde. Der übrigbleibende Kern führt dann die sogenannte postmeiotische Mitose durch (D), deren Ergebnis zwei Gametenkerne sind, die wegen ihres verschiedenen Verhaltens als **Stationär-** und als **Wanderkern** bezeichnet werden (E): Während der Stationärkern in dem Konjuganten, in dem er gebildet worden ist, liegenbleibt, passiert der Wanderkern die beide Partner verbindende Plasmabrücke und vereinigt sich mit dem Stationärkern des anderen Konjuganten (F). Die Paarung führt also zu einer **wechselseitigen Befruchtung:** In jeder Zelle wird ein Verschmelzungskern oder Synkaryon (Sy) gebildet.

Bei *Paramecium aurelia* teilt sich das Synkaryon anschließend zweimal (metagame Kernteilungen), während sich die beiden Partner, die nun als „Exkonjuganten" bezeichnet werden, wieder voneinander trennen (G, H). Aus den Tochterkernen beider Teilungen gehen zwei Micronuclei und zwei Macronucleus-Anlagen hervor (I), die sich später zu den Macronuclei differenzieren. Bei der ersten auf die Konjugation folgenden Zellteilung werden die Macronucleus-Anlagen auf die Tochterzellen verteilt, ohne selbst eine Teilung durchzuführen, während sich die Micronuclei mitotisch verdoppeln (K).

Bei *Paramecium aurelia* und einigen anderen Ciliata findet außer der Konjugation gelegentlich eine **Autogamie** statt. Dabei unterbleibt die Paarung, und es finden in den einzelnen Zellen die Kernprozesse statt, die zur Bildung von Stationär- und Wanderkern führen. Letztere verschmelzen dann miteinander zu einem Synkaryon.

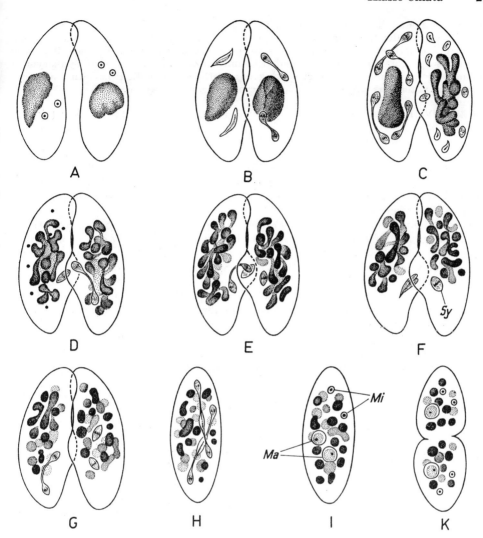

Abb. 67. *Paramecium aurelia.* Schema der Konjugation. Erklärung im Text. In dieser Darstellung ist der rechte Partner immer etwas weiter fortgeschritten als der linke. — **Ma** Macronucleus-Anlagen, **Mi** Micronuclei, **Sy** Synkaryon. — Nach verschiedenen Autoren aus GRELL 1973.

Abgesehen von ihrem Verhalten, können sich die beiden Gametenkerne auch strukturell voneinander unterscheiden. Es liegt daher die Annahme nahe, daß sie **geschlechtlich differenziert** sind. Der Stationärkern kann als „weiblicher", der Wanderkern als „männlicher" Vorkern bezeichnet werden. Unter diesem Gesichtspunkt sind die Ciliata als **monözisch** zu betrachten: Jede Zelle kann zwei verschiedengeschlechtliche Gametenkerne hervorbringen.

Allerdings scheint sich aus dieser Monözie in manchen Fällen eine **sekundäre Diözie** entwickelt zu haben. Bei den sessilen Peritricha unterscheiden sich beide Partner durch ihre Größe (Anisogamontie). Während der große Macrokonjugant sessil bleibt und nicht von einer gewöhnlichen Zelle unterschieden werden kann, ist der kleine Microkonjugant beweglich und entsteht durch einen besonderen Fortpflanzungsakt. Nach der Vereinigung beider Partner bildet der Macrokonjugant nur einen Stationärkern, der Microkonjugant nur einen Wanderkern aus. Anstelle einer wechselseitigen findet also eine **einseitige Befruchtung** statt. Nur im Macrokonjuganten kommt es zur Ausbildung eines Synkaryons, während der ihm anhaftende Microkonjugant resorbiert wird. Offenbar wird also im Macrokonjuganten das „männliche", im Microkonjuganten das „weibliche" Geschlecht unterdrückt.

Ähnliche Verhältnisse, die angesichts der bei den Ciliata sonst üblichen Konjugation sicher als abgeleitet zu betrachten sind, finden sich auch bei den Chonotricha und einigen Suctoria (z. B. *Ephelota gemmipara*).

Bei den meisten Ciliata sind die beiden Konjuganten äußerlich gleich (Isogamontie). In vielen Fällen hat sich jedoch gezeigt, daß nicht jede Zelle mit jeder beliebigen anderen konjugieren kann, sondern daß beide verschiedenen **Paarungstypen** (mating types) angehören müssen.

Dieses Phänomen wurde zuerst bei *Paramecium aurelia* entdeckt (SONNEBORN 1937) und bei dieser Art eingehend untersucht. Dabei zeigte sich, daß *Paramecium aurelia* im Sinne des biologischen Artbegriffes (S. 35) nicht einheitlich ist, sondern aus zahlreichen Fortpflanzungsgemeinschaften oder **Syngens** besteht, die gegeneinander isoliert sind, so daß kein Genaustausch zwischen ihnen möglich ist. Neuerdings wurden für diese Fortpflanzungsgemeinschaften eigene Artnamen geprägt. Allerdings sind die Individuen der verschiedenen Syngens äußerlich nicht voneinander zu unterscheiden, so daß ihre Zuordnung erst durch Kombinationsexperimente möglich ist.

In jedem Syngen von *Paramecium aurelia* kommen zwei Paarungstypen vor (bipolares System). Bei anderen Ciliata, z. B. *Paramecium bursaria*, *Tetrahymena pyriformis* und *Euplotes vannus*, enthalten die bisher untersuchten Syngens mehr als zwei Paarungstypen (multipolares System).

Normalerweise findet nur dann eine Konjugation statt, wenn typenverschiedene Klone kombiniert werden. Bei den *Paramecium*-Arten erfolgt zunächst eine „Agglutinationsreaktion", bei welcher Gruppen von zahlreichen miteinander verklebenden Individuen gebildet werden. Aus diesen Gruppen lösen sich dann die einzelnen Konjugationspärchen heraus, die — wie Markierungsversuche zeigen — stets den komplementären Paarungstypen angehören.

Die Determination der Paarungstypen kann auf verschiedene Weise erfolgen. Wie bei der Geschlechtsbestimmung kann sie auf modifikatorischen (nicht-genetischen) Bedingungen beruhen oder durch die Kombination von Genen zustande kommen, wobei verschiedenen Mechanismen nachgewiesen wurden.

Die Differenzierung in Paarungstypen ist der in Selbststerilitätstypen bei Pilzen und Blütenpflanzen vergleichbar. Ihre biologische Bedeutung besteht darin, daß sich Individuen miteinander paaren, die genetisch weiter voneinander entfernt sind, als es bei intraklonaler Konjugation der Fall wäre.

Allerdings kommt bei zahlreichen Arten auch intraklonale Konjugation vor. Offenbar ist die Paarungstyp-Differenzierung keineswegs bei allen Ciliata ausgebildet, was ihren Charakter als sekundäres, die sexuelle Differenzierung der Gametenkerne überlagerndes Phänomen unterstreicht.

Die Entdeckung der Paarungstypen bildete den Ausgangspunkt für genetische Untersuchungen. Diese wurden in erster Linie an *Paramecium aurelia* und *Tetrahymena pyriformis* durchgeführt. Neben dem Erbgang von Genen, die im Zellkern lokalisiert sind, konnte auch der von extranucleären Determinanten untersucht werden. Ähnlich wie die *Chlamydomonas*-Genetik (S. 190) hat sich die Ciliaten-Genetik zu einem umfangreichen Forschungsgebiet entwickelt.

Die Klassifizierung der Ciliata leidet zur Zeit darunter, daß binnen weniger Jahre immer wieder neue Vorschläge gemacht werden, die sich nicht so sehr auf neue Befunde als vielmehr auf phylogenetische Spekulationen stützen. Bis es zu einer Klärung gekommen ist, die eine längerdauernde Stabilität erhoffen läßt, erscheint es zweckmäßig, mit einigen Modifikationen an dem von STEIN (1867—1883) und BÜTSCHLI (1882—1889) begründeten und in den meisten Lehrbüchern gebräuchlichen System festzuhalten. Dieses System berücksichtigt in erster Linie die lichtmikroskopisch erkennbare Bewimperung. Da diese bei den Suctoria nur auf dem Stadium des Schwärmers ausgebildet ist, wurden sie früher vielfach von den übrigen Ciliata abgetrennt.

1. Ordnung Holotricha

Der Zellkörper ist meistens ganz bewimpert. Ein adorales Membranellenband (S. 216) fehlt.

1. Unterordnung Gymnostomata

Die Gymnostomata haben keine Wimperreihen, die darauf spezialisiert sind, die Nahrung zum Zellmund zu befördern. Sie sind Schlinger, welche Beuteorganismen aktiv mit dem oberflächlich gelegenen und oft sehr erweiterungsfähigen Cytostom aufnehmen. Die Lähmung der Opfer erfolgt durch Toxicysten (S. 216). An den Zellmund schließen sich häufig Gleitstrukturen in Form von „Schlundfäden" (Nemadesmen) an (carnivore Arten) oder komplizierte „Reusenapparate", mit denen Algenfäden abgekniffen werden können (herbivore Arten). Das Cytostom kann am Vorderende (Protostomata), an der Seite (Pleurostomata) oder — bei dorsoventral abgeplatteten Arten — auf der Unterseite liegen (Hypostomata).

Die im folgenden aufgeführten Arten der Gymnostomata leben im Süßwasser.

Protostomata: *Prorodon teres*, Zellkörper ganz bewimpert, eiförmig (Abb. 68A). — *Lacrymaria olor*, Zellkörper ganz bewimpert, flaschenförmig („Flaschentierchen", Abb. 68B). — *Coleps hirtus*, Zellkörper mit panzerartig verstärkter Pellicula, tonnenförmig, braun gefärbt (Abb. 68C). — *Didinium nasutum*, Bewimperung auf zwei Gürtelzonen beschränkt, tonnenförmig; frißt Paramecien.

Pleurostomata: *Dileptus anser*, Zellkörper langgestreckt, vor dem seitlich liegenden Cytostom rüsselartig verschmälert.

Hypostomata: *Nassula ornata*, Dorsal- und Ventralseite bewimpert. — *Chilodonella uncinata*, nur Ventralseite bewimpert.

2. Unterordnung Trichostomata

Zum Cytostom, das in einer Mundgrube liegt, führen besondere Wimperreihen. Strudler.

Colpoda cucullus, in Moosrasen; Vielteilung innerhalb einer Cyste (Abb. 68D). — *Balantidium coli*, im Darm des Schweines, gelegentlich des Menschen.

3. Unterordnung Hymenostomata

Wimperreihen in der Mundgrube (Vestibulum), teilweise zu undulierenden Membranen verschmolzen. Strudler.

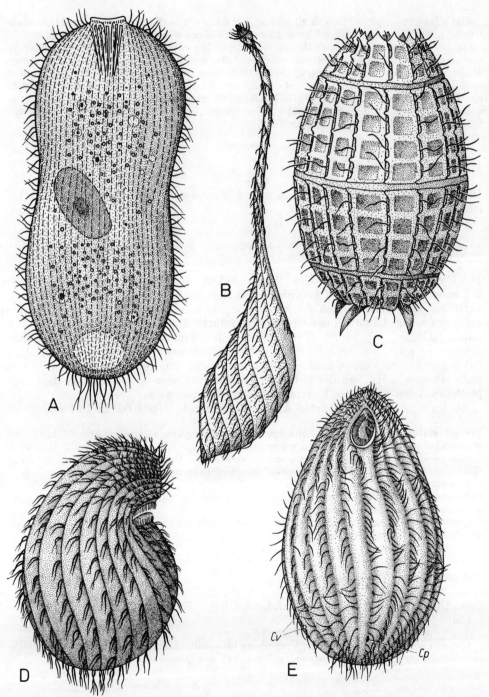

Abb. 68. Holotricha. **A.** *Prorodon teres.* — Nach DRAGESCO. **B.** *Lacrymaria olor.* — Nach JONES. **C.** *Coleps hirtus.* — Nach JONES. **D.** *Colpoda cucullus.* 600 ×. Nach MACKINNON & HAWES. **E.** *Tetrahymena pyriformis.* 1500 ×. — **Cp** Zellafter (Cytoproct), **Cv** Poren der pulsierenden Vakuolen. — Nach MACKINNON & HAWES.

Tetrahymena pyriformis, Zellkörper birnenförmig; die kleine, hinter dem Vorderende liegende Mundbucht mit drei Membranellen und einer undulierenden Membran; Süßwasser; wird in vielen Laboratorien in sterilen Nährlösungen (axenisch) gezüchtet (Abb. 68E). — *Ichthyophthirius multifiliis*, Zellkörper eiförmig; parasitisch in der Haut von Süßwasserfischen. Die bis zu einer Größe von 800 μm heranwachsenden Zellen encystieren sich. In den Cysten werden zahlreiche kleine Schwärmer gebildet, die andere Wirte befallen. — *Paramecium,* Zellkörper mit seitlicher Einbuchtung (Peristom), die sich zur Mundbucht (Vestibulum) verengt. In dieser befinden sich drei Gruppen von je vier Wimperreihen (ventraler und dorsaler „Peniculus", „Quadrulus") und die sogenannte „endorale" Membran. Die *Paramecium*-Arten gehören zu den bekanntesten und am eingehendsten untersuchten Ciliaten. *P. caudatum*, das „geschwänzte" Pantoffeltierchen (Schopf längerer Wimpern am Hinterende) läßt sich leicht in Strohaufgüssen züchten (Abb. 64). — *P. aurelia*, eine etwas kleinere Art mit zwei Micronuclei, ist bevorzugtes Objekt der Ciliaten-Genetiker. — *P. bursaria* ist eine in Teichen häufige, durch Zoochlorellen grün gefärbte Art. — *Pleuronema marinum*, mit großer, über den Körperrand herausragender segelartiger Membran; im Meer.

Die folgenden Unterordnungen der Holotricha umfassen Ciliaten, die infolge ihrer kommensalischen oder parasitischen Lebensweise eine stark vereinfachte Organisation haben. Ihre systematische Einordnung ist zur Zeit nicht mit Sicherheit durchführbar.

4. Unterordnung Astomata

Den Astomata, die sich wegen ihres aus Längsreihen bestehenden Wimperkleides am besten an die vorhergehenden Unterordnungen anschließen lassen, fehlt ein Cytostom. Dementsprechend besitzen sie auch keine besonderen, dem Herbeistrudeln der Nahrung dienenden Vorrichtungen. Als Bewohner des Darmkanals und der Leibeshöhle von Anneliden (insbesondere Oligochaeta) und einiger anderer Wirbelloser nehmen sie Nährstoffe durch die ganze Körperoberfläche auf. Manche Arten besitzen Haftorganelle.

Neben einfacher Querteilung kommt bei den Astomata häufig terminale Knospung vor. Dabei werden kleinere Tochterzellen abgeschnürt, die noch eine Zeitlang mit der Mutterzelle — und bei fortgesetzter Knospung auch untereinander — verbunden bleiben können (Kettenbildung).

Anoplophrya lumbrici, im Darm von Regenwürmern. — *Durchoniella brasili*, im Darm des Polychaeten *Audouinia tentaculata* (Abb. 69A).

5. Unterordnung Apostomea

Bei den Apostomea verlaufen die Wimperreihen in Schraubenbahnen um den Zellkörper. Neben dem Cytostom befindet sich ein als „Rosette" bezeichnetes Organell.

Die Arten haben einen Entwicklungszyklus, bei dem zwei als Trophont und Phoront bezeichnete Zelltypen miteinander abwechseln. Der **Trophont** wächst als Parasit innerhalb eines Wirtes heran und umgibt sich schließlich mit einer Cystenhülle. In der Cyste werden zahlreiche kleine Schwärmer gebildet, aus denen die Phoronten hervorgehen. Jeder **Phoront** heftet sich außen an einen Wirt, wächst aber nicht, sondern encystiert sich nur. Bei manchen Arten sind „Nährwirt" und „Trägerwirt" verschieden, bei manchen identisch.

Foettingeria actiniarum, als Trophont im Gastralraum von Seerosen, als Phoront auf dem Panzer von Krebsen; die Seerosen infizieren sich, indem sie die Krebse fressen. — *Gymnodinioides inkystans*, als Trophont in der Exuvialflüssigkeit, als Phoront an den Kiemen von Einsiedlerkrebsen (Abb. 69B).

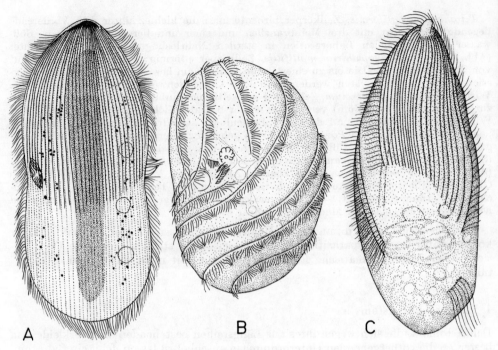

Abb. 69. Holotricha. **A.** *Durchoniella brasili.* 220 ×. — Nach DE PUYTORAC. **B.** *Gymnodinioides inkystans.* 600 ×. Erwachsener Trophont. — Nach CHATTON & LWOFF. **C.** *Hypocomides modiolariae.* 1500 ×. — Nach FENCHEL.

6. Unterordnung Thigmotricha

Die Thigmotricha besitzen neben Wimperreihen ein seitliches Feld thigmotaktischer Wimpern, mit dem sie sich am Wirtsepithel festheften können. Ihr Cytostom befindet sich in der hinteren Hälfte des Zellkörpers. Es kann aber auch fehlen. Die meisten Arten kommen in der Mantelhöhle von Mollusken, vor allem von Muscheln des Meeres und Süßwassers vor.

Ancistrum mytili, an den Kiemen von *Mytilus*-Arten. — *Hypocomides modiolariae*, an den Kiemen von *Musculus*-Arten (Abb. 69 C).

2. Ordnung Peritricha

Bei den Peritricha oder Glockentierchen ist der apikale Bereich des Zellkörpers zu einem scheibenförmigen Mundfeld (Peristom) erweitert (Abb. 70 A). An seinem Rand verlaufen zwei Wimperzonen, die — von vorn betrachtet — in linksläufigen Schraubenbahnen zum Mundtrichter (Vestibulum) führen. Die innere Zone besteht aus zwei Reihen von Wimperbändern. Die äußere Zone, deren Wimpern im Mundtrichter zu einer undulierenden Membran verschmelzen, ist einfach. Sie kann kragenartig nach außen ragen. Der Mundtrichter, in den sich bei den Süßwasserbewohnern die pulsierende Vakuole entleert, reicht tief in den Zellkörper.

Die meisten Peritricha sind sessil (Sessilia), nur wenige freibeweglich (Mobilia). Die festsitzenden Arten haben häufig einen **Stiel**, ein Sekretionsprodukt der Zelle, das von

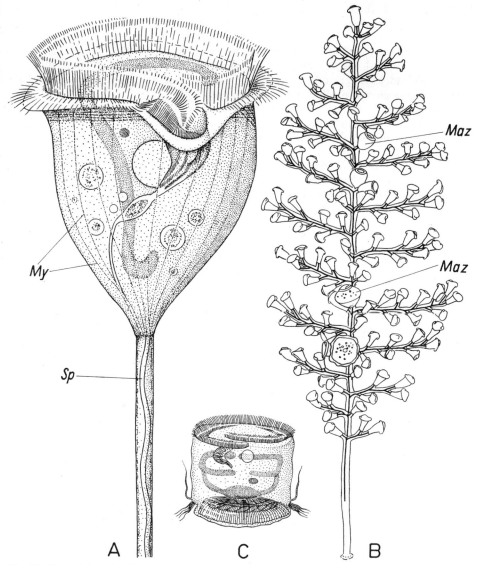

Abb. 70. Peritricha. **A.** *Vorticella.* Organisationsschema. — **My** Myoneme, **Sp** sogenannter Stielmuskel (Spasmonem). — Nach Mackinnon & Hawes. **B.** *Zoothamnium alternans.* 110 ×. — **Maz** Macrozooide. — Nach Summers. **C.** *Urceolaria korschelti.* 450 ×. — Nach Zick.

einem basalen Bereich, der sogenannten Scopula, abgeschieden wird. Als Ausstülpung des Zellkörpers in den Stiel ist der „Stielmuskel" (Spasmonem) zu betrachten, durch dessen Kontraktion der Stiel zickzackförmig eingeknickt oder schraubenförmig aufgewunden werden kann.

Sowohl die ungestielten als auch die gestielten Peritricha besitzen Systeme von Myonemen, die in verschiedener Weise angeordnet sein können. Sie ermöglichen ein Zurückziehen der Peristomscheibe und eine Abkugelung der ganzen Zelle; bei den gestielten Arten in Verbindung mit der Kontraktion des Stielmuskels.

Im Unterschied zu anderen Ciliata besteht die ungeschlechtliche Fortpflanzung bei den sessilen Peritricha in einer Längsteilung. Diese führt jedoch nur bei den kolonialen Arten zu gleich großen Tochterzellen. Bei den solitären Arten verläuft sie in der Art einer Knospung, indem die eine Tochterzelle auf ihrem Stiel oder ihrer Unterlage sitzen bleibt, während die andere einen besonderen Wimperkranz an der hinteren Zellhälfte ausbildet. Letztere löst sich los und schwimmt als „Telotroch" umher, um sich an einer geeigneten Stelle wieder festzusetzen.

Mit der sessilen Lebensweise hängt es offenbar zusammen, daß die Konjugation zu einer einseitigen Befruchtung abgewandelt ist, bei der sich ein großer, festsitzender Macrokonjugant mit einem kleinen, beweglichen Microkonjuganten vereinigt (Anisogamontie, S. 219).

Die Peritricha leben im Süßwasser und Meer, haben aber ihre größte Artenzahl in dem erstgenannten Lebensraum. Die meisten ernähren sich von Bakterien, die sie mit Hilfe ihres Wimperapparates herbeistrudeln. Viele kommen als Symphorionten (S. 176) auf bestimmten Wasserpflanzen und -tieren vor.

1. Unterordnung Sessilia

Festsitzende Peritricha, teils solitär lebend, teils Kolonien bildend. Einige solitäre Gattungen mit Gehäuse.

Vorticella convallaria, solitär; mit kontraktilem Stiel. — *Carchesium polypinum*, kolonial; mit kontraktilem Stiel; Stielmuskeln der Einzelzellen getrennt. — *Epistylis plicatilis*, kolonial, mit nicht-kontraktilem Stiel. — *Zoothamnium alternans*, kolonial, mit kontraktilem Stiel; gemeinsamer Stielmuskel aller Einzelzellen; neben kleinen Einzelzellen (Microzooide), welche die Mehrzahl bilden, kommen große Einzelzellen (Macrozooide) vor, welche sich ablösen und eine neue Kolonie bilden können; marin (Abb. 70 B). — *Cothurnia annulata*, mit Gehäuse; auf Wasserpflanzen.

2. Unterordnung Mobilia

Freibewegliche, ausschließlich solitäre Peritricha.

Trichodina pediculus, auf Süßwasserpolypen („Polypenlaus"). — *Urceolaria korschelti*, in der Kiemenhöhle von *Chiton marginatus* (Abb. 70 C).

3. Ordnung Chonotricha

Die Chonotricha bilden eine kleine Gruppe sessiler Ciliata, die nur wenige Gattungen und Arten umfaßt. Das Vorderende der Zelle ist zu einem Strudelapparat umgestaltet, der trichter- oder wendeltreppenartig sein kann. In ihm verlaufen Wimperreihen, welche die Nahrung (Bakterien) zum Cytostom befördern. Sonst ist der Zellkörper unbewimpert. Bei einigen Chonotricha ist das Hinterende zu einem Stiel verjüngt, der aber nicht von einer Scopula entspringt.

Der Aufbau des Macronucleus erinnert an den der Hypostomata, von denen die Chonotricha vielfach abgeleitet werden. Mit den Suctoria stimmen sie darin überein, daß sie sich durch Knospung vermehren. Die sich von der Mutterzelle ablösenden Knospen sind bewimperte Schwärmer. Diese Übereinstimmung muß aber wohl als eine konvergente Anpassung an die sessile Lebensweise gedeutet werden. Bei der Konjugation wird der eine Partner von dem anderen resorbiert (Anisogamontie, S. 219).

Die meisten Chonotricha leben als Symphorionten (S. 176) auf marinen Crustacea (vor allem Malacostraca). Ein Süßwasserbewohner ist nur die folgende Art.

Spirochona gemmipara, an den Kiemenblättchen des Bachflohkrebses *Gammarus pulex* (Abb. 71).

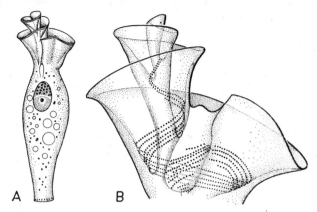

Abb. 71. Chonotricha. *Spirochona gemmipara.* **A.** Ausgewachsenes Individuum. 420 ×. — Nach HERTWIG. **B.** Kragen mit Basalkörperreihen der Wimpern. 1700 ×. — Nach GUILCHER.

4. Ordnung Entodiniomorpha

Bei den Entodiniomorpha ist das Wimperkleid stark rückgebildet und im wesentlichen auf cirrenartige Wimperschöpfe beschränkt, die — oft in kreis- oder schrauben-förmiger Anordnung — von dem einziehbaren Mundfeld entspringen. Manche Arten

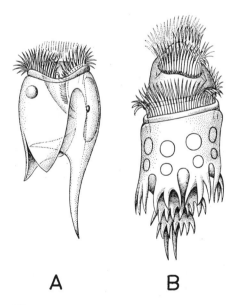

Abb. 72. Entodiniomorpha. **A.** *Entodinium caudatum.* — Nach SCHUBERG. **B.** *Ophryo-scolex purkinjei.* — Nach BÜTSCHLI.

besitzen außerdem noch Gruppen von Wimperschöpfen am Hinterende. Die Pellicula ist panzerartig verstärkt und vielfach in dornenartige Fortsätze ausgezogen.

Die Entodiniomorpha wurden früher meistens zu den Oligotricha (s. unten) gestellt oder diesen angeschlossen. Da sie aber kein adorales Membranellenband besitzen, neigt man heute dazu, ihnen den Status einer selbständigen Ordnung einzuräumen.

Die meisten Entodiniomorpha leben im Pansen und Netzmagen von Wiederkäuern („Wiederkäuerinfusorien"), einige im Darm von Pferden und Menschenaffen.

Entodinium caudatum (Abb. 72 A) und *Ophryoscolex purkinjei* (Abb. 72 B), im Wiederkäuerpansen.

5. Ordnung Spirotricha

Die Spirotricha sind durch den Besitz eines adoralen Membranellenbandes, das in rechtsläufiger Windung zum Cytostom zieht, eindeutig gekennzeichnet.

1. Unterordnung Heterotricha

Außer dem adoralen Membranellenband besitzen die Heterotricha Wimperreihen (Kineten), die den ganzen Zellkörper in der Längsrichtung überziehen. Sie schließen sich daher unmittelbar an die Holotricha an. Zu ihnen gehören einige besonders große Arten, an denen viele experimentelle Untersuchungen durchgeführt wurden.

Blepharisma undulans, Zellkörper birnenförmig, mit undulierender Membran am rechten Peristomrand, meist mit rötlichem Pigment; Süßwasser (Abb. 73 A). — *Spirostomum ambiguum*, Zellkörper wurmförmig, stark kontraktil, ohne undulierende Membran; Süßwasser. — *Stentor roeseli*, Vorderende zu einem trichterförmigen Peristom erweitert; stielförmiges Hinterende in Gallertgehäuse; „Trompetentierchen"; Süßwasser (Abb. 73 B). — *Bursaria truncatella*, Zellkörper beutelförmig mit trichterartig eingesenktem, fast bis zum Hinterende reichendem Peristom, über 1 mm groß; Süßwasser. — *Folliculina ampulla*, Zellkörper vorn in zwei Peristomflügel ausgezogen, in ampullenförmigem Gehäuse; marin.

2. Unterordnung Hypotricha

Die Hypotricha zeigen eine deutliche **Dorsoventralität**. Das adorale Membranellenband befindet sich auf der Ventralseite, ebenso die in artspezifischer Weise angeordneten Cirren. Auf der Dorsalseite können Reihen verkürzter Wimpern verlaufen, die als „Tastborsten" gedeutet werden.

Keronopsis gracilis, Cirren nicht in Gruppen, sondern in Längsreihen stehend; marin (Abb. 73 C). — *Stylonychia mytilus*, mit marginaler Cirrenreihe und borstenartigen Schwanzcirren; Süßwasser (Abb. 66). — *Euplotes patella*, ohne marginale Cirrenreihe; Süßwasser.

3. Unterordnung Oligotricha

Bei den Oligotricha ist nur noch das adorale Membranellenband ausgebildet, während die Körperbewimperung fehlt oder aus einzelnen, als Schwebefortsätze dienenden „Borsten" besteht (*Halteria*). Hierzu gehören die gehäuselosen *Strombidium*- und

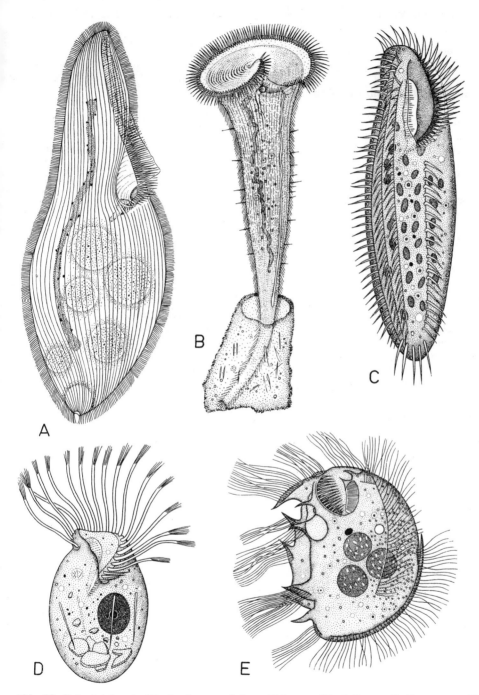

Abb. 73. Spirotricha. **A.** *Blepharisma undulans.* 210 ×. — Nach GIESE. **B.** *Stentor roeseli.* — Nach STEIN, verändert. **C.** *Keronopsis gracilis.* 800 ×. — Nach DRAGESCO. **D.** *Strombidium arenicola.* 1.000 ×. — Nach DRAGESCO. **E.** *Saprodinium dentatum.* 620 ×. — Nach DRAGESCO.

Halteria-Arten sowie die **Tintinniden**, die zierliche Gehäuse bilden und häufig in großer Zahl im Meeresplankton auftreten.

Strombidium arenicola, marin (Abb. 73 D).

4. Unterordnung Odontostomata

Die Odontostomata, die früher zu den Oligotricha gestellt wurden, besitzen einen seitlich abgeflachten, in dornenartige Fortsätze ausgezogenen Zellkörper. Das adorale Membranellenband umfaßt nur wenige, in der Mundgrube stehende Membranellen; das übrige Wimperkleid ist zu einigen isolierten Wimperreihen oder -gruppen reduziert. Nur wenige Gattungen und Arten, die alle im Faulschlamm (Sapropel) leben.

Saprodinium dentatum (Abb. 73 E).

6. Ordnung Suctoria

Die Suctoria sind sessil und besitzen in der ausgewachsenen Form keine Wimpern. Die der Nahrungsaufnahme dienenden **Tentakel** sind feine Röhrchen, die am Ende stecknadelkopfartig erweitert sind. Hier befinden sich winzige Organelle (Haptocysten), welche das Festhalten der Beutetiere — meistens andere Ciliata — ermöglichen. Das Cytoplasma der Beutetiere wird durch die Tentakel bis tief in das Innere des Suctors befördert und hier in Nahrungsvakuolen eingeschlossen. Einige Suctorien sind zum Parasitismus übergegangen.

Die ungeschlechtliche Fortpflanzung ist eine **Knospung**, bei der ein oder mehrere **Schwärmer** entstehen. Diese sind bewimpert und kriechen oder schwimmen umher. Nach ihrer Festheftung führen sie eine **Metamorphose** durch, bei der die Wimpern reduziert und die Tentakel ausgebildet werden. Manche Arten besitzen einen Stiel oder ein Gehäuse.

Nach der Art der Knospung lassen sich die Suctoria in Exogenea und Endogenea einteilen. Bei den Exogenea werden die Knospen nach außen abgeschnürt (äußere Knospung), bei den Endogenea entsteht als Invagination der Mutterzelle ein Brutraum, in dem die Knospe zur Ausbildung kommt (innere Knospung). Der in dem Brutraum gebildete Schwärmer verläßt die Mutterzelle durch eine „Geburtsöffnung".

Exogenea: *Ephelota gemmipara*, gestielt, mit Freß- und Fangtentakeln; die Knospung führt zur Bildung mehrerer Schwärmer (Abb. 74 A, B); marin. — *Tachyblaston ephelotensis*, Wechsel einer parasitischen (an *Ephelota gemmipara*) und einer freilebenden Generation; marin.

Endogenea: *Acineta tuberosa*, gestielt, zwei Büschel von Tentakeln; marin (Abb. 74 C), — *Dendrocometes paradoxus*, Zellkörper abgeflacht, mit verzweigten Tentakeln; auf den Kiemenblättchen des Bachflohkrebses *Gammarus pulex* (Abb. 74 D).

4. Klasse Sporozoa (syn. Telosporidia), Sporentierchen

Zusammen mit Cnidosporidia etwa 4550 Arten (Stand von 1971).

Die Sporozoa oder Sporentierchen sind **Endoparasiten**, die extrazellulär in Körperhöhlen (Darmlumen, Leibeshöhle) oder intrazellulär in Gewebezellen leben. Ihre Entwicklung ist ein **haplo-homophasischer Generationswechsel** (S. 174), bei dem auf

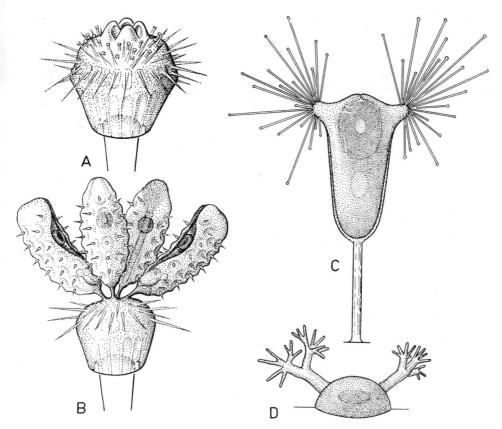

Abb. 74. Suctoria. **A, B.** *Ephelota gemmipara.* Exogene Knospung (vier Schwärmer).
— Nach GRELL. **C.** *Acineta tuberosa.* Endogene Knospung (ein Schwärmer). **D.** *Dendrocometes paradoxus.*

eine geschlechtliche Zellfortpflanzung oder **Gamogonie** (Gamonten, Gameten, Zygoten) eine ungeschlechtliche Vielteilung folgt. Letztere wird als **Sporogonie** bezeichnet und führt zur Entstehung der Sporozoiten, sichelförmigen Zellen, die bei den meisten Sporozoa zu mehreren in festen Kapseln, den **Sporen**, eingeschlossen sind. Diese dienen der Verbreitung und Übertragung auf andere Wirte.

Bei vielen Sporozoa, insbesondere bei allen Gewebsschmarotzern, ist der Gamogonie eine weitere ungeschlechtliche Vielteilung vorgeschaltet, die als **Schizogonie** bezeichnet wird und zu einer Vermehrung innerhalb des Wirtes führt. In diesem Falle entwickeln sich die Sporozoiten nicht zu Gamonten, die sich geschlechtlich fortpflanzen, sondern zu Schizonten, die durch multiple Teilung Merozoiten erzeugen. Diese können wieder zu Schizonten heranwachsen oder sich, meist nach mehreren Schizogonien, zu Gamonten entwickeln.

Elektronenmikroskopische Untersuchungen ergaben, daß die Entwicklungsstadien der Sporozoa, welche in Wirtszellen eindringen (Sporozoiten, Merozoiten), am Vorderpol einen Komplex von Strukturen (Conoid, Rhoptrien, Micronemen) ausbilden, die spezifisch angeordnet sind und offenbar die Bedeutung eines „Penetrationsorganells" haben (Abb. 75). Allerdings ist nicht bekannt, ob und wie diese Strukturen zusammenwirken.

Während die Sporozoiten und Merozoiten keine äußerlich erkennbaren Bewegungsorganelle zeigen, sind die Gameten, soweit sie überhaupt bewegungsfähig sind, meistens mit Geißeln ausgestattet.

Die heranwachsenden Stadien (Gamonten, Schizonten) nehmen die in den Körperhöhlen oder Gewebszellen verfügbaren Nährstoffe durch die Zellhülle auf, wobei als „Microporen" bezeichnete Stellen offenbar die Bedeutung von „Microcytostomen" haben.

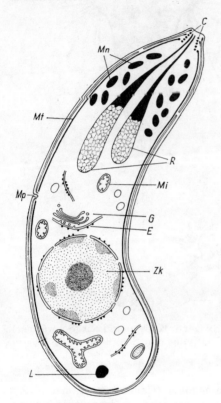

Abb. 75. Sporozoa. Schematischer Längsschnitt durch ein Infektionsstadium mit „Penetrationsorganell". — **C** Conoid, **E** Zisterne des endoplasmatischen Reticulums, **G** Golgi Komplex, **L** Lipoid, **Mi** Mitochondrium, **Mn** angeschnittene Micronemen, **Mp** Microporus, **Mt** subpelliculäre Microtubuli, **R** Rhoptrien, **Zk** Zellkern. — Nach PORCHET HENNERÉ & VIVIER 1971.

Lange Zeit wurden auch andere Parasiten, die „Sporen" bilden, zu den Sporozoa gerechnet (z.B. die „Cnidosporidia", S. 241). Heute wird der Begriff jedoch wieder in seiner ursprünglichen Bedeutung verwendet, d. h. es werden nur noch die Gregarinida und Coccidia als Sporozoa aufgefaßt, die früher als „Telosporidia" zusammengefaßt wurden. Sie unterscheiden sich durch die Art ihrer geschlechtlichen Fortpflanzung.

1. Ordnung Gregarinida

Die geschlechtliche Fortpflanzung der Gregarinen beginnt damit, daß sich zwei Gamonten zusammenlegen (**Gamontogamie**) und gemeinsam encystieren. In der Gamontencyste bildet jeder Gamont durch Vielteilung zahlreiche Gameten aus, die paarweise kopulieren. Die Zygoten werden unmittelbar zu den Sporen. Die Sporogonie besteht nur in **einer Vermehrungsperiode** und spielt sich innerhalb der Spore ab. Auf die erste Kernteilung, die zur Chromosomenreduktion führt, folgen in der Regel zwei weitere Kernteilungen, so daß die fertige Spore acht Sporozoiten enthält.

Die Gregarinen sind häufige Parasiten von Anneliden und Arthropoden. Einige kommen in anderen Metazoen (z. B. Nemertinen, Echinodermen, Ascidien) vor.

1. Unterordnung Eugregarinida

Bei den Eugregarinida, zu denen die meisten Gregarinen gehören, fehlt die Schizogonie. Die Entwicklung spielt sich größtenteils in Körperhöhlen, am häufigsten im Darmlumen, ab und beginnt damit, daß die durch Aufplatzen der Sporen freigewordenen Sporozoiten zu den Gamonten heranwachsen. In vielen Fällen dringen die Sporozoiten zunächst in Wirtszellen ein, die sie dann aber wieder verlassen, um die Wachstumsphase extrazellulär fortzusetzen. Da die Wachstumsphase oft recht lange dauert, erreichen die Gamonten mancher Arten eine beträchtliche Größe. *Porospora gigantea* aus dem Darm des Hummers kann beispielsweise 1 cm lang werden.
Die Gamonten haben auch die Fähigkeit der Eigenbewegung. Manche Gregarinen, z. B. die in Polychaeten lebenden *Selenidium*-Arten, führen lebhafte Schlängelbewegungen aus. Andere zeigen peristaltische Formveränderungen. Vielfach beschränkt sich die Bewegung jedoch auf ein langsames Dahingleiten, das nur gelegentlich von Krümmungen unterbrochen wird.

Die verschiedenen Bewegungsformen lassen sich wahrscheinlich alle auf die Kontraktilität subpellicularer Fibrillen zurückführen. Rasterelektronenmikroskopische Aufnahmen sprechen dafür, daß die Gleitbewegung auf Undulationen von Falten der Pellicula beruht, die bei vielen Gregarinen von vorn nach hinten verlaufen.

Wenn die Gamonten eine bestimmte Größe erreicht haben, legen sie sich paarweise zusammen, bei den Monocystidae seitlich, bei den Polycystidae entweder mit den Vorderenden oder hintereinander, so daß ein Vordergamont (Primit) und ein Hintergamont (Satellit) unterschieden werden kann. Einige Beobachtungen sprechen dafür, daß die Gamonten sexuell differenziert sind, vor allem die Tatsache, daß es neben isogameten auch anisogamete Arten gibt, bei denen sich die von den Gamonten gebildeten Gameten mehr oder weniger deutlich voneinander unterscheiden. Kopulieren können nur die verschiedengeschlechtlichen Gameten.

Bei der Gametenbildung wird meistens nicht das ganze Cytoplasma aufgeteilt. Häufig bleibt ein „Restkörper" übrig, der später zugrunde geht. In jedem Falle enthält die Gamontencyste nach der Kopulation der Gameten zahlreiche Zygoten, die sich mit einer festen, oft aus zwei Klappen bestehenden Hülle umgeben und dann als Sporen bezeichnet werden.

Von einem geeigneten Wirtstier gefressen, platzen sie unter der Einwirkung von Verdauungsenzymen an vorgebildeten Nahtstellen auf. Bei Arten, die nicht im Darmlumen leben, müssen die Sporozoiten dann den endgültigen Ort ihres Schmarotzerlebens (z. B. die Samenblasen des Regenwurms) aufsuchen.

1. Familie Monocystidae. Zellkörper des Gamonten nicht gegliedert. Hauptsächlich in den Samenblasen von Oligochaeta. Die Sporozoiten dringen hier in die sogenannten Samenfollikel oder Blastophoren ein, an deren Peripherie die Spermien differenziert werden. Sobald sie zu Gamonten herangewachsen sind, werden die Reste der Samenfollikel mit den Spermien abgestreift. Die Paarung der Gamonten erfolgt daher extrazellulär (Abb. 76).
Monocystis agilis, *Nematocystis magna* und *Rhynchocystis pilosa* in *Lumbricus terrestris* und anderen Regenwurm-Arten.

2. Familie Polycystidae. Zellkörper des Gamonten gegliedert. Er ist durch ein ectoplasmatisches Septum in einen vorderen Abschnitt oder **Protomerit** und einen hinteren Abschnitt oder **Deutomerit** geteilt, von denen der letztere wesentlich größer ist und den Zellkern enthält. Bei den jungen Gamonten setzt sich der Protomerit in einen Haftfortsatz

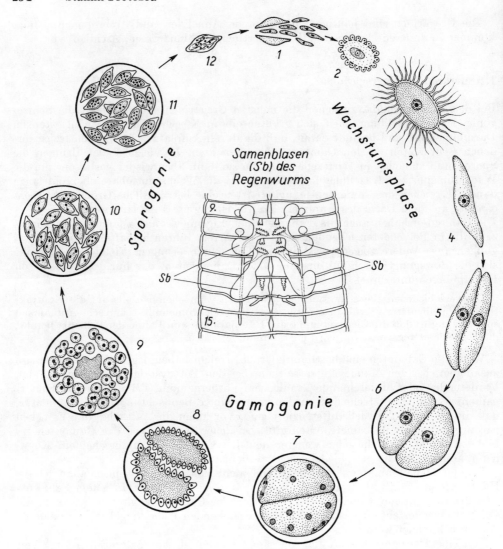

Abb. 76. *Monocystis.* Entwicklungszyklus. Der Sitz des Parasiten, die Samenblasen des Regenwurms, ist in der Bildmitte dargestellt (nach KÜKENTHAL, MATTHES & RENNER). — **1** Spore mit auschlüpfenden Sporozoiten, **2—3** Wachstum eines Sporozoiten in einer Blastophore, **4** Gamont, **5** Paarung zweier Gamonten (Gamontogamie), **6** Gamontencyste, **7** Kernvermehrung, **8** Ausbildung der Gameten, **9** Kopulation der Gameten, Zygoten, **10** Sporen mit zwei Kernen, **11** Sporen mit vier oder acht Kernen, **12** reife Spore mit acht Sporozoiten. — Kombiniert nach verschiedenen Autoren.

oder **Epimerit** fort, mit dem er sich noch eine Zeitlang an der Wirtszelle verankern kann, in die er als Sporozoit eingedrungen ist (Abb. 77). Später wird der Epimerit, dessen Form und Größe artspezifisch verschieden sind, abgeworfen.

Gregarina polymorpha, G. cuneata, G. steini im Darm der Larve des Mehlkäfers *Tenebrio molitor*. — *Porospora gigantea* im Darm des Hummers. — *Stylocephalus longicollis* im Darm des Totenkäfers *Blaps mortisaga*. — *Echinomera hispida* im Darm des Tausendfußes *Lithobius forficatus*.

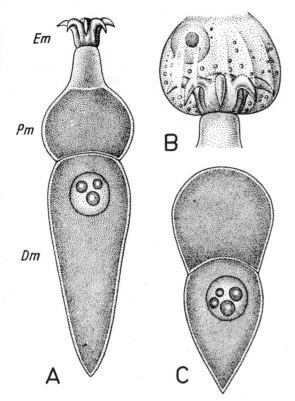

Abb. 77. *Corycella armata.* **A.** Ganze Zelle (Gamont). **B.** Epimerit, in der Wirtszelle befestigt. **C.** Gamont nach Abwurf des Epimeriten. — **Dm** Deutomerit, **Em** Epimerit, **Pm** Protomerit. — Nach Léger.

2. Unterordnung Schizogregarinida

Bei den Schizogregarinida geht der Gamogonie eine **Schizogonie** voraus. In der Regel werden die Sporen durch das Wirtstier mit der Nahrung aufgenommen. Die im Darmlumen ausschlüpfenden Sporozoiten suchen dann ein bestimmtes Gewebe (z. B. den Fettkörper eines Insektes) auf und wachsen intrazellulär zu Schizonten heran. Die durch Schizogonie gebildeten Merozoiten können weitere Zellen befallen und erneut zu Schizonten werden, so daß das befallene Gewebe schließlich weitgehend von Parasiten überschwemmt ist. Bei einem bestimmten Grad der Infektion setzt die Gamogonie ein. Es entstehen Gamonten, die sich innerhalb der Wirtszellen paarweise vereinigen, so daß, über das ganze Gewebe verteilt, zahlreiche Gamontencysten gebildet werden, die am Ende der Sporogonie mit Sporen angefüllt sind.

Während die parasitäre Wirkung der Eugregarinida gering ist, sind die Schizogregarinida für ihre Wirte gefährlich, da sie das betreffende Gewebe weitgehend außer Funktion setzen.

Mattesia dispora, im Fettkörper von Raupen der Mehlmotte *Ephestia kuehniella*. — *Lipocystis polyspora*, im Fettkörper der Schnabelfliege *Panorpa communis*.

2. Ordnung Coccidia

Die geschlechtliche Fortpflanzung der Coccidia unterscheidet sich von der der Gregarinida dadurch, daß der weibliche Gamont oder Macrogamont keine Vielteilung durch-
führt, sondern sich unmittelbar in den befruchtungsfähigen Macrogameten verwandelt. Dieser ist daher ziemlich groß und unbeweglich. Der männliche Gamont
oder Microgamont teilt sich dagegen in mehr oder weniger viele Microgameten auf,
die klein und beweglich sind. Bei den meisten Arten sind sie begeißelt und suchen
den Macrogameten aktiv auf. Die Coccidia haben daher immer eine ausgeprägte
Oogametie. Eine Paarung der Gamonten (Gamontogamie) findet nur bei den Adeleidae
statt. Nach der Befruchtung zieht sich der Plasmakörper der Zygote etwas zusammen,
so daß sich ihre Hülle als „Befruchtungsmembran" deutlich vom Cytoplasma abhebt.
Die Zygote wird dann als Oocyste bezeichnet.

Die Sporogonie besteht in **zwei Vermehrungsperioden.** Für die Prophase der ersten
Teilung, die zur Chromosomenreduktion führt, ist kennzeichnend, daß sich der Kern
spindelartig in die Länge streckt („Befruchtungsspindel"). Dabei findet die Paarung
der homologen Chromosomen statt. Das Ergebnis der ersten Vermehrungsperiode
sind zahlreiche an der Peripherie liegende Kerne. Anschließend wird der Plasmakörper, oft unter Zurücklassung eines „Restkörpers", in gleich große Tochterzellen
aufgeteilt, die sich dann zu den Sporen differenzieren. Die in der Oocyste liegenden
Sporen sind zunächst einkernig. Die zweite Vermehrungsperiode spielt sich innerhalb
der Sporen ab und führt zur Ausbildung der Sporozoiten. Sowohl die Anzahl der
Sporen innerhalb der Oocyste als auch die Anzahl der Sporozoiten kann artspezifisch
verschieden sein. Manchmal dienen die ganzen Oocysten, manchmal nur die Sporen
zur Übertragung auf einen anderen Wirt. Wenn die Sporozoiten mit dem Speichel
eines blutsaugenden Insekts übertragen werden, unterbleibt die Bildung von Sporen,
d. h. die Sporogonie besteht nur in einer Vermehrungsperiode: In der Oocyste entstehen gleich die Sporozoiten (Haemosporidae).

1. Unterordnung Protococcidia

Wie bei den Eugregarinida fehlt die Schizogonie. Die Entwicklung spielt sich überwiegend extrazellulär ab.

> *Eucoccidium dinophili*, in der Leibeshöhle des Archianneliden *Dinophilus gyrociliatus*.
> — *Coelotropha durchoni*, in der Leibeshöhle des Polychaeten *Nereis diversicolor*.

2. Unterordnung Schizococcidia

Der Gamogonie ist eine **Schizogonie** vorgeschaltet. Bei manchen Schizococcidia findet
ein Wirtswechsel statt, indem sich die Schizogonie in dem einen, die Gamogonie und
die Sporogonie in dem anderen Wirt abspielen. Da es sich bei den Schizococcidia um
Gewebeparasiten handelt, die den größten Teil ihrer Entwicklung intrazellulär ver-
bringen, können manche Arten Krankheiten (Coccidiosen) hervorrufen, die von
großer volkswirtschaftlicher und medizinischer Bedeutung sind. Für den Menschen
sind vor allem die Malaria-Erkrankungen wichtig (S. 240).

1. Familie Eimeriidae. Bei den Eimeriiden entwickeln sich Macro- und Microgameten getrennt voneinander. Die Microgameten haben meistens drei Geißeln, von denen eine
streckenweise mit der Zellhülle verbunden oder als undulierende Membran ausgebildet ist.
Die Sporogonie besteht in zwei Vermehrungsperioden. Besonders häufig werden Epithelzellen befallen. — Zahlreiche Eimeriidae spielen als Krankheitserreger eine wichtige Rolle.

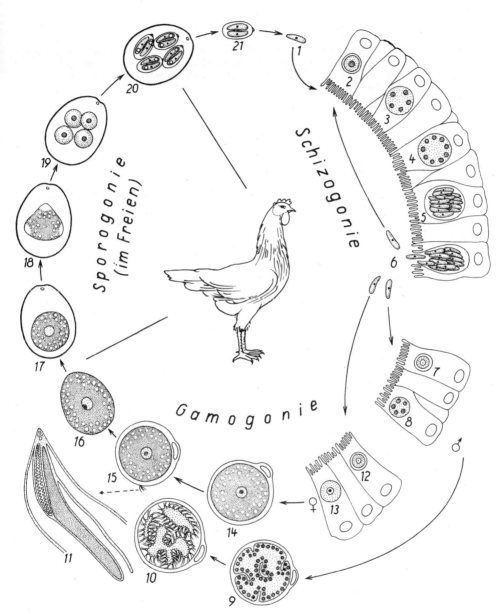

Abb. 78. *Eimeria maxima*. Entwicklungszyklus. Schizogonie (**1—6**) und Gamogonie (**7—15**) finden im Darmepithel des Huhnes statt. Die Wirtszellen mit den erwachsenen Macrogamonten (**14**) und sich teilenden Microgamonten (**9, 10**) gleiten aus dem Epithelverband. **11** Vergrößertes Schema eines Microgameten (nach elektronenmikroskopischen Aufnahmen). **15** Microgamet dringt durch die Wirtszelle in den Macrogameten. **16** Zygote (Oocyste). **17—20** Sporogonie in der Oocystenhülle. **21** Reife Spore mit zwei Sporozoiten. — Nach Scholtyseck, stark verändert.

Eimeria: Oocysten mit vier Sporen; in jeder Spore zwei Sporozoiten. — *E. schubergi*, im Darm des Tausendfußes *Lithobius forficatus*. — *E. stiedae*, in den Gallengängen des Kaninchens; Erreger der Kaninchencoccidiose. — *E. perforans, E. magna*, im Dünndarmepithel des Kaninchens. — *E. zuerni*, Erreger der „roten Ruhr" der Rinder. — *E. tenella, E. maxima* (Abb. 78) und andere Arten, Erreger der Geflügelcoccidiose. — *Isospora*: Oocyste mit zwei Sporen; in jeder Spore vier Sporozoiten. — *I. belli* kommt gelegentlich beim Menschen vor, ist aber ungefährlich. — *Aggregata eberthi*; die Entwicklung spielt sich in zwei Wirten ab (Wirtswechsel), und zwar die Schizogonie in Schwimmkrabben (z.B. *Macropipus depurator*), die Gamogonie und Sporogonie in dem Tintenfisch *Sepia officinalis*, welcher die Krabben frißt.

Neuere Untersuchungen haben ergeben, daß auch die als Toxoplasmen und Sarcosporidier bezeichneten Parasiten, die früher zu anderen Gruppen gestellt oder zunächst überhaupt nicht systematisch eingeordnet wurden, zu den Coccidia gehören.

Von den **Toxoplasmen** ist nur eine Art, *Toxoplasma gondii*, bekannt. Diese ist allerdings weltweit verbreitet und wurde bei verschiedenen Vögeln und Säugetieren, einschließlich des Menschen, gefunden. Die Parasiten treten hier als wachsende Einzelzellen, sogenannte Trophozoiten, in Zellen verschiedener Gewebe (vor allem Gehirn, reticuloendotheliales System) auf und pflanzen sich durch eine besondere Art der Zweiteilung (Endodyogenie) fort. Nach einer Vermehrungsperiode werden Hunderte von Trophozoiten von einer gemeinsamen Cystenhülle umschlossen. Die Parasiten können in verschiedener Weise (Carnivorie, Exkremente) auf andere Wirte übertragen werden.

Beim erwachsenen Menschen verläuft der Befall meistens symptomlos. Foeten können über die Plazenta der Mutter infiziert werden. Bei Neugeborenen und heranwachsenden Kindern kann es dann zum Krankheitsbild der **Toxoplasmose** (Hydrocephalus, Chorioretinitis) kommen. Vielfach führt die Infektion zu Totgeburten.

Auch die **Sarcosporidier,** zu denen mehrere Arten, z.B. *Sarcocystis tenella*, gehören, kommen bei verschiedenen Wirten vor. Am längsten bekannt sind die als „Mieschersche Schläuche" bezeichneten schlauchförmigen Cysten in der Oesophagus-Muskulatur von Schlachttieren (Rinder, Schafe). Sie enthalten Hunderte von Trophozoiten, die früher fälschlicherweise als „Sporen" bezeichnet wurden.

Ein Hinweis auf die Zugehörigkeit zu den Sporozoa ergab sich zunächst daraus, daß sowohl die Trophozoiten der Toxoplasmen als auch die der Sarcosporidier den für die intrazellulären Infektionsstadien charakteristischen Komplex von Strukturen am Vorderpol aufweisen (S. 231). Wurden die Trophozoiten von *Taxoplasma gondii* an Katzen verfüttert, die vorher parasitenfrei gehalten worden waren, so ließen sich nach einiger Zeit im Dünndarmepithel Stadien der Schizogonie, Gamogonie und Sporogonie nachweisen, wobei die Oocysten dem *Isospora*-Typ (zwei Sporen mit je vier Sporozoiten) entsprachen. Umgekehrt konnte man durch Verfütterung von Oocysten an geeignete parasitenfreie, Versuchstiere Infektionen mit den schon vorher bekannten Entwicklungsstadien von *Toxoplasma* erhalten. Man nimmt daher an, daß die Katzen die „eigentlichen" Wirte, die verschiedenartigen anderen Wirbeltiere dagegen Nebenwirte sind, in denen sich die Parasiten nur durch die für Sporozoa sonst nicht übliche Zweiteilung fortpflanzen können.

Infektionsversuche mit *Sarcocystis*-Arten haben ergeben, daß hier ein obligatorischer Wirtswechsel vorliegt: In einem „Beutewirt" (Schlachttier, z.B. Schaf) erfolgen die Zellteilungen (Endodyogenie, Schizogonie), die zur Entstehung der „Miescherschen Schläuche" führen, in einem „Freßwirt" (z.B. Hund) finden nur Gamogonie und Sporogonie statt.

Noch ungeklärt ist die Zugehörigkeit der als **Piroplasmen** bezeichneten Parasiten. Diese treten in weißen und roten Blutkörperchen (Lymphocyten, Erythrocyten) von Wirbeltieren als birnförmige, nur wenige μm große Zellen auf und pflanzen sich durch Zwei(gelegentlich durch Viel-) teilung fort. Bei intensiver Vermehrung können sie den Zerfall der Blutkörperchen herbeiführen. Ihre Übertragung auf die Wirbeltiere erfolgt durch Zecken, in deren Darm sie sich durch Zweiteilung fortpflanzen. Auch die Speicheldrüsen und Eier der Zecken werden befallen, so daß sie von den Weibchen direkt auf die Junglarven übertragen werden können.

Die Piroplasmen sind für den Menschen selbst ungefährlich, spielen aber als Krankheitserreger seiner Nutztiere eine wirtschaftliche Rolle. So ruft *Babesia bigemina* das in warmen Ländern weit verbreitete Texasfieber, *Theileria parva* das afrikanische Küstenfieber der Rinder hervor, das meistens zum Tode führt.

2. Familie Haemosporidae. Die Haemosporidae oder Blutcoccidien stimmen mit den Eimeriidae darin überein, daß sich Macro- und Microgameten unabhängig voneinander entwickeln. Sie haben jedoch stets einen **Wirtswechsel,** wobei die Schizogonie in einem Wirbel-

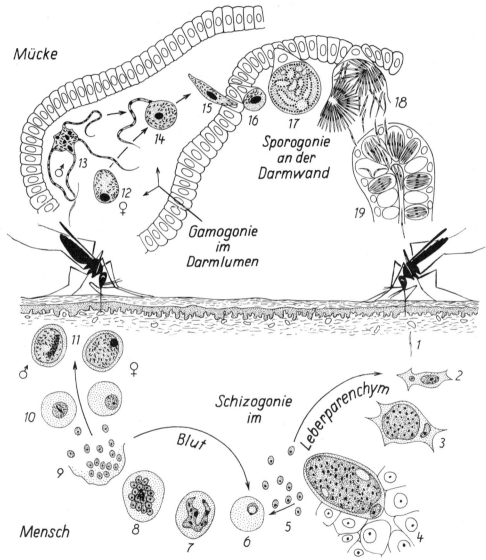

Abb. 79. *Plasmodium vivax.* Entwicklungszyklus. Schizogonie im Menschen, anfangs in den Zellen des Leberparenchyms (1—5), später in Erythrocyten (6—9). 10, 11 Gamonten (Gametocyten). Gamogonie und Sporogonie in der *Anopheles*-Mücke. 12 Macrogamet. 13 Teilung des Microgamonten in vier Microgameten. 14 Kopulation. 15 Wanderzygote (Ookinet). 16—18 Wachstum und Teilung der Oocyste in die Sporozoiten. 19 Eindringen der Sporozoiten in die Speicheldrüse. — Nach REICHENOW und PIEKARSKI, etwas verändert.

tier, die Gamogonie und die Sporogonie in einem blutsaugenden Dipter stattfinden, welches die Sporozoiten mit seinem Speichel in das Blut des Wirbeltiers überträgt. Diese Übertragungsweise hat dazu geführt, daß **keine Sporen** mehr ausgebildet werden und die Sporogonie nur in **einer** Vermehrungsperiode besteht.

Die bekanntesten und wichtigsten Haemosporidae sind die Arten der Gattung *Plasmodium*, die ihre Schizogonie in Reptilien, Vögeln oder Säugetieren (Fledermäuse, Nagetiere, Primaten) warmer Länder durchlaufen und die sogenannten **Malaria-Erkrankungen** hervorrufen. Gamogonie und Sporogonie spielen sich stets in Stechmücken (Culiciden) ab.

Die bei Vögeln (*P. praecox*, *P. cathemerium*) und Nagetieren (*P. berghei*) vorkommenden Arten lassen sich auf Labortiere (Kanarienvögel, Mäuse) übertragen und haben für die Erprobung von Malariaheilmitteln eine große praktische Bedeutung.

Beim Menschen kommen vier Arten vor, von denen *P. vivax* und *P. ovale* das Anderntags-Fieber (Tertiana), *P. malariae* das Drittetags-Fieber (Quartana) und *P. falciparum* (syn. *immaculatum*) das Tropenfieber (Tropica) hervorrufen. Als Überträger dieser Arten sind nur Stechmücken der Gattung *Anopheles* (z.B. *A. maculipennis*) bekannt.

Die Entwicklung von *P. vivax* zeigt Abb. 79. Wird ein Mensch von einer infizierten Mücke gestochen, so gelangen die Sporozoiten mit dem Speichel in das Blut (*1*). Von hier wandern sie — auf im einzelnen noch nicht genau bekannte Weise — in die Leber. In den Parenchymzellen dieses Organs wachsen sie zu großen Schizonten heran (*3, 4*), die einige Tausend Merozoiten bilden (*5*). Möglicherweise kann sich dieser Zyklus wiederholen. Auf jeden Fall können die Parasiten unter Umständen lange in der Leber bleiben (Erscheinung der Spätmanifestation), bevor die Entwicklung im Blut fortgesetzt wird. Auf die „praeerythrocytäre" folgt dann eine „erythrocytäre" Schizogonie: Die Merozoiten dringen in die roten Blutkörperchen ein (*6*), in denen sie, jedenfalls im fixierten und gefärbten Blutausstrich (Giemsa-Färbung), in der sogenannten Siegelring-Form nachzuweisen sind. Unter Kernvermehrung wachsen sie dann zu Schizonten heran, wobei sich die Erythrocyten vergrößern und eine charakteristische Tüpfelung („Schüffnersche Tüpfelung") zeigen (*7*). Schließlich teilen sie sich in etwa 16—24 Merozoiten, die durch den Zerfall der Erythrocyten frei werden (*8, 9*). Die erythrocytäre Schizogonie kann sich mehrfach wiederholen und verläuft verhältnismäßig synchron. Unmittelbar nach dem Zerfall der Erythrocyten reagiert der Organismus mit einem Fieberanfall. Die Rhythmik dieser Anfälle, die allerdings nur bei der Tertiana und Quartana deutlich ist, hat zu dem Namen „Wechselfieber" geführt. Ein Teil der Merozoiten entwickelt sich nicht zu Schizonten, sondern zu Gamonten (Gametocyten), die sich im Menschen nicht weiterentwickeln können (*10, 11*). Obwohl etwa gleich groß, lassen sich Macro- und Microgamont im gefärbten Präparat voneinander unterscheiden.

Saugt eine Mücke an einem malariakranken Menschen, so gelangen die genannten Stadien in ihren Darm. Hier können sich aber nur die Gamonten weiterentwickeln. Während sich die Macrogamonten in Macrogameten verwandeln (*12*), führen die Microgamonten eine Vielteilung durch, bei der 4 oder 8 geißelförmige Microgameten gebildet werden (*13*). Die durch die Befruchtung (*14*) entstandene Zygote ist beweglich und wird als Ookinet bezeichnet (*15*). Sie dringt durch das Darmepithel und entwickelt sich an der Darmwand zur Oocyste (*16*). In dieser entstehen mehrere Hundert Sporozoiten, die durch Platzen der Hülle in die Leibeshöhle gelangen (*17, 18*) und schließlich in die Speicheldrüse der Mücke einwandern. Hier begeben sie sich gleichsam auf „Wartestellung" (*19*). Wenn die Mücke wieder einen Menschen sticht, beginnt der Zyklus von neuem.

Die Malaria-Erkrankungen spielten früher eine große Rolle, weil in den sogenannten „Malaria-Gebieten" in jedem Jahr ein erheblicher Teil der Bevölkerung durch Krankheit oder Tod ausfiel. Heute lassen sie sich durch geeignete Bekämpfungsmaßnahmen, die sich sowohl gegen die übertragenden *Anopheles*-Mücken, als auch gegen die Parasiten im Menschen selbst richten (Chemotherapeutika, z.B. Resochin), weitgehend eindämmen.

3. Familie Adeleidae. Die Adeleidae stimmen mit den Gregarinen darin überein, daß die geschlechtliche Fortpflanzung mit einer paarweisen Vereinigung der Gamonten (Gamontogamie) beginnt. Da sich der Macrogamont unmittelbar in den Macrogameten verwandelt, während der Microgamont durch eine, wenn auch meistens nur aus wenigen Schritten bestehende Vielteilung mehrere Microgameten bildet, erweisen sie sich jedoch als echte Coccidien. Außerdem besteht die Sporogonie in zwei Vermehrungsperioden.

Adelina deronis, in der Leibeshöhle des Polychaeten *Dero limosa*. — *Klossia helicina*, im Nierenepithel verschiedener Lungenschnecken.

5. Klasse Cnidosporidia

Zusammen mit Sporozoa etwa 4550 Arten (Stand von 1971).

Die Cnidosporidia wurden eine Zeitlang mit den „Telosporidia" in der Klasse „Sporozoa" vereinigt, da sie ebenfalls Parasiten sind und sich durch Sporen verbreiten. Ihre völlig andere Entwicklung und der andersartige Aufbau ihrer Sporen lassen es aber geraten erscheinen, sie von diesen wieder abzutrennen.

Allerdings ist es fraglich, ob sich die für sie geschaffene Klasse aufrechterhalten läßt, da das einzige gemeinsame Merkmal der Cnidosporidia die Ausstattung der Sporen mit **Polfäden** ist (S. 179). Dabei handelt es sich um schraubig aufgewickelte Schläuche, die — wie die Nesselfäden der Cnidarier — handschuhfingerartig ausgestülpt werden können. Die Sporen enthalten keine Sporozoiten, sondern eine als **Amoeboidkeim** (Amoebula) bezeichnete Zelle, welche den Ausgangspunkt der Entwicklung in dem befallenen Wirt bildet. Eine weitere, wenn auch negative und taxonomisch wenig gewichtige Übereinstimmung ist das Fehlen begeißelter Stadien.

1. Unterklasse Microsporidia

Die Microsporidia sind kleine, innerhalb von Wirtszellen lebende Parasiten. Ihre **Sporen** sind oval und erreichen nur eine Länge von wenigen Mikrometern. Sie enthalten einen einkernigen **Amoeboidkeim**, der von dem dicht unter der Sporenhülle verlaufenden Polfaden spiralig umwunden wird. An seiner Ansatzstelle dringt der Polfaden durch eine als Polaroplast bezeichnete Plasmamasse (eine Bildung des Golgi-Komplexes), die vielleicht bei der Ausstülpung des Polfadens eine Rolle spielt. Es handelt sich hierbei jedoch nicht um eine besondere Zelle (Abb. 80 A).

Sobald die Spore in einen geeigneten Wirt gelangt ist, soll der Amoeboidkeim den ausgestülpten Polfaden, der nach neueren Angaben aktiv in die Wirtszelle eindringt, als Injektionsschlauch benutzen. In der Wirtszelle findet dann eine lebhafte Vermehrung durch Zwei- oder Vielteilung statt. Manchmal sind die sich teilenden Zellen hefeartig aneinandergereiht. Alle Abkömmlinge dieser Vermehrungsperiode sind amoeboide Zellen und wandeln sich einzeln in Sporen um (Abb. 80 B).

Für verschiedene Gattungen wird allerdings angegeben, daß am Ende der Vermehrungsperiode plasmodiale Stadien von bestimmter Kernzahl vorliegen, in denen eine entsprechende Anzahl von Sporen gebildet wird. Die Sporen können unter Umständen noch einige Zeit von einer gemeinsamen Hülle umschlossen bleiben. In Analogie zu den Verhältnissen bei den Myxosporidia werden derartige Stadien als „Pansporoblasten" bezeichnet.

Da vor der Sporenbildung gelegentlich Parasiten mit zwei dicht nebeneinanderliegenden Kernen gefunden wurden (dikaryotische Stadien), hat man vermutet, daß — ähnlich wie bei den Myxosporidia (S. 244) — eine autogame Kernverschmelzung erfolgt.

Die Wirtszelle, die bei manchen Arten durch die Parasiten zu einem übernormalen Wachstum (Hypertrophie) angeregt wird, ist schließlich ganz von Sporen ausgefüllt. Viele Microsporidia rufen daher — durch Ausschaltung der befallenen Gewebe —

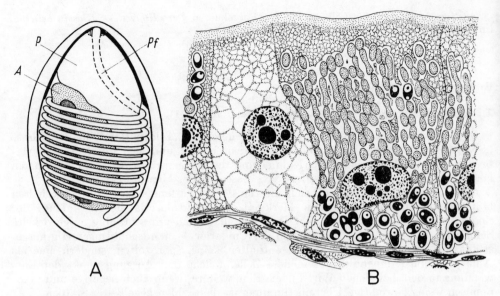

Abb. 80. Microsporidia. **A.** Schema einer Spore (*Thelohania*). — **A** Amoeboidkeim, **P** Polaroplast, **Pf** Polfaden. — Nach KUDO & DANIELS. **B.** *Nosema bombycis*. Darmepithelzellen der Seidenraupe mit Teilungsstadien und Sporen. — Nach STEMPELL.

Krankheitserscheinungen hervor, die für den Wirt tödlich enden können. Einige dieser Krankheiten treten epidemisch auf (Bienenruhr, Seidenraupen-Pébrine) und sind von volkswirtschaftlicher Bedeutung.

In erster Linie kommen Microsporidia bei Arthropoda und Fischen vor, manche befallen andere Gruppen, z. B. Protozoa, Trematoda und Bryozoa.

Nosema apis, im Darmepithel der Honigbiene, Erreger der „Bienenruhr". — *N. bombycis* (Abb. 80B), in verschiedenen Geweben der Seidenraupe, Erreger der „Fleckenkrankheit" (Pébrine). — *Glugea anomala*, in der Muskulatur des Stichlings.

2. Unterklasse Myxosporidia

Die Myxosporidia sind extrazelluläre Parasiten von Meeres- und Süßwasserfischen, die entweder in Hohlorganen (Gallenblase, Harnblase) oder in Spalträumen von Geweben (sogenannte diffuse Infiltration) vorkommen. Ihre **Sporen** sind meistens zweiklappig und enthalten zwei — selten drei oder vier — **Polkapseln**, in denen je ein Polfaden aufgewunden ist. Zum Unterschied von den Sporen der Microsporidia werden die der Myxosporidia von mehreren Zellen aufgebaut (Abb. 81 A).

Gelangt die Spore in den Darm des Wirtes, so werden die Polfäden ausgeschleudert. Sie dienen offenbar nur zur Verankerung an der Darmwand. Durch Aufplatzen der Spore wird der Amoeboidkeim frei. Er muß den Sitz seines Parasitendaseins (z. B. die Gallenblase) aktiv aufsuchen.

Der Amoeboidkeim wächst hier zu einem flachen, oft mehrere Millimeter großen **Plasmodium** heran, das amoeboid beweglich und oft deutlich in Ecto- und Endoplasma geschieden ist.

Die Wachstumsphase ist von einer Kernvermehrungsperiode begleitet. Während ein Teil der Kerne von Anfang an somatisch bleibt, sich also nicht an der Sporen-

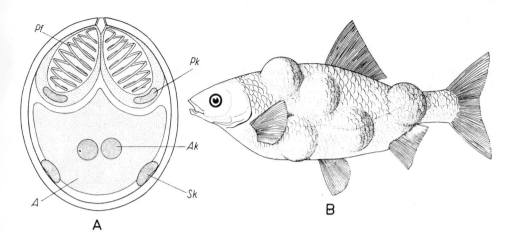

Abb. 81. Myxosporidia. **A.** Schema einer Spore (*Myxobolus*). — **A** Amoeboidkeim, **Ak** Amoeboidkeimkerne, **Pf** Polfaden, **Pk** Polkapselkern, **Sk** Schalenkern. **B.** *Leuciscus rutilis* (Plötze) mit Beulen, die durch eine *Myxobolus*-Infektion hervorgerufen wurden. — Nach POISSON aus GRASSÉ.

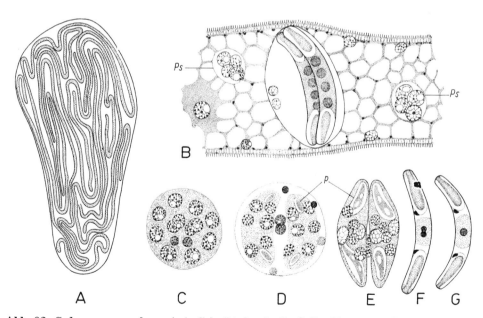

Abb. 82. *Sphaeromyxa sabrazesi.* **A.** Schnitt durch die Gallenblase eines Seepferdchens mit zahlreichen Plasmodien. **B.** Schnitt durch ein Plasmodium mit sich entwickelnden Pansporoblasten (**Ps**) und einem reifen Pansporoblasten (Mitte), der zwei Sporen enthält. 1200 ×. **C—G.** Entwicklung eines Pansporoblasten. 1200 ×. — **P** Polkapseln. — Nach SCHRÖDER.

bildung beteiligt, umgeben sich andere Kerne mit einem Bereich dichteren, durch eine Membran abgegrenzten Cytoplasmas, so daß es zu einer Art freier Zellbildung innerhalb des Plasmodiums kommt. Diese Zellen werden als Sporoblasten oder, da in ihnen meistens zwei oder mehr Sporen gebildet werden, als **Pansporoblasten** bezeichnet. Über die Einzelheiten der Sporenbildung herrschen verschiedene Auffassungen. Bei Arten, die zwei Sporen bilden, teilt sich der Pansporoblast wahrscheinlich zunächst in zwei von einer gemeinsamen Hülle umschlossene Sporoblasten. In jedem Sporoblast finden dann mehrere Kernteilungsschritte statt, die zur Ausbildung der sogenannten Hüllkerne, der Schalenklappenkerne, der Polkapselkerne und der Amoeboidkeimkerne führen. Bis auf die letzteren sind alle Kerne somatisch. Ihnen entsprechen, wenigstens zu Beginn der Sporenbildung, eigene Plasmabereiche. In der reifen Spore gehen sie zugrunde.

Nach den meisten Angaben enthält der **Amoeboidkeim** zunächst zwei generative Kerne, die miteinander verschmelzen und daher als Gametenkerne bezeichnet werden können. Häufig scheint die Karyogamie erst nach dem Ausschlüpfen des Amoeboidkeims zu erfolgen. Wenn die Angabe richtig ist, daß die Meiose mit der Bildung der Gametenkerne verbunden ist, wären die Myxosporidia **Diplonten mit gametischer Meiose**, und ihre geschlechtliche Fortpflanzung müßte als ein extremer Fall von Autogamie betrachtet werden (Abb. 82).

In manchen Fällen scheint sich das Plasmodium, das aus dem Amoeboidkeim hervorgeht, selbst zu teilen, bevor die Sporenbildung einsetzt. Es soll auch vorkommen, daß Plasmodien nur einen Pansporoblasten bilden oder sich als Ganzes in einen Pansporoblasten verwandeln.

Sphaeromyxa sabrazesi, in der Gallenblase des Seepferdchens (Abb. 82). — *Myxobolus pfeifferi*, in der Muskulatur der Barbe, Erreger der sogenannten Beulenkrankheit. Andere Arten in anderen Süßwasserfischen (Abb. 81). — *Myxosoma cerebrale*, im Knorpel von Regenbogenforellen und Bachsaiblingen, Erreger der sogenannten Drehkrankheit. — *Chloromyxum leydigi*, in der Gallenblase von Selachiern. — *Myxidium lieberkuehni*, in der Harnblase des Hechtes.

3. Unterklasse Actinomyxidia

Die Actinomyxidia haben dreiteilige Sporen mit drei Polkapseln und mehreren Amoeboidkeimen. Ihre Entwicklung ist noch weitgehend unbekannt. Anscheinend entspricht jedes Individuum einem Pansporoblasten. Parasiten von Oligochaeta und Sipunculida.

Sphaeractinomyxon stolci, in *Clitellio arenarius*. — *Triactinomyxon ignotum* in *Tubifex tubifex*.

Unterreich Metazoa, Vielzeller, Gewebetiere

Bisher etwa 1,23 Millionen rezente Arten beschrieben. — Die größten lebenden Wasserbewohner sind die Bartenwale (Blauwal: bis 30 m lang und 130 t schwer) und die Riesentintenfische (*Architeuthis*: 22 m lang, etwa 45 t schwer; offenbar gibt es aber auch noch größere Exemplare). Der Schnurwurm (Nemertini) *Lineus longissimus* wird ausgestreckt bei nur 9 mm Durchmesser bis 30 m lang. Die größten Landtiere sind die Elefanten (Afrikanischer Elefant: Widerristhöhe bis etwa 3,30 m, etwa 3 t schwer); das größte ausgestorbene Landtier war der zu den Saurischia gehörende Dinosaurier *Brachiosaurus brancai* mit über 22 m Länge und schätzungsweise 80 t Gewicht, der im Oberen Jura vor rund 125 Millionen Jahren lebte. Der parasitisch auch im Menschen lebende Bandwurm *Diphyllobothrium latum* kann bis zu 20 m Länge erreichen.

Diagnose

Die Metazoa sind vielzellige Eukaryota, die aus Körper- (somatischen) und Fortpflanzungs- (generativen) Zellen bestehen. Die somatischen Zellen sind morphologisch differenziert, wobei typengleiche Zellen in der Regel zu Geweben zusammengeschlossen sind; mit der morphologischen Differenzierung geht eine Arbeitsteilung, also eine physiologische Differenzierung, einher.

Die Gewebe aller Metazoa (mit Ausnahme der durch den Parasitismus stark abgewandelten Mesozoa, S. 143) lassen sich auf die beiden „primären Keimblätter", Ectoderm und Entoderm, zurückführen (diploblastische Organisation). Bei den meisten Metazoa liegt zwischen diesen primären Schichten das Mesoderm als „sekundäres Keimblatt" eingeschoben. Diese Schicht hat vor allem Stütz- und organbildende Funktion.

Die Metazoa sind Diplonten. Die Geschlechtszellen sind in Eier und Spermien differenziert (Oogametie) und werden in der Regel von verschiedenen Individuen (Weibchen und Männchen) erzeugt. Der Bildung der Geschlechtszellen gehen die sogenannten Reifeteilungen voraus, die zu einer Reduktion der Chromosomenzahl führen (gametische Meiose). Die durch die Vereinigung (Befruchtung) von haploidem Ei und haploidem Spermium entstehende Zygote ist wieder diploid. Alle Metazoa müssen sich immer wieder aus einer einzelligen Zygote entwickeln; mit der Vielzelligkeit ist also der Vorgang der Embryonalentwicklung gekoppelt. Andere Vermehrungsweisen sind sekundäre Erscheinungen (vgl. S. 73ff.).

Der Körper der meisten Metazoa ist bilateralsymmetrisch gebaut mit Vorder- und Hinterende, Bauch- und Rückenseite. Auch in ihrer Symmetrie stark abgewandelte Formen, wie die Echinodermata, sind von bilateralen Vorfahren abzuleiten. Höchstens bei den Formen mit der „niedrigsten" Organisationsstufe, den Placozoa und den Porifera, ist das völlige Fehlen einer Symmetrie sehr wahrscheinlich der primäre Zustand.

System

Die Metazoa umfassen — nach unserer Ansicht — 24 Stämme. Diese Stämme lassen sich nach verschiedenen Gesichtspunkten zu Verwandtschaftsgruppen anordnen (S. 121 ff.). Um jedoch nicht den Eindruck einer abgeklärten Phylogenie zu erwecken, haben wir hier auf eine solche Gruppierung verzichtet. Die Stämme sind in der Reihenfolge angeordnet, wie sie bisher in diesem Lehrbuch üblich war; sie sagt nicht in allen Fällen etwas über die phylogenetischen Zusammenhänge aus.

2. Stamm Placozoa

Wahrscheinlich 2 Arten. Bis 2 mm Durchmesser.

Diagnose

Dorsoventral abgeplattete Metazoa ohne Symmetrie. Äußere Begrenzung von einer begeißelten Zellschicht gebildet, die aus einem dünnen Dorsalepithel (Epidermis) und einem dicken, der Nahrungsaufnahme dienenden Ventralepithel (Gastrodermis) besteht. Beide Epithelien am Rande des Tieres aneinanderstoßend und durch eine Zwischenschicht (Mesenchym) voneinander getrennt. Keine Organe, keine Muskel- und Nervenzellen. Freilebend im Meer. — Nur *Trichoplax adhaerens* (Taf. I A) genauer bekannt.

Anatomie und Histologie

Der Körper ist dorsoventral abgeplattet, von unregelmäßigem und zudem noch veränderlichem Umriß. Es gibt also nur eine Dorsal- und eine Ventralseite; eine Polarität vorn-hinten oder rechts-links ist nicht festzustellen.

Das Dorsalepithel (Abb. 83) besteht aus flachen Deckzellen, die eine Geißel tragen und die mit einer den Kern enthaltenden Vorwölbung in den darunterliegenden Spaltraum ragen. Zwischen den Deckzellen liegen zahlreiche „Glanzkugeln", fettartige Einschlüsse degenerierender Zellen, deren Bedeutung unbekannt ist. Diese „Glanzkugeln" fallen am lebenden Tier besonders auf (Taf. I B).

Das Ventralepithel setzt sich aus zwei Zelltypen zusammen. Es überwiegen bei weitem begeißelte Zylinderzellen. Dazwischen liegen unbegeißelte Drüsenzellen, die mit Sekrettropfen angefüllt sind. Die Zylinderzellen bilden an ihrer Oberfläche leistenförmige, zu einem Maschenwerk verbundene Fortsätze. Zwischen den Zellen des Ventralepithels ist häufig ein schaumig gegliedertes Material zu beobachten.

Spektrophotometrische Messungen ergaben, daß die — wahrscheinlich diploiden — Kerne der Epithelzellen den geringsten DNS-Gehalt haben, der bisher bei Metazoa gefunden wurde (die zehnfache Menge des *Escherichia coli*-„Chromosoms"). Die Chromosomenzahl ist 12. Die Kerne der Faserzellen sind wahrscheinlich tetraploid [9, 10].

Die Zwischenschicht besteht aus einem flüssigkeitserfüllten Spaltraum, der verschieden stark entwickelt sein kann, und den Faserzellen. Letztere sind durch lange oft verästelte Fortsätze gekennzeichnet, durch die sie miteinander in Verbindung stehen und die sich auch den Zellen der Epithelien anlegen. Ihre Mitochondrien sind besonders groß und mit etwa gleich großen Vesikeln zum sogenannten Mitochondrienkomplex zusammengeschlossen. In den Zisternen ihres endoplasmatischen Reticulums

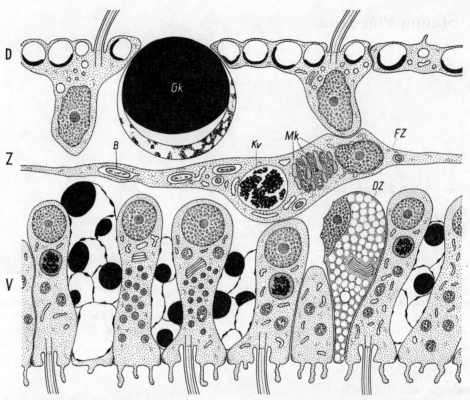

Abb. 83. *Trichoplax adhaerens.* Schema des histologischen Aufbaues. — **D** Dorsalepithel: Deckzellen und „Glanzkugeln" (**Gk**); **V** Ventralepithel: Zylinderzellen und Drüsenzellen (**DZ**); **Z** Zwischenschicht: Faserzellen (**FZ**), **Mk** Mitochondrienkomplex, **Kv** Konkrementvakuole, **B** Bakterium in endoplasmatischer Zisterne. — Nach GRELL 1972.

kommen regelmäßig Bakterien vor, wahrscheinlich als Endosymbionten. — IVANOV [7] hält die Zwischenschicht für ein Parenchym aus amoeboiden Zellen, die aus dem ventralen Epithel hervorgehen. Wir können weder die amoeboide Natur der Faserzellen bestätigen, noch gibt es einen Beweis für die Ableitung dieser Zellen aus dem Ventralepithel.

Organe sowie spezifische Muskel- und Nervenzellen fehlen den Placozoa völlig.

Fortpflanzung

Trichoplax kann sich auf ungeschlechtlichem und geschlechtlichem Wege fortpflanzen.

Die häufigste Art der ungeschlechtlichen Fortpflanzung ist die Zweiteilung. Beide Tochtertiere sind etwa gleich groß und hängen noch eine Zeitlang durch einen Verbindungsfaden zusammen (Taf. IC). — Mitunter findet eine Knospung statt, bei der ein vielzelliger „Schwärmer" abgeschnürt wird. Dieser ist doppelwandig: das Dorsalepithel liegt außen, das Ventralepithel innen. Die Fortbewegung kann daher nur durch die Geißeln des Dorsalepithels erfolgen, während die Geißeln des Ventralepithels in dem gegen die Außenwelt abgeschlossenen Lumen schlagen (Taf. ID).

Die geschlechtliche Fortpflanzung ist nur bruchstückhaft bekannt. Eine Vermischung bestimmter Klone führt zur Bildung von Oocyten bzw. Eizellen. Diese gehen wahrscheinlich aus Zellen des Ventralepithels hervor, wachsen dann aber in der Zwischenschicht heran. Dabei werden sie von einer geschlossenen Lage von Faserzellen umgeben, welche die Funktion von Nährzellen (Trophocyten) übernehmen. In den meisten Fällen bildet jedes Tier nur eine Eizelle aus (Taf. I E). Sie erreicht einen Durchmesser von 90—120 µm, wird also wesentlich größer als alle anderen Zellen (Breite einer Zylinderzelle: 1—2 µm). Die ausgewachsenen Eizellen sind prall mit Dotterkugeln angefüllt (Taf. I F, G).

Nach Abschluß der Wachstumsphase kann es zur Abscheidung einer „Befruchtungsmembran" kommen. An ihrer Bildung sind die auch von anderen Metazoa her bekannten Rinden- oder Cortex-Granula beteiligt. Innerhalb der „Befruchtungsmembran" zieht sich das Cytoplasma der Eizelle etwas zusammen. Anschließend findet eine total-aequale Furchung statt (Taf. I H—K). Unter den derzeitigen Laborbedingungen konnte diese aber nicht bis zu Ende verfolgt werden, so daß Verlauf und Ergebnis der Embryonalentwicklung noch unbekannt sind.

Obwohl es wahrscheinlich ist, daß eine Befruchtung stattfindet, ist dieser Vorgang selbst noch nicht beobachtet worden. Auch der Zeitpunkt der Meiose ist ungeklärt.

Stammesgeschichte

Trichoplax adhaerens wurde 1883 von F. E. SCHULZE [11] in der Adria entdeckt. Bereits BÜTSCHLI (1884) hielt das Tier für das ursprünglichste heute lebende Metazoon. Nachdem aber KRUMBACH (1907) *Trichoplax* als eine aberrante Larve einer Hydrozoe erkannt zu haben glaubte, erlosch das Interesse. Erst 1971 hat dann GRELL [1] das Tier einer erneuten eingehenden Untersuchung unterzogen; er konnte durch die Entdeckung der geschlechtlichen Fortpflanzung [2] *Trichoplax* als adultes Tier ausweisen.

Wir kennen heute kein freilebendes vielzelliges Tier, das so einfach organisiert ist wie *Trichoplax*. Die Dorsoventralität und die Lagebeziehung der beiden Epithelien könnten denen der hypothetischen Placula (S. 69) entsprechen (daher Stamm Placozoa [1]). Auch ein Vergleich mit der hypothetischen Phagocytella (S. 69) ist angestellt und der Stamm dementsprechend als Phagocytellozoa bezeichnet worden [7]. Denkbar wäre es aber ebenso, daß das Tier aus einer zu Boden gesunkenen und abgeplatteten Blastaea (S. 67) hervorgegangen ist. Wie immer aber auch *Trichoplax* entstanden sein mag, der Organismus ist auf alle Fälle auf einer sehr frühen Stufe der Metazoen-Entwicklung stehengeblieben; es ist sehr unwahrscheinlich, daß es sich um ein sekundär vereinfachtes Metazoon handelt.

Vorkommen und Lebensweise

Trichoplax ist ein Bewohner des Litorals warmer Meere und offenbar circumtropisch und -subtropisch verbreitet. Das Tier lebt auf Algen. Mit Hilfe der Geißeln kann es sich gleitend umherbewegen. Außerdem kann *Trichoplax* lebhafte Formveränderungen durchführen, die an die einer Amöbe erinnern. Diese müssen auf die koordinierte Tätigkeit der Faserzellen zurückgeführt werden, denn sie sind die einzigen kontraktilen Zellen. Oft verharrt das Tier längere Zeit an der gleichen Stelle.

Die Nahrungsaufnahme erfolgt durch das Ventralepithel. Futterorganismen, in erster Linie wohl Protozoen, werden durch Abscheiden von Exoenzymen vorverdaut (extrasomatische Verdauung). Gelegentlich bildet das Tier eine lokale Emporwölbung des Ventralepithels aus und führt die Vorverdauung in dem dadurch gebildeten Hohlraum („Verdauungssack") durch. Anscheinend werden die Nährstoffe unmittelbar durch die Zylinderzellen aufgenommen. Eine Phagocytose wurde nicht beobachtet.

System

Da nur zwei Arten beschrieben sind, wird auf eine Klassifikation verzichtet.

Trichoplax adhaerens, bis zu 2 mm Durchmesser, bisher bekannt aus dem Mittelmeer (Adria), dem Roten Meer, von der südlichen Atlantikküste Nordamerikas, den Bermudas, von Samoa und von Japan. — *Treptoplax reptans*, bisher nur aus dem Golf von Neapel bekannt und seit der Erstbeschreibung nicht wiedergefunden; bei ihm soll das Dorsalepithel unbegeißelt sein [8].

3. Stamm Porifera, Schwämme

Etwa 5000 Arten; die Zahl der beschriebenen Arten ist wegen der häufigen und oft stark variierenden Modifikationsformen sehr unsicher, es muß mit einer großen Zahl von Synonymen gerechnet werden. — Größe sehr unterschiedlich, zwischen wenigen Millimetern und mehreren Dezimetern; größte Art: *Spheciospongia vesparia* mit 2 m Durchmesser.

Diagnose

Festsitzende, aquatische Metazoa von meist unregelmäßiger Gestalt. Körper ohne eigentliche Organe, sondern lediglich aus einem Aggregat von Kragengeißelzellen und mehr oder weniger amoeboid beweglichen Zellen gebildet. Die Zellen ordnen sich an der Körperoberfläche zu einem von zahlreichen Poren durchlöcherten Epithel an und bilden die epitheliale Auskleidung von Wasserkanälen. Skelettelemente (aus Kalk- bzw. Kieselskleriten und/oder Sponginfasern) bei fast allen Arten vorhanden. Echte Muskel- und Nervenzellen fehlen. Entwicklung geschlechtlich über unterschiedliche Larvenformen oder ungeschlechtlich durch Knospung. Meist Meeresbewohner, nur etwa 120 Arten im Süßwasser.

Eidonomie

Die Körpergestalt der stets auf einer Unterlage festgewachsenen Tiere variiert von nur wenigen Millimeter großen, dünnen Krusten oder Klumpen bis zu strauch- oder baumartig, ja sogar netzartig verzweigten Massen und trichter- oder pilzförmigen Gestalten, die über einen Meter Größe erreichen können. Die Gestalt ist selten artspezifisch festgelegt, sondern vielmehr weitgehend abhängig von den Ernährungs- und Milieu-Bedingungen. Viele Arten sind auffallend grellweiß, gelb, rot oder violett gefärbt.

Ein Schwamm hat etwa die Gestalt einer Flasche oder Amphore. Er sitzt mit dem geschlossenen Ende einer Unterlage auf. Seine äußere Epithelschicht, die im übrigen das einzige echte Gewebe der Porifera darstellt, ist von zahlreichen Poren durchbrochen. Durch diese Poren strömt Wasser ein, das dann durch enge Kanäle in der Wandung fließt und sich schließlich in dem Zentralraum sammelt. Durch eine als Osculum bezeichnete, gemeinsame Ausströmöffnung (gewissermaßen die Flaschenöffnung) verläßt das Wasser den Schwamm wieder. Der Wasserstrom wird von den sogenannten Kragengeißelzellen (Choanocyten) in Bewegung gesetzt. Ein Schwamm stellt im Prinzip also ein stationäres Filter dar, durch das ein Wasserstrom getrieben wird, der den Körper mit Nahrung und Sauerstoff versorgt und der Exkrete, Exkremente und Fremdstoffe aus dem System entfernt. In der Regel sind in einem Individuum allerdings zahlreiche solche funktionellen Filtereinheiten nebeneinander geschaltet (Taf. IVA). Jedes Osculum markiert dann eine Filtereinheit. Die meisten Schwämme stellen also ein zusammengesetztes Filter dar.

Allen Schwämmen gemeinsam ist eine äußere Körperbedeckung durch Epithelzellen (Pinacocyten), eine gesamte oder teilweise Auskleidung des zentralen Hohlraumes mit Kragengeißelzellen (Choanocyten) sowie ein zwischen beiden Zelltypen liegendes Mesenchym, das von einem Skelett gestützt wird.

Als Mesenchym oder Parenchym wird bei den Metazoa in der Regel nur ein Gewebe mesodermalen Ursprungs bezeichnet. Diesem mesodermalen Parenchym (etwa dem der Plathelminthes) ist das ,,Mesenchym" der Porifera sicherlich nicht homolog. Um den Unterschied zum Ausdruck zu bringen, wird daher die Zwischenschicht der Schwämme auch oft als Dermallager, Symplasma oder Mesohyl bezeichnet.

Das wichtigste funktionelle Element eines Schwammes ist zweifellos der Filterapparat, der allerdings unterschiedlich kompliziert gebaut sein kann. Es können drei Grundtypen unterschieden werden:

Bei der einfachsten Form, dem **Ascon-Typus** (Abb. 84A), besteht der Körper aus einem relativ dünnwandigen Schlauch mit distalem Osculum. Die Choanocyten kleiden nur den Zentralraum aus. Zwischen der äußeren Zellschicht, dem Pinacocyten-

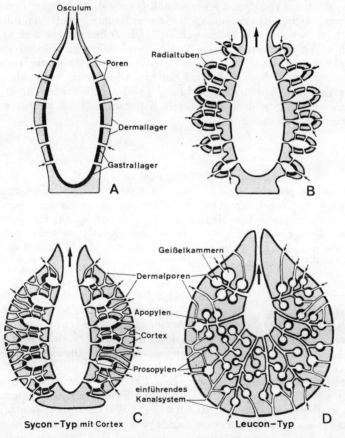

Abb. 84. Organisationstypen der Porifera. Das Choanocyten-Epithel ist durch verstärkte Linien hervorgehoben. — Nach HYMAN 1940, verändert.

Abb. 86. *Leucosolenia*. Habitusbild. —
In Anlehnung an HAECKEL 1872.

Abb. 85. *Leucosolenia*. Halbschematischer
Vertikalschnitt.

Epithel, und der inneren Schicht, dem Gastrallager aus Choanocyten, liegen relativ
wenige Mesenchymzellen und meist zahlreiche Skelettelemente (Abb. 85). Auf der
Basis dieses Organisationstyps sind aus statischen und hydrodynamischen Gründen
nur dünne, wenn auch vergleichsweise lange, schlauchförmige Körper möglich
(Abb. 86). Schwämme des Ascon-Typus erreichen daher nur wenige Millimeter
Durchmesser. Dieser Typus kommt lediglich bei wenigen Gattungen der Kalkschwämme vor (Ordnung Homocoela).

Beim **Sycon-Typus** sind die Choanocyten in Form von Radiärkanälen in die Körperwand verlagert (Abb. 84 B). Diese kann daher dicker und robuster angelegt werden,
und der gesamte Schwamm kann voluminöser wachsen. Das geschieht vor allem
dann, wenn der periphere Körperanteil, die sogenannte Rinden- oder Cortex-Schicht,
eine massivere Zellanhäufung entwickelt (Abb. 84 C). Aber auch Schwämme des
Sycon-Typus erreichen durchschnittlich nur 2—4 cm, selten 10 cm Höhe. Dieser
Typus tritt ebenfalls nur bei einigen Gattungen der Kalkschwämme auf (Ordnung
Heterocoela).

Alle anderen Porifera sind nach dem **Leucon-Typus** gebaut (Abb. 84 D). Bei ihm
sind die Choanocyten in Form von Geißelkammern in das Mesenchym eingesenkt.

Die Ausströmöffnungen (Apopylen) der Geißelkammern sind an ein weit gefächertes Kanalsystem angeschlossen. Auf diese Weise können alle Zellen über die Lakunen der Zwischenschicht ausreichend mit Wasser und Nährstoffen versorgt und durch das Kanalsystem entwässert werden. Die Körperwand kann jetzt beträchtliche Dimensionen erreichen, und auch ein entsprechend großes Höhenwachstum ist möglich. Zur gleichmäßigen Wasserversorgung muß dann die Anzahl der Geißelkammern vermehrt werden. Sie sitzen dicht an dicht den verzweigten Kanälen an (Taf. II D).

So gestattet der Leucon-Typus bei *Ephydatia* die Unterbringung von 7600 Geißelkammern von je 0,002 mm³ Rauminhalt in 1 mm³ Schwammgewebe und in einer *Leuconia aspera* von nur 7,5 cm Länge und 1 cm Durchmesser die Ausbildung von 2,25 Millionen Kammern mit einer Gesamtoberfläche des Choanocyten-Epithels von 52,2 cm².

Histologie

Für die Porifera sind eine Anzahl unterschiedlicher und zum Teil recht spezifischer Zelltypen beschrieben worden. Die Genese dieser Zellen, ihre Differenzierung und Dedifferenzierung (Abb. 87), ist als allgemein-biologisches Problem von besonderem Interesse. Sie konnte aber noch keineswegs völlig abgeklärt werden.

Die einzelnen Zellen sind übrigens in hohem Maße voneinander unabhängig. So bauen sie zum Beispiel wieder einen lebensfähigen Schwamm auf, wenn man sie voneinander getrennt hat, indem man entweder den Schwamm zerreibt und durch Müllergaze preßt oder ihn chemisch mittels EDTA-Lösung dissoziiert.

Solche Versuche sind vielfach als Modelle interpretiert worden, um Aggregatbildungen und Zellerkennungen, auch für den Tumorbereich, zu verstehen. Teils konnte ein art-

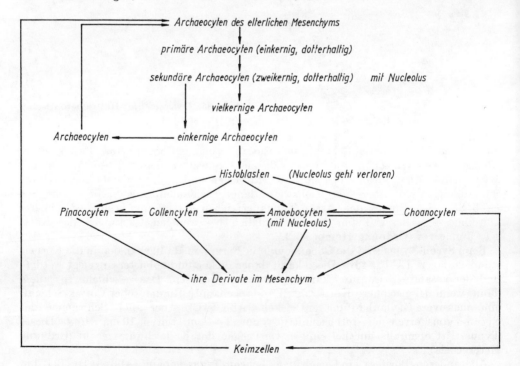

Abb. 87. *Ephydatia fluviatilis.* Differenzierung und Dedifferenzierung der Zellen.

spezifischer Aggregationsfaktor (ein Protein mit dem Molekulargewicht 23 000 D) isoliert werden [26], teils konnten auch — im Gegensatz zu den klassischen Versuchen [42] — interspezifische Aggregatbildungen, zum Beispiel zwischen *Haliclona elegans* und *Tethya citrina*, beobachtet werden [36]. Zur Klärung von Fragen des Zellverhaltens und für entwicklungsphysiologische Probleme sind Schwämme sicher günstige Objekte und werden dafür auch noch zunehmend an Bedeutung gewinnen.

Die wichtigsten Zellformen eines erwachsenen Schwammes lassen sich in zwei Haupttypen gliedern:

1. Zellen, die sich zumindest unter manchen Bedingungen amoeboid bewegen. Sie stammen bei den Kalkschwämmen von der Außenwand der Gastrula, bilden stets das Dermallager (Epithel + Mesenchym) und treten in verschiedener Gestalt auf. Es können unterschieden werden:

a) **Archaeocyten**, die totipotent sind (Taf. II A).

b) **Amoebocyten**, die der Phagocytose dienen und die ständig in der Grundsubstanz umherwandern (Abb. 92 E).

Diese Zellen sind von Archaeocyten morphologisch nicht sicher unterscheidbar. Ihr Name ist auch wenig charakteristisch, weil andere Zellen ebenfalls amoeboid beweglich sind. Amoebocyten variieren in ihrer Größe (8 μm—30 μm Durchmesser) sowohl innerhalb einer Art und noch stärker bei verschiedenen Arten. Als besondere Amoebocyten-Typen werden solche unterschieden, die kugelförmige, sphärische und granulöse Einschlüsse enthalten, und andere, die als Trophocyten und Oogonien-Mutterzellen bezeichnet werden. Ob eine Unterscheidung von Archaeocyten und Amoebocyten berechtigt ist, müßte neu untersucht werden.

c) **Collencyten** mit radiären, dünnen und kontraktilen Cytoplasma-Fortsätzen, die sich mit denen der Nachbarzellen zu einem Mesenchymgerüst verbinden (Abb. 92 E). Als Varianten davon erscheinen sehr stark gestreckte Zellen, die zu faserigen Lagen um die Oscula oder parallel zur Oberfläche kugelförmiger Schwämme (z. B. *Tethya*) vereinigt sind. Sie enthalten parallele Fibrillen, können sich langsam kontrahieren und arbeiten ähnlich wie Tonus-Muskeln.

d) **Lophocyten** mit einem schweifförmigen Cytoplasma-Fortsatz, der Kollagenfibrillen (s. S. 257) bildet (Abb. 92 C, Taf. II C).

Diese Zellen werden gelegentlich als Nervenzellen betrachtet [27], ebenso wie Collencyten, deren Fortsätze so dünn sind, daß sie wie Nervenfasern aussehen (nachweisbar durch Methylenblau oder Silberimprägnation und im Elektronenmikroskop). Die Fortsätze dieser Zellen können sich zwischen Pinaco- und Choanocyten ausspannen. Gegen die Hypothese, daß sie primitive Nervenzellen darstellen, sprechen folgende Tatsachen: In der Wand der Oscularrohre treten Kontraktionen nur nach mechanischer, nie nach elektrischer Reizung auf; einseitige schwache Klopfreize werden streng lokal ohne räumliche Weiterleitung von der Oscularwand beantwortet; vom gereizten, sich zusammenziehenden Oscularrohr lassen sich keine Aktionspotentiale ableiten [22, 31].

e) **Skleroblasten**, die Skelette erzeugen (Abb. 88). — Bei den sponginhaltigen Demospongiae sind außerdem **Spongioblasten** beschrieben worden. Es erscheint aber zweifelhaft, ob sie als gesonderter Zelltyp anzusprechen sind, da die Fähigkeit der Spongibildung mehreren Zelltypen zukommt [14].

f) **Pinacocyten**, die sich als polygonale, flache und kontraktile Zellen zu dünnen Grenzepithelien gegen das Außenmedium und gegen die Kanallumina zusammenschließen (Abb. 92 B, Taf. II B). Die Pinacocyten-Epithelien sind, soweit bekannt, doppelt angelegt. Die äußere Schicht wird von den Exopinacocyten gebildet, die darunterliegende Schicht und die Kanalwände bestehen aus Endopinacocyten.

g) **Geschlechtszellen** (Abb. 89).

Der andere Haupttyp der Schwammzellen sind

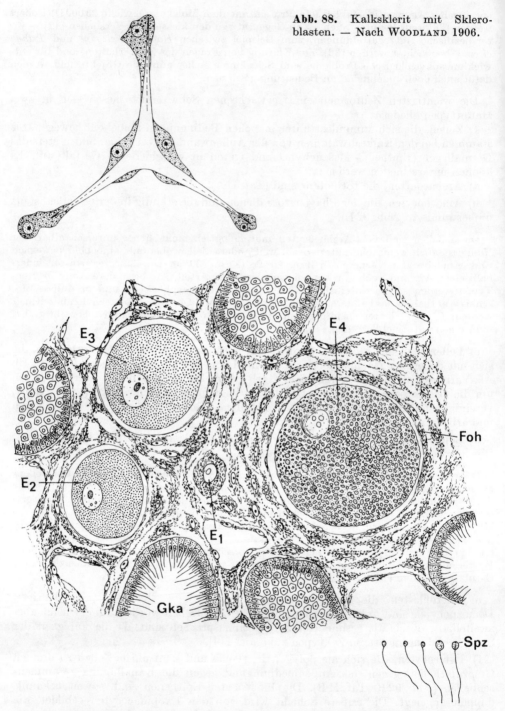

Abb. 88. Kalksklerit mit Skleroblasten. — Nach WOODLAND 1906.

Abb. 89. Schnitt aus der Kruste einer geschlechtsreifen *Aplysilla rosea* mit vier Eiern auf
unterschiedlichen Entwicklungsstufen. — E_1—E_4 Eier, **Foh** Follikelhülle, **Gka** Geißelkammer, **Spz** reife Spermatozoen. — Nach F. E. SCHULZE 1878.

2. Choanocyten (Kragengeißelzellen). Sie sind in einer Schicht angeordnet und stellen das Gastrallager dar, indem sie sack-, röhren- oder kugelförmige Innenräume auskleiden (Abb. 90). Durch ihren Geißelschlag erzeugen sie einen Wasserstrom, der Nahrungsstoffe und Exkrete transportiert und gleichzeitig der Atmung dient. Die Geißel einer jeden Choanocyte wird von einem Kranz von 30—40 Microvilli umhüllt (früher als membranöser Kragen gedeutet). Der Microvilli-Kranz ist kontraktil und hat gleichzeitig regulatorische Wirkung auf die Art des Geißelschlages. Der Schlag verläuft normalerweise in Sinuswellen von der Basis zur Spitze [23]. — Auch Choanocyten können sich fortbewegen, wie Mikrozeitraffer-Aufnahmen von *Leucosolenia* zeigen. Pseudopodien wurden bei den Choanocyten einiger Gattungen nachgewiesen.

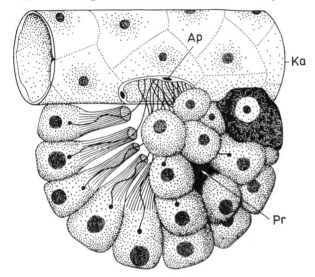

Abb. 90. Geißelkammer von *Ephydatia fluviatilis*, halbschematische Darstellung nach teilweiser Entfernung einiger Choanocyten. — **Ap** Apopyle, **Ka** Ausfuhrkanal, **Pr** Prosopyle (Pfeil). — Nach KILIAN 1973. 1500 ×.

Zwischen den Zellen eines Schwammes liegt eine **Grundsubstanz**, ein kolloidales Gel, das bei manchen Arten oder in manchen Zuständen fast flüssig, meist aber gallertig erscheint und das ein Durchwandern von amoeboid beweglichen Zellen gestattet (Abb. 92 E, Taf. II C). Oft enthält das Gel Fasern.

Diese Fasern erwiesen sich ihrer chemischen Struktur nach den Kollagenfasern des Bindegewebes der Säugetiere als sehr ähnlich. Auch das **Spongin,** das als Kittsubstanz bei vielen Demospongiae vorkommt und bei den Hornschwämmen ausschließlich das Skelett bildet, ist dem Kollagen zuzurechnen (bei Spongin und Kollagen entsprechen das allgemeine Muster der Aminosäuren sowie der Gehalt an Glyzin und Hydroxyprolin einander). Spongin kommt in zwei Typen vor: Bei dem einen sind die Microfibrillen weniger als 10 nm dick, bei dem zweiten Typ haben die Fibrillen einen Durchmesser von mehr als 20 nm, wie die Fibrillen des klassischen Kollagens. Beide Typen zeigen im elektronenmikroskopischen Bild eine klar definierte Periode von dichteren und weniger dichten Moleküllagen [13, 14]. — An der Bildung von Kollagenfibrillen sind, neben den schon erwähnten Lophocyten, auch die Spongioblasten und die Pinacocyten beteiligt. Letztere scheiden, bei den einzelnen Arten in unterschiedlicher Dicke, neben Spongin eine Schicht von Mucopolysacchariden in Form einer Basalmembran ab [16].

Der weiche und dabei häufig recht umfangreiche Körper der Schwämme wird fast immer durch ein **Skelett** gestützt. Es setzt sich aus Einzelelementen, den Skleriten, zusammen, die entweder aus kohlensaurem Kalk ($CaCO_3$) oder aus Kieselsäure (SiO_2) gebildet werden. Die Calcarea (Kalkschwämme) haben Kalksklerite, alle übrigen Schwämme Kieselsklerite. Bei vielen Ceractinomorpha werden die Sklerite durch Spongin zu langen Faserzügen verbunden. Bei manchen Gattungen sind dann allerdings die Sklerite so spärlich, daß das Skelett beinahe nur noch aus dem reinen, elastischen Sponginfasernetz besteht. Das trifft vor allem für die Dictyoceratida (Hornschwämme) zu, die freilich während des Wachstums oft Sandkörner oder Schalen von Foraminiferen in ihr zähes Faserwerk einbetten (Abb. 91).

Die Sklerite werden von den Skleroblasten gebildet. Sind die Nadeln lang und vielästig, dann beteiligen sich an ihrer Erzeugung mehrere Bildungszellen (Abb. 88), im Extremfall (bei der rund 3 m langen Stabnadel von *Monoraphis chuni*, Abb. 115) viele Tausende. Im allgemeinen werden die Nadeln jedoch nicht länger als 2—3 mm, die meisten erreichen sogar nur wenige Mikrometer Länge.

Die Sklerite zeichnen sich in der Regel durch eine sehr gesetzmäßige Bildung aus. Es ist aber noch weitgehend ungeklärt, wie diese Gesetzmäßigkeit zustandekommt. Bei den Kalkskleriten der rezenten Calcarea liegt das Calciumkarbonat in Form von Calcit vor; hier läßt sich nachweisen, daß die Achsen des Calcit-Kristallgitters einen Einfluß auf die Wachstumsrichtung der Sklerit-Achsen haben. Die Kieselsklerite der Demospongiae und Hexactinellida dagegen bestehen aus amorphem Siliciumdioxid. Hier konnte lediglich festgestellt werden, daß beim beginnenden Wachstum der Sklerite das SiO_2 aus organischem

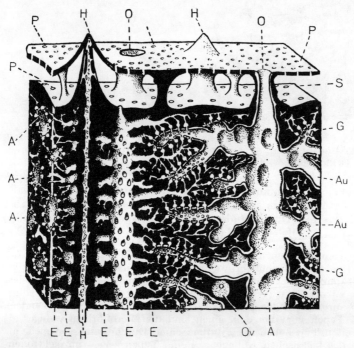

Abb. 91. Blockdiagramm der oberflächlichen Region eines Badeschwammes (*Spongia officinalis*), der statt des Zentralraumes mehrere starke Ausfuhrkanäle besitzt. Weichkörper schwarz angelegt, Kanalsystem ausgespart. Vom Skelett nur die Hauptfasern (**H**) gezeichnet, die radiär verlaufen und mit ihren Enden die Außenmembran des Körpers hügelartig vorbuchten. — **A, Au** Ausfuhrkanal (doppelt konturiert), **E** Einstromkanal (einfach konturiert), **G** Geißelkammern von 40 µm Durchmesser, die um die Ausfuhrkanäle gruppiert sind, **O** Osculum, **Ov** Ei, **P** Poren, **S** Subdermalraum. — Kombiniert nach F. E. Schulze 1889 und Delage & Hérouard 1899.

Material um den zylindrischen Achsenfaden (vgl. unten) herum abgelagert wird; auf welche Weise dann die so komplizierten und artspezifischen Skleritformen ausgebildet werden, ist unbekannt.

Die Bezeichnung der Sklerite erfolgt nach der Zahl und Stellung ihrer Achsen bzw. nach der Zahl ihrer Strahlen. Will man die Anzahl ihrer Achsen ausdrücken, so spricht man von Monaxonen, Triaxonen, Tetraxonen oder Polyaxonen (lat. axis = Achse). Soll dagegen die Anzahl der Strahlen verdeutlicht werden, dann benutzt man die Bezeichnung Monactine, Triactine usw. (griech. aktis = Strahl). Ein Monaxon ist demnach ein Einachser, der allerdings monactin sein kann (wenn er nur in eine Richtung wächst) oder aber diactin (wenn er in zwei entgegengesetzte Richtungen wächst). Ein Triaxon ist ein Dreistrahler, dessen drei Achsen im Idealfall in den drei Richtungen des Raumes senkrecht aufeinander stehen; dieses Sklerit hat dann sechs gleich lange Strahlen, ist also ein hexactines Triaxon. Ein Triactin dagegen besteht nur aus drei Strahlen, die in einer Ebene liegen und Winkel von 120° miteinander bilden (Abb. 88).

Von wenigen Grundformen ausgehend, entsteht durch Abwandlungen ein riesiger morphologischer Reichtum an Skleriten, indem die Größe oder die Form verändert werden, manche Strahlen sich verkürzen oder ganz verschwinden, andere verstärkt oder vervielfältigt werden, der Winkelabstand verändert wird oder Skulpturen auf der Oberfläche entstehen. Für die Taxonomie der Porifera sind die Sklerite von allergrößter Bedeutung, weil viele Arten durch ihren einförmigen Habitus keine anderen Unterscheidungsmöglichkeiten bieten, andere aber individuell und je nach dem Standort ganz verschiedene Gestalt annehmen. Die Sklerite dagegen haben meist artspezifische und konstante Gestalt. Für den Paläontologen, dem ja keine Weichteile zur Verfügung stehen, sind sie die einzigen brauchbaren taxonomischen Merkmale.

Die Kalkschwämme besitzen nur kleine ein-, drei- oder vierstrahlige Kalknadeln (Abb. 101). Bei den Kieselnadeln der Demospongiae (Abb. 104) und Hexactinellida (Abb. 113) unterscheidet man zwei Typen. Die Megasklerite, auch Stütznadeln genannt, setzen in der Regel das Skelettgitter zusammen und werden meist länger als 100 μm. Die Microsklerite dagegen liegen isoliert im Dermallager und sind meist nur 10—100 μm lang. Sie haben häufig die Gestalt von vierstrahligen Sternen, Morgensternen, gewundenen Stäbchen, kleinen Walzen oder Ankern. Sowohl Kalk- als auch Kieselnadeln haben in ihrer Achse einen Axialkanal, der ursprünglich von einem organischen Achsenfaden ausgefüllt war und der nur bei den Microskleriten oftmals fehlt. Die Verteilung der wichtigsten Skleritformen auf die einzelnen Klassen und Ordnungen ist im systematischen Abschnitt aufgeführt.

Anatomie

Die allgemeinen anatomischen Verhältnisse der Porifera können am Beispiel eines Schwammes vom Leucon-Typus betrachtet werden. Die Grundstruktur bildet ein sogenanntes Rhagon. Einem solchen entspricht weitgehend ein junger Süßwasser-Schwamm (Abb. 92), wenn er die Larvalentwicklung beendet hat oder aus einer Gemmula (s. S. 269) ausgekeimt ist. Innerhalb von 2—4 Tagen entsteht dabei ein Organismus, der bereits alle konstituierenden Elemente eines Schwammes enthält.

Über einer annähernd kreisförmigen Anheftungsfläche erhebt sich kegel- oder kalottenförmig der Schwammkörper, der auf seiner freien Oberfläche in unregelmäßiger Verteilung von den Einströmöffnungen (Dermalporen) durchbrochen ist. Auf der Spitze des Kegels erhebt sich das relativ große, schornsteinartige Oscularrohr. Seine Achse steht annähernd senkrecht auf der Unterlage und entspricht in diesem frühen Stadium einer heteropolen Hauptachse, um die der Schwammkörper in seiner äußeren Form fast kreisförmig angeordnet ist. Den Abschluß nach außen bildet das doppelte Epithel aus Exo- und Endopinacocyten (Abb. 92B), die cytologisch und funktionell differenziert sind. Auf der Anheftungsfläche wird Spongin als Kittmasse

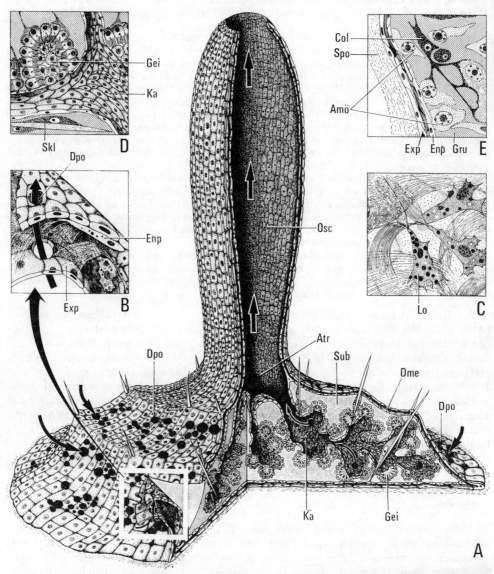

Abb. 92. *Ephydatia fluviatilis.* Halbschematisches Blockdiagramm eines Jungschwammes. Pfeile mit gleichmäßig dickem Schaft geben die Wasserströmung an. **A.** Habitus. **B.** Abgeklappter Ausschnitt der Dermalmembran mit gespreiztem Exo- und Endopinacocyten-Epithel. Zwischen den Epithelschichten liegt ein kollagenes Fasernetz. **C.** Lophocyten. **D.** Ausschnitt eines ausführenden Kanals mit Geißelkammer und Skleroblast. **E.** Ausschnitt aus dem Mesenchym mit Collencyte, Amoebocyten, Grundsubstanz, abschließendem Doppelepithel und basaler Sponginschicht. — **Amö** Amoebocyten, **Atr** Atrium, **Col** Collencyte, **Dme** Dermalmembran mit Endo- und Exopinacocyten, **Dpo** Dermalporus, **Enp** Endopinacocyten, **Exp** Exopinacocyten, **Gei** Geißelkammer, **Gru** Grundsubstanz, **Ka** ausführender Kanal, **Lo** Lophocyten, **Osc** Osculum, **Skl** Skleroblast, **Spo** Sponginschicht, **Sub** Subdermalraum. — Im Anschluß an WINTERMANN-KILIAN 1951.

ausgeschieden. Das Endopinacocyten-Epithel des Oscularrohres setzt sich als Auskleidung des Atrialraumes bis in die Enden der ausführenden Kanäle fort, deren Lumen für den Schwamm physiologisch schon „außen" darstellt. In diesem Bereich herrscht bei funktionierender Wasserströmung Überdruck. Im gesamten einführenden System der Wasserströmung, die durch die Geißelkammern in Gang gesetzt wird, muß dementsprechend ein leichter Unterdruck vorhanden sein. Unter der Dermalmembran (Abb. 92 A) entsteht ein zunächst relativ weitlumiger Subdermalraum, der unter zunehmender Verdichtung allmählich in das Dermallager übergeht. Das Dermallager ist als Mesenchym anzusprechen, bei dem jede Zelle praktisch noch Kontakt mit dem durchströmenden Wasser hat und das ein äußerst wirkungsvolles Filtersystem darstellt (Taf. IV B). Sklerite und Kollagenfasern geben den statischen Halt. In jede Geißelkammer (Abb. 90, 92 D) führen meist 2—4 temporäre Einlaßöffnungen (Prosopyle) zwischen den Choanocyten. Der Microvillisaum (der „Kragen") der Choanocyten ist kontraktil. Ihre Geißeln ragen häufig durch die einzige Auslaßöffnung, die Apopyle, in das Lumen des entsprechenden ausführenden Kanals. Die Apopyle wird von einem ringförmigen Kranz aus Pinacocyten gebildet, der die Öffnung irisartig schließen und erweitern kann. Die Masse der Mesenchymzellen, die Grundsubstanz, die Kollagenfibrillen und das Gerüst aus Skleriten verdichten sich dann merklich mit zunehmendem Alter.

Ein Rhagon stellt eine funktionelle und morphologische Einheit mit allen Elementen eines ausdifferenzierten Schwammes dar. Die Größe einer solchen Einheit bleibt meist im Bereich von einigen Millimetern. Sie zeichnet sich aber durch eine große morphologische Dynamik aus. Es können ständig Umbauten, vor allem des Kanalsystems, stattfinden. Diese Umbauten werden bestimmt vom Wachstum des Schwammes und von den jeweiligen hydrodynamischen Bedingungen. Außerdem können ursprünglich getrennte, aber nahe gelegene Rhagen einer Art mit zunehmendem Wachstum miteinander verschmelzen.

Die Tatsache, daß bei zahlreichen Porifera eine solche Verschmelzung von Rhagen zu beobachten ist, war der Anlaß, daß die Schwämme oft als Kolonien oder als Cormen aufgefaßt wurden. Dabei ging man davon aus, daß ein Organismus mit einem Oscularrohr und dem dazugehörigen Kanalsystem bereits ein Schwamm-Individuum darstelle. Ein Gebilde mit mehreren Oscularrohren müsse demnach eine Kolonie sein. Nun können aber innerhalb einer derartigen „Kolonie" die Kanalsysteme häufig umgebaut, die Oscularrohre eingeschmolzen und an anderer Stelle neu gebildet werden. Solche Veränderungen kommen bei anderen Koloniebildungen im Tierreich nie vor, es bleibt dort vielmehr stets die Individualität der Einzelteile gewahrt. Außerdem ist ein Schwamm immer von einem durchgehenden Pinacocyten-Epithel bedeckt, wieviele Oscularrohre er auch ausbildet. Wir betrachten deshalb hier einen Schwamm als Individuum und nicht als Kolonie. Der Begriff des Individuums ist bei den Schwämmen jedoch sicherlich nicht völlig identisch mit dem bei anderen Metazoa; er ist hier gewissermaßen dynamischer zu verstehen.

Da die Porifera keine eigentlichen Organe ausbilden, gibt es auch kein spezielles Verdauungs- und Exkretionssystem. **Verdauung** und **Exkretion** werden, ebenso wie die **Atmung**, bei den Schwämmen ganz protozoenhaft erfüllt. Jede Zelle ist dabei noch weitgehend selbständig. Phagocytose und Pinocytose sind vor allem bei den Choanocyten und Amoebocyten besonders umfangreich, während Sklerocyten und Collencyten in dieser Hinsicht verhältnismäßig wenig aktiv sind. Exkretion über ein System von pulsierenden Vakuolen ist bei den Pinacocyten deutlich sichtbar.

Trotz eines fehlenden **Nervensystems** lassen sich bei den Porifera koordinierte Funktionsabläufe feststellen, die auf drei verschiedene Weisen erfolgen können. Eine Möglichkeit ist die extrazelluläre, humorale Koordination. Sie verläuft längs eines Gradienten und ist zu beobachten bei der Bildung der Gemmulae, bei der Ausbreitung des Zellmaterials während des Keimungsprozesses aus der Gemmula, bei der Gametogenese sowie bei der Wundheilung und der Regeneration. In Verbindung damit wurden das „Gemmulostatin", Theophyllin, Acetylcholin, Epinephrin, Catecholamin, Serotonin und ein Aggregationsstoff (s. S. 254) nachgewiesen.

Koordinierende Funktion haben auch die amoeboiden Zellen. Durch kinematographische Analyse kann ihre Dynamik insbesondere bei der Morphogenese gut verfolgt werden. Sie stellen dabei jeweils immer nur vorübergehende Zellkontakte her. Im ausdifferenzierten Tier nehmen Zahl und Mobilität der amoeboiden Zellen beträchtlich ab. Durch Isotopenmarkierung konnte auch nachgewiesen werden, daß bei *Ephydatia* und *Chondrosia* Pinacocyten aus dem Epithelverband auswandern und in die Matrix des Mesenchyms eindringen können, wo sie sich in kollagen-produzierende Lophocyten umwandeln. Elektronenmikroskopische Bilder zeigen, daß eine Materialübertragung von Zelle zu Zelle wahrscheinlich ist [28].

Schließlich läßt sich eine dritte Möglichkeit für koordinierte Funktionsabläufe vor allem bei Schwämmen mit voluminöser entwickeltem Mesenchym und stärkerer Körperwand erkennen. Hier kommt es zur Ausbildung von Zellsträngen (Abb. 93), die bei Kontraktionen des Oscularrohres und des gesamten Mesenchyms eine Rolle spielen. Kontraktionswellen, die bei Zeitrafferaufnahmen deutlich sichtbar werden, können auch zu einem momentanen Verschluß eines Teiles oder sogar des gesamten Porennetzes führen. Sie laufen mit einer Geschwindigkeit von 4—6 Minuten über eine Strecke von einigen Zentimetern ab. Diese Bewegungen erfolgen meist rhythmisch und erwecken den Eindruck eines Pumpmechanismus.

Ebenso wie andere Organe fehlen auch Geschlechtsorgane. Nach bisheriger und allgemein verbreiteter Ansicht sollen sich die **Geschlechtszellen** von Amoebocyten ableiten. Neuerdings mehren sich aber die Angaben, daß sowohl die Spermato- als auch die Oogenese von den Choanocyten ausgeht, zum Beispiel bei *Hippospongia*

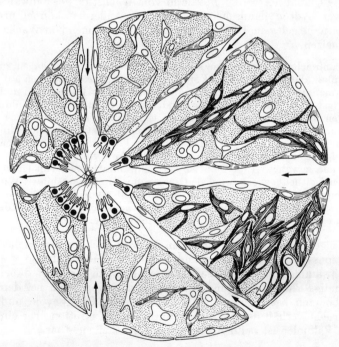

Abb. 93. Theoretisches Diagramm eines Schwammes zur Darstellung des Koordinationssystems. In der rechten Hälfte: Ausbildung von Zellsträngen in einem dickwandigen Schwamm. Im Bereich des Wasserströmungssystems und im lockeren Mesenchym wird extrazellulärer Transport von Botensubstanzen angenommen. — Nach PAVANS DE CECATTY 1974.

communis [16], *Aplysilla rosea* und *Suberites massa*. Im allgemeinen erfolgt die Differenzierung der Keimzellen relativ spät aus somatischen Zellen, ähnlich wie etwa bei Hydrozoa, Bryozoa und Tunicata. Spermatocyten wie Oocyten reifen in einer Follikelhülle heran (Abb. 89). Die Eizellen heben sich immer deutlich von den Somazellen ab. Ihre Größe schwankt zwischen 15 × 50 μm bei den Spongillidae und 300 μm Durchmesser bei *Hippospongia communis*.

Über die Geschlechtsverhältnisse sind wir nur ungenügend unterrichtet. Die wenigen Angaben darüber sind außerdem unsicher und zum Teil widersprüchlich. Wahrscheinlich ist die Geschlechterverteilung häufig labil. Von *Hippospongia communis* weiß man, daß sie getrenntgeschlechtig ist. Neben Gonochorismus kommt aber auch Hermaphroditismus vor, zum Beispiel bei *Ephydatia fluviatilis*, *Spongilla lacustris* und bei den *Sycon*-Arten. Protandrische Zwitter sind ebenso möglich wie eine sukzessive Geschlechterfolge, die sich unter Umständen auch stabilisieren kann.

Entwicklung und Larvenformen

Die Befruchtungsvorgänge bei den Kalkschwämmen sind gut beschrieben [10]. Bei den Demospongiae dagegen ist die Befruchtung nur selten beobachtet worden. Die Eier werden grundsätzlich im Inneren des mütterlichen Körpers besamt. Die Spermien gelangen mit dem Wasserstrom zu den Choanocyten. Sie werden dann von den Choanocyten entweder direkt zu benachbarten Eiern geflimmert, oder aber sie werden in eine Follikelhülle verpackt und von wandernden Amoebocyten transpor-

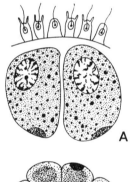

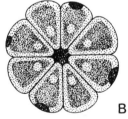

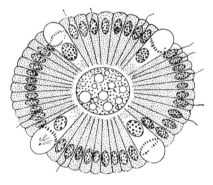

Abb. 95. *Sycon raphanus*. Querschnitt durch die Amphiblastula mit den vier „Kreuzzellen". — Nach DUBOSCQ & TUZET 1935.

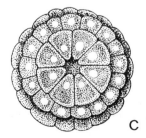

Abb. 94. *Sycon raphanus*. Furchung. **A**. Die beiden ersten Blastomeren. **B**. Stadium mit 8 Blastomeren. **C**. Junge Blastula, am animalen Pol geöffnet. — Nach DUBOSCQ & TUZET 1935.

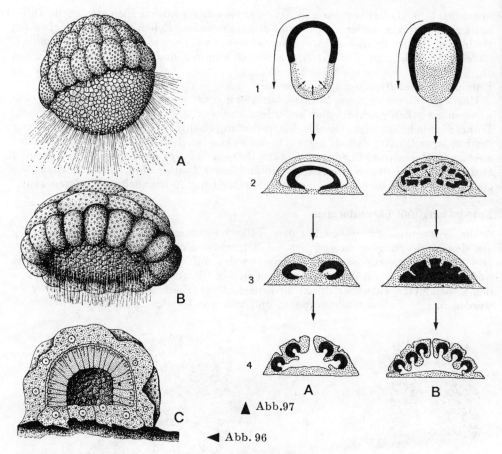

Abb. 96. *Sycon raphanus.* Gastrulation. **A.** Amphiblastula. **B.** Einstülpung des vegetativen Pols **C.** Längsschnitt durch eine eben festgesetzte Larve. — Nach F. E. SCHULZE aus TUZET 1973.

Abb. 97. Metamorphose der Demospongiae, schematisch. **A.** Formen mit Amphiblastula, z.B. *Oscarella* und *Plakina.* **B.** Formen mit Parenchymula, z.B. *Axinella* und *Clathrina.* — **1** Larven, **2** Festheftung und Gastrulation, **3** Formierung der Geißelkammern, **4** Bildung des Kanalsystems und des Zentralraumes. — Kombiniert nach mehreren Autoren, aus BRIEN 1973.

tiert. Mit Ausnahme weniger oviparer Arten (z. B. die Bohrschwämme der Gattung *Cliona*) werden zumindest die Furchung und das Blastula-Stadium in der Mutter durchlaufen. Meist verbleiben in ihr auch noch die Larven bis zu einem relativ weit entwickelten Zustand.

Furchung und Embryogenese sind nur bei verhältnismäßig wenigen Arten bekannt, und unser Wissen darüber ergibt ein wenig einheitliches Bild. Beim Kalkschwamm *Sycon raphanus* ist die Furchung total und aequal (Abb. 94). Die beiden ersten Blastomeren sind polarisiert, wobei der animale Pol lebhaft gefärbt ist. Die untere Zellregion bleibt klar und ist zur Ausbildung der sogenannten „Kreuzzellen" (Abb. 95) determiniert. Diese Zellen sind während der gesamten Embryogenese gut erkennbar und liegen immer in einer Ebene und in einem Winkel von 90° zueinander. Sie werden abgestoßen, wenn die Larve ins freie Wasser gelangt. Mit diesen sehr charakteristischen Zellen, die auch schon als larvale Photorezeptoren gedeutet wurden, existiert im Embryonalzustand bei den Schwämmen eine tetraradiale Symmetrie, wie sie auch bei Cnidaria und zahlreichen Spiralia zu beobachten ist.

Alle Schwammlarven sind diploblastisch. Die Ontogenese der einzelnen Schwammgruppen läßt sich am besten verstehen, wenn man sie unter dem Gesichtspunkt ihrer Biologie betrachtet. Es lassen sich nämlich vier Stufen der Brutpflege unterscheiden, die zu verschieden weit entwickelten Larvenstadien führen. Entsprechend abgewandelt verläuft dann naturgemäß auch die Metamorphose.

1. Der Embryo wird als bewimperte Coeloblastula entlassen (Kalkschwämme: Länge 0,05—0,08 mm; wenige primitive Demospongiae wie *Oscarella*: Länge 0,2 mm). Diese schwimmende Amphiblastula-Larve zeigt meist eine morphologische Polarisation: Der beim Schwimmen hinten liegende Körperabschnitt ist entweder geißellos, oder aber er besitzt länger begeißelte, größere oder anders gefärbte Zellen (Abb. 96). Die Larve setzt sich schließlich mit dem vorderen (vegetativen) und stets begeißelten Körperpol fest und stülpt diesen dann in einem typischen Invaginationsprozeß in den hinteren Pol ein. Dabei werden die Geißeln zurückgebildet, und der eben entstandene Blastoporus wird wieder geschlossen (Abb. 97). Der Prozeß läßt sich grundsätzlich als eine Gastrulation deuten. Die Innenschicht, aus der später die Choanocyten hervorgehen, wird als Gastrallager, die Außenschicht als Dermallager bezeichnet.

a) Bei den Kalkschwämmen wächst nun die Gastrula schornsteinartig in die Höhe. Die invaginierten Zellen entwickeln neue Geißeln und umgrenzen einen kleinen Zentralraum, so daß nach dem Durchbruch eines apikalen (im Hinblick auf die Larve aber caudalen) Osculum grundsätzlich das Ascon-Stadium erreicht ist. *Sycon* bildet später einen mittleren Kranz von radialen Divertikeln des Zentralraumes und damit die ersten Radialtuben. Indem ständig neue Tuben erzeugt werden, geht das Tier über das sogenannte Sycetta-Stadium zur Adultform über.

b) Bei *Oscarella* konzentrieren sich die invaginierten Zellen unter der „oberen" Wand der breitgedrückten Gastrula und bilden hier durch Faltung mehrere vertikale Reihen runder Geißelkammern. Hohle Einstülpungen der Außenschicht erzeugen anschließend einen Zentralraum sowie ein- und ausführende Kanäle, die sich mit den Geißelkammern verbinden (Abb. 97 A).

2. Bei manchen *Leucosolenia* tritt schon während der kurzen Schwimmperiode eine uni- oder multipolare Einwanderung von Zellen ins Blastocoel auf, so daß die Larve beim Festsetzen bereits ein größeres Zellmaterial für den Aufbau der Dermalschicht enthält.

3. Die Vorbereitungen für einen schnellen Aufbau der Dermalschicht geschehen schon im „Mutterleib", wo eine sehr zellenreiche Sterroblastula von bedeutender Größe (0,5—2,0 mm Länge) entsteht (bei vielen Ceractinomorpha). Diese Larve wird Parenchymula genannt. Die teilweise Differenzierung ihrer inneren Zellen beginnt so zeitig, daß häufig noch vor dem Schlüpfen der Larve Sklerite gebildet werden (Abb. 98). Naturgemäß ist fast die gesamte Oberfläche dieser schweren Parenchymula mit Geißeln bedeckt, wenn sie aus dem mütterlichen Osculum heraustritt und davonschwimmt. Sogleich nach dem Festsetzen mit dem Vorderpol flacht sich die Larve stark ab. Höchstens dann, wenn ein kleiner Hohlraum im Inneren vorhanden ist, kann sich ein kleiner Bezirk ihrer Außenschicht invaginieren. Die meisten, gewöhnlich sogar alle Geißelzellen wandern vielmehr einzeln oder gruppenweise ins Innere hinein. Ihre Flagellen werden dabei eingeschmolzen. Gleichzeitig umwachsen Innenzellen der Larve die gesamte Oberfläche des metamorphosierenden Schwammes. Die eingedrungenen Geißelzellen aber, die durch die Größe und die Färbbarkeit ihrer

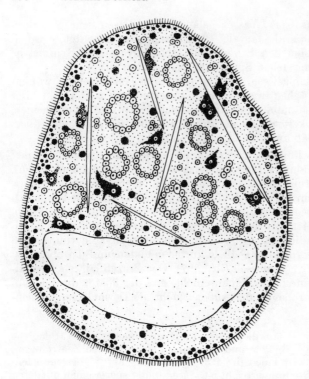

Abb. 98. Sterroblastula-Larve der Spongillidae. Schema.

Kerne eindeutig gekennzeichnet sind, formieren sich nun zu Geißelkammern (Abb. 97 B); sie bilden den für die Choanocyten typischen „Kragen" und eine neue Geißel aus. Zwischen ihnen weichen die Mesenchymzellen auseinander, und auf diese Weise entstehen die ein- und ausführenden Kanäle, die Subdermalräume sowie ein Zentralkanal. Schließlich bricht das Osculum durch. — Wir können hier von einer späten Gastrulation durch multipolare Einwanderung und Epibolie sprechen.

4. Noch weiter wird die Ausbildung der Nachkommen im mütterlichen Körper der Süßwasserschwämme vorangetrieben. Ihre aus einer Sterroblastula hervorgehende, gleichmäßig begeißelte Parenchymula-Larve von bis zu 0,75 mm Länge weist in ihrem Inneren nicht nur Amoebocyten und Sklerite, sondern auch bereits einige Geißelkammern auf. Sie stellt also keine Blastula mehr dar, sondern schon einen Jungschwamm (Abb. 97, 98) — allerdings ohne Kanalsysteme. Demgemäß muß die Metamorphose nach dem Festsetzen mit dem Vorderpol völlig anders verlaufen. Die Choanocyten befinden sich ja bereits im Inneren der Larve. So wandern zwar die zahlreichen Geißelzellen der Außenschicht ins Innere, werden dort aber phagocytiert; sie haben lediglich ein larvales Fortbewegungsorgan dargestellt. Der Ausbau zur typischen Schwammorganisation wird allein von den schon differenzierten „Innenzellen" durchgeführt, und zwar — ähnlich wie unter (3) geschildert — durch Ausbildung eines Kanalsystems.

Viele Schwammlarven setzen sich nach höchstens 24 Stunden fest, doch sind von einigen Arten auch Schwimmperioden von zwei, bei *Hippospongia* sogar von fünf Tagen bekannt. Die gesamte Metamorphose zum nahrungsaufnehmenden Jungschwamm dauert bei *Axinella* von der Anheftung an gerechnet nur drei Tage. Die Umwachsung des Geißelepithels ist bereits binnen einer Stunde vollendet, die Bildung der Kanäle und Geißelkammern beginnt am zweiten Tag.

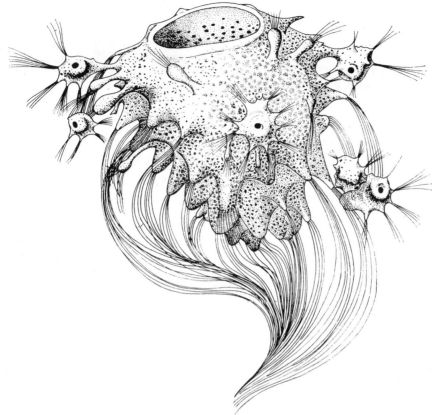

Abb. 99. *Lophocalyx phillippinensis* (Hexasterophorida). Knospung. — Nach F. E. Schulze 1887. Nat. Größe.

Ungeschlechtliche Fortpflanzung kann erfolgen durch Knospung von Asci, Stolonen (Abb. 99) und Gemmulae (s. S. 269) oder durch Spaltung des ganzen Körpers.

Stammesgeschichte

Die stammesgeschichtliche Herkunft der Porifera ist bis heute unbekannt. Mehrfach ist der Versuch unternommen worden, sie von Craspedomonadida (syn. Choanoflagellata, s. S. 190) abzuleiten. Insbesondere wurde dabei (die nur in wenigen Exemplaren bekannte) *Protospongia haeckeli* in Betracht gezogen [24]. Die äußere Ähnlichkeit dieser Flagellaten mit den Choanocyten ist zwar verblüffend, wenn man aber das Feinbaumuster der jeweiligen Geißeln vergleicht [9], dann ergeben sich keine Anhaltspunkte für eine direkte Verwandtschaft. Da die Schwämme sich als echte Vielzeller erweisen (vgl. unten) und da diese wiederum mit sehr großer Wahrscheinlichkeit monophyletisch entstanden sind, muß man die Wurzeln des Stammes Porifera bei denen der Metazoa suchen. Andererseits läßt sich aber auch keiner der rezenten Tierstämme direkt von den Schwämmen ableiten.

Beim augenblicklichen Stand unserer Kenntnisse muß man die Choanocyten als eine, wenn auch primitive Form von Flimmerepithel der Metazoa bzw. als Cyrtocyten ansprechen, die bei den verschiedensten Tierstämmen auftreten. Die Microvilli-Kragen der Choanocyten sind bei den Schwämmen zudem keineswegs einheitlich.

Die Vorfahren der Schwämme dürften bei einer Gastraea zu suchen sein. Das ist allerdings weder durch fossile Funde noch durch rezente Zwischenformen belegbar. Für die Interpretation der Organisation der Porifera ist es im übrigen unerheblich, ob man den Weg über die klassische Gastraea annimmt oder den über eine Placula (s. S. 69), die durch Biegung zur zweischichtigen Gastraea wird. Beim Übergang zur Seßhaftigkeit müßte sich die frei schwimmende Gastraea auf dem Weg zu den Schwämmen mit dem vegetativen (oralen) Pol festgeheftet haben, während das auf dem Weg zu den Cnidaria mit dem animalen (aboralen) Pol geschah. Derartige funktionelle Umkehrungen kommen jedoch bei einer Reihe von Metazoa vor, sowohl im Laufe ihrer Phylogenese als auch ihrer Ontogenese. Für eine gemeinsame Wurzel der Porifera und Cnidaria gibt es eine ganze Reihe von Hinweisen. In der weiteren stammesgeschichtlichen Entwicklung sind die Schwämme auf einem Stadium stehen geblieben, das die übrigen Metazoa höchstens noch in ihrer Ontogenese durchlaufen. Entscheidend für die Weiterentwicklung der übrigen Metazoa war vielleicht der Erwerb eines wirkungsvollen Koordinierungssystems, das den aneuronen Schwämmen fehlt.

Das Ectomesenchym ist bei den Schwämmen gegenüber dem anderer Metazoa hypertrophiert und meist besonders locker. Die Masse der Grundsubstanz, die die einzelnen Zellformen einschließt, ist im allgemeinen groß. Aber auch das Mesenchym (oder Parenchym) anderer Tierstämme ist keineswegs einheitlich. Es besteht kein Grund, eine Eigenausprägung bei den Schwämmen als unvereinbar mit ihrer Zuordnung zu den übrigen Vielzellern anzusehen, zumal die chemische und physikalische Natur des Kollagens (s. S. 257) in beiden Fällen erstaunlich gut übereinstimmt. Mit dem Nachweis einer (wenn auch meist nur schwach ausgebildeten) Basalmembran (S. 257) entfällt das Argument, daß keine echten Epithelien gebildet würden. Im übrigen sind die Unterschiede zwischen dem Ecto- und dem Entoderm der Cnidaria und beispielsweise den Epithelien der Plathelminthes oder der Vertebrata mindestens ebenso groß.

Zweifellos haben die Schwämme keine Muskelzellen, höchstens sogenannte Myocyten. Die von Tuzet & Pavans de Ceccatty beschriebenen Nervenzellen (s. S. 255) können bestenfalls Protoneuronen darstellen, die etwas an einen einfachen Plexus aus dem Sympathicus-System erinnern. Immerhin sind bei den Porifera aber Neurohormone nachgewiesen worden. Die Embryonalentwicklung sowie die Oo- und Spermatogenese entsprechen weitgehend denen aller übrigen Metazoa. Die typische Larvenform ist die Amphiblastula (S. 264).

Neuerdings wird vielfach wieder die These von einer Umkehrung der Keimblätter bei den Porifera vertreten. Danach sollen ursprüngliche Ectodermzellen zu Entoderm werden und umgekehrt. Diese Behauptung beruht auf einer Fehlinterpretation der Entwicklungsstadien [6]. Auch in dieser Hinsicht nehmen also die Schwämme keine Sonderstellung ein.

Vorkommen, Verbreitung, Lebensweise

Die Schwämme besiedeln, mit Ausnahme der annähernd 120 Arten der Spongillidae, das Meer in allen geographischen Breiten. Sie treten vor allem in der Küstenregion bis in etwa 50 m Tiefe auf. Über 200 m Tiefe hinaus dringt nur eine beschränkte Anzahl von Arten vor, von denen einzelne die Abgründe von 6000 m erreichen. Typische Tiefseebewohner sind die Hexactinellida (Glasschwämme).

Die weitaus überwiegende Mehrzahl der Schwämme heftet sich an eine feste Unterlage, wie Felsen, Steine, Mollusken-Schalen, Krebspanzer, Hafenbohlen, Tange oder Schilfstengel an. Die Hexactinellida aber verankern sich meist im weichen Schlamm mit Hilfe von Nadelbündeln, die bei *Monoraphis* 3 m Länge erreichen können. Innerhalb des Substrats, und zwar in Kalkgestein oder in organischen Kalkbildungen, leben lediglich die Bohrschwamm-Gattungen *Cliona* und *Siphonodictyon*.

Die Wirkungsweise der Bohrschwämme konnte in letzter Zeit weitgehend geklärt werden [35]. *Cliona lampa* zum Beispiel besitzt „Ätzzellen" mit Filopodien. Die Zellen leiten sich von Archaeocyten ab und enthalten ein flockiges Sekret. Die Filopodien zeigen Plasmolyse und schaffen ein $0.15-0.8$ μm breites Spaltensystem. Auf diese Weise werden Kalkpartikel in einer Größe von etwa $56 \times 47 \times 32$ μm mit abgerundeten Kanten abgesprengt (Taf. IV C). Die durch die Bohrtätigkeit geschaffenen Galerien haben einen Durchmesser von $0.5-1.5$ mm und können bis zu 80 mm tief in das Substrat vorgetrieben werden. Enzyme zur Auflösung von Conchiolin sind nachgewiesen. Von den abgesprengten Kalkpartikeln gehen beim Bohrprozeß nur $2-3\%$ in Lösung. Die mehr als 100 Arten der Bohrschwämme nutzen ökologische Nischen, was in einem artspezifischen, vertikalen Verteilungsmuster zum Ausdruck kommt. Ihr Anteil an der Bioerosion ist erheblich: Bis zu 30% der Riffsedimente sind von Bohrschwämmen losgelöst worden. Aus Feld- und Labor-Untersuchungen mit Material von der Bermuda-Plattform ergibt sich ein Bohrpotential von 256 g $CaCO_3$ pro m² und Jahr, entsprechend einer Bohrleistung von 16 mg $CaCO_3$ pro mg Trockensubstanz Schwamm und Jahr [34].

Zwischen dem Standort und dem Habitus der Schwämme lassen sich direkte Beziehungen nachweisen. So bilden die auf Brandungsfelsen oder in lebhaft strömenden Flüssen lebenden Individuen immer flache Polster oder Krusten, die große Flächen überziehen, ohne in die Höhe zu wachsen. Aufrecht stehende Äste oder Zweige, trichter- und lamellenförmige Gestalten trifft man nur bei Schwämmen des ruhigen Wassers an. Desgleichen siedeln die steifen, mit feinem Skelett ausgestatteten Hexactinellida nur in stillen Tiefen. Sinkstoffhaltiges Wasser, Feinsediment und Detritusschichten, gegen die die Porifera sehr empfindlich sind (Verstopfen des Filtersystems!), begrenzen das Vorkommen der Schwämme, vor allem in Binnengewässern. Sie weichen dann an geneigte oder überhängende Substratflächen aus (besonders an Felsküsten) oder suchen durch entsprechendes Höhenwachstum einer Überschlammung zu entgehen.

Verschlechterung der Lebensbedingungen führt bei vielen Arten zunächst zu einer Verdichtung des lebenden Gewebes, also zu einer Verkleinerung des Schwammvolumens, die dann sogar in einen Zerfall des Schwammes in kleine Reduktionskörper übergehen kann. Diese bestehen aus einem Klumpen der verschiedenartigen Amoebocyten des Dermallagers, leicht dedifferenzierten Choanocyten und einer Pinacocyten-Hülle. Sie können später keimen und einen neuen Schwamm bilden bzw. mit anderen zusammen das alte Skelett wieder ausfüllen.

In ähnlicher Weise sichern Süßwasser-Schwämme und einige Formen des marinen Litorals (zum Beispiel Arten der Gattungen *Haliclona*, *Suberites*, *Laxosuberites* und *Cliona*) die Existenz der Population in ungünstigen Jahreszeiten durch die Bildung von **Gemmulae**. Bei den tropischen Arten (etwa *Drulia brownii* im Amazonasgebiet) geschieht das zum Überdauern der Trockenzeit, bei den mitteleuropäischen Spongillidae zur Überbrückung der Winterruhe. Bei der Gemmulabildung, die auch aus offensichtlich internen Stoffwechselbedingungen und unabhängig vom Milieu eingeleitet werden kann, wird meist die gesamte lebende Zellmasse des Schwammes verbraucht, oder sie stirbt ab. Es verbleiben dann nur noch die Gemmulae im Gerüst der Sklerite, wo sie je nach Art unterschiedlich fest oder locker sitzen.

Zur Bildung dieser Dauerknospen scharen sich im Dermallager an vielen Stellen zahlreiche Archaeocyten zu kleinen Klumpen zusammen und phagocytieren herankriechende, nahrungsreiche Amoebocyten. Dabei werden sie zweikernig und reichern ihr Plasma mit „Dotterkörnern" an. Um den kugelförmigen Zellklumpen scheiden Skleroblasten zwei Sponginschichten ab, in deren Zwischenraum weitere Skleroblasten senkrechte Amphidisken oder andere Microsklerite einlagern (Abb. 100). An der Stelle, an der die Hüllbildung beendet wird, bleibt ein Porus offen. Form, Größe, Art des Porusrohres und Gestalt der Gemmula-Sklerite sind weitgehend artspezifisch und bei den Süßwasser-Schwämmen wichtige Bestimmungsmerkmale.

Die Gemmulae liegen im Winter (bzw. in der Trockenzeit) im Skelett des ausgefaulten Schwammes (Taf. IV E). Im Frühling (bzw. beim Beginn der Regenzeit) keimen sie entweder innerhalb des alten Skeletts, das sie schnell besiedeln, oder einzeln an anderen Stellen, wohin sie von der Strömung verschleppt worden sind. Dabei erweisen sich die Archaeocyten als totipotent, geben also sämtlichen Zellarten des Jungschwammes den Ursprung.

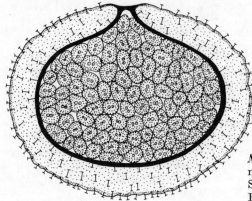

Abb. 100. Gemmula des Süßwasser-Schwammes *Ephydatia muelleri*, schematischer Sagittalschnitt. Breite 0,5 cm. — Nach BRIEN 1973.

Bei einigen Schwämmen, z. B. *Ephydatia muelleri, Spongilla lacustris* (mit dickwandigen Gemmulae) und der marinen Art *Haliclona loosanoffi*, keimen die Gemmulae erst nach einer Diapause von 2—3 Monaten aus. Ein Keimungshemmstoff („Gemmulastasin") konnte isoliert werden [31]. Gemmulae bleiben über mehrere Jahre hinweg keimfähig, wenn man sie bei wenigen Graden über 0 °C im Wasser aufbewahrt, und ebenso überdauern sie Frosttemperaturen und Austrocknung. Dabei gibt es artspezifische Unterschiede ihrer Resistenz.

Neben der Überbrückung ungünstiger Jahreszeiten dienen die Gemmulae auch der Vermehrung sowie der Verbreitung, werden sie doch, am Gefieder von Wasservögeln haftend, auch in andere Flußsysteme und zuflußlose Gewässer getragen. Bei vielen Süßwasser-Schwämmen scheint die Vermehrung durch Gemmulae eine größere Rolle als die geschlechtliche zu spielen.

Schutz gegen Angriffe anderer Tiere bieten sowohl die spitzen Sklerite als auch das zähe Sponginskelett. Schwämme haben deshalb nur wenige **Feinde,** von denen sie verzehrt werden: einige Fische, verschiedene Strandschnecken (wie Patellidae und Littorinidae), Nudibranchiata, mehrere Seeigel-Arten sowie im Süßwasser bestimmte Süßwasser-Milben und die Larven von *Sisyra* (Planipennia) und *Leptocerus* (Trichoptera).
Zahlreicher sind die Tierarten, mit denen Schwämme in irgendeiner Form zusammenleben. Krabben der Familien Dromiidae und Majidae reißen oder schneiden häufig Schwammstücke ab und halten sie über ihren Cephalothorax bzw. stecken sie auf dessen Angelhaaren fest. Dort wachsen die Schwammstücke weiter. Es handelt sich um eine **Symbiose.** Wenn die Krabben den stark nach Phosphor riechenden *Suberites* als Schutz benutzen, werden sie gewöhnlich nicht von Kraken angegriffen. Ebenso leben *Myxilla incrustans* und *Mycale adhaerens* in Symbiose mit den Pilgermuscheln *Chlamys hastata* und *Ch. rubia*. Die Schwämme werden durch die Vagilität der Pilgermuscheln vor räuberischen Nacktschnecken bewahrt, und die Muscheln können sich mit dem weichen Schwammaufwuchs leichter der Umklammerung durch Seesterne entziehen. Der südamerikanische Serranide *Percilia gillissi* legt seine Eier in das Kanalsystem von *Spongilla*

igloviformis ab, wo die sich entwickelnden Larven jeweils optimal mit Frischwasser versorgt werden und vor Feinden geschützt sind. Symbiontische, intrazelluläre Vergesellschaftungen mit Blau- und Grünalgen (vorwiegend Chlorellen) sind relativ häufig. Auch Bakteriensymbiosen sind beobachtet worden.

Manche Schwämme beherbergen regelmäßig **Einmieter** in den Wasserkanälen, vor allem Annelida und Crustacea. In einem Riesenschwamm der Gattung *Spheciospongia* fand man 16 000 Alpheidae (Garnelen), die wohl als Raumparasiten anzusehen sind. Umgerechnet auf 1 l Schwammvolumen konnten bei *Halichondria panicea* 242 Exemplare von tierischen Einwohnern, hauptsächlich Amphipoda und Nematoda, festgestellt werden.

Einige tropische und subtropische Demospongiae sind für andere Tiere (experimentell bei Fischen, Seeanemonen und Korallen geprüft) und vielleicht auch für den Menschen toxisch, z. B. *Latrunculia magnifica* [11].

Neofibularia nolitangere, der „Brennschwamm", sowie *Terpios*- und *Tedania*-Arten verursachen beim Menschen langanhaltende und sehr schmerzhafte Erytheme, wobei zumindest ihre zahlreichen und nur locker verbundenen Microsklerite eine Rolle spielen. Ebenso können die Spiculae von Süßwasser-Schwämmen Hautentzündungen hervorrufen. Ein spezifisches Toxin, das sich als Cholinesterase-Hemmstoff erwies, konnte bisher nur bei *Latrunculia magnifica* isoliert werden. Aus einer ganzen Reihe von Schwämmen sind Antibiotika gewonnen worden [5], die bisher aber noch keine medizinische Bedeutung erlangt haben.

Ortsbewegung kommt nur bei kleinen Schwamm-Exemplaren von wenigen Millimetern Größe vor, vor allem als (meist negative) phototaktische Reaktion.

Reizbeantwortung durch Kontraktion des ganzen Körpers beobachtete man bei einer Reihe von Schwämmen (*Leucosolenia*, *Stylotella*, *Dendrospongia*, *Tethya*, *Ephydatia*). *Tethya* kann sich nach starker Berührung ruckartig auf wenigstens $2/3$ ihres normalen Volumens zusammenziehen, wohl dank der großen Subdermalräume und der parallel zur Oberfläche liegenden Schicht stark gestreckter Zellen (vgl. Abb. 92).

Bei *Ephydatia fluviatilis* zeigten kinematographische Untersuchungen das „ruckartige" (Bewegungsablauf in 10 s) Einsetzen von Starrephasen, das heißt die Kontraktion des gesamten einführenden Wassersystems. Die Kontraktion kann über etliche Minuten anhalten und wird binnen weniger Sekunden wieder aufgehoben. Eine Reaktion auf Licht- und Wärmereizung ist hierbei nicht ausgeschlossen. Andere Schwämme schließen auf mechanische und chemische Reize hin, beim Trockenfallen bei Ebbe oder bei Sauerstoffmangel lediglich die Dermalporen und Oscula. Nach Stichverletzungen reagiert das benachbarte Osculum bei den wenigen bisher untersuchten Arten nur dann, wenn es nicht weiter als 4 mm bzw. 2 cm entfernt liegt. Die Erregung wird aber nur sehr langsam dorthin geleitet, und das Schließen des sekundär erregten Osculums nimmt 3—10 min in Anspruch. Schneller reagiert das gereizte Osculum selbst. Bei *Suberites* und *Polymastia* trat schon 10 s nach dem Reiben des Osculum-Innenrandes Kontraktion ein, die in den folgenden 20 s ihr Maximum erreichte (s. S. 255).

Als **Nahrung** dienen im Wasser schwebende Partikel, wie Detritus, Kleinalgen und Bakterien. Letztere machen bei einigen Arten einen erheblichen Anteil der aufgenommenen Nahrung aus [33]. Den Schwämmen kommt daher sicherlich eine hohe Bedeutung im System der biologischen Gewässerreinigung zu. Süßwasser-Schwämme kommen fast ausschließlich in mehr oder weniger eutrophen Gewässern vor. Die hohe Populationsdichte der marinen Porifera in manchen Litoralgebieten und im Bereich der Korallenriffe beruht bei ersteren auf anthropogenen Einflüssen, bei letzteren auf der großen Produktion von organischer Materie durch die Korallen-Zooxanthellen-Gesellschaft.

Die Bakterien-Retention aus einer eingestrudelten Wassermenge erreicht über 90%. Sie findet fast ausschließlich an den „Kragen" der Choanocyten statt, ebenso wie die anderer Partikel gleicher Größe. Sie werden im Inneren der gleichen Zellen verdaut.

Partikel von 5—50 μm werden durch Phagocytose von den Zellen des Mesenchyms aufgenommen. Bei *Ephydatia* wurde nachgewiesen, daß Schwammzellen auch gelöste organische Substanzen in erheblichem Maße als Nahrung verwerten können. Ihre Zucht in synthetischen Kulturen ist möglich; sie bieten sich dadurch für eine ganze Reihe prinzipieller biologischer Untersuchungen an.

Bei der **Nahrungsaufnahme** werden zwar alle Partikel eingestrudelt, die das Sieb der Poren und „Mesenchymmaschen" passieren können. In den Zellen findet aber eine Selektion zwischen verdaulichen und unverdaulichen Stoffen statt. Letztere werden innerhalb kürzester Zeit wieder ausgeschieden und gelangen mit dem Wasserstrom durch das Osculum nach außen. Dabei werden Kräfte entwickelt, die das „verbrauchte" Wasser weit aus dem Bereich der Dermalporen entfernen.

So schleudert *Leuconia aspera* Karminpartikel, die man dem Wasser zugegeben hat, 25—50 cm, *Ephydatia* 20 cm weit fort. Siedlungen tropischer Meeresschwämme können auf diese Weise in seichten, stillen Buchten die Oberfläche erregen wie die Quellen eines Teiches. — Eine *Spinosella* von 4 cm Durchmesser und 10 cm Länge „filtrierte" in 24 h 78 l Wasser, *Leuconia aspera* von 7 cm Länge und 1 cm Durchmesser 22,5 l. *Mycale* hat eine Transportrate von 0,21—0,27 ml Wasser pro 1 ml Schwammvolumen in 1 s und dabei einen O_2-Umsatz von 19,6 ml.

Das Volumen des Wasserdurchsatzes pro Schwammvolumen ist bei den einzelnen Arten unterschiedlich, ebenso der Anteil der Choanocyten an der Nahrungsaufnahme, die keineswegs kontinuierlich erfolgt.

Die großen Choanocyten der Kalkschwämme (10—18 μm lang) übernehmen auch die Verdauung. Die nur 6 μm langen Geißelzellen der Arten anderer Unterklassen hingegen sind nur auf die Stromerregung und den Partikel„fang" spezialisiert. Sie geben ihre „Beute" an darunterliegende Amoebocyten zur Verdauung ab. Noch stärker differenziert sind die sehr kleinen (4 μm langen) Choanocyten des Pferdeschwammes *Hippospongia communis* (mehr Geißeln auf gleich großer Flächeneinheit!), die lediglich als Motor des Wasserstromes arbeiten, so daß die Partikeladsorption an den Wänden der zuführenden Kanäle durch 9 μm große Amoebocyten geschieht. Die Choanocyten von *Ephydatia* hatten 4 h nach Fütterungsbeginn den größten Teil der gefangenen Partikel an die Amoebocyten abgegeben. Diese begannen eine Stunde später mit Hilfe stumpfer Pseudopodien im ganzen Schwamm umherzuwandern, wobei sie eine Strecke, die ihrer Zellänge entspricht, in 5 min zurücklegten. Die Verdauung der Partikel in ihren Vakuolen war etwa 14 h nach Fütterungsbeginn abgeschlossen. Die Amoebocyten waren zu diesem Zeitpunkt an die Kanalwände gewandert, wo sie die unverdaulichen Reste entleerten.

Das den Schwamm durchströmende Wasser liefert neben der Nahrung dem Dermalgewebe Kieselsäure, Kalk und Jod zum Aufbau des Skelettes sowie Sauerstoff. Es schafft aus dem Schwamm nach außen Exkremente, Kohlensäure und Exkrete (Ammoniak und Ammoniumsalze).

Einzelne Elemente können stark angereichert werden. Im Skelett der Hornschwämme sind bis zu 14 % Jod in der Trockenmasse festgestellt worden. Untersuchungen an verschiedenen Schwamm-Arten ergaben auch eine Erhöhung des Goldgehaltes gegenüber dem des normalen Meerwassers bis um das 22fache.

Ökonomische Bedeutung und Schwammfischerei

Schäden, die Bohrschwämme durch ihren Anteil an der Küstenerosion verursachen, sind sicher erheblich, aber quantitativ bisher noch nicht erfaßt worden, ebensowenig wie die Beeinträchtigungen der Austern-Ernte durch den Befall der Schalen mit *Cliona*-Arten.

Die Schwammfischerei hat zumindest gebietsweise auch heute noch große ökonomische Bedeutung. Seit Jahrtausenden sind Naturschwämme ein vielseitig genutzter Gebrauchsgegenstand. Ihre Saugfähigkeit konnte bisher von keinem synthetischen Produkt erreicht werden. Schon im klassischen Altertum findet man auf Vasen und Wandmalerien Darstellungen über die Verwendung von Schwämmen.

Noch bis etwa 1960 wurden die Badeschwämme *Spongia officinalis* und *Hippospongia communis* im Mittelmeer östlich der Linie Sizilien—Cap Bon (Tunesien) bis hinauf zum Marmara-Meer regelmäßig gefischt, besonders von griechischen Fangflotten der Inseln Kalymnos, Symi, Hydra, Aegina und Lemnos. Auch da, wo Schwammfischerei an anderen Stellen des Weltmeeres betrieben wurde (im Golf von Mexico, an den Küsten Cubas, bei den Bahamas und an der Westküste Floridas mit Torpon Springs als Zentrum), war sie überwiegend in den Händen von Griechen konzentriert. Zwischen den japanischen Inseln und den Philippinen werden gleichfalls Schwämme gewonnen. Insgesamt kann man 200 Handelssorten unterscheiden.

Die an der Westküste Floridas im Jahre 1939 durch eine Bakterieninfektion fast vollständig vernichteten Bestände konnten sich wieder weitgehend erholen. Das größte Produktionsgebiet hat sich in den letzten Jahren an der Küste Nord-Afrikas entwickelt.

Die bis etwa 1914 gebräuchliche Form des Nackttauchens wird heute kaum noch ausgeübt. Die grundlegenden Formen der Schwammgewinnung sind gegenwärtig: 1. Das Tauchen mit Scaphander oder mit Preßluftgeräten, 2. die Schleppnetzfischerei (Gangava) und 3. das Fischen mit Stechgabeln von der Oberfläche aus (Kamaki). Schleppnetzfischerei kann naturgemäß nur auf ebenem Grund ausgeführt werden und erschöpft meist schnell die Bestände. Das Gerätetauchen verleitet oft zur extremen Ausnutzung der möglichen Tauchtiefen und Tauchzeiten, und damit wächst die Gefahr der Caisson-Krankheit (Ausperlen von gasförmigem N_2 im Blut), die oft zu Lähmungen oder sogar zum Tode führt. Die eingesammelten Schwämme sterben an Deck ab, werden dann durch Treten und Spülen mit Wasser vom schnell faulenden Weichkörper befreit, auf Schnüre gereiht und getrocknet. Hauptabnehmer: Industrie (Schleifen, Lackieren, Polieren).

Um 1960 waren in Griechenland noch über hundert Fangschiffe registriert mit durchschnittlich etwa je 10 Mann Besatzung. Ihre Ausbeute betrug jährlich rund 100 000 kg mit einem Erlös von bis zu 2 Millionen Dollar pro Jahr. Seither ist der Fang im östlichen Mittelmeer stark zurückgegangen. Von 1974 bis 1976 wurden aus den Fanggebieten von Griechenland, Tunesien und Cuba im Durchschnitt 25 000 kg Meeresschwämme mit einem Wert von 2,8 Millionen Dollar pro Jahr nach Mitteleuropa exportiert.

System

Die Klassifikation der Porifera gründet sich hauptsächlich auf die Analyse der Skelett-Merkmale. Daneben berücksichtigt die Diagnose häufig auch die äußere und innere Pigmentierung, die Konsistenz (elastisch, brüchig), das Muster und die Größe der Poren und Oscularrohre, in günstigen Fällen auch histologische Gegebenheiten, ökologische Ansprüche sowie den Modus der Fortpflanzung und Entwicklung.

Das gegenwärtige System der Porifera kann keinesfalls als endgültig betrachtet werden. Es spiegelt nur den derzeitigen Stand unserer noch recht lückenhaften Kenntnisse über die verwandtschaftlichen Beziehungen wider. Eine anerkanntermaßen einheitliche Klasse stellen die Calcarea (Kalkschwämme) aufgrund ihrer aus Calcit bestehenden Sklerite dar. Die Hexactinellida (Glasschwämme) sind ebenfalls eine klar umrissene Gruppe. Sie ist charakterisiert durch den konstanten Besitz triaxoner Kieselsklerite, von denen der primitivsten in Form von 6-Strahlern ausgebildet sind. Die innere Organisation der Hexactinellida ist so einfach, daß sie mit der eines Sycon-Typus verglichen werden kann. Eine Zusammenfassung von Hexactinellida und Demospongiae als Silicea (Kieselschwämme) läßt sich unserer Ansicht nach nicht aufrechterhalten. Die Demospongiae ihrerseits sind vermutlich sogar diphyletischen Ursprungs, wobei eine Linie von *Halisarca*-ähnlichen

Vorfahren ausgeht (mit Viviparie und Parenchymula-Larve) und die andere eine Form wie *Oscarella* als Ausgangsbasis haben muß (mit oviparer Fortpflanzung und Amphi-blastula-Larve). — Gegenwärtig werden die drei Klassen Calcarea, Demospongiae und Hexactinellida unterschieden.

1. Klasse Calcarea, Kalkschwämme

Das Skelett besteht aus Kalknadeln, vor allem aus den ursprünglichen Dreistrahlern, deren Achsen Winkel von 120° miteinander bilden (Abb. 101); sie können abwandeln in Vier- oder sogar in Einstrahler. Die Sklerite liegen isoliert im Gewebe, lediglich bei den Pharetronida treten Verschmelzungen auf. Neben dem Leucon- sind auch der Ascon- und Sycon-Typus vertreten.

Die Klasse hat viele urtümliche Merkmale bewahrt. Die Mehrzahl der Arten bleibt klein, nur ausnahmsweise werden Längen von 15 cm erreicht. Die unscheinbar weißlich, gelblich oder bräunlich gefärbten Calcarea besiedeln vor allem das Flachwasser, wo sie festen Unterlagen aufsitzen.

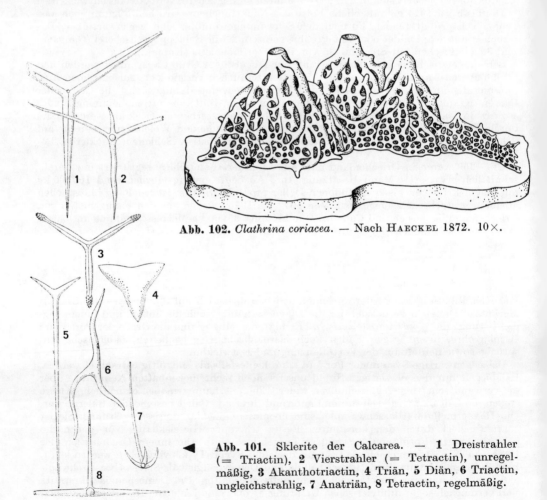

Abb. 102. *Clathrina coriacea.* — Nach Haeckel 1872. 10×.

Abb. 101. Sklerite der Calcarea. — **1** Dreistrahler (= Triactin), **2** Vierstrahler (= Tetractin), unregel-mäßig, **3** Akanthotriactin, **4** Triän, **5** Diän, **6** Triactin, ungleichstrahlig, **7** Anatriän, **8** Tetractin, regelmäßig.

Die Anzahl der gültigen Arten ist sehr ungewiß. Von BURTON [8] ist sie auf 48 reduziert worden.

1. Ordnung Homocoela

Der gesamte Gastralraum ist von einem durchgehenden Choanosom (Choanocyten-Lager) ausgekleidet (Ascon-Typus). — Mit insgesamt 6 Arten [8].

Familie Leucosoleniidae. Die typische Art ist *Leucosolenia botryoides* (Abb. 86). Ihre Gestalt ist vom Standort beeinflußt. Ascone (einzeln oder mehrere durch Stolonen verbunden) 1—8 mm lang. Kosmopolitisch.

Familie Clathrinidae. *Clathrina coriacea* (Abb. 102) mit netzartig anastomosierenden Röhren, die in einem Osculum zusammenlaufen. Sklerite nur 3strahlig. Körper stark kontrahierbar. Wahrscheinlich kosmopolitisch. — Weitere Gattungen: *Ascute, Dendya*.

2. Ordnung Heterocoela

Die Choanocyten sind in Radialtuben (Sycon-Typus) oder in Geißelkammern (Leucon-Typus) konzentriert. Beim Leucon-Typus werden zunehmend die Cortexschicht verstärkt und der Zentralraum verzweigt. — BURTON [8] erkennt in dieser Ordnung 33 Arten an und verzichtet auf eine Einteilung in Familien. Hier soll jedoch eine Aufgliederung in die wichtigsten Familien gegeben werden, die auf den Einteilungsprinzipien der älteren Spongiologen beruht.

Familie Sycettidae. *Sycon raphanus* (Abb. 103), der meist einzelne, krugförmige Körper von 2—3 cm Höhe (selten bis 10 cm) bildet; durch Knospung an der Basis kann es gelegentlich auch zu einer mehrfachen Sycon-Organisation kommen.

Familie Grantiidae. Formen, die vom Sycon- bis zum Leucon-Typus reichen. *Leuconia* (syn. *Leucandra*), größere, dickwandige Krusten, Knollen oder strauchartige Stöcke. — *L. nivea* überzieht als schneeweiße, meist nur 1 mm dicke Rinde von 1—2 cm Durchmesser Steine, kann aber durch Verschmelzung von bis zu 50 Individuen glatte Überzüge von mehr als 30 cm Durchmesser bilden. — *L. aspera*, weißlich bis bräunlich gefärbt, die flaschenförmigen Individuen werden über 7 cm lang.

Familie Amphoriscidae. *Amphoriscus gregorii*, vom Leucon-Typus, flaschenförmig, braun, 5—8 cm hoch; im Mittelmeer.

3. Ordnung Pharetronida

Das Kalkskelett meist massig und verstärkt durch dicht gelagerte oder sogar miteinander verzementierte Sklerite, die sich auf 3-Achser zurückführen lassen. — Diese Ordnung war ursprünglich nur durch fossile Schwämme bekannt. Durch neue Untersuchungen [37] sind eine Reihe rezenter Arten beschrieben worden, die sich auf insgesamt 5 Familien verteilen.

Familie Minchinellidae. *Plectroninia hindei*, nur 1—2 mm dicke Krusten bildend, aus denen sich zahlreiche Oscularrohre erheben. Farbe hellgelb. Skelett aus unregelmäßigen 3- und 4-Strahlern, Oxen (gleichmäßig spitz zulaufenden Nadeln) und verketteten Skleriten. Mittelmeer, in Höhlen.

Familie Murrayonidae. *Petrobiona massiliana*, zapfenförmig, etwa 3 cm hoch, 1 cm Durchmesser, der basale Teil und das Zentrum werden von einem mehr oder weniger kompakten, toten Kalkskelett eingenommen, dem haubenförmig das lebende Gewebe aufsitzt, mit zentralem, apikalem Osculum. Mittelmeer, in lichtlosen Höhlen.

Fossile Kalkschwämme. *Protosycon punctatus* (Größe und Form wie rezente *Sycon*-Formen) aus dem Oberen Jura; fossile Pharetronida; Sphinctozoaria, *Sycon*-förmig mit eingeschnürten Körperabschnitten; Archaeocyatha, im Kambrium weit verbreitet und Riffe bildend, mit mehr als 400 Arten [18, 25].

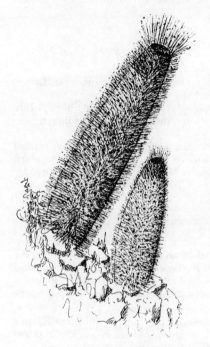

Abb. 103. *Sycon raphanus.* Höhe bis etwa 6 cm.

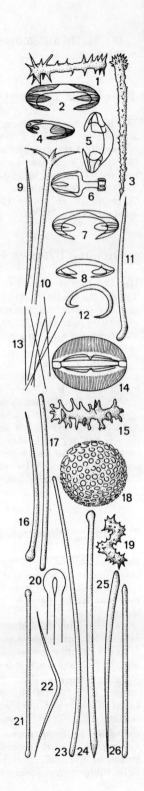

Abb. 104. Sklerite der Demospongiae. — **1** Akantho-
strongyl, **2** Ancora, **3** Akanthotylostyl, **4** Anisochela,
5 Chela, **6** Anisochela palmata, **7** Isancora, **8** Isancora,
9 Ox, **10** Orthotriän, **11** Rhabdostyl, **12** Sigme, **13** Ra-
phide, **14** Sphaerancora, **15** Spirorhabd, **16** Subtylostyl,
17 Strongyl, **18** Sterraster, **19** Spiraster, **20** Subtylostyl
(Teilstück), **21** Tyl, **22** Tox, **23** Tornostrongyl, **24** Sub-
tylotorn, **25** Styl, **26** Subtorn.

2. Klasse Demospongiae

Stets nach dem komplizierten Leucon-Typus gebaut. Das Skelett besteht aus Skleriten aus Kieselsäure (Abb. 104). Die Megasklerite sind vierstrahlig oder (mit großer Wahrscheinlichkeit durch Reduktion) einstrahlig. Die Anzahl der Einstrahler wird bei manchen Gattungen stufenweise gegenüber den sie miteinander verbindenden Sponginfasern verringert. Die Nadeln liegen dann entweder nur noch als spärliche Einschlüsse im Spongin, oder aber das Spongin bildet als zähes Fasersystem sogar das Skelett allein. Bei vielen Gattungen ist unter einer dünnen äußeren Dermalschicht ein nur durch einzelne Pfeiler gestützter, weiter Subdermalraum ausgebildet.

Bei der systematischen Gliederung der Demospongiae folgen wir weitgehend der Einteilung von Lévi [in 15], die 61 Familien umfaßt, die hier allerdings nur teilweise aufgeführt sind. Die Klasse enthält rund 700 gültige Gattungen mit einer recht ungewissen Anzahl von gültigen Arten. Die Abfolge der Ordnungen geht von der Vorstellung aus, daß die Tetractinomorpha (Tetraxonida) als ursprüngliche Gruppe anzusehen sind und daß bei den Ceractinomorpha (Monaxonida) in zunehmendem Maße die Sponginfasern die statische Funktion übernehmen und die Sklerite dann teilweise oder ganz entfallen (Dictyoceratida). — Wenn man die Axialkanäle der Sklerite bei den Demospongiae untereinander vergleicht [32], dann scheint eine nähere phylogenetische Beziehung zumindest zwischen diesen beiden Unterklassen zu bestehen; eine unabhängige Evolution ihrer Sklerite ist wenig wahrscheinlich. Eine kritische diesbezügliche Revision scheint allerdings erforderlich.

1. Unterklasse Homosclerophorida

Entweder ohne Skelett oder mit triactinen Megaskleriten oder davon abgeleiteten Formen. Die Sklerite meist winzig klein (30—100 µm); echte Microsklerite fehlen aber. Mit Amphiblastula-Larve. — Nur wenige Arten in 2 Familien.

Familie Oscarellidae. Ohne Skelett. *Oscarella lobularis*, hautförmig dünner oder krustenförmiger Schwamm, aus einfacher, gefalteter Schicht bestehend, von gelber bis brauner Farbe, gelegentlich rot, grün oder blau. Geißeln auch auf dem Kanalepithel. Von der Gezeitenzone bis in etwa 150 m, weit verbreitet im Atlantik, Mittelmeer und Antarktis.

Familie Plakinidae. Sklerite in Form von Triactinen und davon abgeleiteten Formen. Kein Spongin. Etwa 8 Gattungen. — *Plakina monolopha*, dünne bräunliche Krusten an überhängendem Gestein oder auf *Posidonia*-Rhizoiden. Basalflächen an vielen Stellen vom Substrat hohl abgehoben. Mittelmeer, im oberen Litoral. — *Plakortis simplex*, glatte, meist gelbe Krusten mit deutlich abgehobener Dermalmembran. Körncheneinlagerung. Sklerite nur 3- oder 2-Strahler, in geringer Anzahl. Mittelmeer, im Litoral.

2. Unterklasse Tetractinomorpha (syn. Tetraxonida)

Mit tetractinen Megaskleriten und davon abgeleiteten Formen (sonst haben die einzelnen Ordnungen nur wenige gemeinsame Merkmale). Soweit Microsklerite vorhanden, sind es Aster oder abgeleitete Formen. Die Hauptskelettzüge sind meist radiär angeordnet und haben eine Verstärkung in der Rindenschicht. — Teilweise Arten mit massigem Wuchs (30—50 cm Durchmesser oder Höhe), die Mehrzahl aber zwischen 2—15 cm groß.

1. Ordnung Astrophorida

Neben den in der Rindenschicht meist radiär angeordneten Megaskleriten sind im Inneren Microsklerite vorhanden (Aster, Oxe, Rhabde). — Mit insgesamt 6 Familien.

Familie Geodiidae. Meist massige Schwämme mit einem aus Sterrastern zusammengesetzten Panzer in der Rinde, daneben auch Euaster oder Microrhabde; die Megasklerite

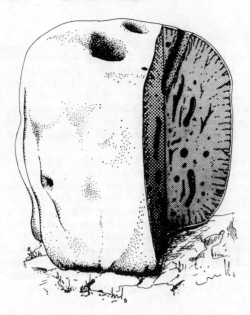

Abb. 105. *Geodia cydonium*. Angeschnittenes Exemplar. Höhe etwa 20 cm.

sind Rhabde und Triäne (von der Gestalt eines Ankers oder Dreizacks). 7 Gattungen. — *Pachymatisma johnstonia*, massig halbkugelig oder unregelmäßig lappig; Durchmesser bis 15 cm; Farbe bei Tieren des Litorals (dem Licht ausgesetzt) an der Oberfläche bläulich oder violett-grau, sonst weiß; Tiefenwasserstücke rosa oder rot. Nordsee, Nordatlantik bis Azoren, von der Niedrigwasserlinie bis über 300 m Tiefe. — *Geodia cydonium* (Abb. 105), ballen- bis hirnförmig, weißlich bis gelbgrau gefärbt, bis 30 cm Durchmesser, gelegentlich auch größer. Auf Grobsediment in 10—30 m häufig, im tieferen Felslitoral seltener. Stets von zahlreichen Organismen bewohnt und von unangenehmem Geruch. Mittelmeer, Nordatlantik, Indischer und Pazifischer Ozean. — *Isops phlegraei*, kugelig oder birnenförmig, Höhe bis 12 cm; Farbe grau, blaßgelb oder rosa; mit einem Nadelpelz und an der Basis bisweilen mit Wurzelausläufern. Nordatlantik in 200—900 m Tiefe. — *Erylus discophorus*, massig-lappig, unregelmäßig gefingert, häufig in Höhlen und Spalten, in geringer Tiefe. Mittelmeer.

Familie Stellettidae. Von massiger Gestalt. Die Microsklerite sind Euaster, Spiraster, Microrhabde, aber niemals Sterraster. Die Megasklerite sind Rhabde und langschäftige Triäne, die radial nach innen gerichtet sind. 11 Gattungen, davon *Tethyopsis, Disyringa, Tribrachion* und *Kapnesolenia* durch lange Oscularrohre charakterisiert. — *Ancorina cerebrum*, ballenförmig, bläulich, auf schlammigem Sandgrund bis 30 m. Mittelmeer. — *Penares helleri*, zylinderförmig oder krustenbildend, gelbbraun bis schwarz, regelmäßig in gut durchströmten Höhlen und an beschatteten Felsflanken. Mittelmeer. — *Stelletta grubii*, massig-rund, bis 18 cm Durchmesser, meist dunkelblau oder violett. In den Küstengewässern Englands, Frankreichs und Spaniens sowie im Mittelmeer, in 20—80 m Tiefe.

Familie Theneidae. Mit Metastern oder Triänen, aber ohne chelotrope Sklerite. — *Thenea muricata*, pilz- bis ballenförmig, von bleichgelber Farbe; häufig mit wurzelartigen Fortsätzen an der Basis. Mittelmeer, Arktis und Nordatlantik, von 30 bis über 3000 m.

Familie Chondrosiidae. Die Stellung im System ist unsicher. Außer wenigen Astern in der Rindenschicht sind keine Sklerite vorhanden. — *Chondrosia reniformis* (Lederschwamm), bis 20 cm groß; dunkelbläuliche, an der Auflagefläche helle Klumpen von unregelmäßiger Form; mit schleimig-glatter Oberfläche und meist nur einem Osculum; von zäher Konsistenz; an der Luft stark schrumpfend, aber fäulnisresistent. Mittelmeer und alle Ozeane von 1—30 m. Einziger eßbarer Schwamm.

2. Ordnung Desmophorida

Die Schwämme dieser Ordnung waren vom Kambrium bis zum Tertiär zahlreich vertreten. Hierher gehören wahrscheinlich auch die **Lithistida,** bei denen die Sklerite ein vierachsiges Grundgerüst haben, sich an den Enden aber wurzelartig verzweigen (Desme) und mit benachbarten Skleriten dicht verflochten sind; auf diese Weise kommt ein kompaktes Skelett zustande. Im peripheren Körperbereich — der bei den fossilen Arten nicht erhalten ist — liegen isolierte Triäne verschiedener Ausbildung sowie Aster. — 9 Familien mit relativ wenigen rezenten Arten, die hauptsächlich auf die tropischen Meeresgebiete beschränkt sind und bis zum Hadal hinabsteigen.

3. Ordnung Hadromerida

Relativ homogene und gut definierte Ordnung. Skelett aus Monactinen, Tylostylen (oft fusiform) und, soweit sie Microsklerite haben, aus Astern und ihren Derivaten. Meist von massiger Gestalt, mit radiärer Anordnung der Sklerite im peripheren Bereich, wo sich eine mehr oder weniger feste Cortexschicht ausbildet. Kein Spongin. Bei litoralen Formen herrscht Orangefärbung vor, bathyale Arten sind oft grau oder gelegentlich durch Symbionten lebhaft gefärbt.

Familie Tethyidae. *Tethya aurantium*, orangefarbig und -förmig (oft mit Wurzelfortsätzen), kosmopolitisch verbreitet von der Niedrigwasserlinie bis 400 m. Im Mittelmeer sehr häufig.

Familie Polymastiidae. Im allgemeinen mit drei Kategorien von Tylostylen. Form massig oder aber krustenförmig mit hohen oder fingerförmigen Papillen, auf denen die Oscular-Öffnungen oder Poren sitzen. Zahlreiche Arten im Bathyal der gemäßigten und kalten Meeresregionen. 8 Gattungen. — *Polymastia mamillaris*, Krusten von 1—2 cm Dicke mit 1—4 cm langen Papillen bildend, mit sehr kleinen Oscula und Poren. Flachwasserform. Küstenbereich des Mittelmeeres, im Nord- und Südatlantik, Nordpazifik. — *Radiella sol*, halbkugelig, bis 5 cm Durchmesser, strahlig angeordnete Sklerite mit Tylostylen von 600—5400 μm Länge. Englische und norwegische Küste, Arktis, Nordatlantik, Mittelmeer.

Familie Suberitidae (Korkschwämme). Mit Tylostylen (seltener Stylen), ohne Aster und ohne fingerförmige Papillen. 6 Gattungen. — *Suberites domuncula*, massig, mit glatter Oberfläche. Farbe meist orangerot, selten blau bis violett. Im Mittelmeer sehr häufig auf Schneckenschalen, die von dem Einsiedlerkrebs *Paguristes oculatus* besiedelt sind (Abb. 106); auf schlammigen Sandböden. Außerdem im Atlantik, Westindien, Indischer

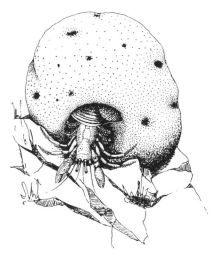

Abb. 106. *Suberites domuncula*, auf dem von einem Einsiedlerkrebs bewohnten Schneckengehäuse. Etwa 1/2 nat. Größe.

Ozean, vorzugsweise in geringen Tiefen. — *Ficulina* (syn. *Suberites* ?) *ficus*, meist massig und dabei rundlich, auch keulen- oder feigenförmig, bis über 30 cm groß; Farbe außen grau oder orange, innen gelb; bildet Gemmulae. Kosmopolit, in der Nordsee sehr häufig. — *Terpios zeteki*, massig (bis 50 cm), mit vielen fingerförmigen und fingergroßen Fortsätzen. Karibisches Meer, tropischer Pazifik und Indischer Ozean. — *T. fugax*, in der Nordsee meist nur kleine Krusten bildend, die aber (wie die vorstehende Art) durch symbiontische Algen tiefblau, grün oder rot gefärbt sein können.

Familie Clionidae (Bohrschwämme). Massig oder krustenförmig, soweit sie außerhalb der Bohrgänge wachsen. Sklerite: Tylostyle, Spiraster, oft Microoxe, gelegentlich Amphiaster. Gattungen: *Cliona, Thoosa, Cliothosa, Alectona*, mit zahlreichen Arten. — *Cliona celata*, in Mollusken-Schalen und Kalksubstrat bohrend (s. S. 269), wobei zunächst getrennte Papillen aus den Bohrlöchern hervorwachsen und sich gelegentlich auch krustenförmige Überzüge bilden. Farbe goldgelb oder rotorange. Megasklerite: Tylostyle, Microsklerite: Oxe und Spiraster, Körnerzellen. Kosmopolit, von der Gezeitenzone bis gegen 200 m. — *C. viridis* unterscheidet sich in Form und Größe von der vorigen Art durch die meist grüne Farbe und das Vorkommen von zwei Größengruppen der Körnchenzellen. Vorwiegend in Kalkalgen und Kalkskeletten von Anthozoa. Kosmopolit.

Familie Spirastrellidae. Mit Tylostylen und Spirastern. — *Sphecionspongia vesparia*, schwarz, scheibenförmig, 2 m Durchmesser erreichend; häufig mit Raumparasiten. Pazifik. — *S. othella* konnte entgegen früheren Angaben als Bohrschwamm erkannt werden. Bermudas.

4. Ordnung Axinellida

Mit Skleriten und Sponginfasern; selten mit Microskleriten (diese dann als Sigmen); Megasklerite stets glatt, monactin oder selten diactin; keine besonderen dermalen Megasklerite, dadurch die peripheren Bereiche des Körpers von relativ lockerer Konsistenz. Wuchsform meist aufrecht, oft verzweigt; bis zu 50 cm hoch. Viele Arten orangefarbig, mit Varianten nach grau oder rot. Diese oviparen Schwämme besiedeln vorzugsweise das obere Litoral zwischen 0 und 100 m.

Familie Axinellidae. Keine Microsklerite, ausgenommen Rhaphide. Zahlreiche Gattungen. — *Axinella verrucosa*, mit kurzer Achse und zahlreichen zylindrischen Ästen. Häufig auf Fels- und Schlammböden, auch in Grotten zwischen 10 und 30 m. — *A. damicornis*, mit fächerförmigen, abgeflachten Ästen, die zum Teil anastomosieren. Beide Arten im Mittelmeer und Nordatlantik häufig. — *Phakellia ventilabrum* (Abb. 107), meist trichterförmig und kurz gestielt. Nordsee (Helgoland) und Atlantik.

Familie Raspailiidae. Meist zu den Ceractinomorpha gestellt, aber mit der für Axinellida typischen Skelettform. Gestalt extrem baumförmig, mit langen dünnen Ästen. Megasklerite mit extrem großen Einzelnadeln (bis 2 mm). 6 Gattungen. — *Raspailia viminalis*, nicht häufige, aber auffällige Form des Mittelmeeres von etwa 20 m abwärts.

3. Unterklasse Ceractinomorpha (syn. Monaxonida)

Ohne Triäne; die Megasklerite sind Monaxone, die Microsklerite im allgemeinen Chele und Sigmen, jedoch keine Aster. Durch Sponginverkettung erhält das Skelett eine faserige Struktur. Typisch ist die Parenchymula-Larve, die stets im mütterlichen Organismus ihre ersten Entwicklungsstadien durchläuft. — Die früher oft gebräuchliche Trennung in Hornschwämme und Hornkieselschwämme erscheint wegen vieler gemeinsamer Merkmale nicht gerechtfertigt.

1. Ordnung Poecilosclerida

Skelett aus Kieselskleriten und Spongin, charakteristische Microsklerite in mannigfaltigen Formen. Insgesamt 13 Familien.

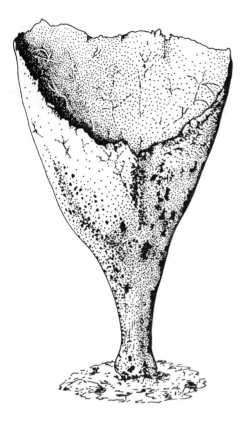

Abb. 107. *Phakellia ventilabrum.* Höhe 15 cm. — Nach KILIAN 1973.

Familie Mycalidae. *Mycale massa,* massig, unregelmäßig oder gelappt, bis über 10 cm groß; Farbe rosa, blaßorange, grau; Oberfläche feinborstig; Oscula häufig nicht sichtbar. Mittelmeer, 15—200 m.

Familie Esperiopsidae. *Neofibularia nolitangere* (Taf. IV D), der Brennschwamm (s. S. 271), Karibik. — *N. mordens,* der Brennschwamm der australischen Küste (Golf St. Vincent). — *Crambe crambe,* sehr häufiger roter massiger Krustenschwamm in Höhlen, unter Steinen und Blockfeldern bis in 10 m Tiefe. Mittelmeer, Atlantik.

Familie Latrunculiidae. Ausgezeichnet durch den Besitz von Stylen und Discorhabden. — *Latrunculia magnifica,* krustenförmig, klumpig. Atlantik, Westindien, 150—600 m.

Familie Myxillidae. Massig verzweigte Formen mit Microskleriten (fast ausschließlich Cheloide), Megasklerite in den Skelettfasern gleichgerichtet. 10 Gattungen. — *Myxilla rosacea,* Mittelmeer, Atlantik, Arktis; Gezeitenzone bis 180 m. — *Iophon nigricans,* Atlantik, Arktis, 80—2000 m. — *Tedania ignis,* leuchtend rot; Dermatitis erzeugend. Küste von Florida.

Familie Clathriidae. Aufrecht verzweigte, seltener krustenförmige Formen. Microsklerite verschiedener Typen. Etwa 10 Gattungen. — *Clathria coralloides,* strauchförmig mit anastomosierenden Ästen; lebhaft rosa. Mittelmeer. — *Microciona armata,* Krusten bildend; Oberfläche glatt, ziegelrot. Mittelmeer, Nordatlantik, Arktis.

2. Ordnung Halichondrida

Im allgemeinen von massiger Gestalt. Keine Microsklerite außer Rhaphide, Skelett mit unregelmäßiger Anordnung der Nadeln (nur Monactine oder Diactine). Mit 2 Familien.

Familie Halichondriidae. Mit 5 Gattungen. — **Halichondria panicea,* Brotkrumenschwamm oder Meerbrot; Gestalt sehr verschieden: unregelmäßige Krusten, lappig oder kurze Röhren bildend; bis 20 cm groß; lebend von zäher Konsistenz, getrocknet brot-krumenartig; häufigster Schwamm der Nord- und Ostseeküsten (östlich bis Rügen vor-dringend); vorwiegend in der Gezeitenzone und in geringen Tiefen. Kosmopolit.

Familie Hymeniacidonidae. Hauptsächlich mit monactinen Megaskleriten. 7 Gattungen. — *Hymeniacidon sanguinea*, krustenförmig, teils papillenförmig erhaben; unter Licht-einwirkung orange, sonst blaß oder grün durch symbiontische Algen; in der Gezeitenzone und bis 30 m. Verträgt von allen Schwämmen das Trockenliegen am längsten. Kosmopolit.

3. Ordnung Haplosclerida

Skelett aus netzartig verbundenen Skleriten, oder aber die Sklerite sind in kompakte netz-artige Sponginfasern eingelagert. Microsklerite nur gelegentlich vorhanden. — Die der-zeitige Unterteilung in Familien kann nur provisorischen Charakter haben.

Familie Haliclonidae. Mit kleinen, sehr homogenen Skleriten, die an den Enden mit Spongin netzartig verknüpft sind. 7 Gattungen. — *Haliclona loosanoffi*, der Geweih-schwamm, ein bis 30 cm hohes, kurzgestieltes Bäumchen mit höchstens fingerdicken Ästchen. In der Nordsee häufig, in der Ostsee bis zur Wismarer Bucht vordringend, in allen Meeren verbreitet, bis 150 m. — *Adocia cinerea*, Gestalt krustenförmig, polsterartig mit schornsteinartigen Erhebungen; Farbe meist orange, purpurrot, violett; Skelett ein Netzwerk drei- bis vierseitiger Maschen. Nordsee, Mittelmeer und alle Ozeane, bis 150 m.

Familie Renieridae. Skelett überwiegend mit Kieselanteil. Vorzugsweise in den kalten Meeresgebieten. Etwa 10 Gattungen. — *Calyx nicaeensis*, von becherförmiger Gestalt; auf Fels- und sandigen Schlammböden. Im Mittelmeer, von 5—50 m, nicht selten.

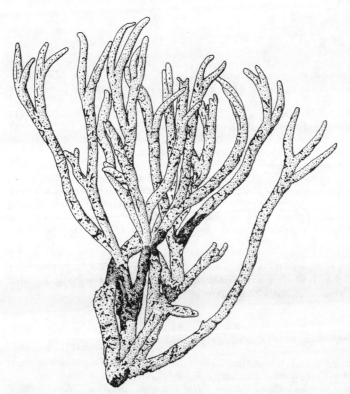

Abb. 108. *Spongilla lacustris* (Süßwasser-Schwamm). Höhe 20 cm. — Original Kopske.

Die Angehörigen der drei folgenden Familien sind **Süßwasserschwämme**.

Familie Spongillidae. Die systematische Gliederung [29] dieser artenreichsten Familie der Süßwasserschwämme stützt sich auf Einzelheiten der Kieselsklerite, wie das Vorkommen oder Fehlen von Microskleriten, die Ausbildung der Gemmula-Sklerite als Amphidisken oder Microoxe (Taf. III), die Bedornung der Megasklerite sowie auf die Größe und Form der Gemmulae. Mit rund 120 Arten in 18 Gattungen, davon mehrere weltweit verbreitet. — In den europäischen Gewässern leben: *Spongilla lacustris* (Abb. 108), die im ruhigen Wasser baumartig verzweigt wächst und durch symbiontische Algen häufig intensiv grün gefärbt ist. Gemmulasklerite: bedornte Microoxe (Taf. III C). — *Eunapius* (syn. *Spongilla*) *fragilis*, krustenförmig, mit 2—3 Gemmulae in einer gemeinsamen Luftkammerschicht, Gemmulasklerite: bedornte Microoxe oder Strongyle. (In Nord- und Südamerika kommt *Eu. igloviformis* vor.) — *Ephydatia fluviatilis*, massig und klumpenförmig, bis mehrere Dezimeter Durchmesser, in Fließgewässern häufig; Gemmulasklerite als einschichtige Amphidiskenlager (Taf. III B); weit verbreitet und häufig. — *E. muelleri*, mit zwei- oder dreifacher Amphidiskenschicht in den Gemmulae (Taf. III A). — *Trochospongilla horrida*, dünne Krusten bildend; keine Microsklerite; Gemmulasklerite: Amphidisken mit runden Endscheiben (Taf. III D); zerstreut auf der Nordhemisphäre vorkommend. — *Heteromeyenia stepanowii*, krustenförmig; Microsklerite: leicht gebogene Amphioxe; Gemmulasklerite: Amphidisken in zwei Größenklassen. Nicht sehr häufig, aber weit verbreitet. — Eine endemische Art des Amazonasbeckens ist *Drulia brownii* (Taf. IV E), klumpig rund (bis 50 cm Durchmesser), mit sehr robustem Skelett und großen Gemmulae; setzt sich meist an Bäumen des Igapò-Waldes fest, die nur während der Hochwassermonate überflutet werden.

Familie Potamolepidae. Süßwasserschwämme des Kongogebietes, mit den Gattungen *Potamolepis* und *Potamophloios*, bilden als vegetative Dauerknospen etwas abgewandelte Gemmulae, die eine gewisse Ähnlichkeit mit den Statoblasten der Bryozoa haben.

Familie Lubomirskiidae. Der einzige Vertreter ist *Lubomirskia baicalensis* aus dem Baikal-See; keine Gemmulabildung. Die Gültigkeit dieser Familie ist zweifelhaft.

4. Ordnung Dictyoceratida, Hornschwämme

Umfaßt die ursprünglich als Keratosa (Hornschwämme) den Silicea (Kieselschwämme) gegenübergestellten Familien. Von massiger, unregelmäßiger, manchmal verzweigter Gestalt, mit netzartigem Skelett aus primären und sekundären Sponginfasern, die (außer bei den eigentlichen Badeschwämmen) Sandkörner oder exogene Kieselnadeln einschließen.

Familie Dysideidae. Mit oft länglichen Geißelkammern von mehr als 50 μm Durchmesser. Mit drei sehr heterogenen Gattungen. — *Dysidea fragilis*, besitzt Sponginfasern, die dick mit Einschlüssen angefüllt sind. Nordsee, Mittelmeer, Atlantik, Indischer Ozean, Australien.

Familie Spongiidae. Mit kleinen Geißelkammern zwischen 25 und 40 μm Durchmesser. Etwa 10 Gattungen. — Nur *Spongia officinalis* (Abb. 109) mit fast reinen Sponginfasern wird als Badeschwamm benutzt. Wichtigste wirtschaftliche Vorkommen im östlichen Mittelmeer, vor der tunesischen Küste, Florida, philippinische und Südsee-Gewässer. Im übrigen ist die Gattung *Spongia* mit verschiedenen Arten und Varietäten über alle warmen Küstenmeere verbreitet. Größe meist 15—20 cm; Farbe grau-violett, meist schwarz. Einzelne Varietäten können bis zu 1 m Höhe erreichen (Schwammfischerei, s. S. 272). — *Hippospongia communis* (Abb. 110), der Pferdeschwamm, wird zusammen mit dem Badeschwamm gefischt, ist durchschnittlich größer, aber durch eingelagerte Sandkörner kratzig. Verwendung nur als Industrieschwamm. — *Ircinia fasciculata* und weitere Arten dieser Gattung sind im Mittelmeer häufig vertreten. Es sind Schwämme von außerordentlicher Zähigkeit durch stark verflochtene Sponginfasern.

Familie Verongiidae. Mit verhältnismäßig wenigen, aber dicken Sponginfasern ohne Einschlüsse. 3 Gattungen. — *Verongia aerophoba* (Abb. 111), hat 3—8 cm lange und 1—2 cm starke Schlote, die oben abgeflacht und vertieft sind und je ein Osculum aufweisen. Ihre Färbung ist lebhaft gelb, wird aber an der Luft in kurzer Zeit schwarzgrün. In 2—10 m Tiefe, im Mittelmeer, besonders zwischen *Zostera* und auf dem Sand steiniger Gründe massenhaft wachsend.

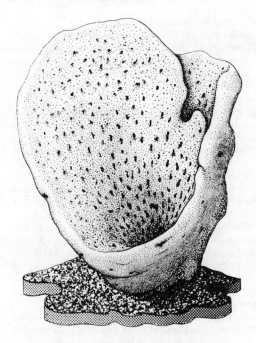

Abb. 109. *Spongia officinalis* (Bade-schwamm). Variationsform ,,Elefanten-ohr". Höhe 32 cm.

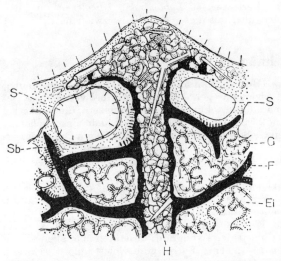

Abb. 110. *Hippospongia communis* (Pferdeschwamm). Schnitt durch die Oberfläche (Breite des Schnittes 0,5 mm). — **Ei** Einstromkanal, **F** Faser-netz aus Spongin, **G** Geißelkammern von etwa 30 µm Durchmesser, um einen Ausfuhrkanal gruppiert, **H** Hauptfaser des Spongin-Skeletts mit zahlreichen eingelagerten Sand-körnern, **S** Subdermalraum, **Sb** Spon-gioblasten. — Nach VON LENDENFELD

5. Ordnung Dendroceratida, Baumfaserschwämme

Ohne Sklerite, mit einem baumartig verzweigten Sponginskelett oder (Halisarcidae) ohne Skelett.

Familie Aplysillidae. Mit Skelettfasern. — *Aplysilla rosea* (Abb. 112), flache, kleine Krusten, rosen- oder kirschrot, auf baumförmig verzweigtem Skelett im Innern. Östlicher Atlantik bis zur Arktis und Mittelmeer, von der Gezeitenzone bis über 600 m.

Familie Halisarcidae. Ohne Skelett, zum Teil mit unregelmäßigen oder verzweigten Geißelkammern. 3 Gattungen. — *Halisarca dujardinii*, der Gallertschwamm, lappig

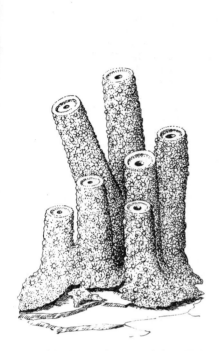

Abb. 111. *Verongia aerophoba.* Höhe etwa 12 cm.

Abb. 112. *Aplysilla rosea.* Skelett. Höhe etwa 12 cm. — Nach Von Lendenfeld 1889.

krustenförmig, Größe bis 40 mm, Dicke bis 5 mm, Farbe gelblich-braun oder weißlich, Oberfläche glatt, Poren unter 1 μm Durchmesser, Oscula spärlich. Nordsee und westliche Ostsee, Mittelmeer und Atlantik bis zur Arktis, von 0 bis 300 m.

4. Unterklasse Sclerospongiae

Diese Unterklasse ist neuerdings [17] für eine Gruppe von Schwämmen aufgestellt worden, deren Angehörige basal ein massives Kalkskelett (Aragonit) haben mit einer darüberliegenden dünnen Schicht lebenden Schwammes. Das Schwammgewebe enthält Kieselnadeln, wie sie für Demospongiae typisch sind. Außer der im Mittelmeer vorkommenden Gattung *Merlia* sind bis jetzt 6 weitere Gattungen beschrieben worden, deren Verwandtschaft mit den fossilen **Stromatoporida** deutlich ist.

3. Klasse Hexactinellida, Glasschwämme

Ausgezeichnet durch dreiachsige Sklerite aus Kieselsäure, deren Äste im Winkel von 90° aufeinanderstoßen und über den Kreuzungspunkt hinaus zu Sechsstrahlern verlängert werden (Abb. 113). Die Strahlen können bei Mega- und Microskleriten in einfachen Spitzen, Scheiben oder Strahlenbündeln endigen. Durch Vergrößerung eines Strahles oder Unterdrückung von Achsen entstehen sehr verschiedenartige Sklerite. Vom Gewebe befreit, bieten viele der glasklaren Skelette den Anblick wunderbarer Filigranarbeiten (Taf. V).

Sehr viele Arten verzweigen sich nicht, sondern behalten zeitlebens einen einheitlichen und dann sehr weit werdenden Zentralraum bei, der wie der Schwamm selbst die Gestalt einer Röhre, einer Vase oder eines Trichters hat und sich mit einem weiten Osculum öffnet (Taf. V). Wächst der Schwamm nur auf einer Hälfte seines Umfanges, so nimmt er die Gestalt einer vertikalen Muschelschale an, deren Konkavseite die Wand des halbzylindrisch bleibenden Zentralraumes darstellt. Bei *Caulophacus* aber wölbt sich bald der Boden des Zentralraumes empor, und seine Ränder wachsen nicht vertikal, sondern horizontal. So entsteht ein pilzförmiger Schwamm, wobei die Oberseite des Schirmes die Wand des Zentralraumes darstellt und an der Unterseite der Einstrom des Wassers stattfindet.

Die Wand des Zentralraumes buchtet sich radiär in viele Röhren aus, die ringsum mit meist fingerhutförmigen Geißelkammern besetzt sind (Abb. 114). Bei dickwandigen Arten, wie zum Beispiel *Hyalonema*, sind diese Geißelkammern lang und verzweigt. Das Dermallager ist zart und äußerst weitmaschig, da die Collencyten weit auseinanderliegen, ihre Fortsätze sehr dünn und lang sind und Pinacocyten kaum auftreten.

Die weißlichen oder graugelben Glasschwämme sind, der Starre und Zartheit ihres Körpers entsprechend, ausgesprochene Tiefseebewohner, die mit Nadelschöpfen im Schlamm „wurzeln". Nur an wenigen Stellen leben einige schon in 150 m Tiefe. Demgemäß ist ihre Fortpflanzung, bis auf die Larve von *Farrea*, unbekannt. Fossil sind viele Arten erhalten.

Die Klassifikation der Hexactinellida stützt sich auf die Körperform, die hier meist ziemlich konstant bleibt, sowie auf die Gestalt und Größe der Sklerite; die einzelnen Sklerittypen werden artspezifisch an ganz bestimmten Körperstellen eingebaut. Einige Arten sind nur durch den Fund eines einzigen Exemplares belegt.

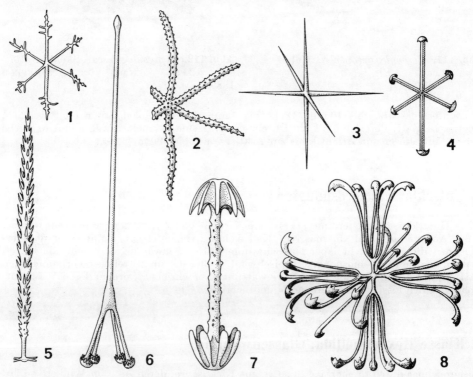

Abb. 113. Sklerite der Hexasterophorida. — **1** Acanthoaster, **2** Oxyaster, **3** Oxyhexactin, **4** Discohexactin, **5** Pentactinpinul, **6** Hemidiscohexaster, **7** Amphidisk, **8** Strobiloplumikon.

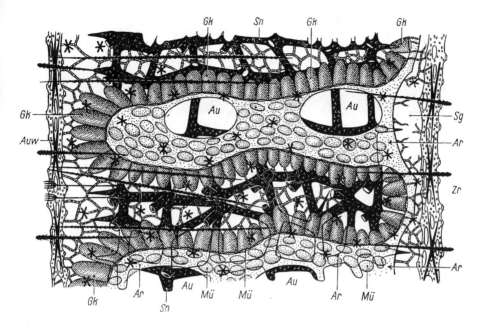

Abb. 114. Teil eines Schnittes durch die Wand eines Gießkannenschwammes (*Euplectella*). Breite etwa 2 mm. Links Außenwelt, rechts Zentralraum des Schwammes. — **Ar** Radiale Ausbuchtung des Zentralraumes mit den Mündungen vieler Geißelkammern, **Au** eine Ausmündung der radialen Ausbuchtung, **Auw** Außenwand des Schwammes, **Gk** fingerhutförmige Geißelkammer, **Mü** Mündung einer Geißelkammer in eine radiale Ausbuchtung des Zentralraumes, **Sg** Subgastralraum an der Grenze zum Zentralraum (**Zr**), **Sn** starke Skelettnadel. — Nach F. E. Schulze.

1. Unterklasse Hexasterophorida

Microsklerite an der Spitze aller sechs Achsen mit einem Büschel feiner Ästchen versehen. — Mit insgesamt 10 Familien.

Familie Euplectellidae. Die Merkmale dieser artenreichen Familie werden deutlich repräsentiert von *Euplectella*, dem Gießkannenschwamm. Die Seitenwände des füllhornförmigen, bis 60 cm hohen Körpers sind von weiten Löchern (Parietal-Oscula) durchbrochen, die in den Zentralraum münden. Dessen weites Osculum ist mit einem gitterartigen Deckel verschlossen, so daß keine Fremdstoffe (etwa Tierleichen) in den Zentralraum fallen können. — *Eu. owenii*, vor Japan an manchen Stellen in 200—300 m Tiefe förmliche Rasen bildend; im Zentralraum oft ein Pärchen der Garnele *Spongicola venusta*. — *Eu. aspergillum* (Taf. V), meist 30 cm, selten bis 60 cm hoch. Philippinen, Molukken.

Familie Caulophacidae. Körpergestalt pilzförmig. — *Caulophacus elegans*, etwa 20 cm hoch.

Familie Euretidae. Mehrfach verzweigt wachsend und anastomosierend, wodurch auch mehrere Oscula gebildet werden. — *Sclerothamnus* bildet 50 cm hohe Büsche von Röhren, an deren Wänden sich zahlreiche Ausströmöffnungen befinden. — *Farrea*, 5—12 cm hoch, an Steinen und dergleichen festgewachsen; aus breiten, mehrfach verzweigten Röhren zusammengesetzt; die Megasklerite verschmelzen frühzeitig miteinander; nach der Mazeration erinnert das Skelett an Röhren aus feinstem Drahtsiebmaterial.

2. Unterklasse Amphidiscophorida

Microsklerite am Ende der Achsen mit pilzhutförmigen Scheiben (Amphidisken) versehen. Keine Hexaster. Die Körperwand ist wesentlich dicker als bei den Hexasterophorida. Kanalsystem gewunden, daran sitzende Geißelkammern von unregelmäßiger Form. — Mit 2 Familien.

Familie Hyalonematidae. Oscula eng begrenzt. — *Hyalonema sieboldi*, Körper becherförmig, Durchmesser bis 8,5 cm, Höhe bis 13 cm, Wurzelschopf aus etwa 1 mm dicken, spiralig umeinandergeschlungenen und bis 40 cm langen Nadeln. — *Pheronema raphanus*, rübenförmig, bis 8 cm hoch; seit dem Eocän bekannt und rezent weit verbreitet: Atlantik, Indischer Ozean, Pazifik.

Familie Semperellidae. Körper langgestreckt, Oscularfelder lateral. — *Semperella schultzei*, mit labyrinthartigen Zentralräumen und zahlreichen Poren- und Oscularfeldern; bis 50 cm hoch. Pazifik, 300—2000 m. — *Monoraphis chuni* (Abb. 115), nur durch Bruchstücke bekannt: Körper etwa 1 m hoch, um den oberen Teil einer zentralen Kieselnadel wachsend; die Nadel kann 3 m Länge und Bleistiftdicke erreichen, sie ist tief im Meeresboden verankert. Vor der Somali-Küste, in 1079—1644 m.

Abb. 115. *Monoraphis chuni*, um die lange Pfahlnadel wachsend. Länge 70 cm. — Nach F. E. SCHULZE 1904, umgezeichnet.

Tafelteil

Taf. I. *Trichoplax adhaerens*. Verschiedene Einzelheiten. — **A.** Übersichtsbild eines Tieres. 300 ×. — **B.** Duplikatur des Dorsalepithels. Glanzkugeln und Faserzellen erkennbar. Am rechten Bildrand eine Eizelle. 400 ×. — **C.** Zweiteilung. Beide Tochtertiere hängen noch durch den Verbindungsfaden zusammen. 30 ×. — **D.** „Schwärmer". Die unscharfen Gebilde am Rande sind Zellen von *Cryptomonas*. 135 ×. — **E.** Ein Tier mit einer Eizelle (dunkel). 36 ×. — **F.** Ausschnitt eines Tieres mit Eizelle. 135 ×. — **G.** Ausgewachsene Eizelle mit Dotterkugeln; Zellkern mit Nucleolus. 485 ×. — **H — K.** Eizelle mit „Befruchtungsmembran", zu Beginn der Furchung. 225 ×. Lebendaufnahmen. — C, D, F und H—K sind Teilbilder aus Filmen des Instituts für den wissenschaftlichen Film, Göttingen, die übrigen Originale.

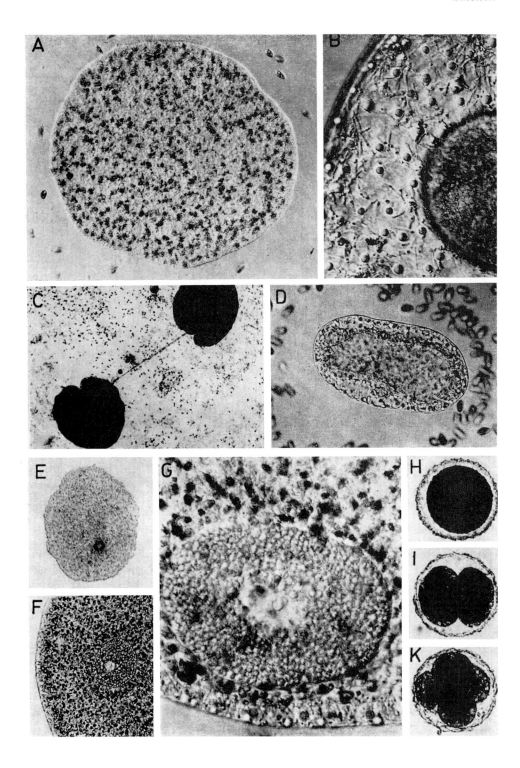

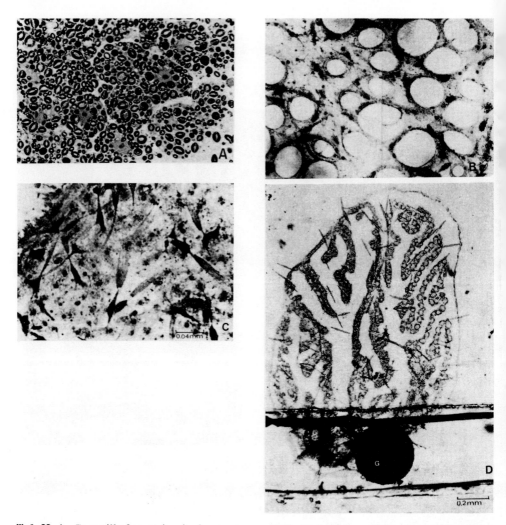

Taf. II. A. *Spongilla lacustris*. Archaeocyten mit Dotterkörnern. 500 ×. — EM—Photo
A. MANK 1976. **B**. *Ephydatia fluviatilis*. Pinacocyten und Porocyten. 250 ×. — Foto
G. WINTERMANN-KILIAN. **C**. Lophocyten. 175 ×. Foto A. JAECKEL. **D**. *Ephydatia fluviatilis*. „Sandwich"-Exemplar, linke Hälfte des Schwammes kontrahiert, rechte Hälfte im
Normalzustand. — Aus WINTERMANN-KILIAN 1951.

Taf. III. Gemmula-Sklerite einheimischer Süßwasser-Schwämme. **A**. *Ephydatia muelleri*.
B. *Ephydatia fluviatilis*. **C**. *Spongilla lacustris*. **D**. *Trochospongilla horrida*.

Taf. IV. A. *Ephydatia fluviatilis*. Kanalsystem eines künstlich skelettlos gezüchteten Exemplares. – Aus KILLAN 1964. **B**. *Ephydatia fluviatilis*. Querschnitt mit Blick auf das Mesenchym nach Abpräparation der Dermalmembran. 750 ×. — REM-Foto WEISSEN-FELS 1975. **C**. *Cliona lampa*. Blick auf ein Kalkstück, von dem durch die Tätigkeit des Bohrschwammes Partikel abgesprengt wurden. 470 ×. — REM-Foto aus RÜTZLER & RIEGER 1973. **D**. *Neofibularia nolitangere oxeata*, ein Brennschwamm von der karibischen Küste bei St. Marta. Das 30 cm hohe Exemplar ist in zwei Hälften aufgeschnitten. — Foto KILIAN. **E**. *Drulia brownii*, ein Süßwasserschwamm mit Gemmulae aus dem Amazonas-Gebiet. Größe etwa 30 cm. — Foto KILIAN.

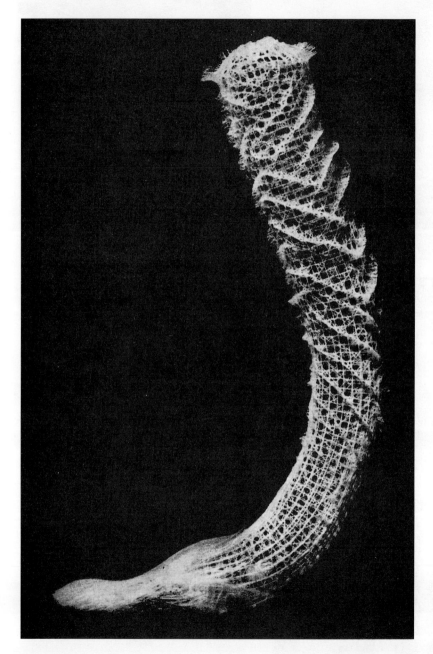

Taf. V. Skelett des Gießkannenschwammes *Euplectella aspergillum*. Höhe 30 cm. — Photo B. Brill.

Literatur

Einführung

Sammelwerke

1. BRONN, H. G. (edit.): Klassen und Ordnungen des Tierreichs. Akad. Verlagsges., Leipzig, ab 1866; Fischer, Jena, ab 1975 (erschöpfende Darstellungen in zahlreichen, umfangreichen Bänden; noch nicht abgeschlossen).
2. GRASSÉ, P.-P. (edit.): Traité de Zoologie. Masson, Paris, ab 1948 (auf 17 Bände zu jeweils mehreren Teilen geplantes, modernes Handbuch; einige Tiergruppen noch nicht erschienen).
3. HYMAN, L. H.: The Invertebrates. Vols. 1—6. McGraw-Hill, New York etc., 1940 bis 1967 (knappe, aber sehr gediegene und gründliche Darstellung; unvollendet geblieben).
4. KÜKENTHAL, W., & KRUMBACH, T. (edits.): Handbuch der Zoologie. De Gruyter, Berlin, ab 1923 (ausführliche Darstellung der Stämme und Klassen in vielen Bänden; noch nicht abgeschlossen).

Faunen und Bestimmungswerke (Europa)

5. BROHMER, P., EHRMANN, P., & ULMER, G. (edits.): Die Tierwelt Mitteleuropas. Quelle & Meyer, Leipzig 1923—1963.
6. DAHL, F. (edit.): Die Tierwelt Deutschlands und der angrenzenden Meeresteile. Fischer, Jena, ab 1925 (vielbändiges Bestimmungswerk mit ausführlichem Text; noch nicht abgeschlossen).
7. Fauna SSSR, Nov. Ser., Akad. Nauk SSSR, Moskva-Leningrad, ab 1935 (ausführliches Bestimmungswerk in zahlreichen Bänden; in russ. Sprache, viele Bände ins Engl. übersetzt).
8. Faune de France. Lechevalier, Paris, ab 1921 (ausführliches Bestimmungswerk in zahlreichen Bänden).
9. GRIMPE, G., & WAGLER, E. (edits.): Die Tierwelt der Nord- und Ostsee. Akad. Verlagsges., Leipzig, ab 1925 (vielbändiges Lieferungswerk; einige Tiergruppen nicht bearbeitet).
10. ILLIES, J. (edit.): Limnofauna europaea. 2. Aufl. Fischer, Stuttgart 1978.
11. LUTHER, W., & FIEDLER, K.: Die Unterwasserfauna der Mittelmeerküsten. Parey, Hamburg 1961 (mit zahlreichen Farbabbildungen).
12. RIEDL, R.: Fauna und Flora der Adria. Parey, Hamburg 1963 (mit vielen Farbabbildungen).
13. SCHULZE, P. (edit.): Biologie der Tiere Deutschlands. Borntraeger, Berlin 1922—1944 (mehrbändiges Lieferungswerk, das nur Land- und Süßwassertiere behandelt; unvollendet).
14. STRESEMANN, E. (edit.): Exkursionsfauna für die Gebiete der DDR und der BRD. Bd. I: Wirbellose, 5. Aufl., 1976. Bd. II/1: Insekten 1, 4. Aufl., 1978. Bd. II/2: Insekten 2, 3. Aufl., 1976. Bd. III: Wirbeltiere, 6. Aufl., 1974. Volk u. Wissen, Berlin.

Referateorgane

15. Berichte über die wissenschaftliche Biologie (jetzt: Berichte Biochemie und Biologie). Springer, Berlin, ab 1926 (Kurzreferate von Originalarbeiten; nach Sachgebieten geordnet).
16. Biological Abstracts. Philadelphia, ab 1926 (Kurzreferate von Originalarbeiten; nach Sachgebieten geordnet).
17. Biological Reviews of the Cambridge Philosophical Society. Cambridge, ab 1925 (Sammelreferate über ausgewählte Kapitel der Biologie).
18. Fortschritte der Zoologie. Neue Folge. Fischer, Jena, ab 1937; Fischer, Stuttgart, ab 1956 (Sammelreferate über die Fachbereiche der Zoologie).
19. Referativny Zhurnal. Akad. Nauk SSSR, Moskva-Leningrad, ab 1954 (Kurzreferate von Originalarbeiten, nach Sachgebieten getrennt; in russ. Sprache).
20. Zoological Record. Zool. Soc., London, ab 1864 (registriert die Titel aller Arbeiten, die in einem laufenden Jahr erschienen sind; nach Tierstämmen gegliedert; Sachregister erschließen die Titel; unentbehrlich vor allem für taxonomische Arbeiten).

Arbeitsmittel und Methoden der Systematik

21. Bulletin of the Zoological Nomenclature. Intern. Comm. zool. Nomencl., London, ab 1943 (amtl. Organ der Nomenkl.-Komm.).
22. HENNIG, W.: Grundzüge einer Theorie der phylogenetischen Systematik. Deutscher Zentralverlag, Berlin 1950.
23. —, Die Stammesgeschichte der Insekten. Senckenberg-Buch 49. W. Kramer, Frankfurt a. M. 1969.
24. —, Z. zool. Syst. Evolut.-forsch. 12 (1974): 279—294 (Bemerk. zur evolut. Syst.).
25. Internationale Regeln für die zoologische Nomenklatur (s. S. 28).
26. KÖNIGSMANN, E.: Biol. Rundschau, Jena 13 (1975): 99—115 (Termini der phylogen. Syst.).
27. KRAUS, O.: Verh. dtsch. zool. Ges. 1976 (1976): 84—99 (Phylogenese und Klassifikation).
28. MAYR, E.: Z. zool. Syst. Evolut.-forsch. 12 (1974): 94—128 (Bemerk. zur phylogen. Syst.).
29. —, Grundlagen der zoologischen Systematik. Parey, Hamburg—Berlin 1975 (Original: Principles of Systematic Zoology. McGraw-Hill, New York etc. 1969).
30. NEAVE, S. A. (edit.): Nomenclator zoologicus. A list of names of genera and subgenera in zoology from the 10th edition of Linnaeus 1758 to the end of 1945. 5 vols. Zool. Soc., London 1939—1950.
31. Nomenclator animalium generum et subgenerum. 5 Bände. Akad. Wiss., Berlin 1928—1954.
32. PIECHOCKI, R.: Makroskopische Präparationstechnik. Teil I: Wirbeltiere. 3. Aufl. Teil II: Wirbellose. 2. Aufl. Fischer, Jena 1979 und 1975.
33. REMANE, A.: Die Grundlagen des natürlichen Systems, der vergleichenden Anatomie und der Phylogenetik. 2. Aufl. Akad. Verlagsges., Leipzig 1956.
34. RICHTER, R.: Einführung in die Zoologische Nomenklatur durch Erläuterung der Internationalen Regeln. 2. Aufl. Kramer, Frankfurt a. M. 1948.
35. SCHLEE, D.: Aufs. Reden senckenberg. naturf. Ges. 20 (1971): 1—62 (Praxis der phylogen. Syst.).
36. SHERBORN, C. D.: Index animalium sive index nominum quae ab A. D. MDCCLVIII generibus et specibus animalium imposita sunt. Sectio prima a kalendris januariis, MDCCLVIII usque ad finem decembris, MDCCC. Brit. Mus. (Nat. Hist.), London 1902.
37. —, Index animalium sive index ... Sectio secundus a kalendris januariis, MDCCCI usque ad finem decembris, MDCCCL. Part I-XXXIII. Brit. Mus. (Nat. Hist.), London 1922—1933.
38. SIMPSON, G. G.: Principles of Animal Taxonomy. Columbia Univ. Press, New York 1961.
39. SNEATH, P. H. A., & SOKAL, R. R.: Numerical Taxonomy. The Principles and Practise of Numerical Classification. Freeman, San Francisco 1973.

Evolution

40. Böhme, H., Hagemann, R., & Löther, R. (edits.): Beiträge zur Genetik und Abstammungslehre. Volk u. Wissen, Berlin, 1976.
41. Börner, T., & Hagemann, R.: Biol. Rundschau, Jena **14** (1976): 249—267 (Evol. der eukaryotischen Zelle).
42. Dobzhansky, T., Ayala, F. J., Stebbins, G. L., & Valentine, J. W.: Evolution. Freeman, San Francisco 1977.
43. Grassé, P.-P.: Evolution. Fischer, Stuttgart 1973.
44. Heberer, G. (edit.): Die Evolution der Organismen. 3 Bände. 3. Aufl. Fischer, Stuttgart 1967—1974.
44a. Kämpfe, L. (edit.): Evolution und Stammesgeschichte der Organismen. Fischer, Jena 1979.
45. Margulis, L.: Origin of Eukaryotic Cells. Yale Univ. Press, New Haven 1970.
46. Mayr, E.: Artbegriff und Evolution. Parey, Hamburg—Berlin 1967 (Original: Animal Species and Evolution. Harvard Univ. Press, Cambridge 1963).
47. Rensch, B.: Evolution above the Species Level. Columbia Univ. Press, New York 1960.
47a. Siewing, R. (edit.): Evolution. Fischer, Stuttgart 1978.
48. Timofeeff-Ressovsky, N. V., Voroncov, N. N., & Jablokov, A. N.: Kurzer Grundriß der Evolutionstheorie. Fischer, Jena 1975.

Fortpflanzung, Entwicklung, Larven

49. Franzén, A.: Zool. Bidr. Uppsala **31** (1956): 355—482 (Spermatozoen und Befruchtung bei Invertebraten).
50. Giese, A. C., & Pearse, J. S. (edits.): Reproduction of Marine Invertebrates. 5 vols. Academic Press, New York etc. 1974—1979.
51. Heider, K.: Entwicklungsgeschichte und Morphologie der Wirbellosen. Kultur der Gegenwart, III. Teil, IV. Abt., Bd. **2** (1914): 175—332.
52. Jägersten, G.: Evolution of the Metazoan Life Cycle. A comprehensive theory. Academic Press, London—New York 1972.
53. Korschelt, E., & Heider, K.: Lehrbuch der vergleichenden Entwicklungsgeschichte der wirbellosen Tiere. 2. Aufl. Fischer, Jena 1936.
54. Meisenheimer, J.: Geschlecht und Geschlechter im Tierreich. 2 Bände. Fischer, Jena 1921 und 1930.
55. Schwartz, V.: Vergleichende Entwicklungsgeschichte der Tiere. Ein kurzes Lehrbuch. Thieme, Stuttgart 1973.
56. Siewing, R.: Lehrbuch der vergleichenden Entwicklungsgeschichte der Tiere. Parey, Hamburg—Berlin 1969.

Phylogenese und Großgliederung

57. Ax, P.: Die Entdeckung neuer Organisationstypen im Tierreich. Neue Brehm-Bücherei **258**. Ziemsen, Wittenberg—Lutherstadt 1960.
58. Bock, W. J., & Wahlert, G. v.: Evolution **19** (1965): 269—299 (Konzeption des Ökonomieprinzips).
59. Bonik, K., Grasshoff, M., & Gutmann, W. F.: Natur u. Museum **106** (1976): 129—143, 178—188, 303—316; **107** (1977): 131—140 (Evolution des Coeloms, Gallertoid-Hypothese).
60. Clark, R. B.: Dynamics in Metazoan Evolution. The Origin of the Coelom and Segments. Clarendon Press, Oxford 1964 (Coelom als hydrostatisches Skelett).
61. Grell, K. G.: Biol. in unserer Zeit **4** (1974): 65—71 (Entstehung der Metazoa, Placula-Hypothese).
62. Grobben, K.: Verh. zool.-bot. Ges. Wien **58** (1909): 491—511 (Einteilung des Tierreichs in Proto- und Deuterostomia).

63. GÜNTHER, K.: Fortschr. Zool. **10** (1956): 33—278; **14** (1962): 268—547 (Sammelref. zur Syst. und Stammesgesch.).

64. GUTMANN, W. F.: Aufs. Reden senckenb. naturf. Ges. **21** (1972): 1—91 (Hydroskelett-Theorie).

65. HADŽI, J.: The Evolution of the Metazoa. Pergamon Press, Oxford 1963.

66. HEIDER, K.: Phylogenie der Wirbellosen. Kultur der Gegenwart, III. Teil, IV. Abt., Bd. **4** (1914): 451—529.

67. IVANOV, A. V.: [Die Entstehung der vielzelligen Tiere. Phylogenetische Betrachtungen.] Nauka, Leningrad 1968 (russ.).

68. —, Zhurn. Obsch. Biol. **36** (1975): 643—653 (Abstammung der Coelomata; russ.).

69. —, Zool. Zhurn. **55** (1976): 805—814 (Ursprung des Coeloms; russ.).

70. JÄGERSTEN, G.: Zool. Bidr. Uppsala **30** (1955): 321—354; **33** (1959): 79—108 (Bilaterogastraea-Hypothese).

71. REISINGER, E.: Z. zool. Syst. Evolut.-forsch. **8** (1970): 81—109 (Evolution der Coelomata).

72. —, Z. zool. Syst. Evolut.-forsch. **10** (1972): 1—43 (Orthogon der Spiralia).

73. REMANE, A.: Zool. Anz., Suppl. **14** (1950): 16—23 (Gastraltaschen-Hypothese).

74. —, Zool. Anz., Suppl. **21** (1958): 179—196 (Phylogenese der niederen Metazoa).

75. SIEWING, R.: Verh. dtsch. zool. Ges. **1976** (1976): 59—83 (Großgliederung der Wirbellosen).

76. ULRICH, W.: Sitz. ber. dtsch. Akad. Wiss. Berlin, math. nat. Kl. **1949** (2) (1950): 1—25 (Archicoelomata).

77. —, Zool. Anz., Suppl. **15** (1951): 244—271 (Großgliederung des Tierreichs).

Monographien über einzelne Sachgebiete

78. BARRINGTON, E. J. W.: Invertebrate Structure and Function. Nelson, London 1967.

79. BEKLEMISCHEW, W. N.: Grundlagen der vergleichenden Anatomie der Wirbellosen. 2 Bände. Dt. Verlag Wissensch., Berlin 1958 und 1960 (Übers. aus dem Russ.).

80. BRIGGS, J. C.: Marine Zoogeography. McGraw-Hill, New York etc. 1974.

81. BUDDENBROCK, W. VON: Vergleichende Physiologie. 6 Bände. Birkhäuser, Basel 1950 bis 1967.

82. BÜNNING, E.: The Physiological Clock. 3rd edit. Springer, New York etc. 1973.

83. BULLOCK, T. H., & HORRIDGE, G. A.: Structure and Function in the Nervous Systems of Invertebrates. 2 vols. Freeman, San Francisco—London 1965.

84. CZIHAK, G., LANGER, H., & ZIEGLER, H. (edits.): Biologie. Ein Lehrbuch für Studenten der Biologie. 2. Aufl. Springer, Berlin etc. 1978.

85. DIETRICH, G., KALLE, K., KRAUSS, W., & SIEDLER, G.: Allgemeine Meereskunde. Eine Einführung in die Ozeanographie. 3. Aufl. Borntraeger, Berlin—Stuttgart 1975.

86. DOGIEL, V. A.: Allgemeine Parasitologie. Fischer, Jena 1963 (Übers. aus dem Russ.).

87. DOUGHERTY, E. C. (edit.): The Lower Metazoa. Comparative Biology and Phylogeny. Univ. California Press, Berkeley—Los Angeles 1963.

88. EKMAN, S.: Zoogeography of the Sea. Sidgwick, London 1953.

89. FLORKIN, M., & SCHEER, B. T.: Chemical Zoology. Bisher 9 vols. Academic Press, New York etc. 1967—1974 (noch nicht abgeschlossen).

90. FRANK, W.: Parasitologie. Ulmer, Stuttgart 1976.

91. FRETTER, V., & GRAHAM, A.: A Functional Anatomy of Invertebrates. Academic Press, London etc. 1976.

92. FRIEDRICH, H.: Meeresbiologie. Eine Einführung in ihre Probleme und Ergebnisse. Borntraeger, Berlin 1965.

93. GARDINER, M. S.: The Biology of Invertebrates. McGraw-Hill, New York 1972.

94. GERSCH, M.: Vergleichende Endokrinologie der wirbellosen Tiere. Akad. Verlagsges., Leipzig 1964.

95. HANSTRÖM, B.: Vergleichende Anatomie des Nervensystems der wirbellosen Tiere. Springer, Berlin 1928.

96. HENNIG, W.: Taschenbuch der Zoologie. Band 2: Wirbellose I. 3. Aufl.; Band 3: Wirbellose II (Gliedertiere). 2. Aufl. Thieme, Leipzig 1967 und 1964.

97. HIGHNAM, K. C., & HILL, L.: The Comparative Endocrinology of the Invertebrates. E. Arnold, London 1969.
98. HUTCHINSON, G. E.: A Treatise of Limnology. 2 vols. J. Wiley, New York etc. 1957. und 1967.
99. KINNE, O. (edit.): Marine Ecology. J. Wiley, London etc., ab 1970 (auf 5 Bände zu jeweils mehreren Teilen geplantes, umfangreiches Sammelwerk; noch nicht abgeschlossen).
100. KÜHNELT, W.: Grundriß der Ökologie. 2. Aufl. Fischer, Jena 1970.
101. LATTIN, G. DE: Grundriß der Zoogeographie. Fischer, Jena 1967.
102. MacGINITIE, G. E., & MacGINITIE, N.: Natural History of Marine Animals. McGraw-Hill, New York 1968.
103. MARTINI, E.: Lehrbuch der medizinischen Entomologie. 4. Aufl. Fischer, Jena 1952.
104. MOORE, H. B.: Marine Ecology. J. Wiley, New York etc. 1958.
105. MOORE, R. C. (edit.): Treatise on Invertebrate Paleontology. Geol. Soc. America & Univ. Kansas, ab 1953 (sehr ausführliche Darstellung in zahlreichen Bänden, z. T. in 2. Aufl.; einige Tiergruppen noch nicht erschienen).
106. MÜLLER, A. H.: Lehrbuch der Paläozoologie. 3. Bände in insg. 7 Teilen. Fischer, Jena, ab 1957 (z. T. in 2. und 3. Aufl. erschienen).
107. NICOL, J. A. C.: The Biology of Marine Animals. Pitman, London 1960.
108. ODUM, E. P.: Fundamentals of Ecology. 3rd edit. Saunders, Philadelhia etc. 1971.
109. OLSEN, O. W.: Animal Parasites: Their Biology and Life Cycles. 2nd edit. Burgess Publ. Comp., Minneapolis 1967.
110. OWEN, D. F.: What is Ecology? Oxford Univ. Press, London etc. 1974.
111. PARSONS, T. R., & TAKAHASHI, M.: Biological Oceanographic Processes. Pergamon Press, Oxford etc. 1973.
112. PFLUGFELDER, O.: Wirtstierreaktionen auf Zooparasiten. Fischer, Jena 1977.
113. PIEKARSKI, G.: Lehrbuch der Parasitologie. Springer, Berlin 1954.
114. REINBOTH, R. (edit.): Intersexuality in the Animal Kingdom. Springer, Berlin etc. 1975.
115. REMANE, A., & SCHLIEPER, C.: Die Biologie des Brackwassers. Schweizerbart, Stuttgart 1958.
116. REMANE, A., STORCH, V., & WELSCH, U.: Systematische Zoologie: Stämme des Tierreichs. Fischer, Stuttgart 1976.
117. SCHWERDTFEGER, F.: Ökologie der Tiere. Parey, Hamburg—Berlin Band I: Autökologie, 2. Aufl. 1977; Band II: Demökologie, 1968; Band III: Synökologie, 1975.
118. SCHWOERBEL, J.: Einführung in die Limnologie. 3. Aufl. Fischer, Stuttgart 1977.
119. STUGREN, B.: Grundlagen der allgemeinen Ökologie. 3. Aufl. Fischer, Jena 1978.
120. Tabulae Biologicae. Vol. 6 (Zahlen aus dem Gebiete der Zoologie). Junk, Berlin 1930.
121. SMYTH, J. D.: Introduction to Animal Parasitology. 2nd edit. Hodder & Stoughton, London etc. 1976.
122. TISCHLER, W.: Einführung in die Ökologie. Fischer, Stuttgart 1976.
123. UHLMANN, D.: Hydrobiologie. Fischer, Jena 1975.
124. WESENBERG-LUND, C.: Biologie der Süßwassertiere. Wirbellose (außer Insekten). Springer, Berlin 1939.
125. —, Biologie der Süßwasser-Insekten. Springer, Berlin 1943.
126. WURMBACH, H.: Lehrbuch der Zoologie. 2 Bände. 2. Aufl. Fischer, Stuttgart 1968 und 1970.

1. Stamm Protozoa

Zeitschriften

Acta Protozoologica. Warschau. 1 1963.
Archiv für Protistenkunde. Jena. 1 1902.
Journal of Protozoology. Lawrence, Kansas. 1 1954.
Protistologica. Paris. 1 1965.

Lehrbücher

1. BÜTSCHLI, O.: Protozoa. In: BRONN, H. G.: Klassen und Ordnungen des Tierreichs. I (1880—1889).
2. CALKINS, G. N., & SUMMERS, F. M. (edits.): Protozoa in Biological Research. Columbia Univ. Press, New York 1941.
3. CHEN, T. T. (edit.): Research in Protozoology. Vols. I—IV. Pergamon Press, New York 1967—1972.
4. DODGE, J. D.: The Fine Structure of Algal Cells. Academic Press, London—New York 1973.
5. DOFLEIN, F., & REICHENOW, E.: Lehrbuch der Protozoenkunde. 6. Aufl. Fischer, Jena 1949—1953.
6. DOGIEL, V. A., revised by POLJANSKIJ, J. I., & CHEJSIN, E. M.: General Protozoology. 2nd edit. Clarendon Press, Oxford 1965.
7. FOTT, B.: Algenkunde. 2. Aufl. Fischer, Jena 1971.
8. GRASSÉ, P.-P. (edit.): Protozoaires. In: Traité de Zoologie. I (1952—1953).
9. GRELL, K. G.: Protozoologie. 2. Aufl. Springer, Berlin etc. 1968 (erweiterte engl. Aufl. 1973).
10. HALL, R. P.: Protozoology. Prentice-Hall Inc., New York 1953.
11. HUTNER, S. H. (edit.): Biochemistry and Physiology of Protozoa. Vol. III. Academic Press, New York 1964.
12. JONES, A. R.: The Ciliates. Hutchinson & Co., London 1974.
13. KIDDER, G. W. (edit.): Protozoa. In: FLORKIN, M., & SCHEER, B. T.: Chemical Zoology I (1967).
14. KUDO, R. R.: Protozoology. 5th edit. Thomas, Springfield (Illinois) 1966.
14a. LEVANDOWSKY, M., & HUTNER, S. H. (edits.): Biochemistry and Physiology of Protozoa. 2nd edit. Academic Press, London—New York 1979.
15. MACKINNON, D. L., & HAWES, R. S. J.: An Introduction to the Study of Protozoa. Clarendon Press, Oxford 1961.
16. MANWELL, R. D.: Introduction to Protozoology. E. Arnold, London 1961.
17. PITELKA, D. R.: Electron-microscopic Structure of Protozoa. Pergamon Press, New York 1963.
18. ROUND, F. E.: The Biology of the Algae. 2nd edit. E. Arnold, London 1973.
19. SLEIGH, M. A.: The Biology of Protozoa. E. Arnold, London 1973.
20. WENYON, C. M.: Protozoology. Baillère, Tindall & Cox, London 1926.
21. WESTPHAL, A. E. A.: Protozoen. In: Spezielle Zoologie I. Ulmer, Stuttgart 1974.

Monographien über einzelne Taxa

22. BEALE, G. H.: The Genetics of *Paramecium aurelia*. Monographs of Experimenta-Biology. Vol. II. Univ. Press, Cambridge, 1954.
23. BUETOW, D. E. (edit.): The Biology of *Euglena*. Vol. I: General Biology and Ultrastructure. Vol. II: Biochemistry. Academic Press, New York—London 1968.
24. CACHON, J.: Contribution à l'étude des péridiniens parasites. Cytologie, cycles évolutifs. Ann. Sci. nat., Zool., (12) 6 (1964): 1—158.
25. CORLISS, J. O.: The Ciliated Protozoa: Characterization, Classification, and Guide to the Literature. 2ndedit. Pergamon Press, Oxford—New York 1979.
26. CUSHMAN, J. A.: Foraminifera. Their Classification and Economic Use. 4th edit. Harvard Univ. Press, Cambridge 1948.
27. DRAGESCO, J.: Les ciliés mesopsammiques littoraux (systématique, morphologie, écologie). Trav. Stat. biol. Roscoff 12 (1960): 1—356.
28. ELLIOTT, A. M. (edit.): Biology of *Tetrahymena*. Appleton, Century Crofts, Inc., New York 1971.
29. GARNHAM, P. C. C.: Malaria Parasites and other Haemosporidia. Blackwell Sci. Publ., Oxford 1966.

30. GEUS, A.: Sporentierchen, Sporozoa. Die Gregarinida der land- und süßwasserbewohnenden Arthropoden Mitteleuropas. In: Die Tierwelt Deutschlands, begr. v. DAHL, F. 57. Teil. Fischer, Jena 1969.

31. GIESE, A. C.: *Blepharisma*. The Biology of a light-sensitive Protozoan. Stanford Univ. Press, 1973.

32. GROSPIETSCH, Th.: Wechseltierchen (Rhizopoden). Kosmos, Stuttgart 1958.

33. HAMMOND, D. M., & LONG, P. L.: The Coccidia. *Eimeria, Isospora, Toxoplasma* and related Genera. Univ. Park Press, Baltimore 1972.

34. JEON, K. W. (edit.): The Biology of *Amoeba*. Academic Press, New York—London 1973.

35. JURAND, A., & SELMAN, G. G.: The Anatomy of *Paramecium aurelia*. Macmillan St. Martin's Press, 1969.

36. KAHL, A.: Urtiere oder Protozoa. I. Wimpertiere oder Ciliata (Infusoria). In: Die Tierwelt Deutschlands, begr. v. DAHL, F. 18., 21., 25. und 30. Teil. Fischer, Jena 1930—1935.

37. KOFOID, C. A., & SWEZY, C.: The free-living unarmored Dinoflagellates. Mem. Univ. California (Berkeley) **5** (1921).

37a. KREIER, J. P. (edit.): Parasitic Protozoa, Vol. 1, Taxonomy, Kinetoplastids, and Flagellates of Fish. Academic Press, London—New York 1977.

38. LEEDALE, G. F.: Euglenoid Flagellates. Prentice Hall, New Jersey 1967.

38a. LUMSDEN, W. H. R., & EVANS, D. A.: Biology of the Kinetoplastida, Vol. 1. Academic Press, London—New York 1976.

39. MATTHES, D., & WENZEL, F.: Wimpertiere (Ciliata). Einführung in die Kleinlebewelt. Kosmos, Stuttgart 1966.

40. SAGER, R.: Cytoplasmic Genes and Organelles. Academic Press, New York—London 1972.

41. SONNEBORN, T. M.: Breeding systems, reproductive methods, and species problems in Protozoa. In: MAYR, E.: The Species Problem. American Ass. Advanc. Sci. (Washington), Publ. **50** (1957): 155—324.

42. TARTAR, V.: The Biology of *Stentor*. Pergamon Press, New York—London 1961.

43. WAGTENDONK, W. J. VAN (edit.): *Paramecium*, a current Survey. Elsevier Sci. Publ. Comp., Amsterdam etc. 1974.

2. Stamm Placozoa

1. GRELL, K. G.: Naturwiss. Rundschau **24** (1971): 160—161 (*Trichoplax*, Entstehung der Metazoa).

2. —, Z. Morphol. Tiere **73** (1972): 297—314 (*Trichoplax*: Eibildung, Furchung).

3. —, Biol. in unserer Zeit **4** (1974): 65—71 (Hypothet. Stammformen der Metazoa).

4. — & BENWITZ, G.: Cytobiol. **4** (1971): 216—240 (*Trichoplax*: Ultrastruktur).

5. — —, Z. Naturforsch. **29c** (1974): 790 (*Trichoplax*: Spezif. Verbindungsstrukt. d. Faserzellen).

6. — —, Z. Morphol. Tiere **79** (1974): 295—310 (*Trichoplax*: Eizelle, Ultrastruktur).

7. IVANOV, A. V.: Zool. Zhurn. **52** (1973): 1117—1131 (*Trichoplax*, Entstehung der Metazoa).

8. MONTICELLI, F. S.: Mitt. zool. Stat. Neapel **12** (1897): 444—462 (*Treptoplax*).

8a. RASSAT, J., & RUTHMANN, A.: Zoomorphol. **93** (1979): 59—72 (*Trichoplax*: Untersuch. im Raster-Elektronenmikroskop).

9. RUTHMANN, A.: Cytobiol. **15** (1977): 58—64 (*Trichoplax*: Zelldifferenzierung, Chromosomen).

9a. — & TERWELP, U.: Differentiation **13** (1979): 185—198 (*Trichoplax*: Dis- u. Reaggregation d. Zellen).

10. — & WENDEROTH, H.: Cytobiol. **10** (1975): 421—431 (*Trichoplax*: DNS-Messungen).

11. SCHULZE, F. E.: Zool. Anz. **6** (1883): 92—97 (*Trichoplax*: vorl. Mitt.).

12. —, Physikal. Abh. kgl. Akad. Wiss. Berlin **1891**: 1—23 (*Trichoplax*: Monographie).

3. Stamm Porifera

1. ARNDT, W.: Porifera. In: GRIMPE, G., & WAGLER, E. (edits.): Die Tierwelt der Nord-
   und Ostsee, IIIa (1934): 1—140.
2. —, Schwämme (Porifera, Spongien). In: Tabulae Biologicae 6 (Suppl. II): 39—120,
   772—792. Junk, Berlin 1930.
3. —, Schwämme. In: PAX, F., & ARNDT, W.: Die Rohstoffe des Tierreichs 1: 1577 bis
   2000. Borntraeger, Berlin 1937.
4. BAGBY, R.: Z. Zellforsch. 105 (1970): 579—594 (Feinbau der Pinacocyten, *Microciona
   prolifera*).
5. BASLOW, M. H.: Marine Pharmacology. Williams & Wilkins Co., Baltimore 1969.
6. BRIEN, P.: Bull. Acad. Roy. Belgique, Clas. Sci., 67 (1972): 715—732 (Keimblätter der
   Schwämme, Entgegnung auf A. V. IVANOV).
7. BURGER, M. M., & TURNER, R. S.: Phil. Trans. Roy. Soc. London 271 (1975): 379 bis
   393 (Zelle, Zellerkennung über Oberflächenmakromoleküle).
8. BURTON, M.: A revision of the classification of the calcareous sponges. British Museum
   (Nat. Hist.), London 1963.
9. CASPER, S. J.: System der Mikroorganismen. Fischer, Jena 1974.
10. DUBOSCQ, O., & TUZET, O.: Arch. Zool. exp. gén. 79 (1937): 157—316 (Oogenese, Be-
    fruchtung und Frühentwickl. bei Calcarea).
11. FISCHELSON, N. L., & KASHMAN, Y.: Marine Biol. 30 (1975): 293—296 (Toxin von
    Latrunculia magnifica).
12. FRY, W. G.: The Biology of the Porifera. Academic Press, London—New York 1970.
13. GARONNE, R.: Arch. Anat. microsc. 63 (1974): 163—182 (Fibrilläre Einschlüsse).
14. — & POTTU, J.: J. submicrosc. Cytol. 5 (1973): 199—218 (Kollagensynth. durch
    Spongocyten, Spongin).
15. GRASSÉ, P.-P. (edit.): Traité de Zoologie III (1). Spongiaires. Masson, Paris 1973.
16. HARRISON, F. W., & COWDEN, R. R.: Aspects of Sponge Biology. Academic Press,
    New York etc. 1976.
17. HARTMAN, W. D., & GOREAU, T. F.: Sympos. zool. Soc. London 25 (1970): 205—243
    (Korallenschwämme, Sclerospongiae).
18. HILL, D.: Archaeocyatha. In: Treatise on Invertebrate Paleontology, Part E (1),
    2nd edit. (1972): 1—158.
19. HYMAN, L. H.: The Invertebrates 1 (Protozoa through Ctenophora). McGraw-Hill,
    New York 1940.
20. IVANOV, A. V.: Zhurn. obsch. Biol. 32 (1971): 557—572 (Embryol. der Schwämme,
    Stellung im Tierreich).
21. JONES, W. C.: Biol. Rev. 37 (1962): 1—50 (Nervensystem bei Schwämmen ?).
22. KILIAN, E. F.: Z. vergl. Physiol. 34 (1952): 407—447 (Wasserströmung u. Nahrungs-
    aufn., *Ephydatia fluviatilis*).
23. —, Zool. Beitr. 10 (1964): 85—159 (Biol. europ. Spongillidae).
24. LACKEY, J. B.: Trans. American microsc. Soc. 78 (1959): 202—205 (Morphol. u. Biol.,
    Protospongia haeckeli).
25. LAUBENFELS, M. W. DE: Porifera. In: Treatise on Invertebrate Paleontology, Part E
    (1955): 21—112.
26. MÜLLER, W. E. G., MÜLLER, I., KURELEC, B., & ZAHN, R. K.: Exp. Cell Res. 98
    (1976): 31—40 (Artspez. Aggregationsfaktor).
27. PAVANS DE CECCATTY, M.: Ann. Sci. nat., Zool. (11) 17 (1955): 203—288 (Nervensyst.
    bei Kalk- u. Kieselschwämmen).
28. —, American Zool. 14 (1974): 895—903 (Koordination bei Schwämmen).
29. PENNEY, J. T., & RACECK, A. A.: Bull. U.S. nat. Mus. 272 (1968): 1—184 (Revision,
    Spongillidae).
30. PROSSER, C. L., NAGAI, T., & NYSTROM, R. A.: Comp. Biochem. Physiol. 6 (1962):
    69—74 (Oscular-Kontraktion).
31. RASMONT, R.: Bull. Acad. Roy. Belgique, Clas. Sci., 41 (1955): 214—223 (Diapause,
    Spongillidae).
32. REISWIG, H. M.: Cahiers Biol. mar. 12 (1971): 505—514 (Axiale Symmetrie der
    Sklerite u. ihre phylogen. Bedeutung).

33. —, Canadian J. Zool. **53** (1975): 582—589 (Bakterien als Nahrung für Schwämme).

34. RÜTZLER, K.: Oecologia (Berlin) **19** (1975): 203—216 (Bioerosion durch Bohrschwämme).

35. — & RIEGER, G.: Marine Biol. **21** (1973): 144—162 (Bohrmechanismus, *Cliona lampa*).

36. SARÀ, M.: Acta Embryol. Morphol. exp. **10** (1968): 228—239 (Interspez. Aggregatbild. von *Haliclona elegans* u. *Tethya citrina*).

37. VACELET, J.: Rec. Trav. Stat. mar. Endoume **6** (1967): 37—62 (Pharetronida aus Kalkhöhlen).

38. VAN DE VYVER, G.: Ann. Embryol. Morphol. **4** (1971): 373—381 (Aggregationsfaktor, *Ephydatia fluviatilis*).

39. — in: MOSCONA, A. A., & MONROY, A. S. (edits.): Current Topics in Developmental Biology **10** (1975): 123—140 (Zellerkennung bei Schwämmen).

40. WEISSENFELS, N.: Z. Morphol. Tiere **81** (1975): 241—256 (Körperbau, *Ephydatia fluviatilis*).

41. —, Zoomorphol. **85** (1976): 73—88 (Bau u. Funktion, *Ephydatia fluviatilis*).

42. WILSON, H. V.: Bull. Bur. Fish. Washington **30** (1911): 1—30 (Dissoziierung von Schwammzellen).

Register der Tiernamen

Autoren und Herausgeber haben viel Zeit und Mühe aufgewendet, um die Gattungen und Arten in nomenklatorisch korrekter Weise zu zitieren. Trotzdem war es nicht in allen Fällen möglich, Autor und Jahr der Veröffentlichung zweifelsfrei festzustellen. Wir wären daher allen Fachkollegen dankbar, wenn sie uns für künftige Auflagen dieses Lehrbuches ihre kritischen Anmerkungen, Ergänzungen oder Korrekturen mitteilen würden.

Bei den Artnamen sind Autor und Jahr der Veröffentlichung in Klammern gesetzt, wenn die betreffende Art später in eine andere Gattung versetzt wurde. Synonyme wurden nur für die bekanntesten Arten, Gattungen usw. aufgenommen; sie sind vollständig in Klammern eingeschlossen. Larvenformen sind im Sachregister aufgeführt.

Wenn mehrere Seitenzahlen angegeben sind, weist die halbfett gedruckte auf eine Kapitelüberschrift oder auf die Erwähnung im Abschnitt „System" des Kapitels hin. Ein * hinter der Seitenzahl zeigt an, daß sich dort eine Abbildung des betreffenden Tieres befindet.

Sachregister

In Halbfett gesetzte Seitenzahlen verweisen auf eine ausführliche Erläuterung des betreffenden Begriffes. Ein * hinter der Seitenzahl zeigt an, daß sich dort eine Abbildung befindet.

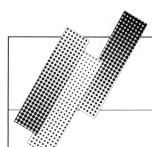

Lehrbuch der Speziellen Zoologie

Begründet von Alfred KAESTNER

Band I: Wirbellose Tiere

Herausgegeben von Hans-Eckhard GRUNER

Teil 2 • **Cnidaria, Ctenophora, Mesozoa, Plathelminthes, Nemertini, Entoprocta, Nemathelminthes, Priapulida**
Bearbeitet von G. HARTWICH, E. F. KILIAN, K. ODENING und B. WERNER
5., Auflage. 1993. 621 Seiten, 348 Abbildungen und 8 Tafeln, geb.
ca. DM 98,-
ISBN 3-334-60474-8

Teil 3 • **Mollusca, Sipunculida, Echiurida, Annelida, Onychophora, Tardigrada, Pentastomida**
Bearbeitet von H.-E. GRUNER, G. HARTMANN-SCHRÖDER, R. KILIAS und M. MORITZ
5. Auflage. 1993. 608 Seiten, 377 Abbildungen geb.
ca. DM 94,-
ISBN 3-334-60412-8

Teil 4 • **Stamm Arthropoda** (ohne Insecta)
Bearbeitet von M. MORITZ, W. DUNGER und H.-E. GRUNER
4., völlig neu bearb. u. stark erw. Auflage. 1993. Etwa 1100 Seiten, 699 Abbildungen geb. ca. DM 138,-
ISBN 3-334-60404-7

Subskriptionspreis bei Abnahme der Teile 1 - 4 etwa DM 348,-

In Vorbereitung:

Teil 5 • **Insecta**
Teil 6 • **Tentaculata, Chaetognatha . . .**

SEMPER BONIS ARTIBUS **GUSTAV FISCHER**

Adolf Remane • Volker Storch • Ulrich Welsch

**KURZES
LEHRBUCH DER
ZOOLOGIE**

6. Auflage

Kurzes Lehrbuch der Zoologie

Von Prof. Dr. Adolf REMANE, Prof. Dr. Volker
STORCH, Zool. Inst., Lehrst. f. Morphologie, Universität
Heidelberg und Prof. Dr. Dr. Ulrich WELSCH,
Anatomisches Inst., Universität München
6., neubearb. Aufl. 1989. XVI, 572 S., 283 Abb.,
17 x 24 cm, geb. DM 79,- ISBN 3-437-**20435**-1
kt. DM 59,- ISBN 3-437-**20436**-X

Inhalt: Allgemeine Zoologie: Zelle • Gewebe und Gewebsflüssigkeiten •
Sinneszellen und Sinnesorgane • Nervensysteme • Verhalten • Hormone und
endokrine Systeme • Verdauung und Ernährung • Blutgefäß- und lymphatische
Systeme • Atmung • Exkretion, Ionen- und Osmoregulation • Fortpflanzung •
Entwicklung (Ontogenie) • Vererbung • Evolution • Ökologie • Verbreitung •
Systematische Zoologie: Protozoa • Metazoa: Reihe Protostomia, Reihe
Deuterostomia

*Dieses moderne Lehrbuch gibt in konzentrierter Form einen Überblick über das
Gesamtgebiet der Zoologie und ist somit genau auf die Bedürfnisse der
Biologiestudenten zugeschnitten.*
*Für die 6. Auflage haben die Autoren die Kapitel "Zelle", "Gewebe und
Gewebsflüssigkeiten" sowie "Verdauung und Ernährung" im Teil "Allgemeine
Zoologie" neu geschrieben. Auch alle anderen Abschnitte wurden aktualisiert und
zum Teil durch molekularbiologische Fakten ergänzt.*
*Im Teil "Systematische Zoologie" werden moderne Konzepte der Verwandt-
schaftsbeziehungen dargestellt, die auf Neuentdeckungen höherer Taxa und
besonderer Lebensräume beruhen. Um die Vielfalt biologischer Aspekte in der
systematischen Zoologie lebendiger zu gestalten, wurden zahlreiche neue Abbildungen von Eiern, Larven und adulten Tieren in ihren Lebensäußerungen eingefügt.*

Interessenten: Stud./Doz. der Biologie (Zoologie), der Land- und Forstwirtschaft,
der (Tier-)Medizin, **Biologie-Lehrer**, Schüler (Sek. II), Tier-/Human-Mediziner,
Bibliotheken, Büchereien.

Preisänderungen vorbehalten

SEMPER BONIS ARTIBUS

GUSTAV
FISCHER